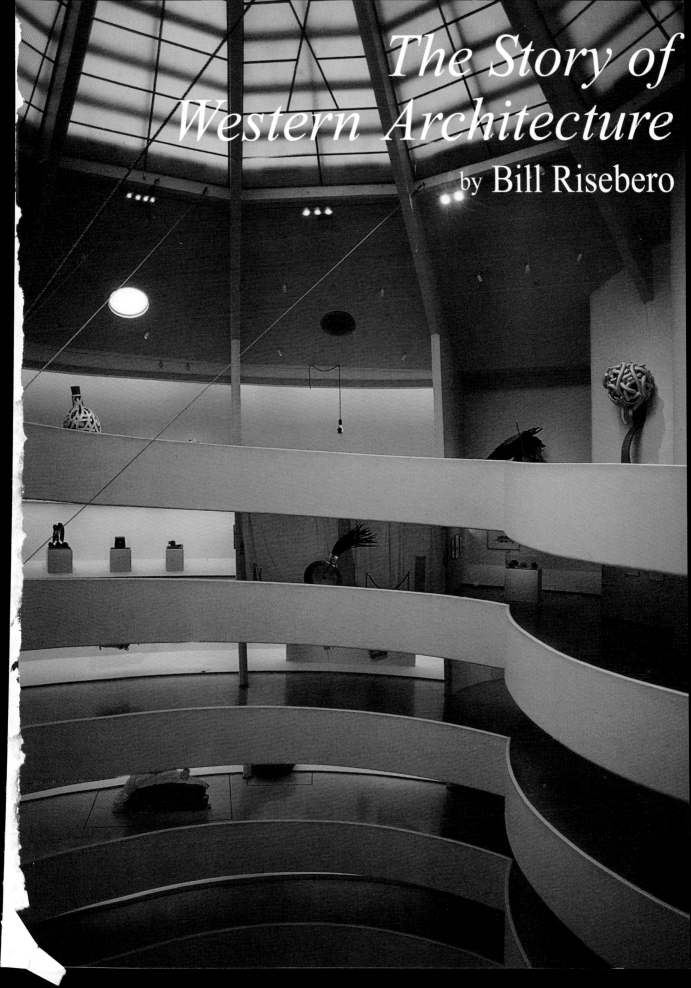

The Story of
Western Architecture

by Bill Risebero

서양 건축 이야기

글·그림 ■ 빌 리제베로
옮긴이 ■ 오덕성
펴낸이 ■ 김언호

펴낸곳 ■ (주)도서출판 한길사
등록 ■ 1976년 12월 24일 제74호
주소 ■ 10881 경기도 파주시 광인사길 37
홈페이지 ■ www.hangilsa.co.kr
전자우편 ■ e-mail : hangilsa@hangilsa.co.kr
전화 ■ 031-955-2000~3 팩스 ■ 031-955-2005

인쇄 ■ 예림 제본 ■ 경일제책사

제1판 제1쇄 2000년 9월 20일
제1판 제4쇄 2010년 1월 15일
개정판 제1쇄 2020년 2월 13일
개정판 제2쇄 2022년 3월 5일

The Story of Western Architecture
by Bill Risebero

This Korean edition was published by Hangilsa Publishing Co., Ltd. in 2020 by arrangement with Bloomsbury Publishing through KCC(Korea Copyright Center Inc.), Seoul.

이 책은 (주)한국저작권센터(KCC)를 통한
저작권자와의 독점계약으로 한길사에서 출간되었습니다.
저작권법에 의해 한국 내에서 보호를 받는 저작물이므로 무단전재와 무단 복제를 금합니다.

값 28,000원
ISBN 978-89-356-6336-1 03540
• 잘못 만들어진 책은 구입하신 서점에서 바꿔드립니다.
• 이 도서의 국립중앙도서관 출판시도서목록(CIP)은 서지정보유통지원시스템 홈페이지(seoji.nl.go.kr)와
  국가자료공동목록시스템(www.nl.go.kr/kolisnet)에서 이용하실 수 있습니다.
  (CIP제어번호: CIP2020004116)

by Bill Risebero

The Story of Western Architecture

서양 건축이야기

글·그림 빌 리제베로 ■ 오덕성 옮김

한길사

스톤헨지(영국, 솔즈베리)

세계 7대 불가사의 중의 하나로, 영국에 살던 원주민들(BC 2000년경)이 25톤이나 되는 돌을 20마일 이상 운반해 만든 거석 구조물이다. 당시에는 이러한 건축물을 이용해 태양과 달이 뜨고 지는 시각 또는 고도로 시간을 추정했다. 그런데 이 스톤헨지의 돌들은 정확하게 배열되어 있지 않아 학자들은 한때 이것을 두고 시간을 재기 위해 만들어진 것이 아니라, 계절이 규칙적으로 반복될 수 있게 하는 태양을 기념하기 위해 만든 건축물로 추측하기도 했다. 스톤헨지의 건축 형태는 점과 원에 기초한다.

피라미드(이집트, 기자)
초기 계단 형태로 시작한 피라미드는 사각추 모양으로 발달했다. 왕과 신이
동격으로 여겨진 시대에 영혼불멸사상과 내세관에 근거해 피라미드에 사체
와 부장품을 함께 매장했다.

파르테논 신전(그리스, 아테네)
아크로폴리스에는 많은 신역(神域) 건물들이 일종의 상관관계를 유지하면서
서 있다. 이 중 가장 대표적인 것이 파르테논 신전이다. 이 신전은 여신인 아
테나 파르테노스(Athena Parthenos)에게 봉헌된 것으로 건축 역사상 건축
가가 밝혀진 몇 안 되는 건축물이다.

성 소피아 성당(비잔틴 제국, 콘스탄티노플)

유스티니아누스 황제의 명에 따라 지어진 '성스러운 지혜'라는 뜻의 성 소피아 성당은 세계의 3대 건축물로 손꼽힌다. 길이 77m, 폭 71.5m의 정사각형 평면 위에 지름 31m, 높이 55m의 거대한 돔을 올렸는데, 청록색을 중심으로 한 아래층의 대리석과 금색의 선명한 상층의 벽면, 그리고 돔을 이루는 유리 모자이크의 색채가 소피아 성당의 매력을 더욱 강조하고 있다.

타지마할(이슬람 제국, 인도)

인도의 대표적인 이슬람 건축으로, 인도 무굴 제국의 황제가 아내의 죽음을
애도하기 위해 세운 영묘(靈墓)다. 타지마할의 모습은 성 소피아 성당을 모
방한 것으로 알려져 있다.

사마라의 이슬람 대사원(이슬람 제국, 이라크)
이슬람교 사원 중 최대 규모(245×158m)이며, 광대한 면적을 목조 지붕으로 덮고, 이를 464개의 기둥이 받치고 있다. 메카를 향한 '키블라'(Qiblah) 벽에는 수많은 아일이 형성되어 있어 그 중요성을 강조하고 있으며, 키블라 벽 중심에는 '미흐라브'(Mihrab)가 있는데, 이는 후에 이슬람 건축의 공통적인 유형으로 자리를 잡았다.

피사의 대성당과 세례당 및 종탑(이탈리아)

이탈리아 로마네스크 양식의 대표 작품. 크고 작은 세 개의 바실리카를 결합한 평면과 백색의 대리석으로 외부 벽을 마감했고, 서쪽 정면의 상부 벽면에 원기둥의 작은 아케이드를 4층에 걸쳐 쌓았다. 피사의 성당군(群)이 특히 아름다운 이유는 형태상 서로 관련 있는 4개의 건물—성당, 세례당, 종탑, 묘당 등—이 조화를 이루고 있기 때문이다. 커다란 원형의 세례당은 성당의 주축선상에 자리하고 있으며, 이 주축선상에서 벗어나 있는 피사의 사탑이 전체 건축물의 중심을 잡아주고 있다.

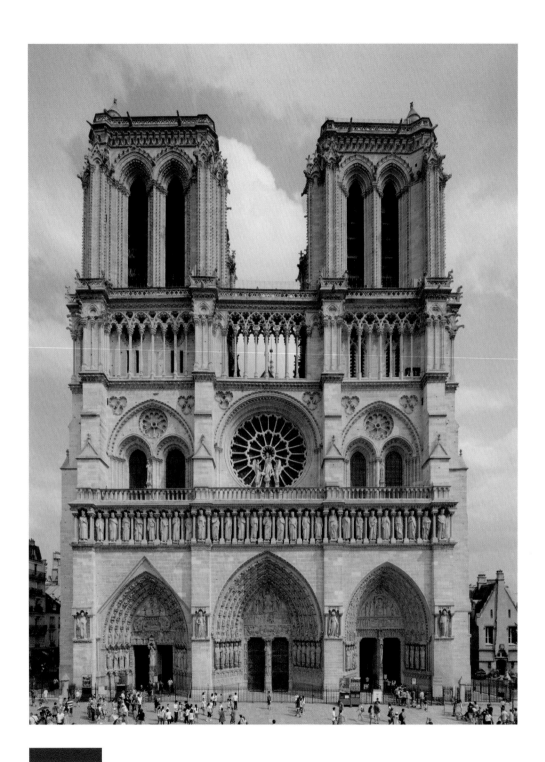

노트르담 성당(프랑스)

프랑스 초기 고딕 양식의 대표작. 두 개의 종탑을 가지고 있는 서쪽 정면은
매우 기념비적인 외관으로 구성되어 있다. 맨 아래층에는 왼쪽부터 「성모」
「최후의 심판」 「성모자」라고 이름이 붙은 세 개의 입구가 있으며 그 위에는
구약에 등장하는 유대 왕 28명의 '왕의 상랑(上廊)'과 지름이 10m인 스테인
드 글라스 원화창이 있다.

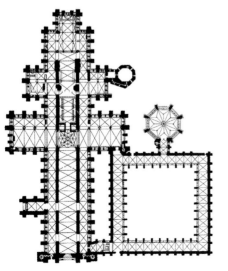

솔즈베리 성당(영국)

도시에 위치해 있지 않고 공원 속에 자리잡고 있는 이 성당은 영국 초기 고딕 양식의 특징(프랑스의 고딕 양식은 구조적인 특성을 추구해 수직성을 꾀한 것이 특징이나, 영국 고딕 양식은 장식성이 뛰어나며 내부에 풍부한 공간성을 시도함)을 잘 보여주고 있는 대표적인 성당이다. 이 성당은 구조적으로도 과감한 시도를 했을 뿐 아니라, 직선적인 특징과 세장한 형태도 대륙에서 나타나는 양식의 전신이라 할 수 있다.

피렌체 대성당의 돔(르네상스, 이탈리아)

필립포 브루넬레스키가 당시 고딕 양식으로 지어진 피렌체 대성당의 교차
부 돔을 설계했는데, 이는 조토가 설계한 종탑과 함께 조화를 이루면서 피
렌체의 랜드마크(landmark)가 되었다. 돔 처리를 전통적인 방법이 아니라,
이중의 셸 구조라는 역사상 최초의 방식을 시도한 것이다. 둥근 창을 설치
한 고딕풍의 팔각 원통 위에 이중의 연와를 쌓아 조립한 첨두형의 큐폴라
를 얹었다.

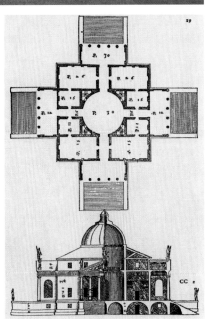

빌라 로톤다(르네상스, 비첸차)
이것은 일종의 전망대로 설계된 별장으로, 네 개의 똑같은 정면과 돌출된 현
관으로 이루어져 매우 기능적이다. 네 개의 현관은 주위에 있는 다른 전망을
각각 즐길 수 있는 단으로 쓰인다. 로마 시대의 개인 주택과 비슷한 구성이
며, 이러한 빌라의 유형은 미국의 전원주택에 많은 영향을 끼쳤다.

베르사유 궁전(프랑스)
루이 14세의 절대적인 권위를 세상에 표현하기 위한 무대장치이며 바로크
적인 연극성을 충분히 발휘한 건축. 르 노트르가 시각적인 효과를 노리며 설
계한 기하학적인 정원. 르 보의 뒤를 이어 쥘 아르두앵 망사르가 설계하고
르 브랑이 인테리어를 담당해 만든 '유리의 방'은 프랑스 바로크의 전형적인
디자인이다.

에투알 개선문(프랑스)

1806년 나폴레옹의 전쟁 승리를 기념해 황제 군대에 봉헌하기 위해 세워진
개선문. 높이 50m, 폭 40m에 이르는 거대한 규모이며, 기둥 대신에 조각군
(郡)으로 장식된 외관은 볼륨감이 풍부해 보는 이를 압도한다.

팡테옹(1756, 프랑스)

나폴레옹 시대 신고전주의의 기념비적인 성격을 지향해 만든 건물로 고대 로마 제국의 위엄을 추구했다. 처음에는 성 주느비에브로 알려졌으나, 국가 사원이 된 후에는 팡테옹으로 부르기 시작했다. 창이 없는 벽으로부터 중심 의 돔과 정면의 열주가 있는 입구인 포티코까지 로마 판테온 신전의 분위기 를 그대로 재현했다.

웨스트민스터 궁(1868, 영국)
오늘날의 건축물은 1834년 영국의 웨스트민스터 궁전이 화재로 붕괴된 후,
소실되지 않고 남은 세인트스티븐 예배당과 웨스트민스터 홀과의 조화를 이
루기 위해 고딕 양식으로 설계한 것이다. 빅토리아 탑, 중앙 홀의 탑과 시계
탑, 그리고 수많은 소첨탑 등이 템스강변의 모습과 잘 어우러진다.

에펠 탑(파리)

파리의 상징이자 건축 시공 역사에서 손꼽히는 기술적 걸작. 1889년 프랑스 정부가 프랑스 혁명 100주년을 기념하는 파리 세계박람회를 개최하면서 세운 구조물이다. 높이 300m의 노출 격자형 철구조를 세우려는 에펠의 구상은 당시 놀라움과 회의를 동시에 불러일으켰으며, 미학적인 측면에서도 적지 않은 반대를 받았다. 박람회 후 철거 비용이 과다하게 든다는 이유로 철거가 미루어지게 되어 오늘날에 이르렀고, 지금은 세계 최고의 관광 명소로 각광받고 있다.

라 사그라다 파밀리아 교회(스페인)

안토니오 가우디가 1883년 이 교회 건설을 위탁받아 거대한 규모의 건물로 설계했으나, 아직까지 미완성인 채로 남아 있다. 당시 유행하던 역사적인 경향의 설계 방식과 건축 기법을 거부하고 장식과 디테일한 부분에서는 자연의 모티프를 사용하는 기법으로 디자인했다. 현재는 동쪽 일부의 탑만 지어진 상태이고, 탑의 높이는 107m이다.

엠파이어 스테이트 빌딩(뉴욕)
1931년 뉴욕 시에 건설된 102층의 철골 구조 건물. 당시 거대한 규모의 마천루로서는 세계 최초였으며, 1954년까지 세계에서 가장 높은 구조물(높이 381m)이었다. 1950년 67.6m의 텔레비전 안테나 기둥이 정상부에 세워져 전체 높이가 448.6m로 높아졌다.

롱샹 교회(1965, 프랑스)
르 코르뷔지에의 후기 작품. 높은 언덕 위에 자리하고 있으며, 두 가지 유형
의 벽면(얇은 조개껍질 같은 벽, 육중하고 모서리가 예리한 벽), 다양하게 뚫
린 창문, 배 모양의 육중한 지붕 등이 특징이다. 아래 그림은 이 교회의 주출
입구다.

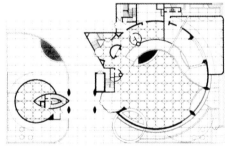

구겐하임 미술관(1959, 뉴욕)

프랭크 로이드 라이트가 설계한 미술관으로, 전통적인 미술관 설계에서 과감하게 탈피한 형태를 취했다. 매끈하게 조각된 거대하고 장식이 없는 흰 콘크리트의 코일이 바깥쪽으로 나선 모양을 그리며 올라가는 형상이다. 내부의 전시 공간은 스테인리스 스틸로 떠받친 유리로 된 둥근 지붕을 통해 빛이 들어오는 중앙의 공간을 6층으로 된 나선형 경사로가 에워싸고 있다. 그리고 많은 그림들은 경사진 외벽에 숨겨진 금속대에 고정되어 있어 마치 작품이 공중에 떠 있는 것처럼 보인다.

퐁피두 센터(1977, 파리)

이것은 프랑스의 국립 문화 센터로, 주로 20세기 시각예술을 위한 박물관과
종합시설로서의 기능을 담당한다. 이 박물관이 지어질 당시의 대통령 조르
주 퐁피두의 이름을 딴 명칭이며, 렌조 피아노와 리처드 로저스가 공동으로
설계했다. 주변 건물들을 초라하게 만드는 공장과도 같은 위압적인 겉모습
은 밝은 빛깔의 외부 파이프, 도관(導管), 그 밖에 겉으로 드러나 있는 각종
공급시설 때문에 나쁜 평판을 얻었다. 퐁피두 센터는 개장 초부터 사람들이
몰려들었으며, 지금도 세계 주요문화시설 중 사람의 발길이 가장 잦은 곳으
로 손꼽히고 있다.

옮긴이의 말

1985년에 『서양 건축사 도해』라는 제목으로 *The Story of Western Architecture 1*판을 번역, 출간했다. 요령 있는 설명과 함께 저자가 직접 그린 풍부한 스케치를 담고 있는 이 책은 그때까지 서양 건축사를 양식사 중심으로만 공부하던 나에게 새로운 충격을 주었다. 이후 근대 및 현대 건축 부분이 보완되어 MIT Press에서 발간된 개정판을 관심 있게 읽어보았다. 책의 내용이 워낙 달라져서 감히 번역할 욕심을 내지 못하다가 1993년 내가 영국의 셰필드(Sheffield) 대학에 연구 교수로 가 있는 동안 차분하게 읽고 초벌 번역을 할 기회를 가졌다. 그러나 내용의 일부가 보완되어 초판을 출간했던 Hebert Press에서 1997년에 제2개정판이 출간됨으로써 또 한 번의 노력이 필요해졌다. 마음을 고쳐먹고 처음부터 시작하는 자세로 차근차근 정리하고 번역된 내용을 재검토하는 데 3년이 경과했다.

이제 새로운 번역판을 마무리하고 보니 감회가 새롭다. 1979년 초판 발간 이후 두 번의 개정을 거쳐 메소포타미아·이집트·그리스 건축, 현대 건축의 포스트모더니즘과 건축가의 사회 참여 부분이 보완되어 건축사를 전반적으로 훑어보는 데에 적합한 책으로 완성된 듯싶다.

이 책은 기존의 서양 건축사 책들과는 다른 방식으로 기술되어 있다. 저자는 건축의 이상적인 형태를 사회적인 일체감 속에서 무리 공동체 생활을 영위했던 원시사회, 즉 게마인샤프트의 건축에서 찾아내고 이를 다음과 같이 기술했다.

"원시사회는 협동을 원칙으로 했고, 분야별 전문가란 존재하지 않았기 때문에 어느 집단이 그곳에 필요한 건물을 지을 때에 전문적인 건축가의 손을 거칠 수 없었다. 따라서 다소 세련미는 부족하나 집단 상호 간의 협력으로 공감대를 형성하고 참여함에 따라 그 미비점을 충분히 메워나갈 수 있었다."

그러나 저자는 이러한 사회와 건축의 결합을 현대 사회에서는 더 이상 구현할 수 없는 것으로 보고 있다.

"종래에는 인간과 인간을 둘러싼 세계 간의 창조적인 협력이 전부였으나 이제는 그 관계가 건축에서 상실되었다. 즉 건축이 상품화되었으므로 격리된 건축가가 익명의 대중을 위해 건축을 생산할 뿐이다. 비록 기술적인 우수성을 인정하지 않을 수 없지만, 그 정서적이고 지성적인 측면이 개인적인 관심과 이론에 따라 구축될 뿐 사용자 자신의 근원적인 요구는 도외시되는 경우가 많다.” 또한 “사회와 건축의 분리는 르네상스 시대부터 비롯된 것으로 점차 건축가의 지위가 향상되면서 ‘보통 사람의 보통 문제에 대해서는 눈도 깜짝하지 않는 위대한 건축가’가 되고 말았다. 이와 같은 사회와 건축의 분리를 가져오는 특권의식이란 건축가에게는 가장 위험한 유혹이다”라고 저자는 역설한다.

이상과 같은 저자의 견해는 그가 다룬 건물에서도 잘 드러난다. 예컨대 종래의 건축사에서 그다지 중요하게 여기지 않았던 건축물들, 즉 켈트족의 주택, 중세 농민·도시민의 주거, 북아메리카의 목조 건축, 영국의 교외주택 등이 그것이다. 이들은 건축 양식사적인 측면에서 볼 때, 그늘에 가려졌던 부분이었다. 하지만 저자는 이렇게 음지에서 숨쉬고 있던 건축물들 속에서 건축적인 전통과 맥락을 찾으려고 애썼으며, 바로 이 부분이 바로 저자의 이지(理知)가 빛나는 대목이다.

이 책을 번역하면서 새삼스럽게 확인되는 각 시대별 건축의 주요한 특징과 디테일은 나의 배움에도 큰 도움이 되었다. 개략적으로 혹은 관념적으로만 알고 있었던 내용을 저자의 독특한 스케치를 통해 분명하고도 구체적으로 살펴볼 수 있어 신선하기까지 했다. 번역 도중 원문 내용상 어색한 표현이나 중첩되는 대목을 처리하다 보니 다소 내용의 스킵(skip)이 있지 않을까 하는 우려도 있다. 하지만 그러한 부분은 읽는 독자들의 지혜와 아량으로 충분히 보완될 수 있으리라 여겨진다.

끝으로 이 책이 나오기까지 많은 조언과 충고를 아끼지 않으셨던 충남대학교 건축과의 여러 동료 교수님들께 감사를 드린다. 더불어 사소한 일까지 마다하지 않고 도와준 연구실의 대학원생들에게도 고마운 마음을 전한다.

■ 2000년 8월
　오덕성

서양 건축 이야기

제4장 위대한 세기 : 13세기

제5장 자본주의의 성장 : 14~15세기

제9장 전통과 진보의 시대 : 1850~1914

제10장 근·현대의 세계 : 1914~현재, 그리고 미래

제1장 역사의 시작 : 선사시대부터의 유럽

건축의 기원

"사람들은 동쪽으로 이동하다 시날(Shinar) 지방의 한 들판에 이르러 정착했다. 그들은 '벽돌을 빚어 불에 단단히 구워내자'라고 이야기하면서, 돌 대신 벽돌을 쓰고, 모르타르 대신 역청을 쓰게 되었다."(공동번역 성서, 창세기 11 : 2)

창세기에 기록되어 있는 님루드(Nimrud) 지역에서처럼 태곳적부터 인간은 숲을 개간해 곡식을 재배하고 무기와 생활도구를 만들어 주위로부터 자신을 보호하고 또한 적응시켜 가면서 욕구를 충족했다. 특히 강한 햇빛을 피하고 비바람에 견디기 위해 집을 짓는 일은 인간의 육체를 위해서만 아니라 기본적인 사회생활을 위해서도 필요한 일이었다. 이것을 단순히 실용적인 요구로 낮추어볼 수도 있겠지만, 그보다는 물리적인 환경을 극복하려는 창조 행위로 보는 것이 적합할 것이다. 기상과 기후에 적합한 건축 재료를 발견하고 이를 실체화시켜 건축물 형태로 만들어내는 행위는 자연계에서 오직 인간만이 지닌 지혜와 지능을 사용해 이루어내는 창작 활동이다. 실제로 이것은 자기창조 행위라고도 할 수 있는데 마르크스(Karl Marx)는 이것을 다음과 같이 말하고 있다.

"인간은 외부 세계에 자극을 가하고 변화를 줌과 동시에 인간 자신도 변화하여 자연과의 물리적 상호작용을 시작하고 자신을 조절, 통제하게 된다."

이 책의 이야기는 자연이 사람들의 삶을 지배했던, 원시적이며 잔인하고 미신적인, 선사시대부터 시작된다. 치열하며 불확실한 생활 속에서도, 사람들은 학습을 통한 무기와 도구의 제작, 건축술의 발달 등 진보적인 자기창조 활동으로써 자신들이 처한 환경을 개선해나갔다.

이러한 역사는 자본주의시대에서 잠시 멈추게 된다. 우리 시대는 실용적이고 지적인 측면에서 상당한 업적을 이룩한 시대이며, 어느 정도의 부와 자기만족을 가져왔다. 그러나 과거와는 달리 전쟁·기아·빈곤, 그리고 비참함을 경험하도록 했다. 마르크스와 엥겔스는 자본주의 체제의 도시인들은 이집트의 피라미드, 로마의 수로(水路), 고딕 성당의 빼어남에 감탄하지만, 거기에도 폭력, 격리된 거리, 추한 빈민가, 집 없는 사람들이 존재했다고 지적했다. 오늘날에는 인간의 필요에 의해서가 아니라 이익을 추구하기 위한 생산의 관점에 따라 무엇을 어디에 지을지, 그리고 어떻게 계획할지, 무슨 재료를 사용할지, 누가 그 건물을 이용하고 누가 이용하지 않을 것인지 결정한다. 사람들은 더 이상 자신의 환경을 조절하지 못하게 된 것이다.

한편에서 보면 그것은 진보의 역사다. 한 건물은 다른 건물을 이끌어낸다. 그리고 연속된 창조 행위는 과거의 지식을 이용하며, 사회가 경제적으로 발전함에 따라 건설 기술도 사회 발전을 유도한다. 그러나 다른 측면에서 보면 그것은 퇴보의 역사이기도 하다. 건물을 통한 원시적 자기창조 행위는 점차 지배 엘리트에 의해 소유되거나 지배되는 지나치게 기교적인 건축의 창작 과정으로 변화되기 때문이다. 이러한 관점에서 서양 건축의 역사는 계급사회 성장의 역사라 할 수 있다.

약 700만 년 전, 최초의 인류가 나타났다. 시간이 지남에 따라 한 종족은 다른 종족에 의해 계승되었고, 뇌와 신체는 더욱 커졌으며, 환경에 적응하는 능력도 향상되었다. 200만 년 전의 호모 에렉투스(Homo Erectus)는 불을 사용하고, 사냥을 하며, 석기를 고안하고, 언어를 사용했던 최초의 인간이었을 것으로 추측된다. 구석기시대는 약 100만 년 전에 출현한 네안데르탈인(Neanderthal Man)에 의해서 계승되었으며, 이들은 옷을 제작하고 복잡한 조각을 할 수 있는 능력을 지니고 있었다. 호모 사피엔스(Homo Sapiens)는 10만 년 전 아프리카에서, 그리고 3만 5천 년 전 유럽에서 출현했다. 이들은 작고 육체적으로 약했지만 그의 조상인 네안데르탈인보다 지혜로웠고, 1~2천 년에 걸쳐서 네안데르탈인의 뒤를 이었다.

최초의 사람들은 연속된 빙하기에도 불구하고 한정된 정주지에서 불안정한 소규모 집단으로 살아 남았다. 그들은 수렵과 채집에 의존했다. 창과 활·화살은 단단한 돌이나 뼈로 만들어졌다. 사냥을 위해 길들인 개와 무기를 가지고 검치(劍齒) 호랑이 같은 육식동물들과 싸웠다. 그들은 동굴 또는 나뭇가지나 맘모스 뼈로 기본 틀을 만들고 갈대나 가죽으로 지붕을 씌운 오두막에서 살았고, 그곳에서 옷감 직조나 석재 세공 같은 가내수공업을 발전시켰다. 그들의 문화는 환경과 타협할 필요가 있었으며, 다양한 자연세계가 내세적인 의미를 담고 있다고 믿는 물신숭배 문화였다. 종교적 의식은 죽은 사람을 위한 장례식과 관련되었는데, 이것은 그들이 살고 있는 세상에 영원성을 부여하는 행위였다. 그들의 동굴벽화에서도 문화의 모습을 엿볼 수 있는데, 프랑스의 라스코(Lascaux)와 스페인의 알타미라(Altamira)에 있는 유명한 벽화에서는 사냥으로 살아가는 사람들과 들소나 사슴 같은 사냥감 사이의 신비롭고 중요한 관계가 강조되어 묘사되어 있다.

기원전 약 8300년 무렵, 지구 역사상 가장 중요한 환경 변화로 빙하가 녹기 시작했다. 해수면이 상승해 대륙이 나뉘어졌고, 숲과 목초지가 생겨났다. 많은 짐승의 무리—사향소, 큰사슴, 양모 코뿔소—가 환경 변화를 견디지 못하고 멸종했다. 온화한 지역에서는 농업이 발달하기 시작했으며, 환경이 열악한 지역에서는 수렵과 유목 생활이 이루어졌다. 점차 사회가 정착됨에 따라 문명화된 기술이 발전되었다. 기원전 6000년경에는 바퀴가 고안되었고, 토기가 최초로 출현했으며, 구리가 무기나 도구의 재료로 활용되면서 석기시대에서 청동기시대로 변화했다. 최초의 영구적인 인간 정주지는 아마도 아시아의 미노르(Minor)에 지어진 흙벽돌 마을인 것으로 추측된다. 예리코(Jericho)의 마을도 기원전 8000년 무렵에 정착했을 것으로 보인다. 기원전 5000년경, 메소포타미아인과 이집트인들은 농경지에 물을 대기 위해 관개(灌漑) 방식을 사용했다. 점차 인간들은 정착하면서, 그들 자신과 그들이 사는 땅, 역사, 그리고 미래와 관련을 맺기 시작했다. 기원전 약 4700년경부터 인간과 환경의 종교적 매개체로서 거석 구조물 같은 종교적인 상징물이 건립되었다. 그 사례로는 서웨일스(West Wales) 지방의 렌터 이판(Rentre Ifan), 브리타뉴(Brittany) 지방의 카르낙(Carnac), 그리고 스톤헨지(Stonehenge)가 있다.

아마도 고대의 가장 큰 사회 발전은 도시혁명이었을 것이다. 기원전 약 3500년 무렵에 세계 곳곳에서 도시가 출현하기 시작했는데, 인구가 수천 명, 면적이 10km²에 달했다. 그러나 주요한 차이점은 그 규모가 아니라 질적인 면에 있었다. 그 시대의 생활은 비교적 단순했다. 사회 구조는 확대된 가족 단위에 기반을 둔 부족제였고, 대부분의 사람들이 농업에 종사했다. 그러나 도시에서는 왕과 지배계급, 귀족과 성직자, 시인과 음악가, 관리와 전사, 시민, 상인과 그들의 가족, 장인, 광대, 노동자와 노예 등과 같은 많은 사회계층이 존재했다. 도시화에 따라 새로운 사회조직 형태가 생겼고, 이는 사회 형성의 필수적인 조건이었다. 계층화는 많은 비생산 소비자를 부양할 만큼 농업이 충분히 발전되었을 때에 가능한 것이었다. 그리고 대규모의 생산적인 농장 공동체가 그들의 안전과 질서유지를 위해 지배계층의 정치조직에 의존하고 있었기 때문에 계층화는 필연적인 것이었다.

지배계층은 서로 다른 종족이 결합하면서 여러 세대에 걸쳐 형성되었다. 여러 부족장들로 구성된 원로회는 개별 부족장들이 소유했던 권위보다 더욱 막강한 힘을 발휘했고, 그들은 안정적인 엘리트 계층이 되었다. 부는 토지 소유권과 노예 관리권에 의해 판가름나게 되었다. 따라서 더 많은 토지와 노예를 소유할수록 더 많은 부를 획득했다. 그러므로 지배계층에게 자신의 부를 보호하기 위한 지배와 방어의 문제는 가장 중요한 것이었다. 기원전 4000년경, 기록술의 발달로 세금이 출현하게 되었고 그에 따라 세금을 관리하는 관료체제 정치가 나타났다. 군대는 치안과 외세 방어를 담당했다. 모든 성직자들과 문화 단체는 지배계층의 고귀함을 유지시킴으로써 지배권을 형성시키는 데 일조했다. 부유층과 빈곤층 간의 관계는 최선의 경우 서로 공생하는 사이였지만, 최악의 경우 부유층은 빈곤층을 착취하고 핍박하는 존재였다.

메소포타미아 건축

아시아와 소아시아 지역에 위치한 두 왕국은 각각 비옥한 강유역 중심부에 도시를 형성시켰다. 중국의 황하(黃河)와 양쯔강(揚子江) 유역, 인도의 인더스강(Indus) 유역, 그리고 이집트의 나일강(Nile) 유역은 해마다 거듭되는 범람으로 충적토가 쌓인 매우 기름진 지역이었다. 그리고 메소포타미아(현재의 이라크)의 티그리스강(Tigris)과 유프라테스강(Euphrates) 사이의 비옥한 초승달 지역에는 수메르 문명이 출현했다. 이 지역에 형성된 우르(Ur), 우르크(Uruk) 그리고 라가시(Lagash)는 아마도 고대 도시 중 최초의 도시일 것이다.

도시는 문화적 혁신자였다. 물신론적 신앙은 자연세계에 상당한 상징을 부여했다. 삶과 죽음, 시간과 계절, 태양, 달 그리고 생명을 주는 강 등이 대표적인 예다. 같은 맥락에서 자연과학이 점차 발달했는데, 특히 천문학, 수

메소포타미아

 별, 신

 물, 강

◯ 땅

 하늘, 바다

초기 수메르의 상형문자

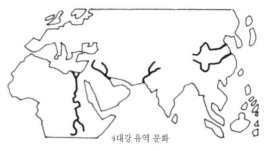

4대강 유역 문화

흰 신전과 지구라트, 우르

아시리아의 날개 돋친
사자, 님루드

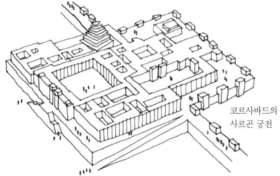

코르사바드의
사르곤 궁전

우르의 왕 깃발에 나타난 그림

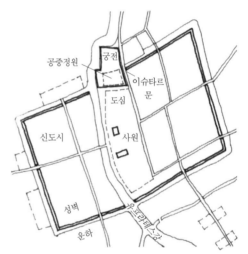

공중정원 | 궁전
이슈타르 문
도심
신도시 | 사원
성벽
운하

네부카드네자르 시기 바빌론의 도시계획

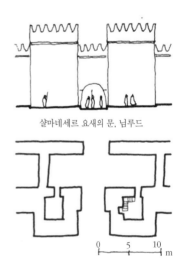

샬마네세르 요새의 문, 님루드

0   5   10
m

학, 기하학이 발전했다. 1시간이 60분, 1년이 365일, 원이 360도로 이루어진다는 개념적 이해가 고대 세계에서 시작되었다. 설형문자는 정치적인 목적뿐 아니라 문화적인 문적으로도 사용되었다. 기원전 약 3000년경 최초로 기록된 이야기로 알려진 『길가메시의 서사시』(*Epic of Gilgamesh*)가 수메르(Sumer)에서 출현했다. 사후세계에 대한 믿음은 시체를 썩지 않게 처리하는 기술을 발전시켰고 삶에 도움이 되는 해부학에 대한 지식을 습득하는 데 도움을 주었다. 그리고 현세에 대한 믿음으로 마약과 화장품을 사용하게 되었다.

소아시아 지역에서는 목재가 풍부하지 않았음에도 불구하고 오늘날보다 더욱 많이 사용되었는데, 야자나무 줄기나 견고하게 매어진 갈대단을 기둥과 보로 사용했던 것으로 보인다(그러나 가장 보편적인 건축재료는 가연성 재료의 결점을 감안해 볼 때, 가마에서 구워낸 벽돌이라기보다는 햇볕에 건조된 진흙 벽돌이었다. 진흙 벽돌은 햇빛과 바람에 의해 침식되는 내구성이 약한 재료이므로 중요한 건축물에는 구운 점토 타일이나 회반죽, 혹은 석회 칠로 외피를 보호했을 것이다). 따라서 이집트의 수도는 '흰 성벽의 멤피스'로 알려지게 되었다. 대다수 소규모 건물의 지붕은 벽돌 자체의 구조적 한계와 지붕보로 이용되는 목재의 부족 때문에 자연적 구조체계인 아치 형태의 볼트로 처리되었다. 소규모 건물은 대부분 단층으로 만들어졌지만, 4층 정도까지 가능했던 것으로 판단된다. 다만 우리는 대부분의 고대 벽돌 건물에 대한 고고학적 증거만을 갖고 있을 뿐이다. 그러나 중요한 건물은 돌로 만들어졌고 현재까지 남아 있다.

대표적인 수메르 건축물은 지구라트(ziggurat)로서, 도시 중심부에 위치한다. 그것은 인위적인 기단 위에 서 있고, 계단식 피라미드의 형태를 지닌다. 기단은 평평한 강변에 자리한 사원을 중요하게 보이도록 만들었다. 우르크의 대도시에는 이미 알려진 어떤 건물보다도 의욕적이고 거대하게 만들어진 사원으로 구성된 수많은 성지가 있다. 종려나무 줄기를 표현하기 위해 원뿔 모양의 모자이크로 치장된 벽돌 마감의 독립 석조 기둥이 필라(Pillar) 사원에서 최초로 사용되었다. 기원전 3000년 이전의 것으로 추산되는 석재로 지어진 백색 사원(White Temple)은 가장 잘 보존된 고대 건물 중 하나로, 풍부한 질감을 위해 건조 벽돌과 구운 점토 타일을 사용했고, 예외적으로 보호가 필요한 곳에는 회칠을 했다.

고대 이집트 건축

이집트에서 파라오 체제가 이루어진 것은 이집트 역사에서 최초로 이름이 알려진 인물인 메네스(Menes) 때인 기원전 3200년 무렵이었다. 그는 상·하이집트를 하나의 왕국—남쪽 경계는 지금의 아스완(Aswan) 지역까지 이르렀다—으로 통일하고서, 나일강 삼각주 유역의 멤피스에 수도를 건설했다. 파라오는 '위대한 주인'을 뜻하며, 지배자 혹은 그의 추종자들과 실질적인 통치자 사이의 영속적인 연결을 강조한다. 당시의 안정은 파라오를 신처럼 높이 추대하고 그러한 상황하에서 사회를 조직화함으로써 이룰 수 있었다. 메네스 시대부터 기원전 2400년경까지 계속된 왕국은 고왕국(Old Kingdom)으로, 이집트 문명의 중요한 시작 단계를 정립했다. 당시의 매장 관습은 왕권의 영속을 표현하기 위한 것이었다. 파라오의 건축은 이런 생각을 실제적으로 표현하고 있었다. 인간을 위한 건축물인 벽돌 도시와 궁전은 모두 사라졌으나, 돌로 지어진 견고한 사원과 묘실은 여전히 남아 있다.

멤피스에 수세기 동안 중앙정부가 위치했고, 그 주변에 최초의 분묘가 건설되었다. 흥미롭게도 메네스 시기 전형적인 왕의 분묘는 고인이 사후 세계에서 필요로 하는 개인 재산과 그들 자신을 위한 수많은 작은 방으로 구성된 마스타바(mastaba)였다. 이 건조물은 벽돌이나 돌로 지어진 긴 직선의 형태를 지니고 있었다. 메네스도 사카라(Sakkara)에 자리한 왕의 공동묘지에 있는 소박한 마스타바에 매장되었을 것으로 추측된다. 통일 후 이집트의 세력이 성장하면서, 더 크고 높은 무덤이 건설되기 시작했고, 마침내 웅장한 규모의 피라미드 형태를 취하게 되었다. 사카라에 있는 조세르(Zoser) 왕의 피라미드(기원전 2800년경)는 세계 최초로 지어진 대규모 석조 건조물이다. 이 피라미드는 높이가 60m로 조세르의 최고 보좌관인 임호테프(Imhotep)에 의해서 만들어졌다. 따라서 임호테프는 세계 최초로 이름이 알려진 건축가가 되었다. 분묘는 돌무더기 밑의 지하에 자리했는데, 이것은 죽은 파라오의 재산을 도굴자로부터 보호하기 위한 조치였다. 메이둠(Meidum)에 위치한 후니(Huni) 왕의 피라미드(기원전 2700년경)와 다슈르(Dashur)에 위치한 세네페루(Seneferu) 왕의 피라미드(기원전 2600년경)는 높이가 각각 90m와 102m로 훨씬 대규모다.

가장 인상적인 것은 기원전 2500년경에 지금의 카이로(Cairo) 부근에 지어진 기자(Gizeh)의 피라미드이다. 거대한 스핑크스(Sphinx)와 세 개의 피라미드로 구성되어 있는데, 그중 두 개의 피라미드는 과거에 건설된 어떤 피라미

고왕국과 중왕국(이집트)

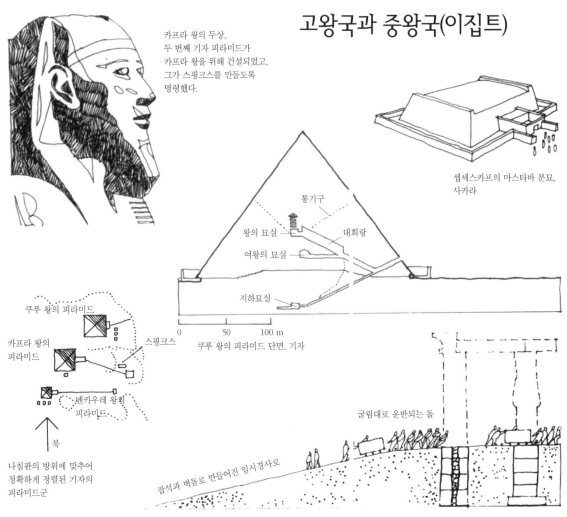

카프라 왕의 두상,
두 번째 기자 피라미드가
카프라 왕을 위해 건설되었고,
그가 스핑크스를 만들도록
명령했다.

셉세스카프의 마스타바 분묘,
사카라

통기구

왕의 묘실

대회랑

여왕의 묘실

지하묘실

0   50   100 m

쿠푸 왕의 피라미드 단면, 기자

쿠푸 왕의 피라미드

카프라 왕의
피라미드

스핑크스

멘카우레 왕의
피라미드

북

나침판의 방위에 맞추어
정확하게 정렬된 기자의
피라미드군

굴림대로 운반되는 돌

잡석과 벽돌로 만들어진 임시경사로

중왕국 시기 인방식(引枋式) 구조형식을 지닌 사원의 건설방법(추정)
- 외벽은 잡석으로 채워진다.

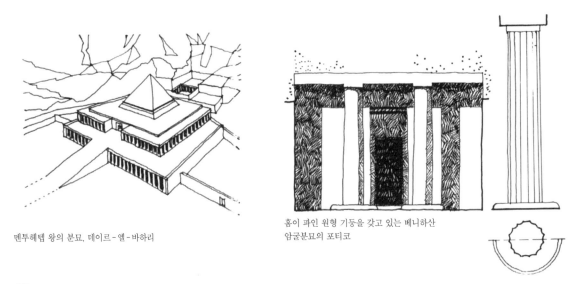

멘투헤텝 왕의 분묘, 데이르-엘-바하리

홈이 파인 원형 기둥을 갖고 있는 베니하산
암굴분묘의 포티코

드보다도 대규모다. 멘카우레(Menkaure)의 피라미드는 소규모였으나, 쿠푸(Khufu/Cheops)의 피라미드는 높이가 146m로 로마에 있는 성 베드로(혹은 피에트로, St. Peter) 성당의 바실리카보다도 큰 규모다. 반면 카프라(Khafra/Chephren)의 피라미드는 다소 규모가 작다. 지상 70m 높이의 정중앙부에 위치한 쿠푸(Khufu) 피라미드 안의 분묘는 화강암으로 정렬된 사각형의 신성한 방에 석관을 놓을 수 있도록 배려했다.

규모뿐 아니라 시공의 정확성은 또 하나의 경이로운 점이다. 피라미드는 나침반의 기본 방위점에 거의 일치되도록 정렬되었으며, 기초 부분도 완전한 수평을 이루고 있다. 석재는 구리 끌로 채석됐을 것으로 여겨질 만큼 매우 정확하게 마감되었다. 석재의 접합부는 극히 가늘게 처리되었고, 단위석재의 위치를 잡는 데 도움이 되는 윤활제로 순수한 회반죽을 첨가했다. 피라미드는 부드러운 석회암으로 덮여 있었는데, 표면재료의 대부분이 오랜 기간에 걸쳐 조금씩 벗겨져 나갔다.

피라미드에 나타난 장인의 기능은 뛰어난 것이지만, 피라미드를 만들었던 사람들의 업적은 그보다도 훨씬 놀랄 만한 것이다. 피라미드 건설에는 지렛대, 굴림대 그리고 사면기 같은 단순한 도구만이 사용되었고, 많은 노동력이 강제 동원되었다. 그러나 일반 시민이 비참한 강제 노역자로 전락한 것은 아니었다. 석공들은 숙련된 장인들이었고, 노역자들은 홍수기 동안 자신의 농경지에서 이탈한 일단의 소작농들이었다. 100명 단위로 구성된 약 10만 명의 노역자들이 거대한 피라미드를 건설하는 동안 동원되었을 것으로 추측된다. 각각의 노역 집단에 '사랑스런 쿠푸' '집시 멘카라'와 같은 이름을 부여했던 사실을 고려해본다면, 노역자 집단이 정열적으로 작업에 임했으며 경쟁적이었을 것이라는 사실을 짐작할 수 있다.

일반적으로 독재체제는 외부로부터의 강력한 도전과 내부의 부패라는 취약점을 지닌다. 기원전 2800년경, 메소포타미아의 수메르(Sumer) 정권은 아카디아인(Akkadian)에 의해 멸망했고, 계속된 왕권 침탈은 기원전 2300년경에 사르곤(Sargon) 왕이 두 개의 계곡 니미까지 왕국을 확장함으로써 종결되었다. 그동안 우르(Ur)의 우르나무 지구라트 복합군(Urnammu ziggurat complex)과 마리(Mari) 왕궁이 건설되었다. 왕궁에는 행정관을 위한 작문학교와 후세까지 그 지방에 대한 많은 역사적 지식을 전달하게 될 왕립 문서고가 건설되었다. 왕궁의 벽화는 진보된 소아시아 지역과 그보다 원시적이었던 유럽 사이의 문화적 가교를 형성했던 지중해의 도시문명인 크레타섬(Creta)과의 교류가 있었음을 보여주고 있다.

이집트 역시, 기원전 2400년경에 시리아(Syria)로부터 받은 몇 차례 공격으로 불안정한 상태였다. 고왕국은 붕괴되었고, 약 300년 동안 내란이 계속되었으며, 불멸의 기념물들이 파괴되었다. 그러나 멘투헤텝 3세(Mentuhetep III)와 같은 강력한 통치자가 왕위 계승을 하면서 정복을 통해 이집트는 다시 한 번 왕국을 통일했다. 평화와 번영의 시기라 일컫는 중왕국이 기원전 2100년경에 시작되어, 약 300년 동안 지속되었다. 이집트는 해상 무역을 촉진시키기 위해 홍해와 지중해 사이에 대규모 운하를 건설했다. 이집트의 영토는 남쪽으로 현재의 누비아(Nubia) 지역까지 확장되었다. 왕궁은 룩소르(Luxor)에서 강 건너 서쪽 제방 위의 지리적 요충지인 테베(Thebes) 근처에 건설되었다. 테반(Theban) 왕조기에는 왕족의 공동묘지가 그 도시의 남쪽에 건설되었다. 이 기간에 가장 중요한 건물은 데이르-엘-바하리(Deir-el-Bahari)에 위치한 멘투헤텝 자신의 시신 안치를 위한 사원이었다. 이 사원은 열주(列柱)로 구성된 지구라트 위에 피라미드가 얹혀진 이례적인 형태를 취했으며, 파라오 장례식의 배경으로 사용되기도 했다.

웅장한 건물을 건설하기 위해 이집트 건축가들은 '인방식'(引枋式) 구조를 고안했다. 일반적으로 이 구조는 원형 단면의 기둥에 의해 지지되는 평평한 상인방(上引枋, 혹은 보) 구조였다. 만약 일반 건물에서 조적식 구조에서 가능한 아치(arch)와 볼트(vault)를 사용했다면 구조적으로 대담한 건물이 되었을지도 모른다. 그러나 비록 볼트를 만드는 석재 기술이 아직 발전되지 않았지만, 보로 사용되는 거대한 돌덩이와 이를 운반할 수 있는 노동력이 확보되어 있었기 때문에 반드시 조적식 구조가 필요한 것은 아니었다. 돌의 강도와 관련해 볼 때, 돌의 무게를 지탱하려면 기둥 간격이 제한될 수밖에 없기 때문에 대규모 지붕에 의해 덮인 공간은 기둥들이 빽빽이 들어찬 숲이 되고 말았다. 이 시기에는 또 다른 형태의 무덤이 건설되었다. 베니-하산(Beni-Hasan)에 있는 암굴분묘는 단단한 바위를 깎아 건설되었는데, 입구의 열주랑(列柱廊)은 원형 단면의 기둥으로 홈이 약간 파여 있었으며, 주두(柱頭)와 기초가 평평한 형태였다. 이 같은 기둥 형태는 서양 건축에서 여러 번 반복되어 나타나고 있다.

기원전 2000년에서 1800년 사이에 또다시 전 지역에 걸친 정치적 혼란이 있었다. 메소포타미아의 바빌로니아 왕국 세력이 커졌으며, 마리 왕궁은 기원전 1757년경 전면적인 분쟁이 한창인 당시에 함무라비(Hammurabi)에게 파괴되었다. 함무라비의 통치 아래 바빌로니아 왕국의 위력은 강력한 왕권과 엄격한 법전의 제정을 통해서 강화되었지만, 함무라비가 죽은 후 카시트(Kassites)가 그 지역을 다스리면서 위력이 약화되었다. 이와 마찬가지로 이집트에서도 왕권이 다시 한번 붕괴되었다. 그때까지 소아시아 지역에는 아직 알려지지 않았던 말과 전차를 사용하는 아시아의 침략자들이 이집트를 점령했다. 그들 힉소스(Hyksos)는 약 200년 동안 이집트를 자신들의 통치 아래 두거나 왕들을 감시했다. 이 기간에는 대규모 건물의 건설도 중단되었다.

이 시기의 가장 큰 문화적 공헌은 정치적 절정기에 이르렀던 크레타 문명이라 할 수 있다. 에게해 지역의 초기 발전은 대부분, 다른 강유역과는 매우 다른 독특한 지형 덕택이었다. 지질학적으로 그리스 본토는 알프스를 감싸안고 남동쪽으로 길게 뻗은 땅으로 구성되었다(수많은 비슷비슷한 모습의 언덕과 계곡이 에게해 지역을 강어귀, 항구, 그리고 섬으로 보이게 했다). 많은 계곡과 섬에 의해 분리된 공동체는 나름대로의 독립된 삶을 영위하고 있었다. 에게해 지역에서는 항해술이 발달됨으로써 의사 소통, 무역, 그리고 문화 교류의 수단으로 활용되어 그들에게 많은 이익을 가져다주었다. 풍부한 경험은 이 지역의 문화를 고대 문명의 발상지인 티그리스·유프라테스, 나일강과 같은 지역보다 더욱 활기 있고 적응력 있는 방식으로 발전할 수 있게 했다. 즉, 그리스는 이집트의 경험을 계승해 더욱 발전할 수 있었다.

크레타 문명의 풍요로움은 금속의 채광과 세공, 그리고 보석과 항아리의 숙련된 처리법에 그 기반을 두고 있었다. 미노스 왕조의 치세하에서 크레타는 이집트, 시리아와 교역을 했으며, 그 정치적 힘은 에게해의 섬들과 그리스 본토 일부에까지 영향을 미쳤다. 크레타의 주요 도시들은 파이스토스(Phaestos)와 크노소스(Knossos)에서 성장했으며, 크노소스에는 거대하면서도 복잡한 미노스 왕궁이 있었다. 특히, 크레타를 통해 이집트의 중왕국 시기에 발달했던 건물형태인 기둥과 보로 구성되는 인방식 구조가 그리스로 전파되었다.

기원전 1580년경, 힉소스가 이집트에서 추방된 후에 가장 강력한 마지막 고대 이집트 왕국이 시작되었다. 청동기시대에서 철기시대로 전환되어 새로운 무기와 도구를 개발할 수 있게 되자, 이집트인들은 대단한 혜택을 누리게 되었다. 또한 기원전 16세기의 투트모시스 I세(Tutmosis I), 그의 딸 하트셉수트(Hatshepsut), 기원전 15세기의 투트모시스 III세, 그리고 기원전 13세

이집트(신왕국)

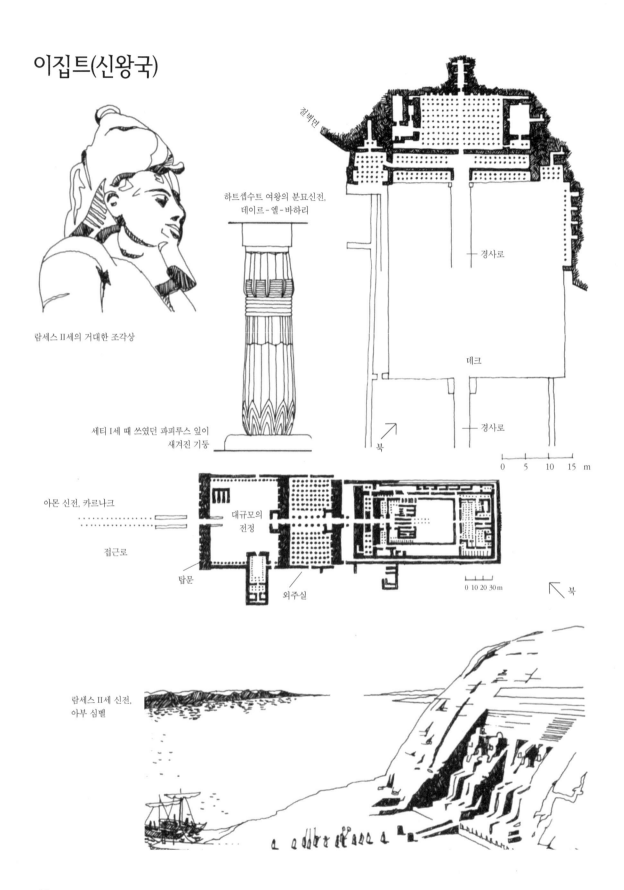

람세스 II세의 거대한 조각상

세티 I세 때 쓰였던 파피루스 잎이
새겨진 기둥

하트셉수트 여왕의 분묘신전,
데이르-엘-바하리

절벽면

경사로

데크

경사로

북

0 5 10 15 m

아몬 신전, 카르나크

접근로

대규모의
전정

탑문

외주실

0 10 20 30m

북

람세스 II세 신전,
아부 심벨

기의 세티 I세(Seti I)와 람세스 II세(Rameses II)로 이어지는 이 시기는 가장 위대한 파라오의 시대였다. 주변 민족들과의 활발한 교역 활동과 지적 탐구가 이루어졌으며, 종교는 일신교 쪽으로 전향되어 태양신 아몬-라(Amon-ra)가 신들 중에서 지배적 위치를 차지하게 되었다. 기원전 15세기, 아켄아톤(Akhenaton)이 수도를 테베에서 새 도시 아마르나(Amarna)로 옮기게 되고, 종교는 다신교에서 유일신 아톤(Aton)의 숭배로 완전히 전향되었다.

그러나 아켄아톤의 이러한 시도는 그리 오래가지 않았다. 테베와 아몬 숭배는 건축에 지속적인 영향을 끼치면서 그의 사후에 다시 부활되었다. 이 기간에 전형적인 이집트 신전이 건설되었는데, 이 신전은 주동선 방향을 축으로 대칭적으로 배치되고 내·외부 공간이 길게 연속되었다. 먼저, 주출입구의 양 옆에 위치한 양(羊) 조각과 스핑크스가 끝이 잘린 피라미드 형태의 커다란 '탑문'(pylon)으로 인도한다. 높은 벽으로 둘러싸인 첫 번째 중정(中庭)은 하늘로 열려 있다. 지붕이 있는 회랑으로 둘러싸인 두 번째 중정을 지나면 거대한 기둥들에 의해 지지되고, 조그만 고측창(clerestory)으로부터 빛이 들어오는 지붕 덮인 '다주식'(多柱式, hypostyle) 홀에 이르게 된다. 신성한 장소에 도달하기까지 점진적으로 어두워지는 이러한 일련의 연속된 공간은 이 장소를 더욱 신비롭게 했을 것이다.

이 당시 신전은 집단적 숭배의 장소가 아니라, 인간 세상의 대표자인 파라오와 신이 만나는 장소였다. 밝은 곳에서 어둡고 신비로운 곳으로 이동하는 공간의 연속은 성스러운 의식을 더욱 강조했다. 건물은 자연적 상징으로 가득 차 있었는데, 탑문은 산을, 다주식 홀의 지붕은 하늘을 상징했다. 기둥에는 야자나무와 파피루스 나무가 새겨져 있었고 방위는 중요한 때나 절기에 태양광선이 탑문 사이로 비춰지거나 혹은 특정한 방에 비춰지도록 계획되었다. 조각과 부조는 신(혹은 신 모습을 한 파라오)을 묘사했는데, 태양신 아몬-라, 하늘의 신과 여신인 호루스(Horus)와 하토르(Hathor), 생명의 신과 여신인 오시리스(Osiris)와 이시스(Isis), 늑대 머리를 가진 죽음의 신 아누비스(Anubis) 등이었다.

테베 근처의 서쪽 제방 위 데이르-엘-바하리에 위치한 하트셉수트 여왕(기원전 1520년경)의 분묘는 암벽에 만들어진 장엄한 계단식 구조물이었다. 분묘의 설계는 약 500년 전 멘투헤텝의 설계에 기반을 두었으며, 원형 기둥을 중왕국 시대의 전형적인 평평한 주두와 통합했다. 근처에 있는 라메세시움(Ramesseum)은 람세스 II세(기원전 1300년경)의 분묘로 거대한 탑문과 기둥으로 구성되었고, 기둥의 일부가 오시리스의 형상을 하고 있었다. 동쪽 제방 위에 건설된 룩소르 신전은 가장 큰 규모의 분묘로 기원전 1400년경부터 100년 이상 동안 건설되었다. 이 신전은 람세스 II세 때 증축되었고, 입구에 거대한 중정을 갖는 전형적인 신전 형식을 따랐다. 의식 행렬용 통로는 룩소르 신전에서부터 카르나크(Karnak) 근처에 있는 아몬 신전에까지 이르고 있다.

이 거대한 건물은 360×110m 규모의 육중한 벽에 의해 둘러싸여 있다. 다주식 홀은 134개의 기둥이 16열로 구성된 약 24m 높이의 위엄 있는 공간이었다. 카르나크는 기원전 1530년경에 건설되기 시작해 세티 I세와 람세스 II세 때에 주요 작업이 이루어졌지만, 결국 1,000년에 걸쳐 증축된 것이었다. 광대한 부지에는 소규모 신전, 신성한 연못, 성직자와 그들의 하인을 위한 주거시설, 그리고 요새 등이 있었다. 군대는 성직자들이 비축한 막대한 재산을 경비했고, 점차 성직자는 파라오와 경쟁적 관계에서 파라오의 정치적 지배권을 위협하는 존재가 되기도 했다.

람세스 II세 이후, 파라오 절대왕권을 기반으로 한 이집트의 정치적 권력은 점차 쇠퇴하기 시작했다. 고대 사회는 정치적으로 경직되어 있었기 때문에, 개혁은 매우 더디게 이루어졌다. 재화가 사회 개선을 위해 사용될 수 없었던 이유는 이미 부유한 사람들에 의해 과시 수단으로 소비되었기 때문이었다. 그러나 이러한 재산의 비생산적인 축적도 한계에 이르게 되었다. 종종 역사상에서 영구한 절대권력의 표현으로서의 위대한 건축물의 성취가 곧 종말의 시작이 되었다는 사실은 모순이다.

람세스 II세와 가장 밀접한 관계를 가지고 거대한 왕국의 남쪽 지역을 경계 지었던 건물은 누비아 지방의 나일강 제방 위 절벽에 건설된 두 개의 아부 심벨(Abu Simbel, 기원전 1300년) 신전이다. 그중에서 람세스의 부인인 네페르타리(Nefertari)와 여신 하토르를 기리는 소규모 신전의 입구 정면은 여신 형상을 한 네 개의 거대한 여왕상으로 통합되어 있었다. 대신전에는 각각 높이가 20m이며 신성시된 네 개의 람세스 좌상이 있었다. 오시리스 기둥에 의해 지지되는 주실(柱室)을 거치면 약 60m 안쪽에 위치한 성소(sanctuary)에 이르게 된다. 태양이 신전을 비출 때에 세 개의 조각상에 빛이 비춰지도록 계획되었으며, 나머지 한 개의 조각상은 저승의 신 프타(Ptah)를 상징해 항상 어둠 속에 남아 있었다.

크레타와 미케네 건축

확실한 원인이 밝혀지지 않고 있으나 기원전 1400년경에 크레타의 미노스 왕국이 갑작스럽게 붕괴되었고, 크노소스 왕궁도 파괴되었다. 이미 에게 문화의 중심은 펠로폰네소스로 옮겨지고 있었으며, 티린스(Tiryns)와 미케네(Mycenae)에서는 부족 공동체가 성장하고 있었다. 훗날 호머(Homer)의 서사시『일리아드』(Iliad)의 줄거리는 트로이(Troy)와 이들 공동체들 간의 전쟁에 대해서였다. 건축물 역시 매우 호전적이어서, 7m 이상의 두꺼운 벽으로 둘러싸인 도시는 해상 군대에 의존했던 섬 도시보다도 방어력을 지녔다. 유명한 사자문(Lion gate, 기원전 1250년경)을 통과해야 미케네로 들어갈 수 있는데, 이 문의 돌로 된 거대한 상인방 위에는 한 쌍의 사자가 조각되어 있다. 호머의 또 다른 자료에 의하면 현재는 사이클로피안(Cyclopean)이라고 알려져 있는 거대한 석조벽이 축조됐다고 한다. 아가멤논(Agamemnon)의 무덤이라고 불리는 미케네의 아트레우스(Atreus)의 보고(기원전 1325년경)는 약 13m 높이의 벌집 모양의 무덤으로, 언덕을 깎아내어 하늘로 개방시킨 복도인 드로모스(dromos)를 통해 진입하고 있다. 에게 건축은 이집트 건축보다는 덜 정교했지만, 그 방식에서 이집트의 것과 같은 효과를 지녔다. 더구나 원시적 돌무덤인 아트레우스의 보고는 동시대 이집트의 석조 인방식 구조보다 더욱 창의적인 것이었다.

한편, 이집트가 쇠퇴하면서 아시리아가 성장했다. 아시리아인들은 고대 세계에서 가장 호전적인 민족이었다. 그들은 건조벽돌로 축조된 성벽을 파괴할 수 있는 파성퇴(破城槌)와 포위 공격을 위한 병기를 고안했다. 약 400년 동안 아시리아 왕국은 페르시아 만에서 지중해까지, 북쪽으로는 흑해, 그리고 남쪽으로는 이집트까지 세력을 떨쳤다. 그들의 군정도 역시 훌륭한 통치체계에 의존했다. 특히, 효율적인 도로망과 우편체계를 통해 지방 통치자들과 관리들의 임무 수행을 가능하게 했다. 아슈르(Ashur), 님루드(Nimrud), 코르사바드(Khorsabad), 니네베(Nineveh) 같은 도시가 성장했고, 신전, 궁전, 행정관청이 건설되었다. 아슈르는 아시리아 지역의 문화적·종교적 중심이었으며, 이곳에 위치한 지구라트(기원전 1250년경)는 도시 이름의 기원이 되었던 국가의 주신(主神)에게 바쳐진 것이었다.

기원전 약 1200년까지 트로이 전쟁에 의한 경제적 여파로 미케네 문명은 극도로 약화되었다. 북방 민족들, 주로 도리아인(Dorians)과 이오니아인(Ionians)이 그리스 본토를 침략하기 시작했는데, 이들이 지닌 철기 기술

크레타와 미케네

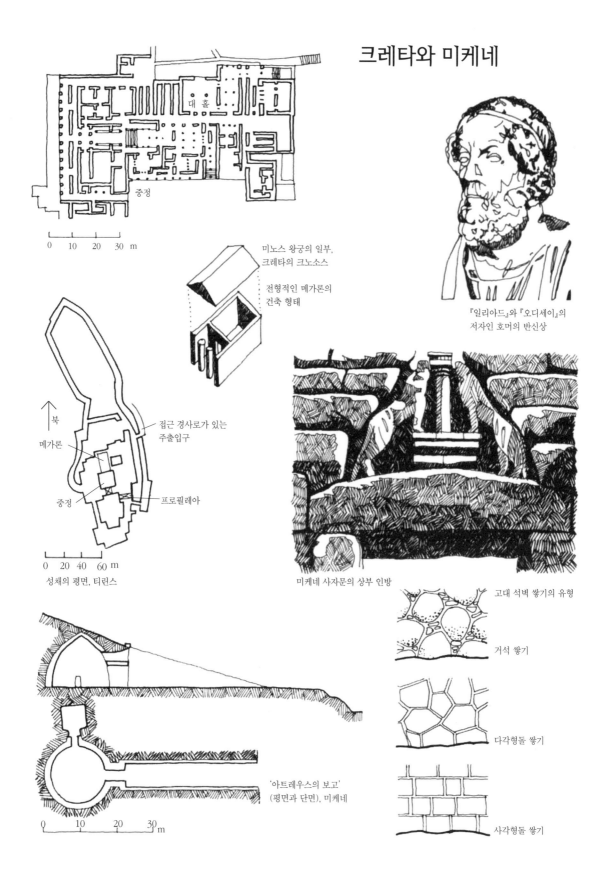

대홀

중정

0 10 20 30 m

미노스 왕궁의 일부, 크레타의 크노소스

전형적인 메가론의 건축 형태

『일리아드』와 『오디세이』의 저자인 호머의 반신상

↑ 북

메가론

중정

접근 경사로가 있는 주출입구

프로필레아

0 20 40 60 m

성채의 평면, 티린스

미케네 사자문의 상부 인방

고대 석벽 쌓기의 유형

거석 쌓기

다각형돌 쌓기

'아트레우스의 보고' (평면과 단면), 미케네

0 10 20 30 m

사각형돌 쌓기

이 승패의 결정적인 요인으로 작용했다. 도리아인들은 그리스 북쪽과 펠로폰네소스─이오니아의 아티카(Attica), 에게해의 섬들, 그리고 오늘날 터키(Turkey) 영토인 에게해변의 아나톨리아(Anatolia)─를 점령했다. 그들의 주요한 건물 형태인 메가론(megaron)은 북쪽 지방 숲의 목재를 사용함으로써 목재 기술로의 전환을 보였다. 메가론은 주거나 신전에 적합했으며, 단순한 회랑식 포치(porch)에 박공 지붕을 갖는 건물이었다. 이 형태는 서양 건축사의 근원적 역할을 해왔던 전통적인 그리스 신전에 영향을 주었다.

아시리아 왕국이 성장함에 따라 또 하나의 큰 도시가 건설되었다. 기원전 880년경 아슈르나시르팔 II세(Ashurnasirpal II)는 님루드의 성을 수도로 재건했고, 여러 개의 중정 주위로 거대한 왕궁을 건설했다. 이는 수년간 계속될 전형적인 아시리아 왕궁의 형태를 확립하는 것이었다. 그의 계승자 샬마네세르 III세(Shalmaneser III)는 기원전 859년에 님루드 외곽에 건설된 요새로 수도를 옮겼으며, 이곳은 기원전 720년에 사르곤 II세(Sargon II)가 새로운 도시 코르사바드를 건설하기 전까지 수도였다. 이곳의 면적은 약 3km²에 달했으며, 수많은 탑과 출입문을 갖는 거대한 벽으로 둘러싸여 있었다. 대지의 한 모퉁이에는 약 10ha 면적의 사르곤 왕궁이 배치되었다. 왕궁의 방과 마당은 밝은 색조의 광택 있는 벽돌로 장식되었고, 날개 달린 황소와 사자 형상이 부조로 새겨져 있었다. 기원전 7세기 초에는 견고하게 요새화된 도시 니네베가 사르곤의 아들 세나케리브(Sennacherib, 일명 산테립)에 의해 건설되어 마지막으로 수도의 역할을 했다. 기원전 670년까지 아시리아의 세력은 팔레스타인과 약화된 이집트의 깊숙한 지역에까지 확장되었다.

그러나 이 왕조는 북쪽 지방의 호전적인 칼데아인(Chaldeans)으로부터 위협을 받게 되었고, 드디어 기원전 612년에 니네베가 함락되었다. 칼데아의 네부카드네자르(Nebuchadnezzar)는 세나캐리브에 의해 파괴되었던 고대도시 바빌론을 수도로 재건했고, 팔레스타인을 포함한 전 지역에 그의 세력을 떨쳤다. 이 시기는 헤브루(Hebrews) 민족의 회개를 위해 그들이 바빌로니아 사람들에게 잡혀간 이른바 '바빌론 유수'(Babylonian captivity) 시기라 일컬어지는 기간이었다. 바빌론 성채에는 두 개의 중심선이 구획되었다. 1km²가 넘는 성곽도시는 유프라테스강 측면에 위치했고 성안에는 주요 건물이 배치되었다. 넓은 의전행사용 대로와 이슈타르 문(Ishtar Gate), 바벨 탑 등이 위치하고 있었다. 도시 전체를 지배하는 왕궁의 강변에 위치한 '공중정원'(hanging garden)은 고대 세계의 불가사의 중 하나다.

그 사이에 지중해 서쪽 지역은 서양 역사상 중대한 역할을 수행할 정치적·문화적 정체성을 발전시켰다. 여전히 경제는 농업에 의존했지만, 해상 무역으로 많은 해안 도시 성립의 발판을 마련했다. 기원전 8세기부터는 소규모의 에트루리아 부족이 인근 라틴 지역의 경제적·정치적 세력을 차지하게 되었고, 건물과 상·하수도의 건설을 위해 아치 구조방식을 사용하는 등 실용적인 도시계획 기술을 발전시키면서 이탈리아 반도를 지배하기 시작했다.

고대 그리스 건축

그리스도 발전을 계속했다. 그리스는 분리된 지형적 특성과 다양한 종족이 혼합되어 있었기 때문에 도시들──아테네(Athens), 코린트(Corinth), 그리고 나머지 도시들──이 정치적·문화적으로 독립해 성장하는 것이 가능했다. 배후 농업지역과 무역 거점을 지닌 자립적인 도시에서 형성된 사회집단이 영어로는 '도시국가'로 번역되는 폴리스(polis)로 알려지게 되었다. 도시와 국가 사이의 유의성(類意性)은 거대한 강유역을 기반으로 한 왕국과 그리스의 도시국가로 식별될 수 있다. 전자가 정치적 힘을 형성할 만큼 크고 생산적이었던 반면에, 모든 시민에게 정치적 참여를 허용할 만큼 작고 집중화된 특성을 갖는 도시국가에서는 그리스의 가장 중요한 정치적 유산인 민주주의 제도와 철학적 사고를 발전시킬 만한 사회체제를 갖고 있었다.

그리스 발전의 기반은 사회 및 경제 구조의 변화였다. 농업과 무역은 새로운 부유층을 형성시켰다. 8세기부터는 미약한 왕이 통치하는 부족체제에서 출신 성분보다는 재산에 기반을 둔 권력형 귀족과 상인에 의한 소수 독재정치로의 길을 열었다. 그중 가장 잘 알려진 예가 바로 라코니아(Laconia)의 도시 스파르타(Sparta)였다. 미노스 시대에도 중요한 지역이었던 라코니아는 도리아인의 침략 이후에 독특한 특성을 지닌 지역으로 발전했다. 내륙 도시로서 무역의 기회가 제한되었고, 엄격한 군령에 의해 결합된 자급자족적인 농업공동체였다. 스파르타는 도리아인의 후예인 스파르타 귀족, 지주와 무역인이었던 토착 페리시치인(Periceci), 그리고 가장 큰 계층을 형성했던 농노인 토착 헬롯인(Helots)으로 형성된 엄격한 사회구조를 가졌다. 대부분의 고대사회 밑바닥에는 권리를 전혀 갖지 못한 노예가 존재해왔다.

안정된 사회와 도시 성장을 기반으로 더 영구적인 석조 건물이 건립되었다. 북쪽에서 수입된 목구조 형태, 티린스와 미케네(Mycenae)의 영향, 그리고 여전히 남아 있는 이집트의 전통은 그리스 건축가들이 이용할 수 있는 다양한 기술적 기반이 되었다. 초기에 석공들은 목조 건물의 형태를 그대로 석조로 옮겼으나, 후기에는 전형적인 그리스 건축양식인 신전 건축에서는 석조 자체의 성질로부터 비롯된 형태가 만들어졌다. 신전의 벽면은 그리스 지방의 전통적인 사각형의 메가론 형식에서 세련되게 발전했다. 신전에는 일반적으로 양 끝에 두 개의 방이 배치되었는데, 일종의 종교적인 행사가 집행되는 제실(religious chamber)인 나오스(naos)와 보물 저장고로 사용되거나, 처녀신 아테나를 위한 신성한 장소인 파르테논(parthenon)으로 사용되었던 밀실(adytum)이었다. 건물의 양 끝 부분은 포치 형식으로 연장되었다. 이러한 평면에 목재 골조의 경사지붕이 쉽게 걸칠 수 있도록 폭이 좁고 길이가 긴 전형적인 신전 양식이 출현하게 되었다. 좀더 중요한 대규모 신전의 경우에는 연속적인 열주로 신전의 외곽을 둘러싸는 열주랑(peripteral) 형식으로 계획되었다. 이와 같이 단순한 기본형태는 그 수법이 점점 정교해지면서 오랫동안 사용되었다.

그리스 신전 양식의 세련화 과정은 현재 우리가 알고 있는 '기둥양식'(柱式, order)의 발전과 관계가 있었다. 기둥양식은 신전 건축을 위해 개발되었지만, 그 디테일과 비례체계는 모든 건물에 적용될 수 있었다. 기둥 형태상의 특징으로 구분할 수 있는 세 개의 그리스 기둥양식은 도리아, 이오니아, 코린트 양식인데, 이 중에 가장 초기 형태인 도리아 양식은 납작한 주두와 홈이 파인 둥근 기둥으로 구성되어 일반적으로 단단한 외형을 지녔다. 몇 가지 점에서, 도리아 양식은 베니 하산에 있는 하트셉수트 신전과 무덤, 멘투헤텝의 장제신전을 상기시키고 있다. 그 명칭에서 나타나듯이 도리아 양식은 그리스의 도리아 지방, 그중에서도 특히 코린트와 스파르타와 관련되었다. 초기 사례로는 올림피아의 헤라(Hera, 기원전 590년경), 코린트의 아폴론(Apollon, 기원전 540년경)과 델피(Delphi, 기원전 510년경) 신전을 들 수 있다.

정치적으로는 스파르타가 소수 독재정치의 기원일 뿐 그 이상으로 발전하지 못했던 데에 반해, 다른 도시국가들은 그 이상으로 발전했다. 테베(Thebes)도 이런 도시국가들 중 하나지만, 가장 주목할 만한 국가는 아테네였다. 아테네의 바다와 항구는 곡물, 올리브, 술과 꿀, 그리고 철, 점토, 대리석과 은 등의 무역을 가능하게 했다. 도리아 문화에 비하면 이오니아 문화는 더 윤택한 동쪽 지방을 포함해 폭넓은 영향권에 접해 있었다. 기원전 6~7세기 동안, 지적인 측면의 발전이 이루어졌는데, 피타고라스(Pythagoras), 탈레스(Thales), 헤라클레이토스(Heracleitos)와 크세노파네스(Xenophanes)와 같은 철학자와 과학자들이 있었으며, 그리스어가 호머, 헤시오도스(Hesiodos), 이솝(Aesop), 사포(sappho)와 같은 사람들에 의해 발전함에 따라 문화적 통합이 이루어졌다. 꽃병에 그려진 회화, 조각, 그리고 홈이 깊고 우아하게 파인 기둥과 소용돌이 모양의 주두를 가진 이오니아 양식은 장식적 효과를 더욱 풍부하게 해주었다. 이오니아 양식 건물의 최초 사례는 소아시아, 에페수스(Ephesus, 기원전 560년경)의 아르테미스(Artemis) 신전과 사모스섬(Samos, 기원전 525년경)에 있는 헤라(Hera) 신전이다.

경제적으로 에게해는 도시국가간의 이익 공동체를 형성했다. 밀레토스(Miletos)와 프리에네(Priene)와 같은 식민도시가 아나톨리아 해안에 세워졌다. 자연 발생적인 도시들은 불규칙한 배치를 나타냈지만 밀레토스와 같은 식민도시들은 계획가들에 의해 단기간에 계획되어 규칙적인 가로의 기원을 보여주고 있다. 특히, 19세기의 시카고처럼 격자형의 가로망은 계획 도시의 특징이 되었다. 도시의 규칙적인 가로구획은 행정구역을 나누기에 용이했으며 사각형의 가로 블록은 다시 건축 필지로 세분되었다. 그리스의 식민도시에서 이러한 가로망의 특징은 주거형태에 영향을 주어 공기 순환이 가능하도록 내부로 개방된 중정을 포함한 사각형의 주거 평면 형태를 유도했으며 주택의 내부 중정은 주거 활동의 중심적인 역할을 차지했다.

에게해의 환경 여건으로 인해 아테네는 스파르타보다 자유로운 사회체제였고, 귀족, 상인 그리고 장인 간의 위계질서, 소작농 간의 위계질서, 아테네에 매료된 외국 무역상인인 메틱(metics)과 노예 사이의 위계질서가 그리 엄격하지 않았다. 모든 계층들은 서로 정치적 이해 관계를 갖는데, 정치적인 이상과 현실의 상충된 갈등을 조절하려는 필요에서 아테네의 느슨한 사회체제가 나온 것이었다.

기원전 7세기 말, 귀족인 드라코(Draco)는 사회 불안을 완화시키기 위해 엄격한 법체계를 성문화했다. 한 세대가 지난 후 귀족인 솔론(Solon)은 400인의 상류층 대표회의와 대중 집회를 만들도록 하면서, 상류층인 지주의 힘을 약화시키고 하위 계급의 힘을 강화시켰다. 하위 계급의 대중적인 지지에 기반을 둔 참여정치 체제가 등장하면서 힘의 균형이 옮겨졌다. 예를 들어, 전제군주인 페리스트라투스(Peristratus)는 반귀족적 법을 제정했고 괄목할 만한 공공사업을 통해 미약한 지배권을 유지했다. 그러나 이런 불확실한 정치체제는 6세기 말에 클레이스테네스(Cleisthenes)의 정치적 개혁으로 종식되었다. 그는 시민권을 자유로운 모든 성인 남성에게로 확대시켰으며, 모든 시민들이 대중의회에서 회합, 토론, 투표할 수 있도록 허용했다. 비록 시민은 인구의 1/3뿐이고 여자와 노예는 배제되었다 하더라도, 이는 데모스(demos, 시민)의 정치, 즉 민주주의였던 것이다.

아테네의 체제는 기원전 5세기 초반 페르시아 전쟁으로 피할 수 없는 위기에 직면했다. 기원전 6세기 중반 키루스(Cyrus) 대왕과 그의 아들 캄비세스(Cambyses)는 바빌로니아를 정복해 서아시아의 비옥한 초승달 지역의 실권을 획득했다. 이미 거대해진 제국은 아나톨리아와 팔레스타인까지 깊숙이 확장되었고, 다리우스 I세(Darius I)의 지배하에서는 이집트와 인도까지 영토가 확장되었다. 제국은 20개의 지역으로 나뉘어졌으며, 각각의 지역은 절대적이긴 하지만 관대한 힘을 행사하는 제후에 의해 관리되었다. 사회적 안정을 위해 다리우스 I세는 관대한 통치를 행했으며 지방 문화를 증진시켰다. 그는 추방당한 헤브루인들이 팔레스타인으로 돌아가는 것을 허용했다. 그리고 페르시아인들은 점령지인 이집트의 경제를 발전시키려고 노력했다. 이에 따라 페르시아의 예술과 건축은 지역간의 문화적인 풍요로움을 반영하기 시작했다. 고대 도시 엘람(Elam)에 위치한 수사(Susa) 지방에 새로운 수도를 건설하기 위해 다리우스는 아시리아인, 이집트인, 그리고 그리스의 장인들을 불러들였다. 벽돌공들은 바빌로니아 사람이었고, 목재는 레바논에서 들여왔다. 페르시아 양식의 전형적 모습인 여러 가지 색의 벽돌쌓기가 다리우스의 페르세폴리스(Persepolis) 궁전의 백주실(百柱室)에 화려하게 사용됨으로써 풍부한 디테일과 거대한 규모의 건축물이 탄생했다.

페르시아가 아나톨리아 지역에 있는 그리스의 식민도시를 차지하게 되자, 아테네와의 갈등이 시작되었다. 밀레토스 시민에 의한 폭동은 진압되었지만, 아테네와 스파르타는 간헐적으로 페르시아와 전쟁에 빠져들었다. 이 전쟁 동안 스파르타의 군대가 테르모필레(Thermopylae)에서 전멸했고, 아테네는 점령당하고 몰락했다. 그러나 전쟁은 살라미스(Salamis), 플라테(Plataea), 그리고 결정적으로 미켈레(Mycale)에서 그리스가 승리를 거두면서 기원전 480~479년에 종결되었다. 흔히 그렇듯, 이 전쟁도 아테네의 경제에 고무적인 영향을 끼쳤고 전후 복구가 재빠르게 이루어졌다. 도시국가의 상황을 살펴보면 스파르타의 경제는 지역에 한정되었지만, 아테네는 흑해에서 시칠리아에 이르는 확장된 식민지의 성장에 기반을 두고 있었다. 그러나 아테네의 힘은 이탈리아 대륙까지 확장되지는 못했다. 기원전 509년에 라틴 민족은 에트루리아인의 지배에 반란을 일으키고 로마에 기반을 둔 새로운 공화국을 선포하면서 기득권을 획득했다.

그러나 아테네의 권력은 동맹 도시국가들의 자금 충당과 도시국가간의 델로스 동맹(Delos League)에 기반을 둔 그리스 특유의 정치체제에 의존하고 있었다. 이러한 기반 위에서 아테네는 경제와 문화 발전의 황금기를 맞이했다. 기원전 5세기의 놀라운 문화적 성취를 '완벽한' 사회라고 설명하려고 하지만 거기에는 무리가 따른다. 이 시기는 한편으로는 민주주의, 또 다른 편으로는 제국주의가 상호 대립하는 시기로서 시민을 위한 자유가 보장되는 반면에 여성의 속박과 노예의 착취를 허용하고 있었기 때문이다.

전쟁이 끝난 후, 아테네는 사회적·물리적인 재건이 필요했다. 사회적으로 상당히 불안정했기 때문에, 페리클레스(Pericles)와 같은 지도자들이 민주주의 제도를 발전시키기 위해 노력했다. 도시의 물리적인 파괴를 복구하기 위해 많은 인력이 요구되는 공공사업이 필요했다. 바다와 연결되는 도시에는 방어적인 '장벽'이 건설되었다. 아테네는 고대 그리스 도시의 전형적인 모습을 갖추기 시작했는데, 그것은 폴리스의 철학적인 기본 개념이 물리적으로 표현된 것이었다. 도시의 중심에는 상업적이고 사회적인 시민들의 중심 광장으로서, 공공건물로 둘러싸인 광장인 아고라(Agora)가 자리잡았다. 아고라에서는 도시의 법률이 석판에 공표되었고, 정치적 회합과 재판에 대한 정보가 게시판에 공고되었다. 아침마다 아고라에는 상인들의 노점이 즐비하게 자리잡았으며, 저녁에는 시민들이 배우와 음악가들의 공연을 관람할 수 있었고 하루 일과를 마친 장인들과 여가를 즐기는 사람들로 늘 붐볐다. 아고라는 작문, 시, 음악, 무용 그리고 전술에 관해 젊은이들을 교육시키는 김나지움(gymnasium)과 통합되어 있었다. 반면에 젊은 여성들은 가사 이외의 일을 배울 필요가 거의 없었기 때문에 그들을 위한 학교 시설은 전혀 없었다.

아고라 뒤편 언덕 위에는 아크로폴리스(Acropolis)가 있었다. 처음에는 방어적인 요새이자 고대 도시의 중심이었지만 기원전 5세기에 이르러 아크로폴리스는 도시를 지켜주는 신 아테나를 위한 종교적 장소가 되었다. 이곳에 세워진 도리아 양식의 신전은 델피(Delphi, 기원전 510)의 아폴론 신전, 올림피아(Olympia, 기원전 460)의 제우스(Zeus) 신전, 그리고 아테네(기원전 449)의 테시온(Thescion) 신전에서 그 절정에 달했다. 아테네의 아크로폴리스가 재건축되면서 마침내 도리아 양식은 완벽함의 최고 경지에 이르게 되었다.

행렬용 통로를 따라 가파른 언덕을 오르면 성역으로 들어가는 커다란 입구인 새로 조성된 프로필리아(Propyleia)에 이른다. 이 건물은 건축가 메네시클레스(Menesicles)에 의해 건설되었는데, 그리스 본토에서는 최초로 발견할 수 있는 창의력 넘치는 혼합 양식으로 계획되었다. 그 옆에는 규모가 작은 이오니아 양식의 사원인 니케 아프테로스(Nike Apteros, 또는 Wingless Victory)의 사원이 위치하고 있었다. 이 프로필리아를 통과하면 먼저 조각가 페이디아스(Pheidias)의 거대한 아테나 청동상 앞에 이르게 된다. 이 동상은 바다로부터 50km 밖의 소우니언곶(Cape Sounion)에서도 볼 수 있을 정도로 컸다고 한다. 그 왼쪽에는 소규모 신전으로 이오니아 양식 기둥과 서 있는 소녀 모양의 여상주(女像柱)로 구성되어 흥미를 끄는 자유로운 형태의 에렉테이온(Erechtheion) 신전이 있다. 그 오른쪽으로 성역의 후면에 거대한 도리아 양식 사원인 아테나 신전이 있는데, 이 건물은 건축가 익티누스(Ictinus)와 칼리크라테스(Callicrates)의 대표작으로 파르테논(Parthenon) 신전이라고 불린다. 산 정상부의 건물 배치와 신전 외관 그리고 자연과의 완벽한 조화, 자유로운 기둥의 조합, 건축 디테일의 미묘한 처리 기법, 석공술에 나타난 장인정신 등을 통해 아크로폴리스의 건축물군은 서양 건축에서 가장 훌륭한 성과 중 하나로 평가된다.

파르테논 신전은 겨우 9년 동안(기원전 447~438)에 건설되었다. 사원은 양 끝에 열주랑(peristyle)을 가진 두 개의 방 즉, 나오스와 파르테논으로 구성된 그리스의 전형적인 신전 형태로서 파르테논은 이 건물의 이름이기도 하다. 건물은 그 크기가 30×70m가 될 정도로 대규모였다. 열주랑은 양 끝으로 8개, 그리고 양옆으로 17개의 도리아 양식 기둥으로 구성되었다. 세 단 높이의 기단은 크레피도마(crepidoma, 그리스 시대 신전의 [계단형 플랫폼] 기층)에서 유래했으며, 주요 기능은 지면의 변화를 보완하며 기둥에 한 층의 스타일로베이트(stylobate, 그리스 신전의 기초 중 윗부분으로 기둥을 위한 기단)나 기초를 제공하는 것이었다. 기둥은 네 면에 엔타블레이처(entablature, 기둥의 상층부로 아키트레이브, 프리즈 그리고 코니스로 구성)를 갖는 수평보를 지지했으며 지붕의 형태는 양 측면에 페디민드(pediment, 코니스와 경사지붕 단부에 의해 형성된 삼각형 공간)가 나타나는 삼각형의 박공 형태였다.

모든 비례와 디테일이 신중하게 고려되었는데, 높이에 대한 기둥의 폭은 도리아 양식 건물에서 6대 1 또는 7대 1이었고, 기둥의 간격, 기둥 몸체에 새겨진 홈의 개수, 엔타블레이처의 구성, 아키트레이브(architrave, 엔타블레이처의 인방 또는 최하부로 가끔 'epistyle'이라고도 불림), 프리즈(frieze, 엔타블

그리스 황금기

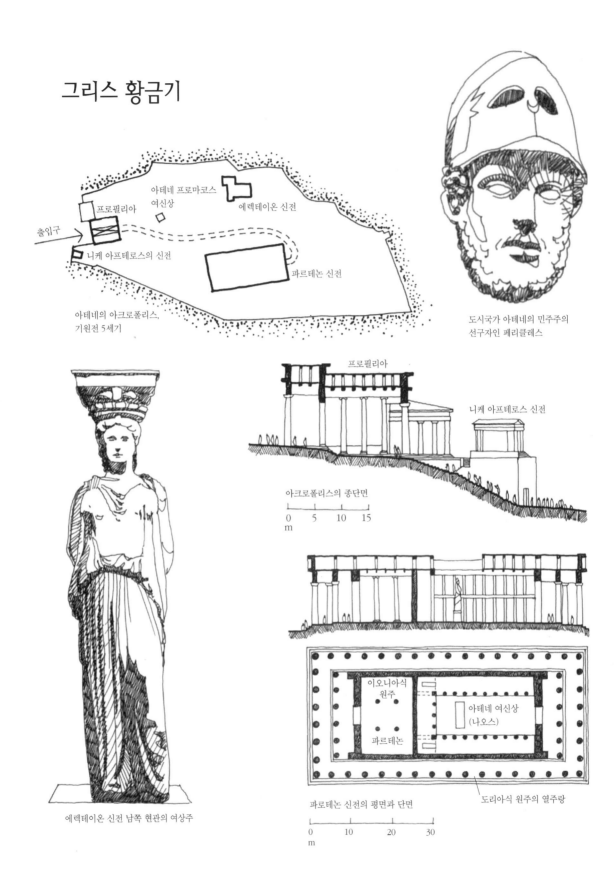

아테네 프로마코스
여신상

프로필라이

에렉테이온 신전

출입구

니케 아프테로스의 신전

파르테논 신전

아테네의 아크로폴리스,
기원전 5세기

도시국가 아테네의 민주주의
선구자인 페리클레스

프로필라이

니케 아프테로스 신전

아크로폴리스의 종단면

0   5   10   15
m

에렉테이온 신전 남쪽 현관의 여상주

이오니아식
원주

아테네 여신상
(나오스)

파르테논

도리아식 원주의 열주랑

파로테논 신전의 평면과 단면

0   10   20   30
m

레이처 중 아키트레이브와 코니스 사이의 부분. 또한 건물이나 가구 등에서 조각되거나 장식 처리된 띠) 그리고 코니스(cornice, 엔타블레이처 최상부의 돌출부)의 뚜렷한 구성이 있다. 가장 미묘한 처리는 시각 교정 수법이었다. 기둥이 곧게 보이도록 중간이 약간 부푼 엔타시스(entasis)를 사용했고, 기둥간의 간격이 같아 보이도록 일부 기둥의 간격은 치수를 달리했으며, 수직성을 강조하기 위해 기둥을 건물 안쪽으로 기울어지도록 배치했다. 하늘로 노출되어 빛이 측면에서 비치게 되는 모서리 부분의 네 기둥은 시각적으로 축소되어 보이기 때문에 다른 기둥들보다 약간 두껍게 처리했다. 스타일로베이트나 코니스와 같이 외관상의 모든 평평한 면은 수평으로 보이도록 양쪽 끝을 조금씩 위로 들어올렸다.

열주랑보다 천장 높이가 낮은 나오스의 내부는 납작한 도리아 양식 주두 대신에 양 뿔처럼 말려 올라간 형태의 이오니아 양식을 사용했다. 도리아 양식보다 덜 엄격한 비례규칙과 더 장식적인 특성을 지닌 이오니아 양식은 도리아 양식 기둥이 폭의 증가 없이 높이만 높아진 것이다. 이오니아 양식은 도리아 양식보다 감성적이다. 페디먼트와 프리즈 내·외부의 색상, 풍부한 장식 그리고 조각이 절정을 이루며 균형미 또한 뛰어나다. 가장 환상적인 것은 페이디아스(Pheidias)에 의해 조각되어 나오스 내부에 세워진 아테나 여신상으로서 금과 상아로 정교하게 만들어졌다.

파르테논을 보고 우리는 그 장인정신의 정확함에 놀라게 되는데, 나오스 벽면의 석재는 납으로 틈이 메워져 서로 견고히 연결되었다. 반면에 기둥의 경우, 수평으로 겹쳐 있는 단위석재는 오로지 중력으로 지탱되고 있을 뿐이다. 이음 없는 표면을 만들기 위해 블록의 접합면을 약간 파내고 모서리만을 긴밀하게 연결시키고 있다. 육중한 석재는 황소를 이용해서 건설 현장까지 옮겼으며, 경사로를 통해 미끄러뜨리거나 단순한 구조의 기중기로 들어올렸다. 지붕은 목재 틀로 짰고 그 위는 중력으로만 고정되는 타일을 덮었다. 정교하고 세련된 건축물이 아주 단순한 방법으로 만들어졌다는 사실은 건축 행위의 세심한 배려에 대해 우리에게 많은 것을 일깨워준다.

기원전 5세기에 소크라테스는 완벽한 미의 기준을 고무시키고 '신성한 규범'에 대한 경의를 통해서 종교적인 진실을 찾아내기 위해 제자들을 교육시켰다. 똑같은 방식으로 예술가들도 완벽한 미의 기준을 동경했고, 그 속에 질서의 원칙이 있다고 믿었다. 서양 음악의 기반을 형성했던 당시의 음악가들도 음계, 화음과 리듬에 대한 개념을 발전시켰으며, 질서에 대한 유사 개념들이 다른 예술 분야에도 널리 적용되었다. 아이스킬루스(Aeschylus), 소토클레스(Sothocles) 그리고 에우리페데스(Euripedes)의 희극은 시간·장소·행위라는 세 가지 요소의 통합으로 구성되었다. 조각가에게 완벽한 미는 인체의 비례에서 비롯된 것이고, 관습적으로 나체의 남성과 치장한 모습의 여성을 통해 묘사되었다. 당시 보편적 조화의 개념은 물질적 세계를 뛰어넘어서 존재하는 본질, 즉 '에토스'(ethos)를 표현하는 수단으로 모든 예술을 통합할 수 있었다.

아테네인의 사고는 매우 세련된 것이었으나, 모든 고대사회가 그렇듯이 아테네의 경우에도 나름대로 한계를 지니고 있었다. 아테네가 민주주의적이었음에도 불구하고, 국가는 여전히 노예를 소유하는 계층적 사회구조였다. 불평등한 사회구조는 또한 지적 성장에 제약을 가져왔다. 인구의 2/3를 차지하는 노예와 여성들에게는 교육과 참정권이 주어지지 않았고, 교육을 받은 사람 중에서도 개혁가나 반역자는 처형되거나 추방되었기 때문이다. 철학자 소크라테스도 폴리스의 멸망에 대한 발언으로 처형되었다. 과학적 사고는 체계적으로 개발되지 못했는데, 극단적인 예로서 당시 가장 현명한 과학적 식견을 가진 데모크리투스(Democritus)조차도 관찰보다는 추측에 의존했던 것으로 전해진다. 따라서 기술의 성장은 관습과 실험, 시도와 실패를 통해 이루어졌을 뿐이다. 생산력을 향상시키고 사회를 변화시킬 수 있는 기술의 기반이 되는 과학도 크게 발달되지 못했다.

건축은 이러한 모순을 분명히 보여주고 있다. 보와 기둥으로 이루어진 단순하고 평범한 인방 구조는 그리스인들이 다른 분야에서 시도했던 것보다 창조성이 결여되어 있다. 건설 기술자들은 신전의 지붕 목재를 과도한 크기로 산정했는데, 그 이유는 구조에 대한 체계적 이론과 삼각측량법에 대한 이해가 거의 없었기 때문이었다. 그들은 새로운 구조 이론보다는 건물을 세련된 모습의 경지로 끌어올리는 것에 더 만족했다.

민주주의 국가체제와 제국주의 체제 간의 대립은 코린트와 스파르타가 아테네에 대항했던 기원전 431년에 절정을 이루었다. 펠로폰네소스 전쟁은 기원전 404년까지 계속되었다. 페리클레스는 전쟁의 승리를 예측하고 아테네를 전쟁에 끌어들이려 했다. 그러나 예측과 전혀 달리 아테네는 긴 성벽 뒤로 포위되고 성안에는 전염병이 만연했으며, 군대마저도 시칠리아에서 패배하자 결국 항복하고 말았다. 민주주의를 시도했던 아테네는 마침내 스파르타의 과두정치에 따라 움직이는 속국으로 전락하고 말았다.

그 주도권은 스파르타에게로 넘어갔으나 델로스 동맹은 계속되었고 무역도 과거와 같은 양상으로 이루어졌다. 그러나 전쟁을 치르는 동안 사회적 불안정이 심화되었고 대부분의 토지가 황폐화되고 생산성이 저하되었다. 노예 노동력의 이용이 증가함에 따라 소규모 무역업자들이 가격을 내리는 데 불만을 품은 장인들과 농노들이 종종 반란을 도모했고, 일부는 이탈리아, 러시아, 소아시아 또는 북아프리카로 이주해버렸다. 흥미로운 사실은 그들이 도착하는 곳마다 그리스 문화가 확산되었다는 것이다.

불안한 상황이 계속되면서 기원전 4세기에 이성에 관심을 둔 철학이 성장했다. 플라톤(Platon)과 그의 제자 아리스토텔레스(Aristoteles)는 정권의 안정과 개개인의 만족이라는 두 개의 대립적인 목적 달성을 위해 어떻게 사회를 조직해야 하는가와 같은 현실적인 문제에 관심을 가졌다. 플라톤의 주요한 정치 연구는 일반적으로 공화국이라고 번역되는 폴리티아(Politeia)에 관한 것이었다. 이때 공화국이라는 용어의 현대적 의미는 플라톤이 당시에 의도했던 것보다 훨씬 협의의 의미다. 사회제도 전반에 대한 관심은 컸지만 단순한 법에 대해서는 비교적 관심이 덜했다. 이러한 공화국의 개념은 아리스토텔레스에 이르러 완전한 '유기적인' 국가 개념으로 발전되었다.

플라톤주의자들에 의하면 민주주의는 실패했고 그에 따른 불안정한 여파는 사회에 좋지 않은 영향을 미쳤다. 그때까지 모든 정치가들, 심지어 가장 성공적인 정치가 페리클레스까지도 사람들을 올바르지 못한 물질주의로 이끌었다. 그들의 목적은 '진실과 아름다움'이 아닌 '권력과 부'에 있었다. 이러한 논리 개념은 '관념론'에 근거했다. 즉, 플라톤에게 생각은 단순히 사고가 아니라 공간과 시간 밖에 있는 존재하는 독립된 현실이었다. 사람들은 자신이 진정한 세계에 살고 있다고 믿지만 사람이 살고 있는 세계는 더 진정한 세계의 그늘일 뿐이다. 따라서 사람들은 궁극적으로 얻어질 수 없는 이상(Idea)을 얻으려고 애쓴다. 인간은 세 요소로 구성되는데, 첫째 요소인 욕망은 배에 존재하고 둘째 요소인 용기는 가슴에 존재한다. 이러한 두 요소는 평범한 공간과 시간에 포함될 뿐이다. 그리고 마음속에 셋째 요소인 이성이 존재한다. 오로지 이성만이 이상을 고무시킬 수 있는 힘을 가지고 있다. 플라톤주의자의 평에 의하면 정치가들은 이성의 관점에서 가장 낮은 수준에 머물러 있었고, 그것이 바로 폴리스가 실패한 원인으로 지적된다. 이성은 교활한 행위를, 용기는 폭력을 유도했고, 욕망은 극단으로 치달았다.

정치적으로 볼 때 폴리스의 문제는 이상적인 환경의 창조를 통해서만 해결될 수 있을 것이다. 정직한 작업을 통해 진정한 가치를 추구하는 사람들의 노력에 기초를 두고, 특별히 훈련된 진정한 용기를 가진 경호 군대에 의해 폴리스가 방어되어야 한다. 또한 잘 훈련된 진정한 이성을 가진 철학가와 지도자들에 의해서 다스려져야 한다. 그들의 삶은 엄격해야 하고 자신들의 주의를 흐트러뜨릴 수 있는 가정이나 집을 갖지 않아야 한다. 재산은 욕망을 자극시키기 때문에 그들은 아무것도 소유하지 않을 것이며 신성한 권리로 통치한다는 인상을 강하게 줄 만큼 신비로운 모습이 되어야 한다. 이를 통해 지배자와 피지배자 사이에 진정한 결합이 이루어질 수 있다.

이러한 플라톤주의적 사고는 후대의 서양 철학에 깊은 영향을 끼쳤고, 당대에도 그 영향은 매우 컸다. 하지만 불평등에 대한 강조는 노예 제도를 정당화시켰다. 이 독재주의적이고 엘리트주의적이며 반민주주의적인 시각은 페리클레스 시대에 확실성의 결과로 일어나는 복잡성과 불안정성에 대한 반응이었다. 따라서 그리스인들은 단지 정치적으로 안정된 전형(典型)을 후세에까지 남겨놓았을 뿐이다. 플라톤의 폴리스는 어쩌면 이상화된 스파르타식의 도시국가라는 모습으로 이해될 수 있을 것이다.

이러한 불확실한 시기에 예술은 정신적 관점에서 수준이 낮았다. 황금기의 조각에서 드러나는 평온함은 풍부한 인본주의와 감성주의였다. 과거에 금지되었던 여성의 나신상이 묘사되었다. 기원전 4세기의 전형적인 조각가 프락시텔레스(Praxiteles)는 헤르메스(Hermes)와 아프로디테(Aphrodite) 상에서 더욱 부드럽고 로맨틱한 당시의 조각술을 보여주고 있다. 이 기간에는 이오니아 양식의 건축도 절정에 이르렀다. 소규모 신전의 사례 가운데 잔토스(Xanthos, 기원전 400년경)에 위치한 네레이드(Nereid) 분묘는 풍부하게 조각된 네레이드나 인어 조각상을 교대로 배치할 수 있도록 넓게 띄어진 기둥으로 구성된 작은 신전으로 덮인 무덤이었다. 가장 크고 훌륭한 신전 가운데 하나는 에페수스(기원전 356년경)에 재건축된 에페수스의 여신인 아르테미스 신전이었다. 이 신전은 중요한 식민지에 건설된 다섯 번째의 연속된 건물 중 하나였다. 건물 기초부가 52×112m로 측정되는 이 사원은 나오스를 감싸면서 높이가 대략 18m가 되는 두 열의 기둥을 갖는 이중 복도로 계획되었으며, 풍부한 조각 표현을 위해 특별한 주의를 기울였다.

에페수스는 범 이오니아 축제의 장소였다. 그리스에는 이러한 장소가 많았는데, 여기서는 종교적·문화적 행사가 주기적으로 행해져 주변 공동체를 하나로 묶을 수 있었다. 서쪽 펠로폰네소스의 올림피아는 이러한 장소들 가운데

헬레니즘의 부흥

거실

포치

출입구

중정

2층 계단

부엌

델로스 사이클래딕섬의 주택(2세기) -
플라톤 학파의 토론에 쓰였던 공공공간

'날개 돋친 승리의
여신상'의 조각적
아름다움, 사모스라키

에페수스의 아르테미스 사원은 이오니아 양식이 표현할 수
있는 동양적인 풍부함을 보여주고 있다.

잔토스의 네레이드 기념비 -
또 다른 이오니아 양식의 풍부한 디자인

거대하고 화려하게 장식된
아르테미스 사원의 기둥

알렉산더식 이집트 신전인 필라에의
이시스 신전은 이집트 초기 형태를
채용했다.

가장 잘 알려진 곳으로 4년마다 종교적 축제가 신을 경배하는 경기를 수반하여 이루어졌다. 초기의 경기는 종교의식에 부수적인 것으로, 신전에 바치는 제물을 가지고 달리는 형식을 취했을 것으로 추측된다. 그러나 그리스 전지역에서 많은 집단을 끌어들여 축제가 더욱 활성화됨에 따라 경기 자체가 목적이 되었다. 이에 따라 규모가 큰 경기장, 레슬링 학교, 관광객들을 위한 숙박시설이 지어졌다.

비슷한 목적의 다른 장소로는 아르고리스(Argolis)의 에피다우로스(Epidauros)에 있는 아스클레피온(Asclepion)이 있다. 이곳의 축제에서는 히포크라테스(Hippocrates)가 영감을 얻은 신화 속에 등장하는 의사인 아스클레피오스(Asclepios)를 찬미했다. 올림피아에서처럼 축제는 종교의식과 경기를 수반했고, 특히 연극 공연을 강조했다. 고대 세계에서 가장 훌륭한 극장이 기원전 4세기에 아스클레피온에 건설되었는데, 그 형태는 현재까지 극장 구조의 모범이 되고 있다. 말발굽 모양으로 배열되었고, 천장이 없어 외부에 노출된 좌석을 가진 원형극장 카베아(cavea), 원형 공간을 에워싸면서 배치된 합창 무대(orchestra), 그리고 그 뒤로 배우를 위해서 단을 높인 무대 스케네(skene)가 배치되어 있었다. 에피다우로스 극장은 지름이 118m인 카베아와 14,000개의 좌석을 갖는 대규모의 것이었다. 이런 거대한 규모에도 불구하고 모든 사람들이 무대를 관람할 수 있도록 기하학적 정밀도를 가지고 계획되었으며, 음향 처리도 역시 완벽했다.

이렇듯 여러 장소에서 발견되는 거칠지만 조경의 시적 특성은 건물과 배치의 유기적 특성으로 인해 아름답게 보완되고 있다. 자연 특성과 건물 배치와의 관계는 코린트 만의 델피에 있던 아폴론 신전에서 매우 신비롭다. 신성한 대로는 사당과 보고(寶庫)를 지나, 아폴론의 도리아 양식 신전을 거쳐 델피의 경기 축제를 위한 스타디움과 극장이 위치한 언덕 꼭대기까지 산허리를 굽이치며 이어져 있다. 델피에서 가장 유명한 건물은 20개의 도리아 양식으로 구성된 외부 열주랑을 가지며 지름이 약 15m가 되는 매력적인 원형 평면의 톨로스(Tholos) 혹은 로툰다(Rotunda, 기원전 400년경)라 불리던 신전이다. 그러나 영향력 있는 정치가와 익명의 소작농들이 델피의 예언자와 상담하기 위해 찾아가는 숭배와 성지순례의 주요 장소는 아폴론 신전이었다. 피티아(Pythia)는 천리안을 가진 신전의 여신관이었는데, 그녀가 무아경 속에서 내뱉은 예언은 신관들의 야심적인 언어로 인해 적절히 재해석되었다. 헤로도투스(Herodotus)는 리디아(Lydia)의 강력한 왕 크로수스(Croesus)에게 자신이 계획한 페르시아 대항 운동에 대해 조언을 청했다. 대왕국을 파괴시킬 것이 결정되자마자 즉시 그것을 이행했다. 그러나 결국에 그가 파괴한 왕국은 바로 자신의 나라였을 뿐이다.

　주도적 권력을 지닌 도시국가로서 스파르타의 치세는 단명했다. 스파르타는 최고 권위의 역할을 맡는 데는 적합하지 않았고 더 나아가 나중에는 갈등의 중심이 되었다. 결국 동맹의 주도권은 테베로 넘어갔다. 기원전 4세기 말엽 다른 나라에 대한 한 나라의 독립적인 주권주의와 그들이 초래한 대변동에 대한 불만이 고조되는 가운데 그리스권 세계의 통합이라는 범 그리스주의 운동(Panhellenism)이 구체화되기 시작했다. 이것은 마케도니아(Macedonia)의 필리포스(Philippos)가 권력을 잡음으로써 성취되었다. 그는 기원전 338년까지 소아시아의 아테네 식민지를 지배했으며, 그리스 동맹군을 패배시키고 이후에 그리스 여러 지역에 대한 본보기로서 파괴시켜 버릴 테베를 점령했다. 기원전 336년에는 그의 아들 알렉산더가 왕권을 계승했다. 그는 5년 동안의 정복 활동을 통해 페르시아의 권력을 파괴했고 인도 경계로부터 이집트까지 제국을 합병하고 확장시켰다.

　예상치 못했던 범 그리스주의 운동이 급속하게 전지역으로 전파되었다. 아리스토텔레스에게 수학한 알렉산더는 전체적 통합을 위해 그리스 언어와 문화를 중시했다. 제국의 무게 중심이 동쪽으로 옮겨짐에 따라 동양의 영향으로 제국의 문화는 더욱 풍요로워졌다. 이른바 헬레니즘 시대는 문화의 풍부함과 성숙함을 위해 지배자로부터 더할 나위 없이 많은 후원을 받은 기간이었다. 이 기간은 유클리드(Euclid)의 기하학, 아르키메데스(Archimedes)의 역학, 그리고 히파르쿠스(Hipparchus)의 과학적 체계가 발견된 시기였다. 인간의 육체가 해부되었으며 신경체계가 확인되었다. 그리스의 종교적 전통은 동양에서 유래된 조로아스터교와 같은 신비한 종파와의 접촉으로 더욱 풍부해졌다. 철학은 플라톤주의적인 엄격함에서 향락주의 또는 금욕주의로 변했다. 많은 학교와 도서관이 설립되고 제국 전역으로 새로운 사상이 전파되었다.

　라오콘(Laocoon) 파, 다잉 골(Dying Gaul), 또는 사모스라키(Samothraki)의 날개 돋친 승리의 여신상(the Winged Victory)으로 대표되는 헬레니즘 조각은 기술적으로 뛰어났고 형태면에서도 매우 복잡한 것이었다. 건축 역시 이오니아 양식에서 발전된 코린트 양식이 우세해지면서 동양적 풍부함을 갖게 되었다. 코린트 양식의 전형적 건물이 아테네에 있는데, 성대하고 극적인 경기를 기념하기 위해 지어진 리시크라테스(Lysicrates)의 코라직(Choragic) 분묘

(기원전 334년경), 크고 장대한 올림피아의 제우스 신전(기원전 174년경), 그리고 시간과 날씨를 계측하기 위해 지어진 계측소(horologium)인 바람의 탑(기원전 48년경)이 있다. 이처럼 주두가 아칸서스 잎으로 정교하게 조각된 코린트 양식의 풍부함은 헬레니즘의 특징이 되었다.

헬레니즘은 이집트에서도 번성했다. 알렉산더는 이집트를 잠시 방문했는데, 후에 그의 이름을 딴 위대한 도시가 건설되었다. 알렉산더의 점령은 그리스어를 사용하는 지배자, 프톨레마이오스(Ptolemaios) 왕조를 설립케 했고, 프톨레마이오스 왕조는 알렉산드리아(Alexandria)를 자연과학을 연구하는 중요한 지적 중심으로 만들기 시작했다. 프톨레마이오스 II세는 전 세계 학자들을 끌어들이는 50만 권의 책이 소장된 도서관과 박물관을 건립했다. 알렉산더는 이집트 구교를 장려했으며, 프톨레마이오스 왕조의 치세하에서 수많은 헬레니즘 신전이 건립되었다. 대표적 예로서 에드푸(Edfu, 기원전 289년경)의 호루스(Horus), 콤 옴보(Kom Ombo)의 세베크(Sebek)와 하로에리스(Haroeris), 그리고 덴데라(Dendera, 기원전 110년경)의 하토르(Hathor)의 우아하고 장식적인 신전들이 있었다. 이 중 가장 아름다운 것이 현재의 아스완 근처 필라에섬(Philae)에 있는 소규모의 이시스 신전이다. 신전의 모든 부분이 정교하게 마무리되었는데 오래전에 사라진 신왕조의 파라오적 종교의식에 근거해 형태를 되살렸다.

알렉산더 대왕이 요절한 후에, 제국은 마케도니아, 이집트 그리고 시리아의 셀루시드(Seleucid) 왕국으로 분리되었다. 그러나 헬레니즘은 전파되는 곳이 어디든지 고유의 지역적 특징을 발전시키면서 계속되었다. 무역을 통해서 그리스 문화와 언어, 건축양식은 북쪽의 러시아로부터 남쪽의 아프리카까지, 그리고 소아시아로부터 서쪽의 이탈리아까지 전파되었다. 그리스어는 그때까지 세계에서 가장 위대한 왕국의 공통어일 뿐만 아니라 가장 보편적 종교체제의 공통어(lingua franca)가 되려는 순간에 있었다.

고대 로마 건축

기원전 265년까지 로마는 본토 이탈리아로부터 그들의 주변국, 북으로 갈리아(Galia) 그리고 남으로 그리스와 카르타고인들에 대항하면서 세력을 확장했는데, 특히 지중해가 로마의 주요 목표였다. 기원전 241년에 시칠리아를 점령하고, 기원전 201년에 스키피오(Scipio)가 카르타고의 한니발(Hannibal)장군의 정권을 무너뜨렸고 코르시카(Corsica), 사르디니아(Sardinia), 스페인 그리고 아프리카를 합병했다. 기원전 197년에 카르타고의 동맹국 마케도니아가 함락되었다. 기원전 146년에 카르타고가 완전히 정복되었고 국민들은 노예로 전락되었다. 기원전 133년까지 쇠퇴하는 그리스 도시국가들이 로마의 침략을 받아 황폐화되었고 이제 로마의 지배력은 소아시아 제국까지 깊숙이 확장되었다.

이 모든 것을 가능하게 만든 정치체제가 바로 로마의 공화제였다. '공화제' (Res publica)는 '시민들에게 속한 것'을 의미하는데, 그리스의 폴리스처럼 공화제는 보편적 이익으로 대표되었다. 자유로운 시민권의 보장이 로마 법 체계의 주요한 특징이었다. 표면적으로 공론은 그리스와 같이 여전히 자유와 정의를 기본적인 이데올로기로서 주장하고 있으나, 로마 역시 엄격한 지배 권력이 없이는 정복을 달성할 수 없는 상황이었기 때문에 얼마 후 강력한 국가기구가 출현했다. 원로원과 의회를 지배하는 귀족계급인 총독은 세금으로 보조되는 잘 훈련된 군대조직을 갖고 있었다.

로마 제국이 성장함에 따라 국가 지배권은 정치가들이 경쟁적으로 쟁탈하고자 하는 값진 목표가 되었다. 시간이 흐름에 따라 중간 계급인 평민들이 총독의 권위에 도전하는 경우도 있었으나 여전히 부는 대중에게 거의 분배되지 않았다. 빈부의 격차가 심해짐에 따라 더 많은 사람들이 불만을 품게 되었다. 시골의 가난한 사람들은 지방 관리에게 착취당했으며 도시 노동자들은 세금으로 고통받았다. 대부분의 병사가 지방민으로 구성된 군대가 로마에 대해 가지는 충성은 때때로 의문시되었으며, 심지어는 반역적인 노예들까지 출현했다. 농장에서는 노예 노동력을 광범위하게 사용함으로써 많은 소작농들이 토지에서 쫓겨나는 결과를 초래했다. 소작농들은 마침내 '빵과 구경거리'를 제공하는 파렴치한 정치가들에 의해 회유되거나 유린되는 성가신 부랑 노동자로 전락하고 말았던 것이다.

국가 지배구조에서 볼 때 건축은 유용한 도구였다. 과시적인 공공 건물은 사람들을 현혹시키는 정치적 통합의 상징물이 될 수 있었고, 불만을 품은 사람들의 관심을 다른 곳으로 돌리게 할 수도 있었다. 로마의 중심에는 주피터 (Jupiter) 신전이 있었으며 그 근처에는 도시 공공 공간으로 최초이자 가장 높이 평가되는 로마늄(Romanum) 포럼이 배치되었다. 아테네의 아고라와 같이 포럼은 시장과 오락의 중심지였으나, 시간이 지남에 따라 이러한 용도는 사라지고, 사원, 행정 공회당, 전쟁의 승리를 기념하는 기둥과 조각 등으로 위엄을 갖추게 되었다. 그에 따라 포럼은 공화정치의 상징이 되었다. 몇 년이 흐른 뒤 또 다른 포럼이 대규모 공공 공간을 형성하면서 건설되었다. 포럼의 주위에는 신전과 공회당, 극장, 원형 극장, 욕장, 그리고 국가에 대한 국민의 애정을 지속시키는 역할을 한 원형 경기장 등이 배치되었다.

제국이 확장됨에 따라, 로마는 번성했다. 많은 식민도시가 군대 주둔지를 기반으로 성장했고, 도시는 기하학적으로 배치되었다. 일반적으로 식민도시는 직각으로 만나는 카르도(cardo)와 데쿠마누스(decumanus)라는 두 개의 주요 간선도로에 의해서 네 구역으로 분할되었다. 중앙에는 로마의 생활양식이 그대로 반영된 여러 공공 건물과 포럼, 신전, 극장, 그리고 공회당이 배치되었다. 4개의 사분원 안에는 주거를 포함하는 가로체계가 계획되었고 그 경계는 로마에서처럼 방어벽과 해자가 계획되었다. 결국 로마 식민도시 계획의 특징이 체스터(Chester)에서 팔미라(Palmyra)에 이르기까지 로마 전역에서 나타났다.

식민지 요새는 제국을 하나로 통합시켰다. 로마의 부는 제국의 생산력에 그 기반을 두었는데, 철광석, 모피와 같은 원자재와 밀, 옥수수, 고기 등의 식료품, 그리고 수공업 제품과 풍부한 노동력이 그것이다. 로마는 이중적인 경제구조 체제였다. 기초 경제는 소규모 자작농지를 경작함으로써 식량을 생산해내는 켈트족 농부에 의한 것이었고, 또 다른 하나는 노예에 의해 경작되는 부유한 토지주의 대규모 경작체계인 로마의 장원이었다. 이 같은 두 생산체계 아래에서 제국의 도시가 필요로 하는 대부분의 것이 생산됐다.

또한 로마의 지배계급은 모든 종류의 사치품을 필요로 했으며, 상인들은 그것들을 공급하기 위해 더 먼 곳까지 가야 하는 위험을 무릅썼다. 이때는 해로가 육로보다 더 빠르고 저렴했고, 더욱이 로마가 지중해를 지배함으로써 활발한 해상무역이 가능하게 되었다. 그러나 서쪽에는 여행자들을 노략질하는 무리들이 빈번히 출현하는 미지의 대서양이 있었기 때문에 상인들은 검은 비단, 상아, 송진과 향신료를 들여오기 위해 남으로는 아프리카, 동으로는 홍해와 페르시아 만을 거쳐 인도와 중국으로 눈을 돌려야 했다. 이에 따라 지중해와 동쪽 지방 사이의 요충지가 대규모로 성장했는데 대표적인 도시인 콘스탄티노플(Constantinople), 안티오크(Antioch), 알렉산드리아가 로마의 경제적 요충지로서 서로 경쟁하게 되었다.

로마 제국은 그리스의 많은 것들을 받아들였다. 정치적인 면에서, 로마인들은 문화에 대한 실용적인 태도를 취하며 유용하다고 생각되는 모든 것을 수용했다. 그리스의 국가체계와 그리스어는 이미 구축된 행정체계의 기반이 되었고, 그리스의 알파벳은 로마인에게 수용되어 적절히 사용되었다. 그리스의 시와 연극은 로마 작가들에게 모범이 되었으며, 그리스 신들과 여신들도 의도적으로 이름이 바뀌어 로마인들에게 수용되었다.

로마 제국의 다양한 건축기술 수요를 충족시키기 위해 채용된 그리스 건축양식은 자연스럽게 로마 건축양식으로 변화되었다. 로마의 건설 기술자들은 재료를 석회암에 국한하지 않았다. 그들은 화산의 탄산석회, 화성암과 부석을 포함한 여러 가지 석재를 사용했고, 벽돌, 테라코타 그리고 콘크리트와 같은 다소 소박한 재료를 많이 사용했다. 후자는 포졸라나(pozzolana)로 알려진 단단하게 건조된 석회석 계통의 석회와 골재의 혼합물이다. 그리스의 건축가들이 사용한 구조방식은 기둥과 보로 구성된 인방 구조에 국한된 반면, 로마인들은 반원형 아치와 그것에서 파생된 배럴 볼트(borrel-vault), 교차 볼트(cross-vault) 그리고 돔(dome) 구조방식을 개발했다.

로마의 건축가들도 그리스 건축가들처럼 사회적 제약 아래에 있었다. 권위주의적 사회에서 그들의 보잘것없는 지위는 자신을 발전시킬 수 있는 자유와 교육의 기회를 가질 수 없게 만들었다. 무한한 노동력을 제공하는 노예제도 역시 기술 혁신의 제한 요소로 작용했다. 앞선 국가들에 비해 로마는 훨씬 풍요로웠기 때문에 이용 가능한 모든 건축술을 하나로 집약시킬 수 있는 수준 높은 건물을 지을 수 있었고 또 지어내야만 했다. 기술적인 면에서 여전히 경험에 의존하고는 있지만, 위와 같은 사실은 기술의 진보가 빠르게 이루어질 수 있다는 것을 의미한다.

기원전 133년 공화국을 더욱 평등하게 만들려는 티베리우스(Tiberius)와 그라쿠스(Gracchus) 형제의 시도는 불행히도 혼란만을 초래했다. 노예들의 반란, 야만인들의 침입 그리고 내전 속에서 로마는 점차 독재정권으로 흘러가기 시작했다. 그러나 역설적으로 이 시기는 도시문화가 가장 융성했던 때였다. 그 시기는 『자연으로 돌아가라』(De Rerum Natura)라는 저서에서 설명된 루크레티우스(Lucretius)의 비논리적인 향락주의와 베르길리우스(Vergilius)의 「아이네이드」(Aeneid), 카툴루스(Catullus)의 서정시 그리고 오비디우스(Ovidius)와 호라티우스(Horatius)의 재치와 풍자 같은 위대한 작품이 많이 나왔다.

기원전 60년 원로원은 삼두정치로 대체되었는데, 이 제도는 율리우스 카이사르(Julius Caesar)와 폼페이(Pompey) 사이의 권력분쟁으로 와해되었다. 위대한 장군 카이사르는 이미 갈리아를 정복했고 로마로 진군해 폼페이를 그리스와 이집트까지 쫓아가 패배시키고, 로마 제국의 영토를 확장했다. 이름만 황제였던 카이사르는 자기 힘으로 개혁을 추구했다. 짧은 통치 기간에 그는 황제의 포럼(Forum of Emperors)과 원형 경기장을 포함한 대규모의 공공 건물로 도시의 모습을 바꿔나가기 시작했다. 그는 사회 개혁도 시도했으나 기원전 44년에 반대파에게 암살되면서 개혁은 좌절되고 말았다. 안토니우스(Antonius), 옥타비아누스(Octavianus) 그리고 트루번(Trubune)에 의한 두 번째 삼두정치도 권력분쟁으로 쇠퇴되었으며 그 분쟁의 승자인 옥타비아누스가 집권했다. 기원전 30년 그는 집정관, 호민관, 제일의 존재, 제1시민, 대장군, 그리고 최고 성직자, 또는 제1신부로 스스로를 명명했다가, 드디어 스스로를 황제 아우구스투스(Augustus)로 선언했다. 그는 자기 마음대로 법을 만들거나 원로원의 구성원을 선출할 수 있었다.

아우구스투스와 함께 로마의 권력과 영향력은 절정에 이르렀다. 이른바 '로마의 지배에 의한 평화'(Pax Romana)의 시기가 시작되었고, 약 200년 동안 유럽은 로마의 법과 세금 제도, 상업 관습, 로마의 도로 체계 그리고 로마 군대에 의해서 안정기에 들어갔다. 세네카(Seneca), 플리니(Pliny), 플루타크(Plutarch)와 타키투스(Tacitus)와 같은 산문작가들은 이 시기를 연대기화하거나 비평하려 했고, 마셜(Martial), 주베널(Juvenal)과 같은 시인들도 이 시기를 찬양하거나 풍자했다.

아우구스투스는 벽돌의 도시 로마를 대리석의 도시로 변화시켰다. 그의 치세하에서 대규모 건설 계획이 도시와 식민지 모두에서 시작되었다. 로마의 팔라틴(Palatine) 언덕에 황제의 궁전이 건설되기 시작했다. 마르셀루스(Marcellus. 기원전 23)의 극장과 같은 여러 극장과 마르스 울토르(Mars Ultor, 기원전 14), 콩코드(Concord) 그리고 카스토르(Castor)와 폴룩스(Pollux, 기원전 7) 신전을 포함한 수많은 신전이 건설되었다. 매이슨 카레(Maison Carree)에 의해 기원전 16년에 지어졌던 니메스(Nimes)로부터 서기 10년에 주피터 신전이 건립된 발벡(Baalbek)에 이르기까지 전제국에 걸쳐 많은 신전이 계속해서 건설되고 있었다. 본래 그리스의 신전은 신성한 구역에 독자적으로 위치했으나 로마의 신전은 붐비는 공공 장소에 배치되었다. 이 신전들은 건물 전면(前面)만이 거리를 향해 있었으며, 밀집된 주변 건물과 마주 보는 옆벽은 대개 장식이 없었다.

신전 건축의 급속한 증가는 수세기 동안 지속된 다신교적 신앙이 쇠퇴한 상황과 대조적이다. 제국의 인접지인 유대(Judaea)의 나자렛(Nazareth)에서 예

로마 제국

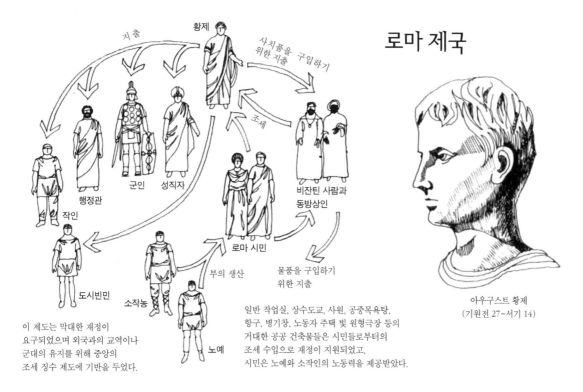

지출

황제

사치품을 구입하기 위한 지출

조세

행정관
군인
성직자

작인

비잔틴 사람과 동방상인

로마 시민

도시빈민
소작농
노예

부의 생산

물품을 구입하기 위한 지출

이 제도는 막대한 재정이 요구되었으며 외국과의 교역이나 군대의 유지를 위해 중앙의 조세 정수 제도에 기반을 두었다.

일반 작업실, 상수도교, 사원, 공중목욕탕, 항구, 병기창, 노동자 주택 및 원형극장 등의 거대한 공공 건축물들은 시민들로부터의 조세 수입으로 재정이 지원되었고, 시민은 노예와 소작인의 노동력을 제공받았다.

아우구스트 황제
(기원전 27~서기 14)

고전 건축의 세 가지 원주 양식

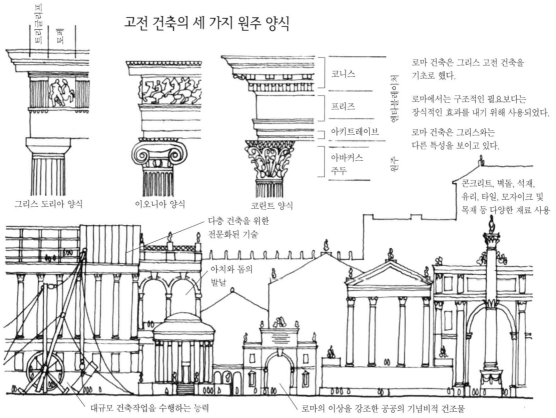

프리즈
트리글리프
메토페

코니스

프리즈

아키트레이브

아바커스
주두

헤타블레이처

원주

그리스 도리아 양식
이오니아 양식
코린트 양식

로마 건축은 그리스 고전 건축을 기초로 했다.

로마에서는 구조적인 필요보다는 장식적인 효과를 내기 위해 사용되었다.

로마 건축은 그리스와는 다른 특성을 보이고 있다.

다층 건축을 위한 전문화된 기술

아치와 돔의 발달

콘크리트, 벽돌, 석재, 유리, 타일, 모자이크 및 목재 등 다양한 재료 사용

대규모 건축작업을 수행하는 능력

로마의 이상을 강조한 공공의 기념비적 건조물

수(Jesus)가 태어난 시기는 아우구스투스 통치기였다. 기독교 신앙은 과거의 다른 종교와는 달리, 배타적이지 않고 모든 사람을 포용하는 보편적 관점을 지니고 있었다. 기독교의 교리는 많은 기존의 사회적·정치적 규범에 도전했으며, 부유한 사람보다는 가난한 사람들에게 훨씬 호소력을 지녔다.

기독교가 유대교에서 분리되어 로마 전역으로 확산됨에 따라 이는 지배층에 큰 위기감으로 다가왔다. 따라서 기독교도들은 근거도 없이 죄를 뒤집어쓴 파괴자로서 혹은 기타 다른 사회악에 대신한 희생자로 빈번히 박해받았다. 은둔해야만 하는 주변 상황에도 불구하고 기독교는 계속 전파되었다. 유대교인들도 역시 위험스러운 존재로 인식되었는데, 혜롯(Herod)의 치세하에서 그들의 독립에 대한 열망이 계속되다가, 기원후 첫 세기에 반란으로 그 열망이 표출되었다.

아우구스투스 이후 절대적 왕권은 더욱더 독단적이고 포악해졌다. 로마의 정치는 본래부터 포악한 점이 있었지만 칼리굴라(Caligula)와 네로(Nero), 베스파시아누스(Vespasianus)와 티투스(Titus) 같은 통치자들은 이전보다 더욱 포악한 정치를 펼쳤다. 어떤 정치적 문제는 잔혹하게 다루어졌는데 예를 들면 기독교에 대한 네로 황제의 심한 박해가 훗날 타키투스에 의해 기록되었다. 티투스의 아치(서기 82)나 베스파시아누스 신전(서기 94)과 같은 훌륭한 건물들은 유대교의 반란을 진압하거나 예루살렘을 파괴시킨 사람들을 찬양하기 위해 지어진 것이었다.

한편 도시의 소비는 날로 증가했다. 이런 요구를 충족시키기 위해 북쪽의 숲과 남쪽의 곡창지대는 고갈되었다. 포장된 도로와 아치형의 수로를 통해 물자와 식량을 훨씬 먼 곳에서 운반해올 수 있었다. 오락에 대한 시민들의 요구가 커지고, 그와 더불어 사치품에 대한 욕구도 커졌다. 수많은 극장이 세워졌는데, 극장도 역시 그리스와 상당한 차이점을 보이고 있다. 로마의 극장은 외지고 신성한 계곡에 배치된 종교적 건물 성격을 지니는 그리스의 극장과는 다른 것으로서, 도시민에게 플라우투스(Plautus)나 테렌스(Terence)의 연극과 같은 희극이나 구경거리를 주로 공연하는 거리낌없는 오락의 장이었을 뿐이다.

가장 인기 있는 장소는 전차 경기가 벌어지던 원형 경기장과 투기장이었다. 이 시기를 대표하는 건축물은 콜로세움으로, 서기 70년 베스파시아누스 통치기에 건설된 플라비안(Flavian)의 원형 경기장이었다. 평면은 길이가 약 200m의 타원형이고, 외벽에 의해 둘러싸여 있는 형태다. 벽은 도리아식, 이오니아식 그리고 코린트식 기둥이 세 층을 이루고 있다. 내부에는 연속된 좌석이 원형 경기장 쪽으로 경사지게 배치되었고, 이곳에서 여러 가지 행사가 개최되었다. 관람석 하부에 있는 3개 층의 지하공간은 검투사를 위한 편의시설, 동물우리 그리고 희생자들을 가두어 두기 위한 방으로 구획되어 있다. 구조의 대담성과 구조적 역할에 따른 다양한 재료의 사용—기초의 강성을 확보하기 위한 화강암, 벽에 사용된 석회암과 벽돌 그리고 볼트의 하중을 줄이기 위한 부석—은 콜로세움을 기념비적이고 치밀한 건물이 될 수 있게 했다.

로마의 특성을 고려하면 '훌륭하다'는 표현이 상대적이긴 하지만, 로마의 현명한 세 황제, 즉 3현제인 트라야누스(Trajanus), 하드리아누스(Hadrianus) 그리고 마르쿠스 아우렐리우스(Marcus Aurelius)가 베스파시아누스와 티투스의 뒤를 이어 왕위를 계승했다. 그러나 스토아 철학자인 마르쿠스 아우렐리우스를 포함해 세 사람 모두가 기독교 박해자들이었다. 트라야누스는 자신 이름을 딴 포럼을 배치하고, 유명한 기념비(Colum, 서기 113)를 세웠고, 바실리카(basiliaca, 서기 98)를 건설함으로써 시민들의 칭송을 받았다. 바실리카는 공공 행정과 상거래를 위한 다목적 홀이었다. 배럴 볼트와 교차 볼트, 혹은 목재 경사지붕으로 덮인 길고 곧은 바실리카의 중앙 부분인 네이브(nave)에는 건물 중심부로 빛을 끌어들이는 채광창이 위쪽에 구획되어 있으며, 네이브 양측에는 낮은 아일(aisle)에 의해 측면이 지지되어 있다. 평면의 한쪽 혹은 양쪽 끝은 봉헌하는 제단—모든 중요한 결정시에는 제물을 바쳤기 때문에—과 재판관들의 좌석 그리고 집정관의 좌석으로 계획된 앱스(apse)로 마무리되어 있다. 바실리카는 비교적 실용적인 건물로서, 이 건물의 단순한 구조 방식은 커다란 사각형의 공간을 덮는 경제적 방법이었다.

하드리아누스 치세 기간의 건축은 유명한 로마 건축물들 중 하나로 꼽히는, 자신이 사용하기 위해 티볼리(Tivoli)에 건설한 빌라(서기 124)로 대표된다. 이는 사실상 $18km^2$에 달하는 개인 정원이었는데, 그 안에서 서로 연결된 일련의 건물과 공간을 통해 시골의 호화로운 휴양지를 마련했다. 구조적으로나 형태적으로, 티볼리는 상상력이 풍부하고 혁신적인 건축이다. 언덕으로의 통합은 올림피아와 델피 신전의 건축 개념과 유사하게 계획되었는데 이를 통해 수세기 전에 오로지 신에게만 제공되었던 환경이 한 독재자에게 제공되었다.

티볼리의 빌라는 돔으로 덮인 홀을 갖고 있는데, 이런 구조 형태를 취한 사례로서는 로마의 판테온(Pantheon) 신전을 들 수 있다. 하드리아누스 치세기인 서기 120년에 아우구스투스의 사위인 아그리파(Agrippa)를 위해 건설된 판테온 신전은 기존 건물의 몇 가지 특성을 활용했지만, 매우 독특한 수법을 사용했다. 육중한 포티코(portico)의 기반을 형성한 옛 사원의 사각형 기초는 폐자재로 건설되었고 아그리파의 비문이 있는 엔타블레이처를 재사용했다. 포티코의 폭은 이전보다 줄었으나 페디먼트의 높이는 그대로 유지되었다. 이와 같이 그리스의 전통적인 비례 체계에 미묘한 변화를 줌으로써 건물이 매우 높아 보이도록 만들었다.

판테온 신전의 주요 부분은 돔으로 덮인 로툰다였는데, 로툰다의 폭은 43m로 내부의 높이와 정확하게 일치하고 있다. 벽과 지붕은 콘크리트 구조이고 벽돌과 대리석을 포함한 다양한 재료로 마감되었다. 내부를 들여다보면, 여덟 개의 거대한 피어(pier)로 지지되었으며 여덟 개의 엑세드라(excdrae)와 니치(nich)가 교대로 배치되었다. 그러나 피어의 뒤쪽이 비어 있기 때문에 사실상 평면상 굴곡이 있는 독립 지지체 모양의 벽을 형성하고 있다. 로툰다의 드럼(drum)은 외부에서 보면 3층으로 보이지만, 내부의 돔이 2층 높이부터 시작되기 때문에 2층 높이로 인식된다. 2층과 3층 사이의 구조체는 두꺼워졌으므로 하중을 줄이기 위해 돔의 내부 천장 표면을 격자형 돌출로 처리해 돔의 안전성을 강화시키고자 의도했다. 천장 꼭대기에 있는 원형 개구부(일명 지붕의 '눈')는 유일하게 내부 공간을 채광하는 방식으로서 로마에서 가장 인상적인 건물들 중 하나인 판테온의 내부 분위기를 더욱 극적으로 만들어낸다.

로마의 지배에 의한 평화는 점차적으로 붕괴되어갔다. 로마의 군대, 행정 관리, 동방에서 들여온 사치품, 도시 하층민에게 주는 물품과 마찬가지로 로마의 위대한 건축은 농지와 도시 상행위에 대한 세금으로 재원이 확보되었다. 경제는 수요에 충분히 부합할 수 있도록 생산해낼 수 있는 지역을 안전하게 보호해주는 것에서 비롯되는데, 이것이 군대의 주요 임무였다. 외적을 막기 위해 나가 있는 출정 주둔군과의 공조체계는 흑해 연안, 다뉴브강과 라인강에 의해 형성된 경계를 방어하기 위해 필요한 것이었다. 5,000km에 달하는 국경의 항구적 방어를 위해 납세자들은 고통을 받게 되었고, 서기 3세기 동안 로마 제국의 많은 도시들이 인플레이션, 높은 사망률, 감소하는 출생률 그리고 징벌금을 피하기 위한 농민들의 이주 등으로 심한 타격을 받았다. 특히 국경 지방은 많은 적들로 인해 무역이 격감되고 도시는 점점 쇠퇴의 길로 접어들었다.

콜로세움과 판테온 신전

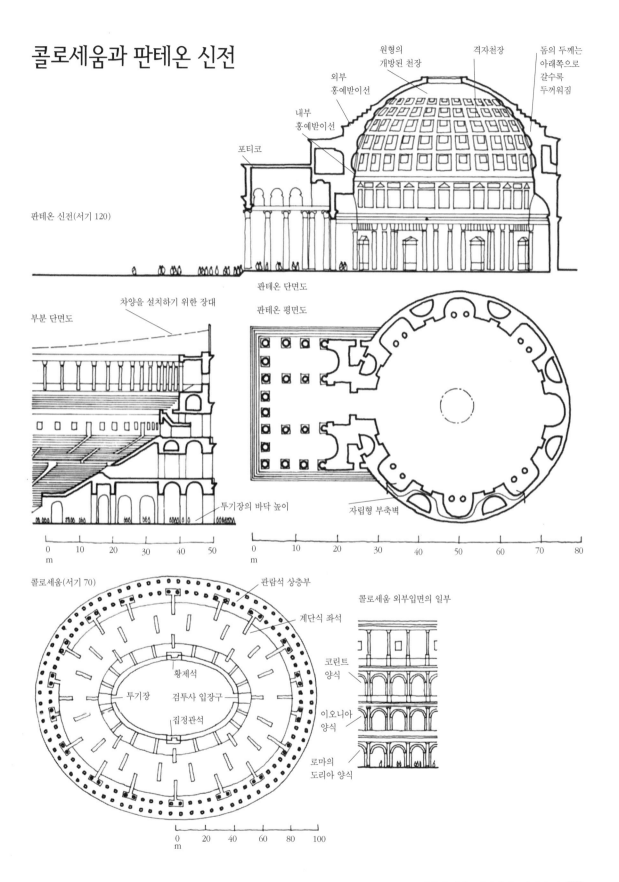

판테온 신전(서기 120)

원형의 개방된 천장

외부 홍예받이선

내부 홍예받이선

포티코

격자천장

돔의 두께는 아래쪽으로 갈수록 두꺼워짐

판테온 단면도

부분 단면도

차양을 설치하기 위한 장대

판테온 평면도

투기장의 바닥 높이

자립형 부축벽

0 10 20 30 40 50
m

0 10 20 30 40 50 60 70 80
m

콜로세움(서기 70)

관람석 상층부

계단식 좌석

황제석

투기장

검투사 입장구

집정관석

콜로세움 외부입면의 일부

코린트 양식

이오니아 양식

로마의 도리아 양식

0 20 40 60 80 100
m

3세기 동안의 황제들은 건축물들을 대형화시키려고 노력했다. 그들의 장대한 계획 중 일부는 사회경제적으로 쇠퇴기에 접어드는 시점에 시도되고 있다는 점에서 역설적인 것이었다. 서기 211년 카라칼라(Caracalla) 황제를 위해 지어진 공중 목욕탕은 그 대표적 사례로서 고대 세계의 가장 위대한 건물 중 하나로, 매우 가혹한 지배자를 위해 지어진 건물이다. 약 300×300m 면적의 이 거대한 건물은 욕장뿐 아니라 공공 정원과 경기장이 통합 배치되었다. 외부로 개방된 냉욕탕과 돔이 덮인 온욕탕은 대담한 콘크리트 교차 볼트로 덮인 홀 부분의 한쪽에 배치되어 있다. 온욕탕 하나만도 넓이가 56×24m, 높이가 33m나 되었다. 내부는 대리석과 모자이크로 화려하게 처리되었고 고대의 가장 훌륭한 조각들 중 다수가 설치되어 있었으며, 그중 일부는 그리스에서 약탈해 온 것이었다.

서기 284년에서 305년 사이에 동방의 전제군주 지배에 의한 정치적 분열을 진압시킨 디오클레티아누스(Diocletianus) 황제는 다시 왕권을 확립했다. 그를 위해 지어진 로마의 욕장(서기 302)은 카라칼라 목욕탕보다는 덜 화려했지만, 그의 관심은 로마에 국한된 것이 아니었다. 제국의 통치 체제를 개선하기 위해 그는 제국을 동·서로 분리하고, 각각 '로마 황제'의 보조를 받는 통치자에 의해 나누어 지배되도록 했다. 그는 스스로 동쪽을 선택하고 달마티안(Dalmatian) 해변의 스팔라토(Spalato)에 호화로운 궁전을 건설했다. 이 건물은 넓이가 약 3.2ha에 달했으며, 네 모서리에 방어형 탑이 갖춰진 장대한 벽으로 둘러싸인 사각형 평면으로 구성되었다. 궁전 중심부의 두 가로는 로마 식민도시에서 나타나는 것처럼 수직으로 가로질러 있었다. 이로 인해 구성된 네 부분 중 두 부분은 방문객과 관리들을 위한 편의시설로 계획되었다. 아드리아 해(Adriatic Sea)를 향해 있는 나머지 두 부분은 황제의 왕궁으로 구성되었다.

한편 경제적 부를 축적한 지중해 동부 도시들은 사회적 불안을 잘 극복해 나갔지만 로마 제국은 그렇지 못했다. 결국 서기 4세기 초에 콘스탄티누스(Constantinus) 황제는 이미 정치적·경제적으로 침체한 로마를 떠나 조심스럽게 비잔티움(Byzantium)으로 수도를 옮겼지만, 이미 로마의 통치 체제는 휘청거리기 시작했고, 제국의 멸망은 피할 수 없는 단계에 이르렀다.

로마 체제 아래에서 살아 남은 골족(Gauls)과 벨기에족(Belgae)의 부족사회에는 새로운 질서가 태동하기 시작했고, 라인강 이북에서 진출하기 시작한 게르만족(Germans)이 그 중간 역할을 했다. 2세기경부터 게르만족이 차츰 로마 제국 영내로 들어왔으나 이 지역은 집약적으로 농업을 행하는 지역이 아니었으므로 비교적 큰 마찰 없이 지역민과 동화되었다. 그러나 서기 4세기에 동방의 훈족(Huns)이 카스피해(Caspian Sea)로 침략해 들어옴에 따라 게르만족은 유럽의 서부와 남부로 대이동하기에 이르렀고, 이미 사기가 저하된 로마 군대가 이를 막아내기란 역부족이었다.

서기 5세기경 서고트족(Visigoths), 반달족(Vandals), 알란족(Alans), 수에비족(Suevi)들은 라인강을 넘어서 유럽 북서부 지방에 정주했다. 많은 사람들이 로마 제국을 이들 이방인들(Barbarians)이 멸망시켰다고 생각하지만, 실제로 그 이전부터 로마 제국은 무역이 쇠퇴하고 화폐가 쓸모없게 되는 등 스스로 붕괴되고 있었다.

이방인들은 대부분 그 지역의 풍습과 법에 적응했으며, 더 나아가 많은 사람들이 로마의 공인 종교를 묵인하고 믿었다. 기독교의 영향력이 점점 커지자 교활한 황제들은 기독교의 승인을 제국의 정치적 일체화를 위한 수단으로 인식했다. 결국 325년 콘스탄티누스 황제가 기독교를 국교로 공인함에 따라 기독교 신자들은 더 이상 비밀 예배를 볼 필요가 없게 되었다.

초기 기독교인들은 교회가 아닌 다른 용도로 지어진 집이나 건물에서 비밀리에 모였다. 최초의 실질적인 교회가 서기 232년에 유프라테스의 두라 유로포스(Dura Europos)에 지어진 것으로 추측된다. 그러나 콘스탄티누스 황제가 기독교를 공인하면서 예루살렘(Jerusalem) 성지와 로마에는 자연스럽게 교회 건축의 시기가 도래하게 되었다. 33년 콘스탄티누스 황제는 베들레헴(Bethlehem)에 강탄 교회(The Church of the Nativity), 예루살렘에 성묘 교회(The Church of the Holy Sepulchre), 로마에 구 성 베드로 교회(The Church of St. Peter), 그리고 라테라노(Laterano)에 산 조반니 교회(The Church of San Giovani)를 창건했다.

건축 공간의 이용 관점에서 살펴볼 때 이교도에게 신전은 신을 위한 성소였기 때문에 숭배자들은 밖에서 집회를 했지만, 기독교에서는 교회 내부에서 집회가 이루어졌으므로 이교도의 신전 건축과는 전혀 다른 건축 평면 형태가 필요했다. 서구의 기독교는 처음부터 바실리카 형식을 채용했는데, 바실리카의 평면은 양측에 아일을 두고 끝제단(end alter)으로 이끄는 길고 곧은 중앙의 공간인 네이브를 갖는 형태로서 후에 교회 평면의 전형이 되었다. 초기에는 이교도 신전에서 주워 모은 기둥(column)을 사용해 바실리카를 축조하기도 했던 로마의 기술자들은 점차 바실리카 형식에 익숙해져 갔다.

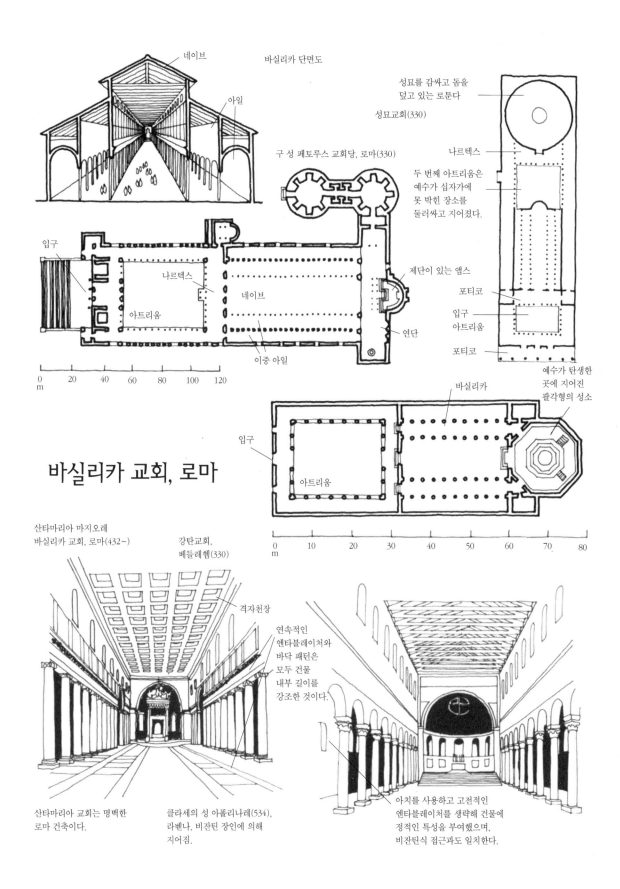

네이브

바실리카 단면도

아일

성묘를 감싸고 돔을
덮고 있는 로툰다

성묘교회(330)

구 성 페토루스 교회당, 로마(330)

나르텍스

두 번째 아트리움은
예수가 십자가에
못 박힌 장소를
둘러싸고 지어졌다.

입구

나르텍스

네이브

제단이 있는 앱스

포티코

아트리움

입구
아트리움

이중 아일

연단

포티코

예수가 탄생한
곳에 지어진
팔각형의 성소

바실리카

바실리카 교회, 로마

입구

아트리움

산타마리아 마지오레
바실리카 교회, 로마(432~)

강탄교회,
베들레헴(330)

격자천장

연속적인
엔타블레이처와
바닥 패턴은
모두 건물
내부 길이를
강조한 것이다.

산타마리아 교회는 명백한
로마 건축이다.

클라세의 성 아폴리나레(534),
라벤나, 비잔틴 장인에 의해
지어짐.

아치를 사용하고 고전적인
엔타블레이처를 생략해 건물에
정적인 특성을 부여했으며,
비잔틴식 접근과도 일치한다.

초기의 유명한 바실리카 형식의 사례가 로마와 라벤나(Ravenna)에 위치하고 있다. 로마의 산 파울로 푸오리 레 무라(San Paulo fuori le Mura, 380년 건축, 1823년 원형대로 재건)는 대규모이면서도 정교하며, 산타 마리아 마지오레(Santa Maria Maggiore, 432)는 매우 아름다운 건물로서, 이 건물은 건물 내부 공간의 네이브를 따라 나란히 배치된 열주가 고전적인 형태의 엔타블레이처를 지지하고 있다. 라벤나의 성 아폴리나레 누오보(San' Apollinare, Nouvo 534) 교회에서는, 원주가 반원 아치의 열을 지지하고 있다. 본래 라벤나는 동고트족(Ostrogoth)의 테오도릭 황제(Theodoric the Great)가 짧은 기간 수도로 삼은 곳이지만, 이탈리아의 왕권이 막강해지면서 비잔틴풍의 모자이크로 장식한 우아하고 넓은 성 아폴리나레 누오보 교회가 대왕의 기념예배당으로 지어졌다.

한편 로마 제국의 조직이나 제도 대부분이 사라졌으나 일부는 새로운 환경에 융화되었으므로 완전히 소멸된 것은 아니었다. 로마의 법 제도는 게르만족의 다양한 체제 속에서 수용되었다. 그러나 교역과 이동이 불필요한 자급자족 형태의 공동체 사회로 인해 로마의 전통적인 도로 체계가 붕괴되었고 가로 체계는 몇 세기 후에야 부분적으로 복구되었을 뿐이다. 도시의 붕괴가 시작되면서 몇몇 농장, 수도원, 주교의 궁전이나 성을 제외한 나머지는 완전히 사라져 버렸다. 그러나 동로마 제국의 비잔티움은 경제적인 면에서 로마 제국을 계승했으며, 로마의 화폐를 그대로 사용하고 로마의 기술과 건축의 전통을 적극적으로 유지하는 등 제국의 연속선상에 있었다. 기독교 교회당은 로마 제국의 문화적인 계승자인 동시에 아직도 남아 있는 고전주의 학문과 문학의 보고가 되었다. 무엇보다도 켈트족(Celts)과 이방인들은 곧 출현할 중세 사회의 근간을 이루는 봉건제도 안에서 새로운 경제 체제를 발전시켜야 할 과업이 남아있었다.

제2장 초기 기독교 건축 : 6~10세기

켈트, 게르만의 사회와 건축

로마 제국 통치 시기의 서유럽 지역은 켈트족이 주도하는 사회였다. 그곳에는 본래 선사시대부터 점차 발전되어 온 토착문화와 기원전부터 수백 년 동안 믿어 온 드루이드교(Druidic religion), 그리고 복잡한 시민법과 도덕법이 있었다. 켈트족 사회는 군인계급인 전사뿐만 아니라 직공, 보석 세공인, 대장장이, 조각가와 음악가 등으로 구성되어 있었다.

켈트족 사회에서는 농업이 경제 기반이었고, 대가족 제도가 사회의 기본단위를 이루고 있었으며, 지역의 수요를 그 지역에서 생산해 공급하는 자급자족 체제를 기본으로 하고 있었으나, 상품과 사상의 교환에서는 놀랄 만큼 발달된 체제를 가지고 있었다. 이러한 이유로 그 지역의 건축물들은 당시 유럽 전역에 일반적으로 존재하던 전통적인 구조를 수용함과 동시에 나름대로의 지역적 특성도 가지고 있었다. 지역사회는 노예 상태와 다름없는 소작인 계급과 그 계급 위에 군림하는 통치자, 전사, 성직자, 시인, 고문 등의 지배계급으로 양분된 사회계급 구조를 가지고 있었다. 켈트족 사회의 전 지역, 특히 영국 본토(Britain), 아일랜드(Ireland), 서갈리아 지방에서는 이와 같은 이원적 계층 구조를 지닌 지역사회가 독립된 사회적 단위로서 공존하고 있었다. 지방의 농장은 소규모의 주거군, 개천이나 말뚝을 둘러서 보호조치를 취한 외양간, 그리고 창고와 누다라으로 구성되어 있었다.

서갈리아 지방의 가장 공통된 건물의 형태는 원형(circular)으로서, 거의 모든 건물이 원형을 가지고 있었다. 전형적인 창고 건물이나 작은 주거는 나무 서까래를 원형으로 배열한 후 한쪽은 땅에 묻고, 이엉이나 떼로 덮인 다른 쪽 끝은 꼭대기에서 원추형으로 교차되도록 했다. 천장과 머리 사이의 공간은 매우 한정되어 있어서 대부분의 경우는 바닥을 낮게 파내고, 서까래의 기초를 튼튼하게 하기 위해 파낸 흙으로 건물 주위를 덮었는데, 이러한 과정을 통해 원시적인 형태의 벽이 만들어지게 되었다. 중앙에는 난로가 한 개 있어서 난방과 요리에 이용되었고, 연기는 지붕 중앙의 구멍을 통해 빠져 나가도록 되어 있었다. 건물의 크기는 서까래로 사용되는 목재의 크기에 따라 결정되었다. 또한 건축주의 지위에 따라서도 건물의 크기가 달라졌는데, 큰 건축물이 필요할 때에는 서까래가 2벌 사용되는 혼합구조 방식이 적용되었다. 이 경우 아래쪽 서까래는 지면부터 건물의 중간 높이에 있는 짧은 목재들로 잇대어진 원형의 중간 보(ring beam)까지를 지지하고, 위쪽 서까래는 원형의 중간 보에서 꼭대기까지 걸쳐진다. 이러한 방식은 지방의 토호 가족과 시종들이 거주하는 건물로 사용되었는데, 침실들이 가장자리에 둘러져서 배치되어 있고, 그 중앙은 연회, 회합, 식사 등을 위한 공용 공간으로 구획되어 있는 것이 전형적인 형태였다.

유럽 켈트족의 인구는 로마 제국의 통치가 수백 년 지속되는 동안 많이 감소해, 사람들이 별로 많이 살지 않는 이 지역으로 이주해오는 게르만족들은 별 어려움 없이 토착민과 융화될 수 있었다. 게르만족에 해당하는 서고트족, 반달족, 수에비족, 프랑크족(Franks)은 켈트족의 별다른 저항을 받지 않고 갈리아 지방에 정착했다. 그러나 앵글족(Angles)과 색슨족(Saxons)은 영국 본토를 차지하기 위해 심하게 싸웠는데, 지역적으로 우위를 차지하기 위한 이 싸움은 5세기 중엽에서 9세기 초까지 거의 400년간이나 계속되었다. 켈트족과 마찬가지로 게르만족도 농업이 전통적인 생활 기반이었다. 이주자의 대부분은 젊은 사람들로서 군사적인 정복보다는 그들 자신과 가족들이 이 새로운 지역에 정착하는 것에 더 많은 관심을 기울였다. 따라서 이주민들은 북쪽에서 지녔던 자신들의 정주 형태를 이주해 온 남쪽에 이식하기 시작했다.

율리우스 카이사르는 그의 기록에서 문화와 문명에 대한 켈트족과 게르만족의 차이점을 날카롭게 기술하고 있는데, 카이사르 자신이 야만적이라고 여겼던 게르만족은 그만큼 불리하게 표현될 수밖에 없었다. 게르만족은 음악이나 시적 기량에서는 켈트족을 따르지 못했으나, 그 밖의 부분에서는 실제적으로 많은 문화적 공통점이 있었다. 수세기에 걸쳐 종족간 접촉이 지속되어 오는 동안 방적 기술, 무기 제조, 보석 세공 등의 기술이 이민족들에게 전수되었다. 한편 북유럽 연안에서 생활해 바다에 친숙하던 이민족들은 조선술의 전통을 가지고 있었는데, 이 부분에서는 이민족이 더 우수해 수세기 후에는 바이킹의 뛰어난 선박들을 비롯해 북유럽 스칸디나비아(Scandinavian) 민족과 앵글로색슨족의 뛰어난 목재 건축이 나타나게 되었다. 선박 건조 기술을 바탕으로 한 게르만족의 건축구조는 질적인 면에서 켈트족의 것보다 뛰어나게 되었다. 게르만 사회는 켈트족과 유사한 사회적 패턴을 가지고 있어서 농업을 기본으로 했고, 지방 통치자와 그의 전사, 성직자, 소작농으로 계급이 구성되었다. 그러나 그들의 취락 형태나 건물 형태는 매우 다양해 외딴 농가, 목책으로 둘러싸인 마을, 요새화한 언덕 위의 피난처 등이 기원후 처음 몇 세기 동안 여러 시대에 걸쳐 각기 다른 장소에 세워졌던 것이다. 가장 주목을 끌 만한 것은 네덜란드 북부 프리즈랜드(Friesland) 해안 저지대에 위치하고 있는 테르펜(Terpen)으로서, 홍수 경계면 위로 마을을 입지시키기 위해 높은 인공 언덕을 건설한 후 주거를 드문드문 배치했다. 가장 잘 알려진 것으로는 서기 1세기에 건설된 것으로 추정되는 페데르센 비르데(Feddersen Wierde)이다.

건물 유형으로는 바닥을 파낸 원추형의 나무 오두막인 그루벤하우스(Grubenhaus)가 있었는데, 모양이 켈트족의 주거와 매우 유사했으며, 넓은 공간에 어떻게 지붕을 씌울 것인가의 문제를 통로식 주택(aisled house)이나 길다란 평면형의 주택(long house)으로 해결해 매우 긴 직사각형의 건물들을 고안해내게 되었다. 지금까지 발견된 기초들은 길이가 10~30m까지 다양하고 폭은 통상 10m 이상이었다. 이러한 건물들 위에 얹히게 될 넓은 초가지붕을 지지하기 위해서는 독창적인 구조가 필요했다. 긴 용마루와 처마도리 사이에 서까래를 걸쳤고, 서까래 끝은 땅에 박힌 튼튼한 기둥으로 지지했다. 긴 스팬(span)에서는 긴 서까래가 필요했으므로, 스팬 중간 부분에 중간도리를 용마루선에 수직으로 놓이도록 배치하고 땅에 박힌 기둥으로 지지했다. 큰 규모의 건물에는 각기 다른 용도로 세분된 모듈(module)을 사용했는데, 이러한 구획은 사람과 동물 사이의 구획에도 적용되어 한쪽 끝에는 주택과 난로를 두고 다른 쪽 끝에는 가축을 키우는 축사를 배치했다.

북쪽의 이민족들은 그들 나름의 게르민 언어를 가져와서 오늘날까지도 남아 있는 다양한 언어를 만들어내었다. 한편, 이민족과 로마의 켈트족 문화는 점점 융합되어 갔으며, 기독교 신앙의 전파로 다른 종족간의 결혼이 점점 보편화되면서 출산율도 높아졌다. 또한 기독교 정신으로 인한 사회적 책임감이 커지면서 불우한 사람들을 보살펴서 사망율이 저하되었다. 이 결과 600~800년 사이에 인구는 점차 증가하기 시작했다.

부족제도 – 켈트족 사회의 구조

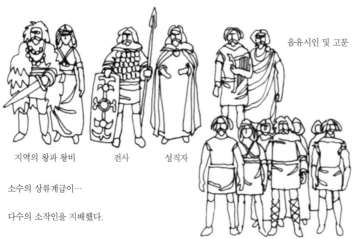

지역의 왕과 왕비 전사 성직자

음유시인 및 고문

소수의 상류계급이…

다수의 소작인을 지배했다.

권력구조와는 별도로 모든 사람은 생활면에서는 거의 평등했으므로, 사회계층간에 의식주의 수준이 크게 다르지 않았다. 부족사회는 필요에 따라 지역적으로 무리를 지어 자급했으며, 중앙집중적인 권력이 없었으므로 거대한 부의 집중화가 이루어지지 않았다.

진흙을 사용해 견고하게 얹은 이엉이나 짚 지붕

파낸 흙과 돌

바닥을 파낸 단순한 원형주거

켈트족의 주거(기원 전후)

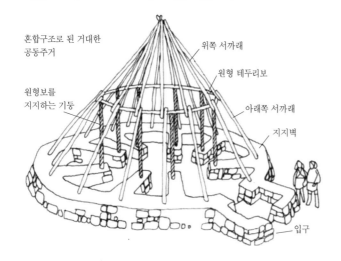

혼합구조로 된 거대한 공동주거

위쪽 서까래

원형 테두리보

아래쪽 서까래

원형보를 지지하는 기둥

지지벽

입구

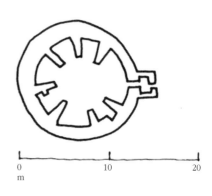

0   10   20
m

셔틀랜드에 있는 원형가옥의 평면 :
각 가구간을 구획하거나 기능의 분리를 위해
석벽이나 흙벽으로 실내를 나누었다.

게르만족의 건축

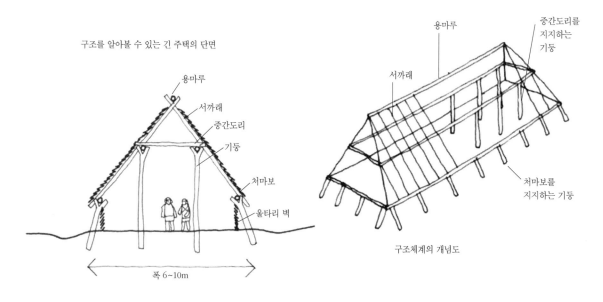

구조를 알아볼 수 있는 긴 주택의 단면

용마루
서까래
중간도리
기둥
처마보
울타리 벽

폭 6~10m

용마루
중간도리를 지지하는 기둥
서까래
처마보를 지지하는 기둥

구조체계의 개념도

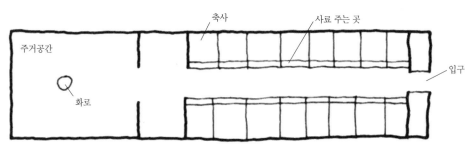

주거공간
화로
축사
사료 주는 곳
입구

페데르센 비르데에 있는 중복도형의 주택 평면(1세기), 프리즈랜드

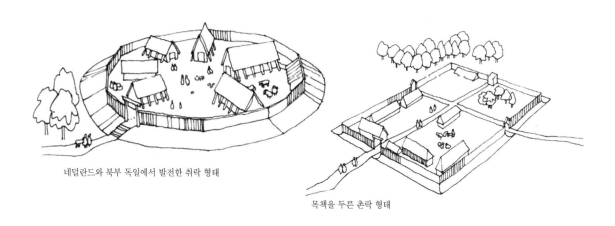

네덜란드와 북부 독일에서 발전한 취락 형태

목책을 두른 촌락 형태

로마인들은 쟁기로 긁는 정도의 작은 힘으로도 경작할 수 있는 지중해 연안의 연질 토양에서 대부분의 작물을 재배했고, 생산량은 노동집약적인 경작과 윤작에 의해 유지되었다. 이러한 농업법은 로마 체제의 붕괴로 없어지고, 서유럽 전체는 인구 증가에 맞는 새로운 토지 경작법을 필요로 했는데, 그 해결책이 북유럽에서 들어왔다. 물에 젖은 무거운 흙을 일구어내기 위해 바퀴 달린 쟁기를 여러 마리의 소를 이용해 끌어당기는 방법이 고안되었고, 7세기 초의 이러한 방법은 한 농부가 필요한 수만큼의 소를 소유하지 못했기 때문에 북부에서 이미 존재해 온 협동조합 체제가 수반되었다. 그 후 300년 정도의 기간에 표층에 기름진 흙을 덮는 방법을 개발했고 제분을 위해서 물방아, 써래, 도리깨가 발명되었으며 새로운 품종의 곡물들이 수확된 것으로 보아 북쪽 사람들이 농업에 상당한 재능이 있었음을 알 수 있다. 숲을 개간하고, 넓게 개방된 들판을 띠형 모습으로 경작(strip-farming)하는 것이 당시 농사의 기본 패턴이 되었다.

그러나 정치적·경제적 상황이 불확실해 중앙정부의 역할은 제한되었고, 농부들은 무정부 상태의 지방에서 보호를 필요로 하게 되었는데, 그 결과 로마 제국 말기에 시작된 지방 토호의 보호에 대한 답례로 농부들이 스스로 자유를 그들에게 양도하게 되는 과정을 거쳐 지금까지의 부족제도는 봉건적인 장원제도로 바뀌어나갔다.

그 후 4세기 동안의 혼란기를 통해 봉건제도 체제는 서유럽의 경제적인 힘으로 성장했다. 기독교 정신은 정치적 혼란의 상황에서 하나의 보편적 실마리인 문화적 연속성을 제공했다. 교회가 하나의 기치 아래 합일된 것도 아니고 정치에 연루되지 않은 것도 아니었으나, 중세 초기 정치의 역사는 다분히 교회의 역사와 불가분의 관계를 맺는다. 콘스탄티누스(Constantinus)나 테오도시우스(Theodosius), 유스티니아누스(Justinianus), 그레고리(Gregory) 등과 같은 초기 교회의 지도자 중 많은 사람이 종교적인 권력뿐만 아니라 로마 교황의 세속적 권력도 가지고 있었다. 이에 따라 종교적인 통일이 국가나 혹은 제국의 동질성을 찾도록 도와준다는 사실을 알게 되었고, 이러한 상황이 몇 번이고 되풀이됨에 따라 교회 건물도 종교적이면서 정치적인 힘의 상징적 표현으로 사용되었던 것이다.

비잔틴 건축

5세기경부터 9세기경까지의 서유럽에서는 대규모 건축물을 거의 찾아볼 수 없는 정체기를 맞이했다. 그러나 이 시기의 공백을 메울 수 있었던 건축적 발전이 비잔틴(Byzantine) 제국에서 이루어졌는데, 이곳은 동방과의 교역을 통해 비단, 향료, 보석, 곡류 등 서양에서 원하던 상품들을 충분하게 공급할 수 있을 정도의 경제적으로 풍요로웠던 지역이다. 경제적인 안정은 건축 전체, 특히 구조적인 면에서 기술 혁신을 일으켰다. 비잔틴 건축은 로마 제국과 서아시아의 사라센 건축양식을 통합함으로써 괄목할 만한 발전을 이루었다. 로마에서 계승한 벽돌 및 콘크리트 공법과 사라센 제국에서 도입한 돔 축조법을 결합해 새로운 구조방식을 고안했다. 로마 시대의 대표적 건축물인 판테온(Pantheon, 120) 신전은 원형 공간을 돔으로 덮고 있으나, 이러한 형태는 건축적인 적용에 한계가 있었다. 그러나 비잔틴 건축은 장방형이나 정방형 공간에 어떻게 돔을 씌울 것인가 하는 문제를 해결했으며, 이를 통해 건축가들에게 복잡다양한 평면구성을 가능케 해주었다. 해결의 열쇠 중 하나는 벽돌 조적공법의 발달에 기인하고 있는데, 무한한 단위재의 조합으로 변화 있는 기하학적 형태를 이룰 수 있는 공법상의 물리적인 특성으로 인해 건축가들은 다양한 형태를 건축물로써 실현할 수 있게 되었다. 예컨대 펜덴티브(pendentive)를 도입함으로써 하나의 돔만으로 정방형 건물을 덮을 수 있게 되었다. 조적공법의 발전은 벽이나 천장의 내부를 덮는 소재로서 모자이크 같은 제2의 재료를 활발하게 사용케 해주었다. 콘스탄티노플에서는 동·서양 초기 기독교 국가의 주요한 건축적인 전형이 세워졌다. 성 세르지우스(St. Sergius) 교회와 성 박쿠스(St. Bacchus, 525) 교회는 장방형 평면 내부에 기둥 8개를 배치하고 그 위에 돔을 얹은 비잔틴 건축 초기의 실례다. 동고트족이 이탈리아를 지배하는 동안 비잔틴의 건축가에 의해 건설된 라벤나의 산 비탈레(San Vitale, 526) 사원은 팔각형의 기초에 8개의 피어(pier)를 세우고 그 위에 돔을 축조했다. 내부 삽입 재료로 도자기를 이용해 가벼워진 돔은 열주와 벽이 받는 하중을 줄여주었고, 그 결과 대단히 우아한 건물이 되었다. 콘스탄티노플의 성 이레네(St. Irene, 564, 개조 740) 교회는 바실리카식 평면의 네이브를 덮는 크기가 다른 2개의 돔을 설치했는데, 그중 큰 것은 구멍이 뚫린 창문이 있는 드럼 부분 위에 돔을 축조한 비잔틴 초기의 건축 실례다. 세로로 긴 이 교회의 평면형태는 성 세르지우스 교회와 산 비탈레 사원의 평면 형태인 좌우대칭의 중앙집중적인 형태와는 다른 모습이다.

성 소피아(Haghia Sophia) 사원은 장방형의 긴 평면 위에 돔을 축조한 최고 수준의 건축 사례로서, 유스티니아누스 황제를 위해 532년에 콘스탄티노

비잔틴 교회 건축

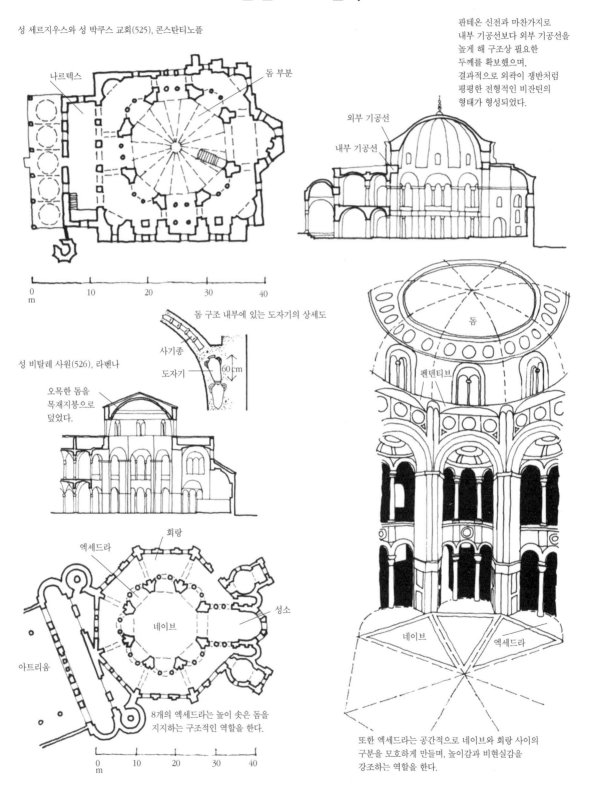

성 세르지우스와 성 박쿠스 교회(525), 콘스탄티노플

판테온 신전과 마찬가지로 내부 기공선보다 외부 기공선을 높게 해 구조상 필요한 두께를 확보했으며, 결과적으로 외곽이 쟁반처럼 평평한 전형적인 비잔틴의 형태가 형성되었다.

나르텍스

돔 부분

외부 기공선

내부 기공선

0 10 20 30 40
m

돔 구조 내부에 있는 도자기의 상세도

사기종

도자기

60 cm

성 비탈레 사원(526), 라벤나

오목한 돔을 목재지붕으로 덮었다.

돔

펜덴티브

회랑

엑세드라

성소

네이브

네이브

엑세드라

아트리움

8개의 엑세드라는 높이 솟은 돔을 지지하는 구조적인 역할을 한다.

0 10 20 30 40
m

또한 엑세드라는 공간적으로 네이브와 회랑 사이의 구분을 모호하게 만들며, 높이감과 비현실감을 강조하는 역할을 한다.

플에 지어진 건축물이다. 성 소피아 사원은 건축적으로 매우 정교하며 전체적인 외관은 매우 단순한 인상을 지니고 있다. 약 30m에 걸친 정방형의 모서리에 석재 피어를 4개 세우고 여기에 반원 아치(semi circular arch)를 접속해 거대한 반구형 돔(hemispherical dome)을 지지하고 있다. 중앙의 공간은 중심 돔(main dome)을 지지하는 피어 네 개의 바깥쪽에 반원형 돔(semi-dome)이 덧붙여짐으로써 평면이 동서로 확장되어 70m 정도의 길이를 가진 넓은 타원형의 네이브가 형성되었으며, 바깥 부분에는 출입구, 나르텍스(narthex), 아일, 앱스 등 더 낮은 구조물이 놓여져 있다. 반원형 돔과 피어가 중심 돔을 동서 방향에서 지지하고, 아일 위에는 네 개의 견고한 부축벽(buttress)을 두어 남북 방향에서 지지하고 있다. 사원 내부는 돔과 벽에 창을 뚫어 채광을 했으며, 다양한 색상의 대리석과 모자이크로 화려하게 장식되어 있다. 풍부하고 장식적인 디테일은 전체적으로 장중하고 간결한 의장과 감탄할 만한 대조를 이루는데, 이것이 비잔틴 건축의 정수인 이 건물이 보여주는 특징이다.

바실리카 양식이 서방 기독교 세계에 영향을 주었던 것과 마찬가지로 돔을 사용한 6세기의 비잔틴 교회 건축은 동방 기독교 세계에 영향을 미쳐 천년 동안 동방 기독교 건축의 전형으로 남게 되었다. 그러나 모든 기독교 국가가 거대한 교회 건축으로써 신앙심을 표현한 것은 아니어서 가난과 고행이 기독교인 생활에 의미를 준다고 여기는 사람들도 있었다. 3세기경에는 이미 기독교인들이 수행을 위해서 이집트 사막에 들어갔고, 이제는 기존 교회에 대한 각성에서 절제, 고독, 가난을 통해 정신적인 수행을 추구하는 수도원 운동이 일어났다.

최초의 유럽 수도원이 5세기 마르세유(Marseilles) 근처의 레린즈(Léins)에 세워졌으며 그 운동은 461년에 성 페트릭(St. Petrick)에 의해 아일랜드까지 전파되었다. 최초의 영국 수도원은 470년에 세워진 틴타겔(Tintagel) 수도원이고, 이어서 563년 아이오나(Iona)에 성 콜롬비아(St. Columbia) 수도원이 세워졌다. 초기의 수도원들은 동시대의 비잔틴 교회와 비교해보면 매우 조잡하고 원시적이었는데, 이러한 현상은 그 지방의 건축기술이 낙후되어 있었고, 신앙심 역시 비잔틴 지역에 미치지 못했기 때문이었다. 그러나 바닷가의 암석이 많은 곳 부분에 세운 틴타겔 수도원이나 거대한 스카일 암석(Great Skellig Rock)의 한편에 달라붙어 있는 형태의 스카일 므히칠(Sceilg Mhichil) 수도원에서처럼, 건물 자체는 단순하지만 그처럼 적절하게 부지를 설정한 것은 매우

비잔틴 교회 건축 2

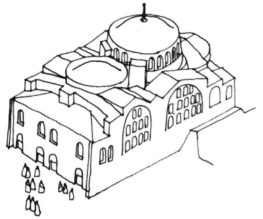

성 이레네 교회(564~740),
콘스탄티노플.
이 사원은 성 소피아 사원의
축소판이나 다름없다.
두 번째 돔에 또 다른 공간이
덧붙여짐으로써 정방형 공간의
건물이 세로로 긴 형태로
바뀌었다.

중앙 돔

반원형 돔

성 소피아 사원의 네이브를
질러 자른 길다란 단면에서
나타나듯이, 두 개의 반원형
돔과 앱스로 인해
특별한 길이를 얻을 수 있다.

성 소피아 사원의 입면도

드럼부분의 창

거대한 부동벽

비내력벽에 자유롭게
뚫린 창들

비잔틴 건축 중 가장 크고 훌륭한 건축이다.
성 소피아 사원(532), 콘스탄티노플

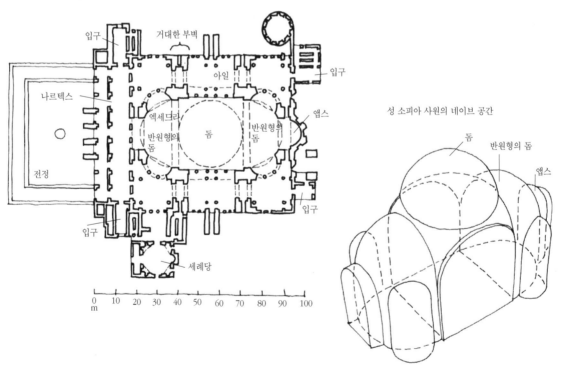

입구

거대한 부벽

아일

입구

나르텍스

엑세더라

반원형의
돔

돔

반원형의
돔

앱스

전정

입구

입구

세례당

성 소피아 사원의 네이브 공간

돔

반원형의 돔

앱스

```
0  10  20  30  40  50  60  70  80  90  100
m
```

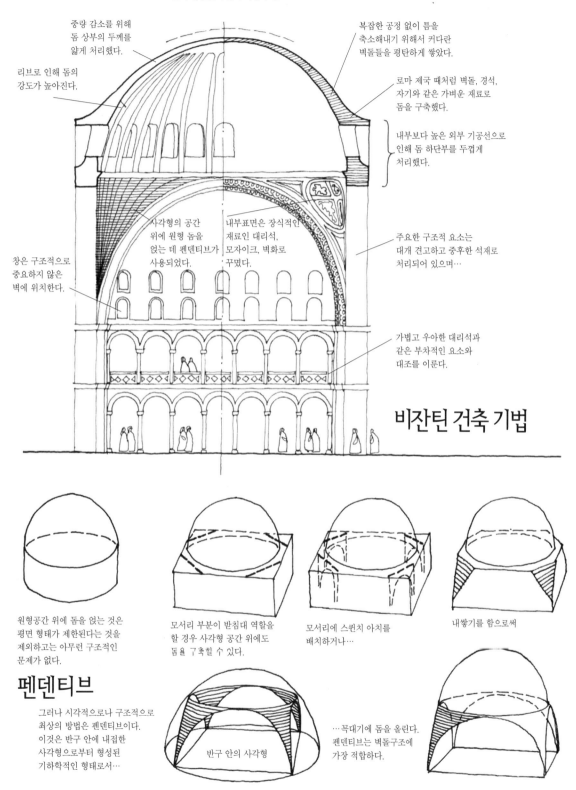

돔의 평탄한 구면이 특징이다.

중량 감소를 위해 돔 상부의 두께를 얇게 처리했다.

복잡한 공정 없이 틈을 축소해내기 위해서 커다란 벽돌들을 평탄하게 쌓았다.

리브로 인해 돔의 강도가 높아진다.

로마 제국 때처럼 벽돌, 경석, 자기와 같은 가벼운 재료로 돔을 구축했다.

내부보다 높은 외부 기공선으로 인해 돔 하단부를 두껍게 처리했다.

사각형의 공간 위에 원형 돔을 얹는 데 펜덴티브가 사용되었다.

내부표면은 장식적인 재료인 대리석, 모자이크, 벽화로 꾸몄다.

주요한 구조적 요소는 대개 견고하고 중후한 석재로 처리되어 있으며…

창은 구조적으로 중요하지 않은 벽에 위치한다.

가볍고 우아한 대리석과 같은 부차적인 요소와 대조를 이룬다.

비잔틴 건축 기법

원형공간 위에 돔을 얹는 것은 평면 형태가 제한된다는 것을 제외하고는 아무런 구조적인 문제가 없다.

모서리 부분이 받침대 역할을 할 경우 사각형 공간 위에도 돔을 구축할 수 있다.

모서리에 스퀸치 아치를 배치하거나…

내쌓기를 함으로써

펜덴티브

그러나 시각적으로나 구조적으로 최상의 방법은 펜덴티브이다. 이것은 반구 안에 내접한 사각형으로부터 형성된 기하학적인 형태로서…

반구 안의 사각형

…꼭대기에 돔을 올린다. 펜덴티브는 벽돌구조에 가장 적합하다.

세련된 건축적 표현으로도 해석할 수 있다.

수도원 운동이 가난과 고독을 통해 진실을 추구하기 위해 일어나긴 했지만, 고요함이나 낭만적 생활을 추구하고 절제에 의해 공적을 이루기를 원하면서도 다른 한편으로는 부와 방종에 이끌렸다. 이것을 깨달은 너르시아(Nursia)의 성 베네딕트(St. Benedict, ?~543)는 몬테 카시노(Monte Cassino)에 있는 그의 수도원에서 가난과 금욕, 복종, 기도생활의 훈련, 자급자족을 하기 위한 육체노동을 통한 친교 등의 내용을 담은 수도원 규칙을 만들었다. 이 규칙은 유럽 전체에 걸쳐 수도원의 생활을 변화시켰고, 강력한 정신적인 힘으로 수도원을 발전시키는 데 도움을 주었다. 다른 한편으로 카시오도루스(Cassiodorus, 575)의 영향을 받아 학문과 지식 배양은 수도사들의 의무가 되었으며, 그 후 수백 년 동안 수도원 운동은 서부 유럽에 주요한 문화적 영향을 미쳤다.

성 베네딕트의 엄격한 규칙은 큰 성당을 필요로 하지 않았다. 즉, 초기 단계에서는 자치적인 공동예배가 충분히 발전되어 있지 않았으므로, 수도사들이 개인적으로 기도하기 위한 작은 방이나 예배당이면 충분했다. 초기 자급 공동체의 암자 모습을 한 소규모의 예배 공간은 유럽 기독교의 전초기지인 암석이 많은 곳에 위치했으며, 벌집모양의 석조 오두막 집단으로서 그중 몇 개는 거주를 위한 것이고, 몇 개는 예배용으로서 석조의 방어벽으로 둘러싸여 있었다.

그러나 점차 자치 공동체의 생활양식이 수도원의 특색이 되고, 수도원은 공동예배를 드리기 위해 교회를 필요로 하게 되었다. 지방 고유의 건축방법을 고수하는 지역적이고 단편적인 사회에서 초기의 수도사들은 전 유럽 문화에 가장 가까운 모습의 교회를 재현하려고 노력했으며, 그들이 원시적인 유럽 지역에 들여온 전통적인 교회의 모습은 사람들에게 매혹적인 것으로 받아들여졌다. 이 시대의 기독교 교회 건축으로는 두 가지 유형이 있는데, 로마 기독교에서 볼 수 있는 전통적인 바실리카식 평면에서 유래한 세로로 긴 평면 형태와 비잔틴 양식의 돔을 얹은 교회에서 유래한 중앙집중형 평면이 그것이다. 이 형태들은 각 지방의 상황이나 새롭게 등장한 수도원의 요구에 맞게 채택되었다.

아일랜드와 노섬브리아(Northumbria)의 켈트족 교회는 로마로부터 직접 바실리카 양식을 들여왔기 때문에 세로로 긴 것을 강조한 장방형의 평면 형태로 지어졌다. 동시에 유럽 대륙의 전통은 새롭게 기독교인이 되어가는 유럽의

교회 평면의 초기 단계

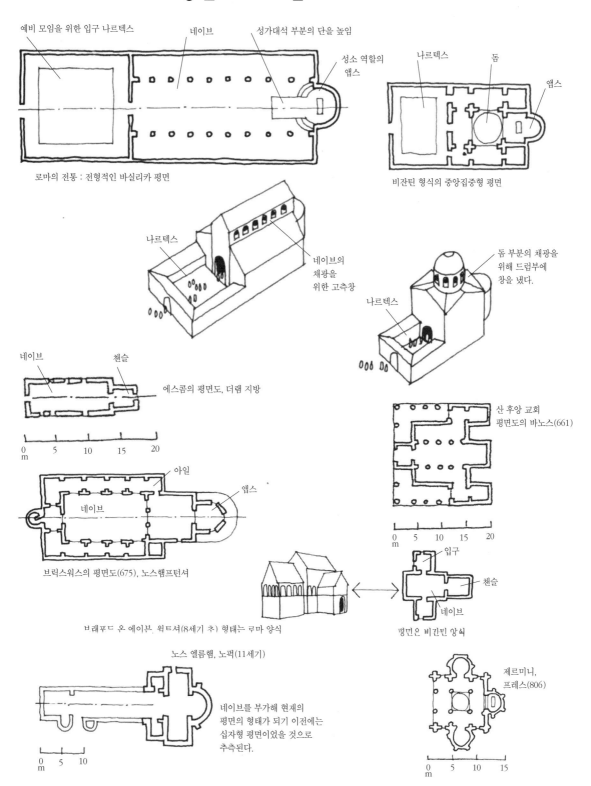

예비 모임을 위한 입구 나르텍스

네이브

성가대석 부분의 단을 높임

성소 역할의 앱스

로마의 전통 : 전형적인 바실리카 평면

나르텍스

돔

앱스

비잔틴 형식의 중앙집중형 평면

나르텍스

네이브의 채광을 위한 고측창

돔 부분의 채광을 위해 드럼부에 창을 냈다.

나르텍스

네이브

챈슬

에스콤의 평면도, 더램 지방

산 후앙 교회 평면도의 바노스(661)

아일

네이브

앱스

브릭스워스의 평면도(675), 노스햄프턴셔

입구

챈슬

네이브

브래포드 온 에이븐, 워트셔(8세기 초) 형태는 로마 양식

평면은 비잔틴 양식

노스 엘름햄, 노퍽(11세기)

네이브를 부가해 현재의 평면의 형태가 되기 이전에는 십자형 평면이었을 것으로 추측된다.

제르미니, 프레스(806)

이교도들 사이에서 발전했는데, 문화적 지도자는 여전히 게르만족과 앵글로 색슨족에 의해 지어지는 석조건축의 후견인격인 비잔틴 제국이었다. 드 바노스의 산 후앙(San Juan de Baños, 661) 교회는 서고트족이 스페인에 지은 것으로서 정사각형의 중앙집중적인 평면이며, 브래드포드 온 에이븐(Bradford on Avon)의 앵글로색슨족 교회는 기본 형태는 로마의 것이지만 비잔틴 제국에서 유래한 십자형 평면을 가지고 있다. 전형적인 비잔틴 양식의 작은 유럽풍 교회는 오를레앙(Orléans) 근처 프레스의 제르미니(Germigny-des-Prés, 806) 교회로서 정방형 평면과 중앙부의 돔을 가진 카롤링거 왕조의 교회 모습이다.

이 시대 유적의 대부분이 석조이지만, 교회는 대개 목조였기 때문에 9세기의 정치적 혼란기에 대부분 파손되었다. 목조는 가장 보편적으로 이용할 수 있는 재료이고, 이미 상당 수준에 오른 조선술의 전통에 근거해서 지방 기술자들이 손쉽게 작업할 수 있는 구조방식이었다. 지금까지 제대로 남아 있는 것은 없지만, '네 개의 커다란 기둥'(four great posts) 위에 세운 앵글로색슨족의 목조 교회에는 중앙 돔이 있는 비잔틴 양식이 암시되어 있다. 그 이후의 실례이기는 하지만, 노르웨이의 '통널'로 지어진 교회(stave church)는 목재를 다루는 전문적인 기술과 함께 로마와 비잔틴의 경향을 통합한 것이었는데 그 시대 초기의 북유럽인들의 고도로 발달한 기술을 보여주고 있다.

이슬람 세계의 건축

한편 고대 동로마 제국의 폐허에서는 새로운 토착문화가 나타났고, 고대 페르시아 제국의 유적지인 소아시아에서는 세상을 다시 한번 혼란으로 빠뜨릴 종교적·정치적·문화적인 운동이 자라고 있었다. 마호멧(Muhammad)은 569년에 메카(Mecca)에서 태어났는데, 그의 위대한 저술인 『코란』에 기술되어 있는 새로운 종교는 추종자들에 의해 아랍 종족들 사이에서 점차 확산되어 갔다. 종교적인 열정과 아울러 경제적인 힘의 자극에 의해 마호멧의 군대는 7세기 중반에 정복 원정에 착수해 중동과 인도, 북아프리카를 함락시켰다. 비잔티움은 가까스로 지탱하고 있었으며, 스페인도 함락되어 서유럽은 큰 위기에 놓였다.

당시 서유럽 지역에서는 프랑크족만이 그들에게 저항할 수 있을 만큼 조직화되어 있었다. 481년 클로비스(Clovis)에서 프랑크와 결속했던 메로빙 왕조(Merovingian Dynasty)가 붕괴된 직후에 헤리스탈(Heristal)의 페핀(Pepin)

은 687년 실제적인 왕국 조정의 책임을 맡게 되었다. 그의 아들인 샤를 마르텔(Charles Martel, 714~741)은 투르(Tours)와 포이티에르(Poitiers)에서 마호멧 군대를 무찔러서 스페인으로 되돌아가게 했다. 이를 통해 서유럽은 더욱 결속되고 체제가 확고해졌지만, 이슬람교도가 지중해를 지배함에 따라 교역이 제한되어 경제는 어려운 처지에 놓였다. 건축술이 발전하기 위해서는 어느 정도의 부와 발상의 상호교환, 개발이 요구되지만 사회적 상황으로 인해 이러한 일이 불가능했으므로, 고립된 상황 아래에서 수도원을 중심으로 지적 탐구만이 행해졌다. 이 시대에 이루어진 성과물로는 세빌랴(Seville) 출신 이시도르(Isidore, ?~636)의 과학적 탐구 결과물, 『복음서』(*Lindisfarne Gospels*, 7세기 후반), 그리고 베데(Bede, ?~735)의 『영국 국민의 교회 역사』(*Ecclesiastical History of the English People*) 등이 있다.

서유럽이 이처럼 내면적 성찰로 잠잠해 있는 동안 이슬람교도들은 놀라운 건축 활동을 통해 그 힘을 과시했다. 그들은 이슬람교를 중심으로 종교적·정치적·사회적인 모든 삶을 이끌어나갔는데, 종교적인 신념의 추구로 생활의 모든 면에 탁월한 발전이 이루어지도록 노력했다. 마호멧의 추종자들은 자신들을 유대교-기독교(Judae-Christian)의 후계자로 생각했으므로 다른 종교에 비교적 관대했으며, 그들이 유산으로 물려받은 건축적인 전통도 무시하지 않았기 때문에 헬레니즘, 시리아, 로마, 비잔틴 등에서 체험한 건축문화를 그들 제국이 정복한 세계 여러 지역에서 지역 특유의 장인기술로 재해석했다. 그들은 벽돌과 석조기술을 예술로 승화시켜 천장 부분에서 배럴 볼트와 교차 볼트, 반원 아치와 포인티드 아치(pointed arch, 일명 첨두형 아치) 등을 완벽하게 사용했는데, 이러한 양식은 예루살렘의 쿠벳 에스-사카라(The Kubbet es-Sakhra, 바위 위의 돔)에서 처음으로 나타났다. 이 건물은 콘스탄티누스 대제의 성묘 교회를 모방해 디자인한 것으로 이슬람 건축의 특징을 잘 나타내주고 있다. 특히 동양적인 형태의 높은 돔, 도자기와 유리 모자이크로 장식한 내부는 후에 이슬람 건축의 특징이 될 수 있었던 '건축직인 기본개념을 걸고 損상시키지 않으면서도 豊부한 추상적 장식'을 예견하기에 충분한 것들이다. 785년 코르도바(Córdova)에 건립된 대(大)모스크(The Great Mosque)는 당시 서부 유럽에서는 볼 수 없었던 훌륭하고 세련된 건축물로서 다마스커스(Damascus)에서 이미 시험된 건축양식이며, 시리아의 건축가에 의해 세워졌다. 건물의 주요 부분은 무너진 고대의 대리석 열주 위에 축조되었는데, 열주의 높이가 부족했기 때문에 각주를 잇대어서 그

이슬람 세계의 건축

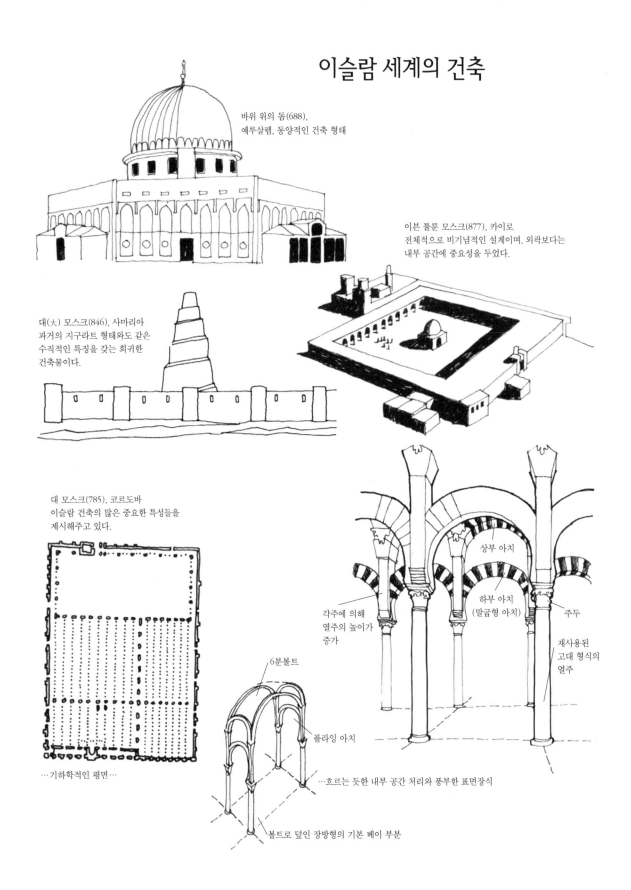

바위 위의 돔(688),
예루살렘, 동양적인 건축 형태

이븐 툴룬 모스크(877), 카이로
전체적으로 비기념적인 설계이며, 외곽보다는
내부 공간에 중요성을 두었다.

대(大) 모스크(846), 사마리아
과거의 지구라트 형태와도 같은
수직적인 특징을 갖는 희귀한
건축물이다.

대 모스크(785), 코르도바
이슬람 건축의 많은 중요한 특성들을
제시해주고 있다.

상부 아치

하부 아치
(말굽형 아치)

주두

각주에 의해
열주의 높이가
증가

재사용된
고대 형식의
열주

6분볼트

플라잉 아치

…기하학적인 평면…

…흐르는 듯한 내부 공간 처리와 풍부한 표면장식

볼트로 덮인 장방형의 기본 베이 부분

위에 아치를 올리고 서로 마주 보는 아치를 가로로 이으면서 또 하나의 예각 모서리를 구성해 건물에서 필요로 하는 천장 높이를 얻게 되었다. 이러한 단순한 기능적인 접근, 정확한 지점에서의 돔의 도입과 표면 장식의 다양성 등으로 형태의 다양성과 유동성이 더욱 풍부하게 표현되었던 것이다. 한편 기독교 국가와는 달리 이슬람 세계의 전역에서는 『코란』을 생활에서 일어나는 모든 문제의 지침으로 삼았는데, 건축계획에서도 역시 그러했다. 그 결과 일반 건물과 종교 건물이 본질적으로 유사해졌으며, 일상생활과 종교적인 생활 사이에 뚜렷한 구분이 없어지게 되었다. 그러므로 기념비적인 건물을 배제하고, 인간적인 스케일에 맞는 소규모의 낮고 수평적인 건축 형태를 추구했다.

이슬람 건축은 서양 건축의 전개방식과는 대조를 이루고 있으나 어떤 면에서는 서양 건축에 큰 영향을 주고 있다. 코란에서는 종교적 맥락에서 묘사적인 표현방식을 금하고 있었기 때문에 서양 건축에서와 같은 조각이나 회화 대신 추상적인 예술이 고도로 발전했는데, 특히 건축 표면의 장식에서는 자연적 형태와 아라비아 문자로부터 발전시킨 형태를 추상화해 사용했다. 아랍인들은 수학에 능했으며, 건축구성에 대한 그들의 개념을 수학적인 방법으로 규범화시켜 건축물을 계획했다. 따라서 이슬람 건축의 정확성과 기하학적인 독창성은 서양 건축가들에게 영원한 교훈이 될 수 있었다.

샤를마뉴 대제 시대의 유럽

800년 샤를마뉴 대제(Charlemagne the Great, 768~814)는 교황 레오 3세(Pope Leo III)로부터 신성로마 제국(Holy Roman Emperor)의 왕위를 받았다. 강력하고 파괴적이며 날카로운 두뇌를 지닌 정치가인 그는 프랑크 왕국을 로마의 멸망 이후 서유럽에서 가장 강하게 변화시켜 갔다. 그는 왕국을 방어할 수 있다고 판단되는 범위까지 경계선을 설정하고, 동방 제국인 바그다드(Baghdad)의 칼리프 헤로운 알 라시드(Haroun al Raschid)와 협정을 맺고 유럽과의 교역을 발전시켰다. 그러나 샤를마뉴와 레오와의 관계는 미묘해져서 황제와 교황 간에 충돌이 일어나자 샤를마뉴 대제는 왕국의 수도를 로마가 아닌 아헨(Aachen)으로 정하고 로마 교황권의 간섭을 받지 않는 독자적인 정치 체제를 확립했다. 그리하여 일시적으로나마 이곳에는 강력한 중앙집권 체제가 성립되었다. 샤를마뉴 자신은 교육받지 못했지만, 그는 주위에 불러 모은 요크(York) 지방의 알퀸(Alcuin) 같은 지식인들의 도움을 받아 예술과 학문의 부흥을 꾀했다. 그의 신념에 따라 중세 글자체의 표준이 되는 '카롤링거 소문자' (Carolingian minuscule) 체제가 확립되었으며, 궁정학파를 설립함으로써 문법과 수사학, 논리학이 확립되었고, 아름다운 책과 시편이 지어졌다. 음악에서도 그레고리안 성가의 황금시대를 이루었고, 보석과 금속의 세공기술에서도 새로운 업적을 달성했다.

카롤링거 왕조의 건축

유럽의 봉건체제는 카롤링거 왕조에 이르러 완전히 성숙했다. 사회적 관계는 더 이상 혈연 중심으로 맺어진 부족사회 형태의 친족관계가 아니었고, 사회의 다른 계급 간에 상호의무를 지닌 복합체에 바탕을 둔 것이었다. 부족사회는 농경에 종사하는 자가 필요에 따라 무기를 잡고 재산을 지키는 것이 일반적이었기 때문에 노동의 분화가 제대로 이루어지지 않았었지만, 이제는 농업생산과 군사력이 분리되어 두 집단 사이의 관계는 권리와 의무의 관계로 명확하게 규정되었다.

봉건체제는 영주가 다스리는 장원에 기초를 두고 있었는데, 소작인은 전쟁과 같은 재난시에 영주의 비호를 받는 대신 노동력을 제공하며, 영주는 왕이나 황제로부터 토지 소유를 인정받는 대신 군사적인 봉사 의무를 지녔다. 장원은 통상 3부분으로 구성되었는데, 오직 영주에게만 귀속되는 '영주 직할지' (demesne), '소작인 보유지'(mansi), 모든 사람들이 일정한 권리를 가지는 '공유지'(common land)이다. 소작인은 보통 영주 직할지에서 주당 3일 노동 의무를 지녔고, 그 외에는 사정에 따라 특별의무가 주어졌다. 봉건제도의 가장 중요한 특성은 사회적 유동성의 결여로 인해 소작인은 계급과 토지에 구속되어 있었고, 그 체제로부터의 탈출을 시도하게 되면 엄격한 형벌이 가해졌다는 점이다. 봉건지주 계층은 대수도원장이나 주교, 기사 혹은 귀족으로서, 왕과 황제들의 주도권에 도전할 수 있는 계층이었다. 이러한 강력한 계급의 출현은 중세 초기 역사에서 중요한 정치적 의미를 지니고 있다.

유럽의 카롤링거 왕조는 농업경제 체제를 기반으로 했으나, 분산된 행정체계로 인해 경제적으로는 부유하지 못했다. 따라서 비잔티움이나 코르도바에 필적할 만한 건물을 세우지는 못했지만 건축 활동은 활발했다. 샤를마뉴 대제의 경제력은 로마 제국에서처럼 조세 수입에 의존하고 있었는데 그의 제국적 야심의 크기를 건축적인 형태로 표현할 수 있을 만큼의 충분한 자금 조달이 보장될 정도의 힘이 있었다.

샤를마뉴 대제 시대의 유럽

노스족
(노르웨이)

앵글로
색슨족

켈트족

데인족(덴마크)

아헨

프랑크 왕국

로마

비잔티움

비잔틴 제국(동로마 제국)

이슬람

이슬람

'롤랑의 노래'로
유명한
샤를마뉴 대제

왕 또는
황제

행정관

직접 임명

군주 직속
소작인

군사적 의무

통제와 과세

직접의무를 수행함으로써
군주 직속 소작인의 지위가
높아지는 것을 방지했다.

기사

봉건영주

주교

카롤링거 왕조의 봉건체계는
관료계층이 비교적 적고 상류계층이
하급계층을 지배하는 형태였으므로
로마 제국에 비해 운영과 유지가
수월했다.

군사적인 의무

중간급
소작인

샤를마뉴 대제가 통치하던
특정기간을 제외하면
중앙집권이 거의
이루어지지 않았다.

농노

자유인

건축물을 구축하기
위한 재정은 지방
차원에서 부담했다.

노동과 봉사

카롤링거 왕조의 건축

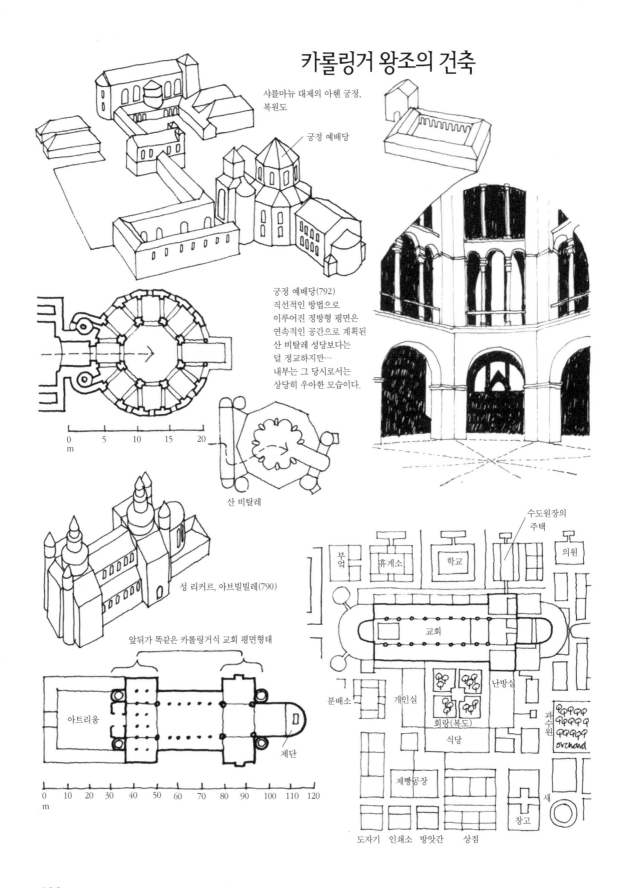

샤를마뉴 대제의 아헨 궁정, 복원도

궁정 예배당

궁정 예배당(792) 직선적인 방법으로 이루어진 정방형 평면은 연속적인 공간으로 계획된 산 비탈레 성당보다는 덜 정교하지만… 내부는 그 당시로서는 상당히 우아한 모습이다.

0 5 10 15 20
m

산 비탈레

성 리커르, 아브빌빌레(790)

앞뒤가 똑같은 카롤링거식 교회 평면형태

아트리움

제단

0 10 20 30 40 50 60 70 80 90 100 110 120
m

수도원장의 주택

부엌
휴게소
학교
의원

교회

분배소
개인실
난방실

회랑(복도)
과수원 orchard

식당

제빵공장

새

창고

도자기 인쇄소 방앗간 상점

아헨에 있는 복합 건축물군(complex)이 이것을 잘 증명해주고 있다. 비록 다소 변경되고 덧붙여지긴 했지만 그것은 여전히 팔라틴 채플(Palatine Chapel, 792)의 원형을 포함하고 있으며, 중앙에 돔을 가진 다각형 건물은 본래 샤를마뉴 대제의 영묘로 쓰려고 계획된 것으로서 신성로마 제국의 황제 대관식 무대로 사용되었다. 이 건물은 라벤나의 산 비탈레 사원에서 유래된 것으로서, 아일로 둘러싸인 2층의 회랑(colonnade)이 돔을 지지하고 있다. 이 교회당은 산 비탈레 사원보다는 덜 정교하지만 당대로서는 비교적 우아한 건물이었고, 비잔틴 양식으로 규모는 작은 편이었지만 구조기술은 대단한 것이었다. 건축가가 비잔틴 건축에 정통한 사람임에도 불구하고 중세 건축이 일반적으로 가지고 있는 거친 생동감과 창의력을 건물에 부여하고 있다. 주요한 특징은 의식이 행해지는 서쪽 끝을 중요시해 동쪽 끝의 성소와 대비시켜 강조하고 있는 점으로서, 황제의 자리를 포함하는 서쪽 끝 부분은 지상의 그리스도격인 샤를마뉴 대제의 지위를 강조하기 위한 것이었다. 그가 행차하는 곳마다 동쪽 끝에 위치한 신을 위한 공간에 대비될 수 있도록 서쪽 끝에 황제의 자리를 마련한 '궁성 교회당'(palace chapel)으로서의 성당과 수도원이 계획되어 있었다. 전형적인 예로서 아브빌(Abbeville)의 성 리퀴르(St. Riquier, 790) 교회는 어엿한 탑과 십자가, 그리고 네모진 네이브의 각 끝에 트란셉을 두고 있으며, 풀다(Fulda)의 대수도원 교회(802)는 바실리카 평면의 양끝에 앱스가 배치되어 있다.

가장 지속적인 세력을 가졌던 카롤링거 왕조의 건축물은 스위스 성 갈렌(St. Gallen)의 베네딕트파 수도원(820)이다. 건축물 이상으로 주목할 만한 것은 샤를마뉴 직속의 건축가인 에긴하르트(Eginhardt)가 남긴 이상적인 계획안으로서, 그 당시 베네딕트파의 디자인 이론을 결정화한 것이다. 계획안은 11~12세기에 독일에서 일반적으로 사용되었던 앞뒤가 똑같은 카롤링거 왕조의 양식을 보여주고 있으며, 이것은 후세 수도원 건축의 원형이 되었다. 더욱 흥미로운 것은 그것이 수도원의 구성보다 방대한 부속시설의 배치계획을 더 잘 보여주고 있으며, 종교인들의 공동주거에 부기된 학교, 병원, 영빈관, 농장, 제재소, 헛간, 탈곡장 등은 사회적 중심지로서의 중요한 역할을 하고 있다는 점이다.

도시의 성장

카롤링거 왕조의 부흥은 샤를마뉴 대제의 죽음으로 끝이 났고, 843년 거대한 제국은 프랑크 왕국의 관습에 따른 베르덩 조약(Treaty of Verdum)에 의거해 세 아들에게 나뉘어짐으로써 유럽은 다시 정치적 혼란기에 놓이게 되었다. 동쪽에서는 마자르족(Magyar)이 침입했고, 바이킹족이 북쪽 해안을 따라 아일랜드에서 러시아까지 습격해 왔으며, 서유럽과 지중해 동쪽과의 무역은 완전히 중단되었다. 특히 바이킹족은 폴란드와 러시아, 프랑스, 노르망디와 영국으로 그 세력이 확산되어 북유럽의 대부분을 장악했다. 단지 북쪽과 동쪽의 침략자들로부터 먼 거리에 위치한 스페인만이 안정되어 있었다. 오비에도(Oviedo)에 위치한 산타 마리아 데 나란코(Santa Maria de Naranco, 848), 레온(León)에 위치한 산타 크리스티나 데 레나(Santa Cristina de Lena, 900)와 산 미구엘 데 에스칼라다(San Miguel de Escalada, 913) 등의 교회는 로마네스크 양식에서의 배럴 볼트의 발전을 보여주고 있고, 특히 레온에서는 코르도바를 회상케 하는 이슬람적인 외관을 보여준다. 당시 스페인 기술자들의 재능은 매우 뛰어나서 작은 건물조차도 동시대에 북유럽에서 심혈을 기울여 지었던 건축물의 수준을 훨씬 능가했다. 이는 이슬람 교도가 지배했을 당시에, 벽돌벽이나 기하학적 아치를 축조할 수 있는 숙련된 기술자들을 이 지역에 남겨놓았기 때문이다.

9세기 후반 동안 북유럽 지역 외의 무역은 거의 이루어지지 않았다. 사회는 외부의 침입이나 지방귀족의 정치적 투쟁으로 분열되어 문화 예술의 발전 또한 거의 없었다. 그러나 이러한 상황과 달리, 샤를마뉴 대제의 제국을 축소시키고 로마 제국을 재현하기 위한 문화부흥의 상황이 준비되면서 그 이면에는 나름대로의 발전을 계속하고 있었다.

9세기의 절박한 경제적 상황으로 서유럽의 가장자리에 위치한 대다수의 무역도시들은 자체적으로 살아 남기 위해 비잔틴 및 이슬람 지역과 적극적으로 교역했다. 나폴리(Napoly), 라벤나(Ravenna), 밀라노(Milano), 아말피(Amalfi), 피사(Pisa), 파비아(Pavia) 등이 이에 속하며, 특히 베네치아(Venezia)는 9~10세기 동안에 유럽의 경제적 중심지로서 교역을 해나갔다. 또한 바이킹족이 북부 해안을 지배함에 따라 영국에서 러시아에 이르는 북유럽은 교역로를 통해 연결되었다. 결국 이러한 두 가지 발전을 통해 중세 유럽의 교역체계가 출현하게 되었는데, 남쪽의 이탈리아 교역도시들간의 롬바르디 연맹(Lombardic League), 북부 지방의 한자 동맹(The Hanse)이 기초를 이루고 있다.

한편 북부 지방의 경작법이 점진적으로 확산되자, 더 많은 인구를 부양할 수 있게 되었다. 인구가 증가하고 후기 로마 제국 이후에 침체 상태에 있던 도시는 점차 활기를 띠기 시작했으나, 봉건제도와 통상적인 경제불안으로 여전히 농촌이 경제생활의 기반이 되었다. 소수의 서유럽 도시들만이 중요한 교역 중심지로서 여전히 존재하고 있었다. 몇몇 도시는 농장으로 전환되었고, 다른 것은 주교의 영지나 대주교의 영지로서 바뀌었는데, 그것은 도시 공동체처럼 보이지만 경제적인 의미는 없었다. 도시 인구는 로마 시대보다 훨씬 적었고, 많은 낡은 건물들이 새 건물을 짓기 위해 석재를 제공하는 채석장으로 탈바꿈되었다. 넓은 농장 지역은 구도시 안에 있었다. 외곽지역에서 도시로 사람들이 이주하면서 처음으로 도시민들은 봉건제도의 구속으로부터 자유를 주장하게 되었고, 그로 인해 도시는 사상과 행동의 자유를 누릴 수 있는 중심지로서 개혁이 일어날 수도 있는 진보와 급진의 중심지가 되었다.

중앙집권체제가 약화되면서 강력하고 '야심적인' 귀족들(over-mighty barons)이 나타났다. 무력한 통치자들이 왕권을 계승하면서 독일의 오토 대제(Otto the Great, 936~973)와 프랑스의 휴 카페(Hugh Capet, 987~996)는 강력한 중앙집권 정부를 세워 문화적인 발전이 다시 한번 일어날 수 있는 기반을 구축했다. 이와 비슷한 혼란과 무질서가 교회에서도 나타나서 많은 토지를 소유한 주교와 대수도원장은 성직 매매 같은 타락 행위를 생활의 한 방편으로 삼았다. 이러한 상황에서 클뤼니파의 종교 순화운동은 베네딕트파의 규칙을 엄격하게 적용해 교회를 정화하기 위한 시도였다. 오토 3세(Otto III, ?~1002)는 클뤼니파 운동이 제국을 통합하는 데 도움을 줄 수 있다고 판단하여 이를 적극적으로 지원했는데, 그 결과 클뤼니파에 대한 황제의 옹호는 제국과 교회 간에 협력의 신기원을 이루게 되었다.

로마네스크 양식의 출현

당시 개혁의 중심은 부르고뉴에 있는 클뤼니 수도원으로서, 마제울(Majeul) 대수도원장은 수도원 부속 교회의 재건을 위임받았다. '제2차 클뤼니 성당'은 981년에 봉헌되었는데, 이 건축물은 로마네스크 양식의 탄생을 이루어낸 것으로서 수도원의 개혁뿐 아니라 건축양식의 새로운 출발을 보여주고 있는 매우 중요한 사건이다. 클뤼니 성당에서뿐 아니라 투르의 성 마틴(St. Martin, 997) 성당, 힐데스하임(Hildesheim)의 성 미카엘 성당(St. Michael, 1000)에서도 클뤼니파 개혁의 종교적 정신은 훌륭한 건축물로 표현되었다. 실제로 수도원 성당은 석공과 목수들이 건설했지만, 설계자는 종교적인 이상을 표현하고자

도시의 성장(5~12세기)

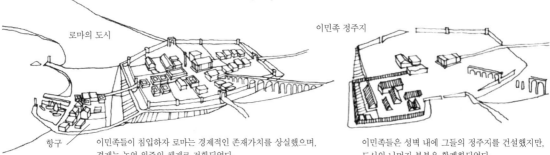

로마의 도시

항구

이민족이 침입하자 로마는 경제적인 존재가치를 상실했으며,
경제는 농업 위주의 체제로 전환되었다.

이민족 정주지

이민족들은 성벽 내에 그들의 정주지를 건설했지만,
도시의 나머지 부분은 황폐화되었다.

결국, 중심부에 위치한 교회를 중심으로 중세 수도원이나
성당 교구의 기반이 확립되었다.
따라서 인구가 많이 줄었음에도 불구하고 종교적 중심으로
인해서 도시 붕괴만은 가까스로 피할 수 있었다.

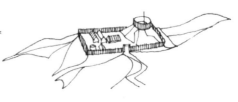

9세기에는 군사적 요충지에 성곽도시가 설립되었고,
경제적인 이유보다는 군사력 강화 목적으로 성벽을 둘렀다.

아직은 교구나 성곽도시가 진정한 모습은 아니었다. 즉 주민들은 독립적인
경제생활을 영위하지 못했고, 즉각적인 수요를 충족시키는 일 외에는
상업이나 공업 등에 종사할 수도 없었다. 두 가지 종류의 도시부락 모두
봉건제도에 기반을 두고 있었고, 대부분 시골에서 생활했다.

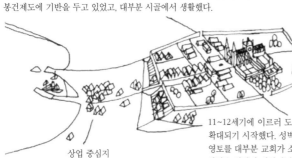

성외시

상업 중심지

11~12세기에 이르러 도시가 부흥하고
확대되기 시작했다. 성벽 내부의
영토를 대부분 교회가 소유하고 있었으므로
상업은 성벽의 외곽지대에서 성장했다.

상업 성장지의 중심에 위치한 성곽도시는
업무 지역으로 발전했고 성벽 바깥 쪽으로는
성외시(城外市)가 형성되었다.

처음에는 상업중심지나 성외시 모두 성벽으로 둘러싸여 있지 않았으나,
재산에 대한 경쟁력과 침입자에 대한 위험이 증대되자, 도시 내부의 자유시민을
외부의 봉건체제로부터 보호해야 할 필요성이 대두되었다.
따라서 시민들은 방어의 목적으로 육중한 성벽을 구축했다.

로마네스크 양식의 출현

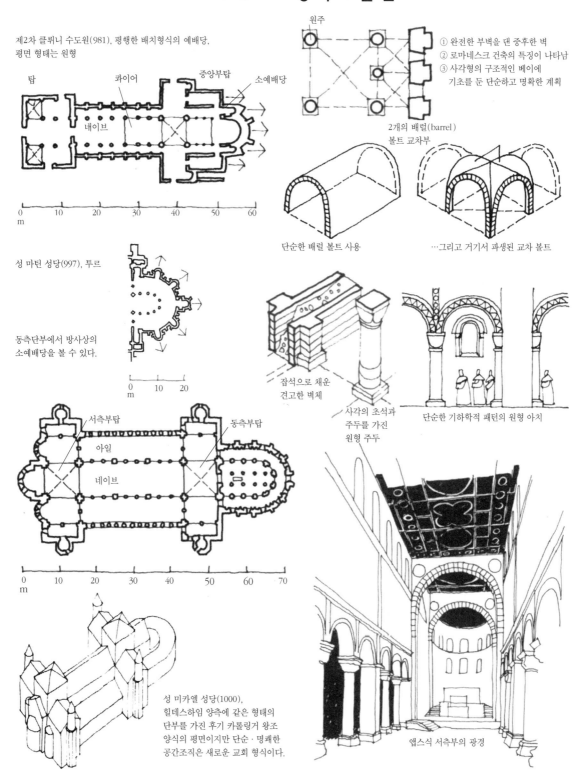

제2차 클뤼니 수도원(981), 평행한 배치형식의 예배당,
평면 형태는 원형

탑　코이어　중앙부탑　소예배당

네이브

0 10 20 30 40 50 60
m

원주

① 완전한 부벽을 댄 중후한 벽
② 로마네스크 건축의 특징이 나타남
③ 사각형의 구조적인 베이에
　 기초를 둔 단순하고 명확한 계획

2개의 배럴(barrel)
볼트 교차부

단순한 배럴 볼트 사용

…그리고 거기서 파생된 교차 볼트

성 마틴 성당(997), 투르

동측단부에서 방사상의
소예배당을 볼 수 있다.

0 10 20
m

잡석으로 채운
견고한 벽체

사각의 초석과
주두를 가진
원형 주두

단순한 기하학적 패턴의 원형 아치

서측부탑　동측부탑

아일

네이브

0 10 20 30 40 50 60 70
m

성 미카엘 성당(1000),
힐데스하임 양측에 같은 형태의
단부를 가진 후기 카롤링거 왕조
양식의 평면이지만 단순·명쾌한
공간조직은 새로운 교회 형식이다.

앱스식 서측부의 광경

했던 수도사들이었다. 건물은 더 이상 과거의 답습이 아니었다. 크고 단순하고 기능적일 뿐만 아니라, 개념의 완성도와 부분들 사이에 일관된 연관성을 가지고 있는데, 이는 우리에게 새로운 건축으로의 접근을 보여주고 있는 것이다. 프랑스의 성당에서 가장 주목할 만한 것은 매일의 미사를 위해 성직자들에게 필요한 많은 소예배실들을 배치한 점이다. 클뤼니 수도원에서는 소예배실들이 평행으로 배치되었고, 성 마틴 수도원에서는 높은 제단 뒤에 개방된 회랑을 가지고 방사상으로 배치되었는데, 이런 새로운 소예배실의 덧붙임이 디자인의 한 부분으로서 고안되었다. 성 미카엘 성당은 동서 양단이 거의 동일한 카롤링거 왕조의 설계 형식을 질서정연한 기하학적 디자인으로 발전시켜 공간구성의 완벽성을 보여주고 있다.

당시 서기 1000년 안에 세상이 끝날 것이라는 많은 사람들의 생각 때문에, 10세기에는 지적인 노력이 많은 방해를 받았지만, 이러한 중세의 '지복천년'의 이론은 사실과 다른 것으로 판명되었다. 교황과 황제는 절대적인 정치권력을 가지고 있었고, 인구가 증가하고 도시가 성장했으며, 새로운 종교적 정신이 감도는 한편, 사회적이고 기술적인 운동이 시작되어 200년 후에 유럽 건축의 정수를 이루게 된다.

제3장 기독교 봉건제도의 승리 : 11~12세기

노르만의 성곽 건축

"그러므로, 전술한 지복천년의 시기에서 3년이 지난 즈음 세계 도처, 특히 이탈리아와 갈리아 지방에서 기독교인들이 바실리카식 교회를 재건함으로써 자신들의 이상을 실현시키고자 노력했다. 그것은 마치 옛것을 벗어버린 세계 전체가 교회의 흰색 예복으로 갈아입는 것 같았다."

클뤼니파의 수도사이자 연대기의 기록자인 라울 글라베르(Raoul Glaber)가 1003년에 위 문장을 기술했다. 우리는 건축의 발전을 양식의 변천으로만 관찰하는 데에 익숙해져서 더욱 근원적인 변화를 간과해 버리는 실수를 범한다. 명확한 새로운 사고를 바탕으로 발전한 로마네스크 양식 자체보다는 건축물의 수와 교회의 규모에 주목할 만하다. 8세기 이후에 유럽 전역, 특히 이탈리아, 프랑스, 스페인, 영국 등지에서는 크기와 높이에서 고대 로마 건축에 필적할 만한 대규모 건축이 나타나고 11세기에 접어들면서 상당수가 축조되었다.

이러한 추세는 정치적인 안정과 부의 증대로 인해 활성화되었는데, 거대한 크기의 건축물을 세우기 위한 조직 능력, 대규모 작업에 대한 예산과 계획, 재료의 수송, 노동자들이 작업팀을 구성하는 일 등 더욱 많은 일을 수행할 수 있는 여건을 조성할 필요가 있었다. 중세 초기의 분열에서 탈피해 점차 체계를 정비해나가기 시작해 11세기에 비로소 안정기에 이르게 되었다. 지배층은 두 계급으로 이루어졌는데, 하나는 황제, 왕, 귀족으로 형성된 봉건계급이었고, 또 하나는 교회였다. 이 두 개의 집단은 당시 사회적으로 확고한 위치를 차지하고 있었고, 자신들을 지배계급으로서 인정할 수 있도록 하는 확고한 내부조직을 구축했다. 게다가 그들은 단순히 지방적인 배경보다는 좀더 큰 규모로서 유럽이라는 대륙적인 배경을 가진 계급이었기 때문에 지배계급의 힘을 표현한 그들의 건물은 유럽 대륙의 대표적 특성을 띠고 발전하기 시작했다.

당시 강력한 봉건영주 계급의 대표자는 진취적인 정신을 실현하려고 했던 노르만족이었다. '노르만'(Norman)은 '북쪽 사람'(North-man)이라는 의미로서, 3~4세대 전 그들의 선조는 침략자인 바이킹이었다. 당시의 노르만족들은 작지만 활동적인 봉건체계를 가진 노르망디 공국을 세우고, 절대군주였던 프랑스 왕의 지배도 교묘하게 피해나갔다. 11세기 동안 노르만의 정치적·문화적 영향은 유럽 전역으로 확산되어 1066년에는 영국, 1071년에는 이탈리아의 시칠리아, 1084년에는 로마에 이르기까지 영향력을 확대해나갔다. 유럽의 문화적 통일기에 이루어진 노르만족의 확장은, 특히 영국의 발전 가능성을 지원했는데, 영국은 지금까지의 스칸디나비아 제국과의 접촉에서 진일보해 유럽 대륙과 긴밀하게 연관될 것임을 나타내주고 있다. 영국 정복의 이야기는 유명한 베익스의 태피스트리(Bayeux Tapestry)에 나타나 있으며, 헨리 2세가 총애했던 시인인 마스터 웨이스(Master Wace)의 기록에도 그 내용이 실려 있다. 정복자들은 도착하자마자,

"……그들은 함께 의논해 강한 요새를 배치하기 위한 적당한 장소를 찾았다. 그리고는 배의 재료들을 분해해서 육지로 끌고 올라와 형태를 만들고 짜맞춘 후, 그들이 가져온 쐐기를 박을 수 있도록 구멍을 뚫고, 자르고, 긴 통을 준비하여 저녁이 되기 전에 요새를 완성했다……"

이와 유사한 요새는 태피스트리에서도 볼 수 있는데, 이것은 현재 우리에게 '모트와 베일리'(motte and bailey)로 알려져 있는 성곽형태의 한 변형이다. 베일리는 해자(ditch)와 목책(stockade)으로 주거와 창고를 둘러싸고 있는 일종의 집단주거 단지다. 인공둑인 모트는 성곽의 방어거점으로서 역시 해자에 의해 보호되었고, 그 위에 말뚝 울타리나 목제 성탑이 얹히게 된다. 성곽의 개념은 9세기에 유럽에서 샤를마뉴 대제와 샤를 대제 때에 전략 요충지에 목조로 된 작은 요새(block-house)들을 세우고 중요한 지점들을 방어한 것에서 발전되어왔으며, 후에 봉건영주의 주거지가 되었다. 11세기 초에 참회왕에드워드(Edward the Confessor)가 영국에 성곽을 소개했지만, 최종적인 형태로 발전시킨 것은 노르만인이었다. 모트와 베일리 식의 성곽은 지금도 많

이 남아 있는데, 이들은 대체로 후대에 개조된 것이다. 노포크(Norfolk)의 텟 포드(Thetfort) 성곽은 높이가 25m에 이르는 대규모 성곽의 한 예이고, 북아일랜드의 드로모어(Dromore, 1180) 성곽은 모트와 베일리의 원형에 가장 가깝다.

노르망디의 윌리엄 공(Duke William, ?~1087)은 영국의 윌리엄 1세로 즉위했으며, 뛰어난 통치력으로 1081년에는 국가의 경제적 재원을 총망라해 조사한 토지대장(Domesday Book)을 만듦으로써 정확한 조세 징수로 국가를 통치하기 위한 토대를 마련했다. 왕은 봉건영주들에게 지방의 지배를 위임하고, 불온한 태도를 보이는 앵글로색슨족에 대해서는 무력진압과 더불어 조세 징수를 위한 기반으로서 성곽을 건설하기로 계획했다. 21년에 걸친 윌리엄 1세의 지배기간에 성곽이 50개 건설되었는데, 이것은 지배를 공고히 하기 위한 또 하나의 수단이었다. 그는 귀족의 행동을 감독할 감독관과 행정관을 지명했고, 확고한 경제적 기반을 수립하기 위해 광대한 영지를 소유했으며, 왕과 행정관들을 통해 지방정책의 활동을 감독할 수 있도록 전국 각처에 49개 정도의 성곽을 건립했다.

노르만족의 정복기에 성곽은 쉽고 빠르게 짓기 위해 목조로 이루어졌으나, 일단 정착할 토지를 획득하자 안전하고 큰 규모의 석조 성곽을 구축하게 되었다. 이 시기에는 초기의 모트와 베일리의 축성법이 그대로 적용되었으나, 점차 새로운 재질의 개발과 더불어 기술혁신이 일어났다. 베일리를 둘러싸고 있는 방어용 목책은 석벽으로 대치되었고, 모트 상부의 목제탑도 현재 '조개 모양의 성탑'(shell-keep)으로 알려진 석축 방어탑으로 대체되었다. 그러나 급히 조성한 모트로는 성탑을 지탱하기에 충분하지 못했으므로, '돈존'(donjon)을 고안해 모트와 성탑을 대신했다. 돈존은 여러 층으로 된 거대한 방형의 탑으로서, 경호소, 거실, 영주의 가족을 위한 침실, 감옥 등이 내부에 설치되었다. 아랫부분은 대개 경사진 제방(glacis)이었는데, 벽에서 조금 떨어진 곳에서 공병을 보호하고 성 위에서 떨어뜨리는 공격용 무기를 그곳에서 튕겨내어 적들을 공격힐 수 있도록 경사지게 계획되었다. 그리고, 입구를 벽의 상부에 두이 피성추의 사용을 저지시켰다.

바깥쪽 베일리에는 군데군데 탑을 두었는데, 그 안에 수비군들을 수용해 적의 화공으로부터 성벽을 보호했다. 돈존보다도 공격에 노출되기 쉬운 중정 입구는 내리닫이문이 있는 문루가 설치되었고, 때때로 특별한 방어를 위해 성문탑(barbican)으로 알려진 방어용 탑을 전방에 분리시켜 설치하고 있

노르만의 성곽 건축

모트와 베일리로 이루어진 성곽

베익스의 태피스트리에 기술되어 있는 헤스팅스 소재의
모트와 베일리 형식의 성곽 건설 모습. 모트 위에 있는
수평띠는 저항력을 주기 위해 서로 다른 재료를
사용함으로써 생긴 층을 나타내는 듯하다.
탑은 조립부품들로 축조되었을 것으로 추측된다.

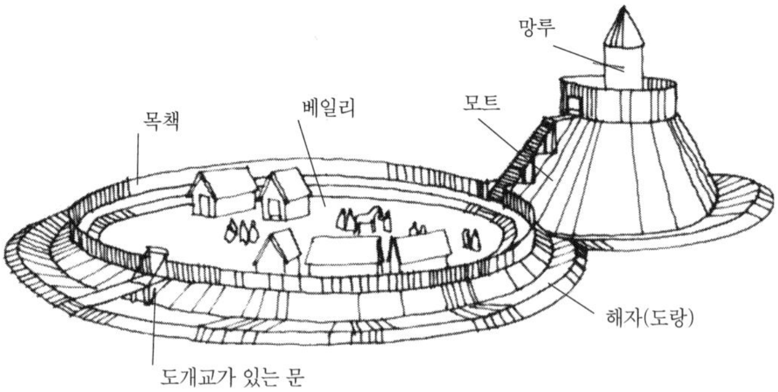

망루
목책
베일리
모트
해자(도랑)
도개교가 있는 문

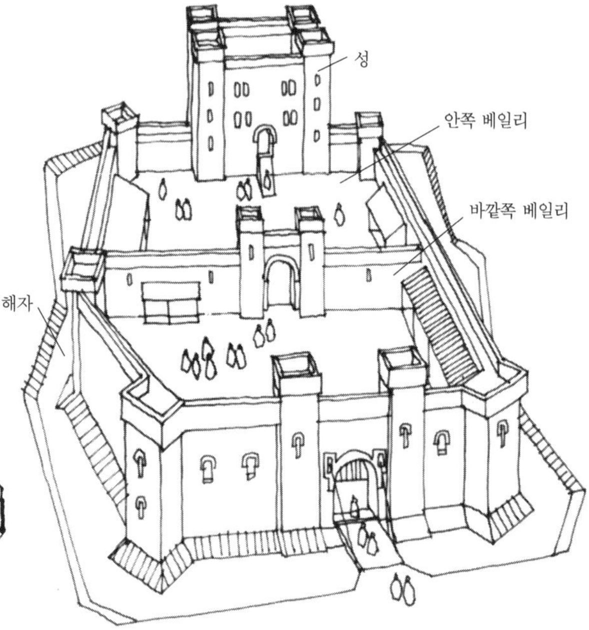

방어탑이나 돈존(donjon)으로 이루어진 석조성곽.
노르만의 성곽 건축에서 성은 가장 강한 부분으로서
다른 부분이 함락된 후에도 최후까지 방어되었다.

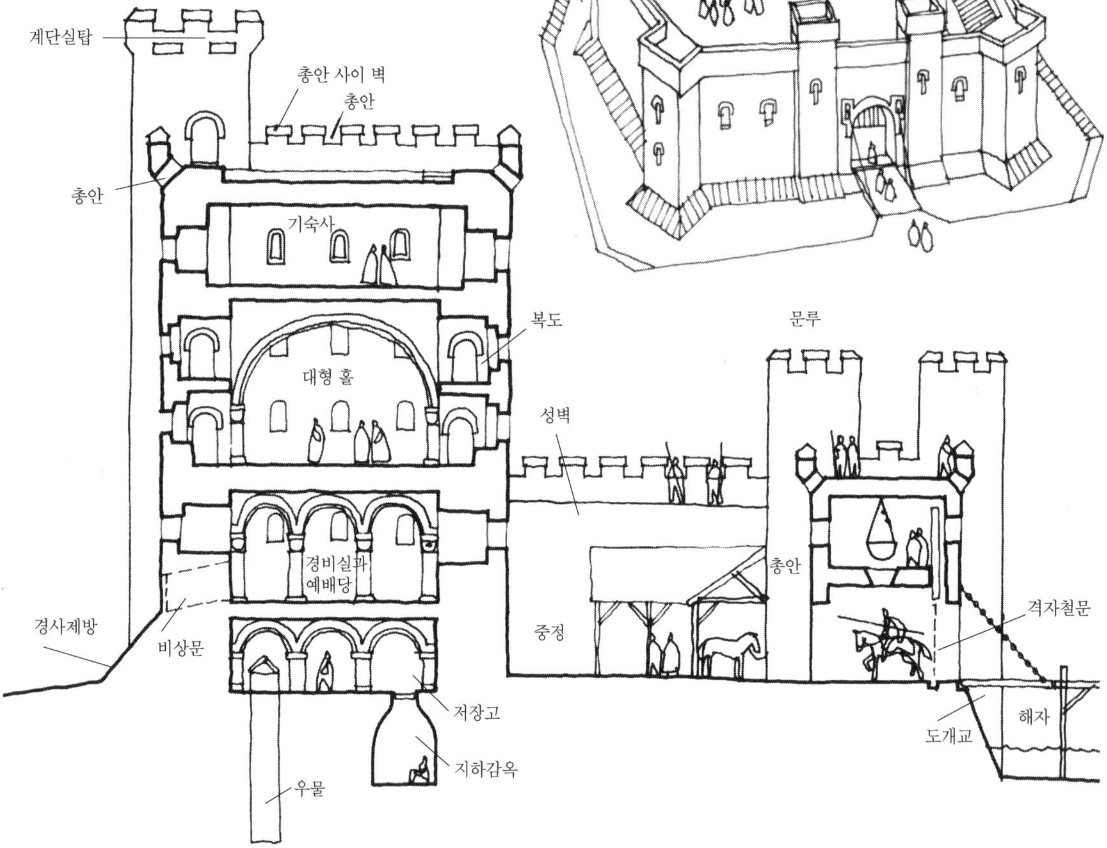

성
안쪽 베일리
바깥쪽 베일리
해자

계단실탑
총안 사이 벽
총안
총안
기숙사
복도
문루
성벽
대형 홀
총안
경비실과
예배당
중정
격자철문
경사제방
비상문
저장고
지하감옥
도개교
해자
우물

114

다. 만약 적군이 내리닫이문까지 접근했을 경우에는 상부의 채석장에서 '성벽틈'(murder hole)으로 석괴(石塊) 공격을 가해 적의 공격을 저지할 수 있게 했다.

조개 형태의 방어탑은 지금도 캐리스부룩 성(Carisbrooke, 1140)과 윈저 성(Windsor, 1170)에 남아 있으며, 그 기간에 지어진 거대한 성곽의 형태는 대부분 돈존 타입이었다. 가장 뛰어난 예로는 1086년에 착공된 런던탑(Tower of London)의 화이트 타워(White Tower)와 프랑스의 가리얄 성(Cháteau Gaillard, 1196)이 있다. 화이트 타워는 사각형의 성으로 각 모서리마다 30m 높이의 탑을 두고 있는데, 그중 하나에는 성 요한(St. John)을 위한 작고 독특한 예배당을 설치해 다른 것과 조화되도록 확장시킨 것이다. 가리얄 성은 영국의 리처드 1세(Richard I)가 노르망디에 있는 안들리(Les Andelys) 지역의 요충지에 세운 것으로 3개의 연속적인 토축과 탑으로 방어된다.

성곽은 원래 그 목적이 다분히 전략적인 수단으로서, 로마식의 야영지처럼 성곽을 영지에 축조해 일정한 영역을 적으로부터 방어할 수 있도록 한 것이다. 그러나 시대가 지나면서 봉건제도 안에서 긴장상태가 커지자 영지의 경계와 많은 통로들을 방어하기 위해 성곽이 계속 축조되었는데, 당시의 성곽은 지방민을 통제하기 위한 것이기도 했다.

11세기 및 12세기에 조성된 거대한 성곽은 매우 견고하게 구축되었으며, 20~30명 정도의 적은 수비대만으로도 충분히 지켜낼 수가 있었다. 이러한 견고함은 지방민들에게—아마도 고의적이었겠지만—심리적 위압감을 주었다. 아이러니컬하게도 이러한 성곽은 대개 무보수로 봉건영주에 의해 봉사를 강요당한 농노들에 의해 건설되었다. 성이 영주에 의해 주거지와 봉건영지의 중심지로서 사용되기는 했지만, 성곽은 주로 군사적인 목적을 지닌 시설로서 전문가인 군사적 엘리트들에게 속한 시설이었다. 다만 엘리트의 지휘 자격이 왕에게서 주어지는 것과 마찬가지로 성을 축조할 때에도 총안(공격을 위한 성벽틈)을 마련하기 위해서는 왕의 허가가 필요했다.

장원 건축

사회적으로 지위가 낮은 소작인의 전형적인 주거형태는 주택, 우사, 창고, 중정 등으로 구성된 울타리가 쳐진 장원 주택(manor-house)이었다. 영내의 중심이 되고 있는 영주의 저택을 둘러싸고 일상생활에 필요한 시설과 식

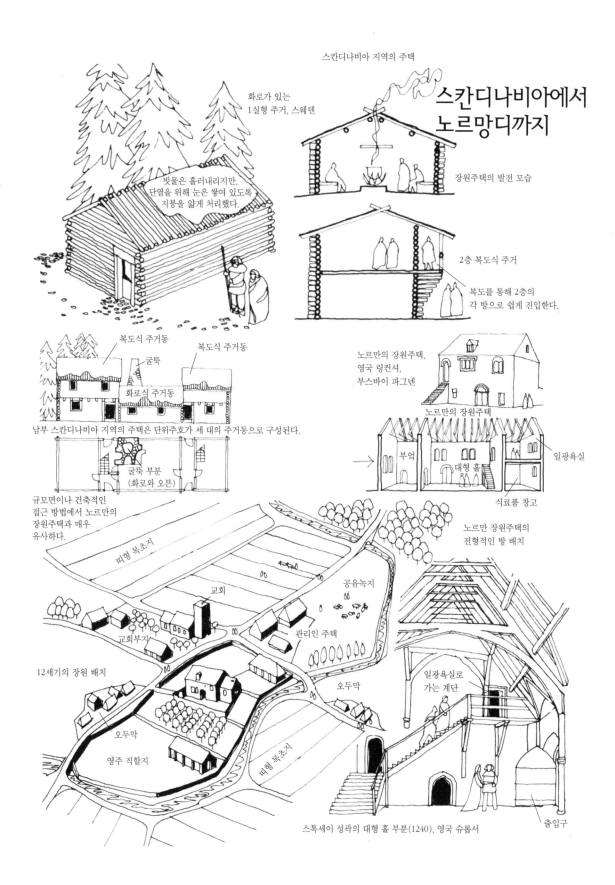

스칸디나비아 지역의 주택

스칸디나비아에서 노르망디까지

화로가 있는
1실형 주거, 스웨덴

빗물은 흘러내리지만,
단열을 위해 눈은 쌓여 있도록
지붕을 얇게 처리했다.

장원주택의 발전 모습

2층 복도식 주거

복도를 통해 2층의
각 방으로 쉽게 진입한다.

복도식 주거동

굴뚝

복도식 주거동

화로식 주거동

남부 스칸디나비아 지역의 주택은 단위주호가 세 대의 주거동으로 구성된다.

굴뚝 부분
(화로와 오븐)

규모면이나 건축적인
접근 방법에서 노르만의
장원주택과 매우
유사하다.

노르만의 장원주택,
영국 링컨셔,
부스바이 파그넨

노르만의 장원주택

부엌

대형 홀

일광욕실

식료품 창고

노르만 장원주택의
전형적인 방 배치

띠형 목초지

공유녹지

교회

관리인 주택

교회부지

12세기의 장원 배치

오두막

오두막

영주 직할지

띠형 목초지

일광욕실로
가는 계단

출입구

스톡세이 성곽의 대형 홀 부분(1240), 영국 슈롭셔사를 위한 부대설비, 이에 인접하는 부엌, 식료 저장실, 식기창고 등이 있으며, 상층에는 휴게 및 수면용의 일광욕실이 배치된 형식으로서 이러한 주거의 기원은 스칸디나비아의 노르만족 주거에서 찾아볼 수 있다. 스웨덴, 노르웨이, 덴마크에서는 수세기에 걸쳐서 경사진 지붕으로 된 '1실형 주거'가 지어졌는데, 이것은 침엽수 각재를 수평으로 쌓아올린 간단한 통나무 막사 모양이었다. 이민족과는 달리 노르만족들은 한 공간에서 가축과 함께 생활하는 일은 없었으며, 별도의 축사를 지어 가축을 키웠다. 중세 초기에는 생활양식이 진보함에 따라 방이 여러 개 딸린 2층 건물 형식이 발달했는데, 이것은 프랑스나 영국에 노르만족이 세운 장원 주택의 원형이 되었다. 이들은 대개 목조였으나, 현존하는 대표적인 건축물은 당시의 교회와 마찬가지로 석조를 바탕으로 한 단순한 양식이다. 11세기 당시의 건물은 거의 남아 있지 않지만, 링컨셔(Lincolnshire) 지방의 부스바이 파그넬(Boothby Pagnell)이나 링컨(Lincoln)의 세인트 메리 길드(St. Mary's Guild), 도싯(Dorset) 지방의 크리스트처치(Christchurch)에 있는 12세기의 영국 주택은 그 시대의 양식을 대변하고 있다.

앵글로색슨족의 교회 건축

유럽이 하나의 정치적인 질서를 형성해 감으로써 봉건체제는 일시적이나마 활력을 되찾게 되었고, 또한 그 당시에 많은 토지를 소유했던 귀족뿐만 아니라 교회 등 토지 소유자들에게 커다란 이익을 주었다. 그 시대의 경제적인 세력 중에 가장 우선시되었던 수도원은 도덕적인 기반을 공고히 하려 했던 왕과 종교적인 정당화를 갈구하는 부유한 평신도들이 많은 재물을 기부해서 상당한 부를 축적할 수 있었다. 예컨대 부유한 사람이 수도원 생활을 원할 경우 수도원의 법칙이 사유재산을 인정하지 않았으므로 그 재산은 수도원의 재산이 되었다. 이러한 이유로 11세기까지의 수도원은 유럽 전체가 가지고 있던 부의 1/6에 상당하는 재산을 가지고 있었다. 그들의 경제적인 힘은 종교적인 영향력을 수반하게 되었는데, 이는 그들이 애초에 대규모의 성당 건축에 대한 항의의 뜻으로 초라하고 검소한 수도원과 부속 예배당들을 세우던 것을 상기해 보면 상당히 변질된 것이다. 한편 수도사와 교단 사이에, 다른 한편으로는 교황, 주교, 성직자와 일반 신부들 사이에는 여전히 단절감이 있었다. 종교적이고 사회적인 문제에 정신을 집중한 수도원은 로마 교황의 권위를 축소시키고자 했던 이전 세대의 정치적 음모에도 꿋꿋히 버텼다. 수사들

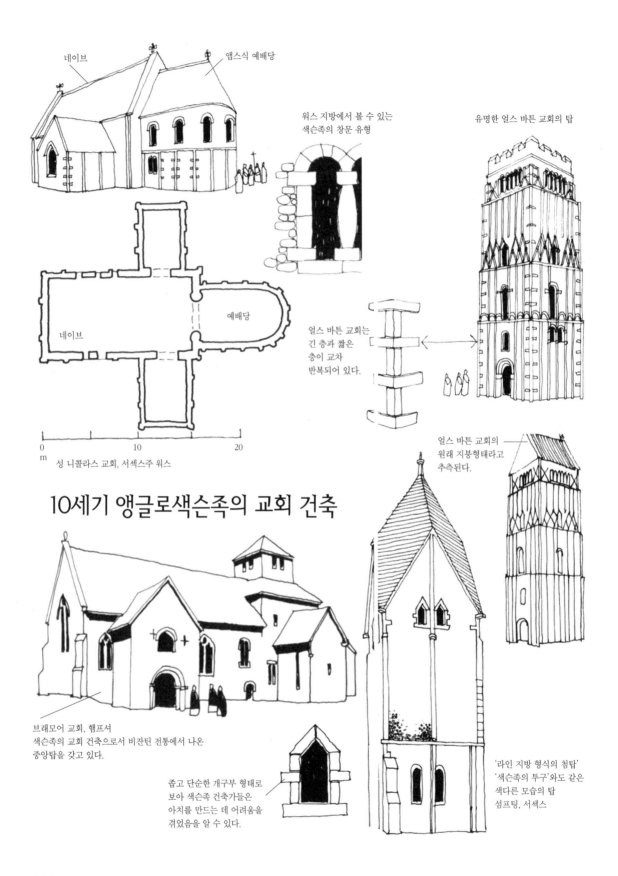

네이브

앱스식 예배당

워스 지방에서 볼 수 있는
색슨족의 창문 유형

유명한 얼스 바튼 교회의 탑

예배당

네이브

얼스 바튼 교회는
긴 층과 짧은
층이 교차
반복되어 있다.

0 10 20
m

성 니콜라스 교회, 서섹스주 워스

얼스 바튼 교회의
원래 지붕형태라고
추측된다.

10세기 앵글로색슨족의 교회 건축

브래모어 교회, 햄프셔
색슨의 교회 건축으로서 비잔틴 전통에서 나온
중앙탑을 갖고 있다.

좁고 단순한 개구부 형태로
보아 색슨족 건축가들은
아치를 만드는 데 어려움을
겪었음을 알 수 있다.

'라인 지방 형식의 첨탑'
'색슨족의 투구'와도 같은
색다른 모습의 탑
섬프팅, 서섹스

은 유럽의 정신적인 지도자 역할을 했는데, 대표적인 예로 클뤼니파를 들 수 있다. 성 오딜로(St. Odilo, 994~1049), 성 휴(St. Hugh, 1049~1109)와 같은 클뤼니파의 대수도원장들은 로마 교황보다도 종교적 권위가 더 컸으며, 이러한 수도원의 영향력은 점차 확산되어 11세기 동안 2개 이상의 수도원이 설립되었다. 뒤를 이어 1086년에는 그레노블(Grenoble)에 카르투지오 수도회(Carthusians), 1098년에는 시토(Cîteaux)와 클레르보(Clairvaux)에 시토 수도회(Cistercians)가 설립되었다.

성당 건축에서도 수도원의 성향이 강하게 작용해 수도원의 교육을 받아야만 복합건물을 설계할 수 있었고, 수도원은 여전히 일상재료 공급에서 독점권을 가지고 있었다. 석공과 목수는 주로 농노 출신으로서 운이 좋은 경우에는 자유를 얻고 몇 가지 종류의 교육을 받기도 했다. 건물을 설계하는 우두머리(master)는 모두 교육받은 사람들로서 대개는 수도사가 맡고 있었으나, 10세기 이후에는 교육받은 평민이 맡는 경우도 많아졌다. 11세기의 건축 붐은 신의 영광을 위해서 뿐만 아니라 자신의 위신을 높이기 위한 수단으로서 사람들이 재산을 수도원 건물에 투자한 것에서 비롯된다. 수도원 건물이 가지는 모순 중 하나는 교회 일체의 개념을 표현하는 것 자체가 각 지방의 긍지를 높이는 일이 되기도 했지만, 다른 한편으로는 지역간의 분열을 일으키는 원인이 되었다는 점이다.

교구 교회(secular church)의 세력은 비교적 작은 편이었지만 점차 증대되고 있었고, 교황권 자체도 1046년에 클뤼니파의 개혁에 끌려가는 입장이었다. 교회 발전의 한 가지 특색은 유럽 전역에 걸쳐 교구 제도가 완성 단계에 도달하고 있었다는 점이다. 교구 제도는 봉건체제하에서 토지 분할에 따라 분할되는 교구, 지역민의 '영혼의 구원자'로서 임명된 교구 사제, 교회 건축물이라는 3가지 구성요소로 이루어졌다.

프랑스와 네덜란드처럼 유럽 대륙의 교구들은 상당히 크고 아름다운 교회 건축물들을 가지고 있었다. 그에 비해 영국의 교구는 작고 그 수가 많았기 때문에 교회의 규모 또한 훨씬 작았으며, 몇 가지 예외가 있기는 했지만 필적할 만한 건축물도 적었다.

일반적으로 교구 교회와 수도원에 부속된 교회 사이에는 기능 면에서 주요한 차이가 있다. 수도원 교회에서는 평신도들을 위한 네이브가 수사들이 예배 드리는 성가대석에 종속되는 반면, 교구 교회에서의 네이브는 대성당의 네이브처럼 더욱 크게 계획되었다. 기존의 수도원 교회는 네이브를 부가해 일반인

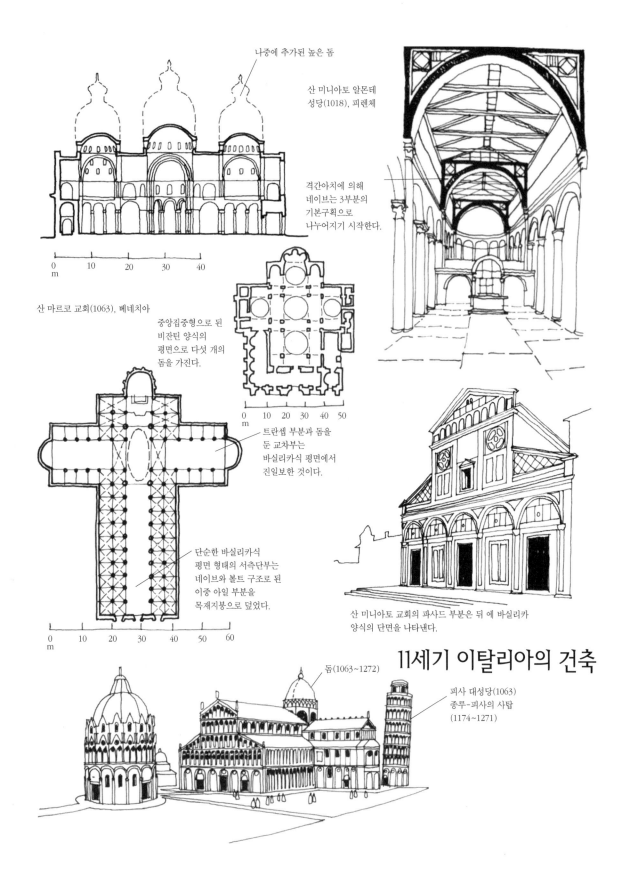

나중에 추가된 높은 돔

산 미니아토 알몬테 성당(1018), 피렌체

격간아치에 의해 네이브는 3부분의 기본구획으로 나누어지기 시작한다.

산 마르코 교회(1063), 베네치아

중앙집중형으로 된 비잔틴 양식의 평면으로 다섯 개의 돔을 가진다.

트랜셉 부분과 돔을 둔 교차부는 바실리카식 평면에서 진일보한 것이다.

단순한 바실리카식 평면 형태의 서측단부는 네이브와 볼트 구조로 된 이중 아일 부분을 목재지붕으로 덮었다.

산 미니아토 교회의 파사드 부분은 뒤 에 바실리카 양식의 단면을 나타낸다.

돔(1063~1272)

11세기 이탈리아의 건축

피사 대성당(1063) 종루-피사의 사탑 (1174~1271)

들이 예배할 수 있도록 했으나, 이와 달리 교구 교회의 경우 9세기 이후에는 처음부터 일반 대중들의 예배에 대비해 계획되었다. 노르만 정복 이전의 영국 교회로는 네이브가 확실하게 두드러지는 십자형의 단순한 평면을 가진 서섹스주(Sussex)의 워스(Worth) 교회와 '긴 층과 짧은 층이 교차로 반복'되는 탑을 가진 노스햄튼셔(Northamptonshire)의 얼스 바튼(Earls Barton) 교회가 있다. 프랑스의 부르고뉴에 있는 성 필리베르 투르누(St. Philibert Tournus, 950년대~) 교회는 베네딕트파 수도회의 수도원 교회로서 건물의 네이브는 일련의 교차된 배럴 볼트를 지지하는 다이어프램 아치(diaphragm arch, 격간 아치)로 구성되었다.

초기 교구의 많은 교회들이 처음부터 완전하게 세속적이었던 것은 아니었겠지만, 수도원의 재정과 수도원이 가진 건축 능력은 수도원을 부패시키는 데에 일익을 담당하게 되었다. 교회 건물을 디자인하는 일은 오랫동안 수도원의 특권이 되어왔고, 일반사회에서는 단지 꼭 필요한 기술만이 점진적으로 발전할 뿐이었다. 그럼에도 불구하고 수도원 교회와 일반 사회의 거대한 교회 건축물뿐만 아니라 심지어는 외부의 영향이 가장 강했던 변방 지역의 교회 건물에서조차, 점차로 표현의 통일성을 추구하게 되고 열성적으로 작업에 임하게 되면서 유럽 전역에 동일한 로마네스크의 특징이 드러나기 시작했다.

이탈리아의 교회 건축

베네치아의 산 마르코(San Marco, 1063) 교회는 로마네스크 양식의 특질을 구비한 동시대의 교회 건축 중에서는 다소 예외적인 건물로서 서유럽보다는 비잔틴의 영향을 많이 받은 걸작으로 손꼽히고 있다. 976년에 화재에 의해 소실된 초기 바실리카 교회당의 위치에 건설된 이 교회당은 그릭 크로스(Greek-cross) 형의 평면으로, 4개의 커다란 각주로 지지되는 펜덴티브 위에 중앙 돔이 올려졌고, 나르텍스(narthex)와 트란셉(transept)과 성소의 위에는 그보다 작은 돔들이 얹혀졌다. 대운하(Grand Canal) 가까이에 위치한 점이니 여러 세기 동안 도시의 힘의 성장을 축하하기 위해 덧붙여진 특유의 장식적인 모티프가 있는 점에서 볼 때, 산 마르코 교회는 당대 유럽의 건축적 발전의 흐름을 벗어나 그 유례를 찾아볼 수 없는 독특한 위치를 차지하고 있다.

피렌체의 산 미니아토 알 몬테(San Miniato al Monte, 1018) 교회는 외관상으로는 로마적 전통에 뿌리를 박고 있는 바실리카 양식이지만, 내부 공간의 전개에서는 로마네스크적인 새로운 요소의 도입되었다. 특히 길고 곧게 뻗은 네이브가 열주와 반원형의 다이어프램 아치에 의해서 3개의 기본적인 구획으로 분할된 모습은 공간 구성에서 새로운 계획적 의도를 보여주고 있으며, 베이(bay) 구성방식에서 볼트 구조법의 출현을 예고하고 있다.

피사(Pisa, 1036) 대성당은 후에 조성되는 세례당이나 종탑 같은 이름난 건축군을 배경으로 형성되어 있다. 산 미니아토 교회와 마찬가지로 바실리카 양식을 기본으로 이루어진 이 성당은 반원 아치 위에 있는 클리어스토리(clerestory, 고측창)를 지지하는 열주와 이중의 아일을 가지고 있다. 그러나 트란셉을 덧붙여서 교차부를 형성한 것은 당시 유럽에서 발전하던 교회 평면 형태와 관련되어 있다. 어디서든지 새로운 건물을 지을 때는 로마의 전통인 바실리카 양식에 비잔틴 양식의 집중적인 그릭 크로스형 평면이 혼합되어 사용되었다. 즉 로마네스크의 특징을 엄밀하게 재해석해 보면, 북서유럽 고유의 교회 평면 형식인 라틴 크로스(Latin-cross)형 평면이 이후 거의 모든 중세 성당 평면 계획의 기본에 깔려 있다.

한편 9~10세기 동안에 로마와 비잔틴 교회 사이의 유대는 약해졌으며, 11세기 중엽에는 불화가 극에 달해서 무역로로 연결된 도시들은 서구적인 경향을 강하게 나타내기 시작했다.

아베이-오-다므(Abbaye-aux-Dames)로 알려진 카엥(Caen)의 라 트리니테(La Trinit, 1062) 교회당은 네이브와 트란셉, 그리고 십자형 교차부 위에 사각형의 탑을 두고 있는 초기 노르만 교회 건축의 우수한 실례로서 이러한 기본적인 형식의 배열은 이후에 자주 사용되었다. 초기에 교회 지붕은 약간 조악하게 구축된 6분 볼트로 덮여 있다. 아베이-오-솜므(Abbaye-aux-Hommes)로 알려진 카엥에 위치한 성 에티엔느(St. Etienne) 자매 교회에서는 후에 변경되기는 했지만 제2차 클뤼니 성당에서의 동측단부의 독특한 셔베이(chevet, 부속예배당)의 특징을 잘 보여준다. 라 트리니테 교회당의 6분 볼트는 이후 더 대담한 방법으로 발전되었고, 후세에 사용되는 두 개의 다른 특징도 이 건물에서 소개되고 있다. 그 하나는 서측면의 첨두형 쌍탑인데, 이것은 후대에 고딕 교회 건축 파사드의 원형이 되었다. 또 하나는 후기의 부축벽 형식인 플라잉 버트레스(flying buttress)의 개념을 예견케 하는 것으로 네이브 볼트에 실린 하중을 여기에 덧붙인 연속된 반쪽 배럴 볼트에 흡수시키는 수법으로 사용한 것이다.

노르만의 로마네스크 건축

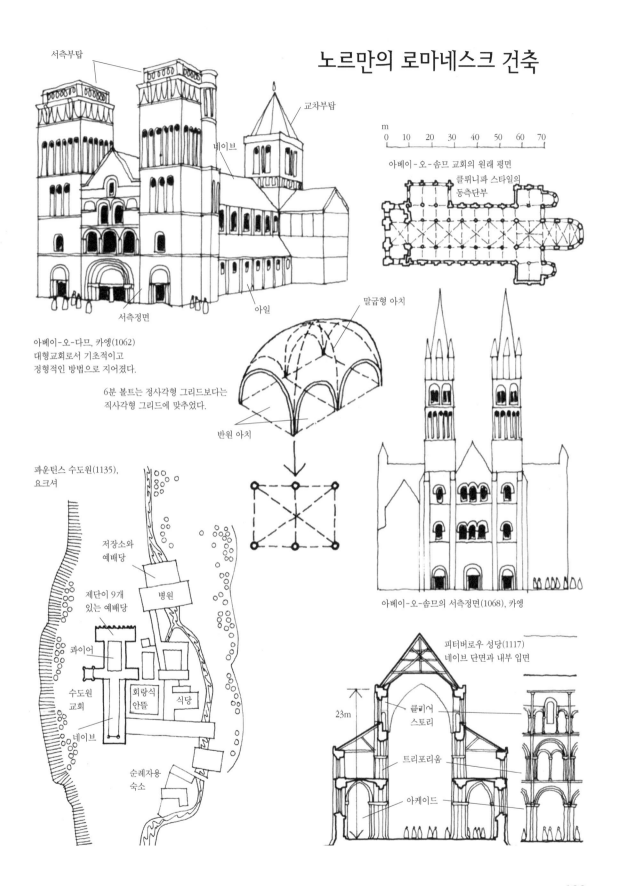

서측부탑

교차부탑

네이브

아일

서측정면

아베이-오-다므, 카엥(1062)
대형교회로서 기초적이고
정형적인 방법으로 지어졌다.

6분 볼트는 정사각형 그리드보다는
직사각형 그리드에 맞추었다.

말굽형 아치

반원 아치

m
0 10 20 30 40 50 60 70

아베이-오-솜므 교회의 원래 평면

클뤼니파 스타일의
동측단부

아베이-오-솜므의 서측정면(1068), 카엥

파운틴스 수도원(1135),
요크셔

저장소와
예배당

병원

제단이 9개
있는 예배당

콰이어

수도원
교회

회랑식
안뜰

식당

네이브

순례자용
숙소

피터버로우 성당(1117)
네이브 단면과 내부 입면

23m

클리어
스토리

트리포리움

아케이드

노르만의 교회 건축

영국에서 노르만의 건축적 영향은 노르만의 정복 이전부터 나타나고 있었는데, 대표적인 예는 참회왕 에드워드가 건립한 구 웨스트민스터(Westminster Abbey, 1055) 사원이다. 이 건물은 당시의 클뤼니파의 전통에 따른 유럽 대륙풍의 수도원이었으나, 노르만의 건축양식을 따랐다.

대부분의 영국 성당은 수도원 형식에 기원을 두고 있었고, 많은 수의 수도원과 부속건물은 다른 용도로 변경해 사용되고 있었다. 리볼스(Rievaulx, 1132), 파운틴스(Fountains, 1135), 컥스톨(Kirkstall, 1152) 등의 수도원은 당시 노르만식의 수도원 배치가 어떠했는지를 명확히 보여주고 있다. 파운틴스는 후기 중세풍 탑의 잔해가 두드러지지만, 색다른 '9개 제단의 예배실'을 가진 이 십자형 교회는 12세기 중엽에 지어진 것이다. 남쪽면은 수도원으로서 신도들의 기숙사와 큰 식당으로 이루어진 90m의 긴 건물에 한쪽 면이 접하게 되어 있으며, 근처에는 수사들의 기숙사와 식당, 성직자회 집회소, 부엌, 병원, 대수도원장의 주거와 창고 등이 있다.

일리(Ely), 치체스터(Chichester), 성 알반스(St. Albans)의 네이브, 글로우스터(Gloucester)와 윈체스터(Winchester)의 성가대석, 그리고 엑스터(Exeter)의 쌍둥이 트란셉 탑을 포함해 17개의 영국의 성당은 노르만 양식의 특징을 명확하게 보여주고 있다. 그 가장 완벽한 예는 훌륭한 실내장식과 목재 지붕으로 유명한 피터버로우(Peterborough, 1117) 성당과 길이가 긴 네이브와 방사상의 예배당에 셔베이 형식의 성가대석이 있는 노릿치(Norwich, 1096) 성당이지만, 그중에서도 가장 중요한 실례는 더램(Durham, 1093~) 성당이다.

더램 성당과 리브 볼트

더램(Durham) 성당은 웨어강(Wear) 상류의 거대한 암벽 위에 세워졌는데, 이곳은 성곽에 어울리는 인상적인 장소이며 건물은 남성적이다. 길고 높은 네이브에는 클리어스토리(clearstory, 고측창)와 트리포리움(triforium, 네이브 아케이드와 클리어스토리 층 사이에 있는 갤러리 층으로 아케이드를 통해 네이브로 열려져 있음)을 지지하는 육중한 원주의 열주가 있는데, 그 모습이 비교적 소박해 압도적인 느낌을 주기보다는 우아한 분위기를 내며, 단순하지만 섬세하게 조각된 추상적인 지그재그와 세로 홈의 장식에 의해서 시각적인 중량감을 덜어주고 있다. 1104년에 완성된 성가대석은 유럽에 널리 알려진 리브

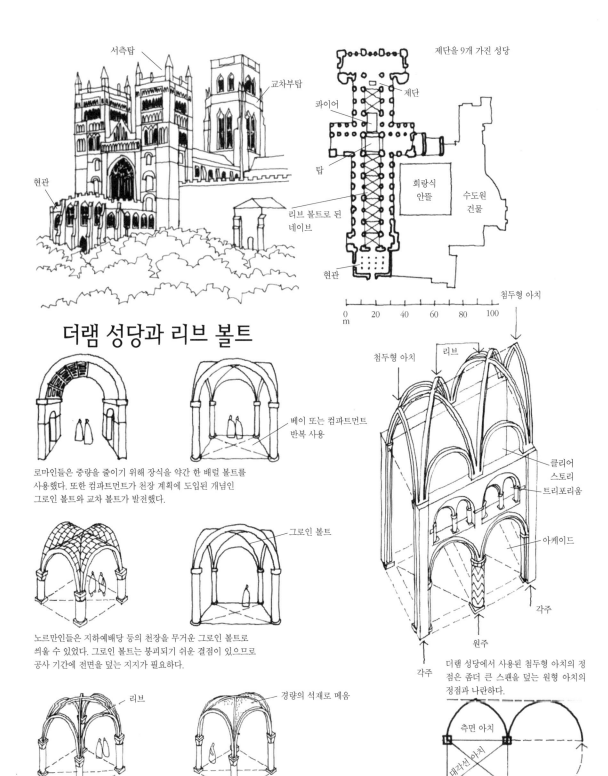

서측탑

교차부탑

제단을 9개 가진 성당

제단

콰이어

현관

탑

리브 볼트로 된 네이브

회랑식 안뜰

수도원 건물

현관

| 0 | 20 | 40 | 60 | 80 | 100 |
m

첨두형 아치

첨두형 아치

리브

더램 성당과 리브 볼트

클리어 스토리

트리포리움

아케이드

로마인들은 중량을 줄이기 위해 장식을 약간 한 배럴 볼트를 사용했다. 또한 컴파트먼트가 천장 계획에 도입된 개념인 그로인 볼트와 교차 볼트가 발전했다.

베이 또는 컴파트먼트 반복 사용

그로인 볼트

각주

원주

노르만인들은 지하예배당 등의 천장을 무거운 그로인 볼트로 씌울 수 있었다. 그로인 볼트는 붕괴되기 쉬운 결점이 있으므로 공사 기간에 전면을 덮는 지지가 필요하다.

각주

더램 성당에서 사용된 첨두형 아치의 정점은 좀더 큰 스팬을 덮는 원형 아치의 정점과 나란하다.

리브

경량의 석재로 메움

측면 아치

대각선 아치

12세기에 발달한 리브 볼트는 공사 기간에 리브만을 지지하게 되었다. 지지의 규모를 줄이기 위해 리브 사이는 경량의 석재로 메웠다.

볼트(rib-vault)의 초기 예로서 이후의 석조 지붕의 발전에서 가장 중요한 역할을 했다. 네이브 상부의 볼트는 1130년에 완성되었는데, 여기에 장대한 스팬의 둥근 아치(rounded arch)의 꼭대기 부분과 그 정상부가 일치되도록 한 첨두형 아치가 도입되었으며, 그 형태 및 구조방식은 2~3세기 후 고딕 건축의 주요한 특징이 되었다.

11세기 건축의 가장 큰 기술적인 과제는 장대한 공간을 덮을 수 있는 지붕에 대한 연구였다. 물론 이는 목재로도 해결할 수 있었으나, 실내 조명을 위해 양초를 사용했기 때문에 목재는 항상 화재 위험을 안고 있었다. 로마 시대에는 넓은 공간을 덮기 위해 배럴 볼트와 그로인 볼트(groined vault)를 사용했으나, 11세기 유럽에는 로마식의 콘크리트(Roman concrete)가 없었으므로 석재만으로 구축한 배럴 볼트는 강도에 비해 중량비가 너무 커서 공간을 덮는 데에는 한계가 있었다. 이러한 난점을 타개해준 것이 리브 볼트였다. 리브는 그 자체가 구조적인 의미를 지니고 있으며, 그 사이에 경량의 석판을 끼울 수 있으므로 넓은 공간을 덮을 수 있었다. 구조적으로 볼 때 리브에 전달된 축압력은 벽 전체에 작용하지 않고 기둥으로 전해지게 되는데, 압축력의 선이 분명하게 드러나는 더램 성당의 리브 볼트는 내부를 생생하게 표현하고 있으며, 2~3세기 후에 이루어진 훌륭한 고딕 건축의 내부장식을 보여준다.

이탈리아와 독일의 교회 건축

더램 성당처럼 구조적인 힘을 표현한 것은 드물지만, 유럽 전역의 교회는 구조적 요소의 분명한 표현, 베이와 컴파트먼트(compartment)에 의한 내부 공간의 분할 등에서 더램 성당과 유사한 접근 방식을 사용하기 시작했다. 밀라노의 성 암브로지오(Sant' Ambrogio, 1080~) 사원은 4세기에 성 암브로스(St. Ambrose) 자신이 짓기 시작한 고건축물로서 여전히 출입구의 아트리움이나 동쪽의 앱스와 같은 고풍스런 특징을 지니고 있으나, 11세기 말과 12세기 초에 이 건물을 재건하면서 새로운 착상들이 시도되었다. 엄숙하고 장엄한 네이브는 다이어프램 아치에 의해 분할되고, 베이는 둥근 아치형의 리브 볼트로 구획되어 있다. 더램 성당과 같은 리브 볼트의 사용은 유럽 대륙에서 가장 초기의 것 중 하나이고, 특히 파비아(Pavia)에 있는 산 미켈레(San Michele, 1100) 성당의 리브 볼트는 후대의 건축에서 자주 모방하는 기본 패턴이 되었다.

11세기 이탈리아와 독일 건축

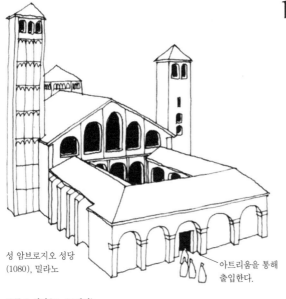

성 암브로지오 성당
(1080), 밀라노

아트리움을 통해
출입한다.

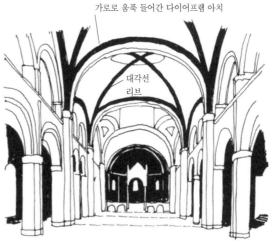

가로로 움푹 들어간 다이어프램 아치

대각선
리브

보름스 성당(11~12세기)

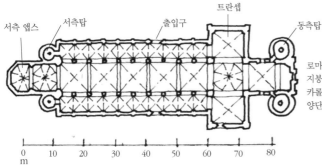

서측 앱스   서측탑   출입구   트란셉   동측탑

로마네스크식의 교차 볼트로
지붕이 덮인 정사각형 베이에
카롤링거 왕조 전통의
양단부가 결합되어 있다.

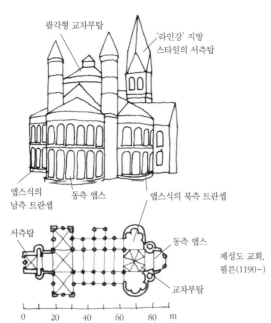

팔각형 교차부탑

'라인강' 지방
스타일의 서측탑

앱스식의
남측 트란셉   동측 앱스   앱스식의 북측 트란셉

서측탑   동측 앱스   교차부탑

제성도 교회,
쾰른(1190~)

서측 입면에서 나타나는
앱스 부분 - 입구가 측면에
놓여 있다.

당시 북부 독일의 교회는 여전히 카롤링거 왕조의 건축적 특성을 내포하면서도 양식을 수용했다. 쾰른(Cologne) 남쪽에 위치한 마리아 라흐(Maria Laach abbey, 1093) 수도원의 서측단부 앱스는 샤를마뉴 대제의 궁정부 예배당을 연상시키고 있으나, 동쪽 3개의 앱스와 다양한 탑은 오히려 클뤼니파 수도원과 유사하다. 11세기의 중요한 유적으로 꼽을 수 있는 보름스(Worms) 성당은, 트란셉과 서측 앱스, 동측과 서측의 쌍탑을 지닌다. 네이브와 아일의 사각 구획에는 석조의 크로스 볼트로 지붕을 덮었다. 후대에 건립된 쾰른의 제성도 교회(Church of the Apostles, 1190)에는 상부에 팔각형의 교차탑이 세워진 앱스식의 트란셉이 동쪽에 있고, 서측단부에는 네이브 축상에 높은 탑 하나가 돌출되어 세워져 있다.

12세기의 프랑스 교회 건축

부르고뉴 지방의 베즐레이(Vézelay)에 있는 성 마들레느(Ste Madeleine, 1104) 성당은 로마네스크 건축의 또 다른 측면을 보여주고 있다. 더램 성당과 마찬가지로 전망 좋은 언덕 위에 위치한 성 마들레느 성당은 양측에 아일이 배열되어 있는 네이브와 트란셉을 두고 있고, 서측단부에는 쌍탑, 동측단부에는 셔베이를 두고 있다. 이 성당의 구조는 기본적으로 연속된 반원형의 그로인 볼트로 이루어져 있고, 큰 횡단 아치(transverse arch)에 의해 각 부분으로 분절된다. 이 성당의 특색은 다음과 같이 눈에 띄지 않는 부분에서 찾아볼 수 있다. 즉 전체적으로 우아한 비례를 가지고 있고, 단순한 구조와 풍부한 장식이 조화를 이루고 있으며, 높은 클리어스토리를 통과해서 네이브에 유입되는 부드러운 빛, 동측에서 투사된 투명한 빛이 상호 대조되어 훌륭한 조화를 이루고 있다.

프랑스 남부 지방은 여전히 비잔틴의 영향이 남아 있었다. 앙굴렘(An-goulême, 1105) 성당은 명확한 라틴 크로스형 평면으로 로마네스크 양식임이 분명하지만, 방사상으로 혹은 평행하게 배치된 다수의 동쪽 예배당들의 지붕은 펜던티브 위에 얹은 얇은 돔으로 되어 있다. 페리궤(Périgueux)에 있는 성 프롱(St. Front, 1120) 성당도 여러 양식이 혼합되어 있다. 산 마르코 교회와 흡사한 그릭 크로스형 평면과 다섯 개의 돔을 가지고 있지만, 산 마르코 교회가 비잔틴 풍의 모자이크로 장식되어 있는 반면 성 프롱 성당은 수수한 석조의 내부 장식으로 로마네스크의 절제된 양식을 보여준다.

12세기 프랑스 건축

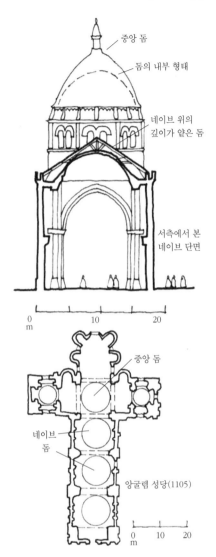

중앙 돔
돔의 내부 형태
네이브 위의 깊이가 얕은 돔
서측에서 본 네이브 단면

0 10 20
m

중앙 돔
네이브 돔
앙굴렘 성당(1105)

0 10 20
m

성 마들레느 성당(1104), 베즐레이
내부는 완벽한 동일성을 갖고 있다. 단순한 형태와 풍부한
디테일이 잘 결합되어 있다.

성 프롱 성당(1120), 페리궤
비잔틴 전통이 남아 있는 마지막 건축물 중 하나다.

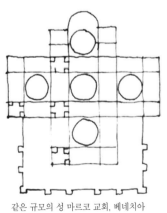

같은 규모의 성 마르코 교회, 베네치아

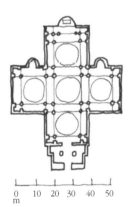

0 10 20 30 40 50
m

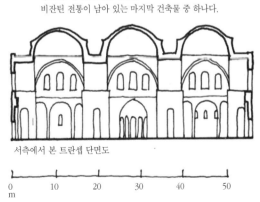

서측에서 본 트란셉 단면도

0 10 20 30 40 50
m

스페인의 교회 건축

유럽의 주체의식 내지는 동질성이 점차 증대되면서 이슬람에 정복되어 있는 스페인에 대해 관념적 중요성을 느끼게 되었으며, 이곳에 있는 이슬람 세력의 축출이 전 그리스도인들의 염원이 되었다. 따라서, 종교적 이유뿐만 아니라 정치적 이유로 콤포스텔라(Compostela)에 있는 성 야곱의 성지와 그곳에 이르는 순례 행로에 대해 많은 관심을 기울이게 되었는데, 순례 행로변에 위치한 도시에는 투르(Tours), 리모그(Limoges), 콩크(Conques), 툴루즈(Toulouse) 등과 같은 탁월한 성당이 건립되었다. 콤포스텔라에 있는 산티아고(Santiago, 1075~) 성당은 상징적으로 매우 중요한 의미를 지니고 있었기 때문에 세인의 관심의 초점이 되었는데, 그 중요성에 걸맞게 당대 유럽 건축 디자인의 진수가 이곳에 집중되어 있다. 산티아고 성당은 교차부의 탑과 배럴 볼트로 덮인 네이브, 그리고 트란셉을 가진 십자형 평면으로서 네이브의 양측에는 상부에 갤러리(gallery, 복도)를 둔 아일이 있고, 갤러리의 지붕은 성 에티엔느 성당에서처럼 네이브 상부의 볼트를 지지하고 있는 배럴 볼트로 축조되어 있다. 동측단부에는 투르의 성 마틴 성당에서 이미 확립된 양식인 방사형 배치의 부속 예배실을 가진 회랑(ambulatory)이 배치되어 있다. 당대의 대부분 건물이 고도의 기술을 바탕으로 건설되었고, 세부 디테일 역시 그 완성도를 더욱더 높여주고 있는데, 그 최고의 실례로는 라 글로리아의 포티고(Portico de la Gloria, 1168)를 들 수 있다.

제2차 클뤼니 수도원(Cluny II) 건축에서 직접적으로 기인된 것은 아니겠지만, 순례 여행로상에 건설된 성당들은 확실히 클뤼니파 수도원의 영향을 입은 바가 크다. 1088년에 클뤼니파의 대수도원 성당은 다시 재건되었는데, 그 길이가 거의 140m에 이르러서 프랑스에서 가장 크고 화려한 건물이 되었다. 제3차 클뤼니 수도원 확장 건물은 대부분 파괴되었기 때문에 건축사에서의 실제적인 중요성은 미미하다. 이 건물은 이중의 아일을 가진 긴 네이브, 2개의 트란셉, 그리고 각 교차부의 탑과 동쪽 끝에 다수의 소예배실이 있는 복합건물 형태다. 건물의 거대한 크기로 인한 구조적인 문제 해결을 위해 처음으로 아일 위에 플라잉 버트레스를 사용해 네이브에 실린 하중을 분산시켰다. 이러한 구조방식은 이후 300년 동안 건축 발전에 중요한 특징이 되었다. 11세기 후반에 클뤼니 수도원 건축에서는 플라잉 버트레스라는 건축 구조방식을 고안해낸 데 대해 높은 평가를 받고 있는데, 당시에도 이를 구축한 기술자들이 이에 대해 자부심을 갖게 되었다. 이 시대에는 예술뿐만 아니라 지

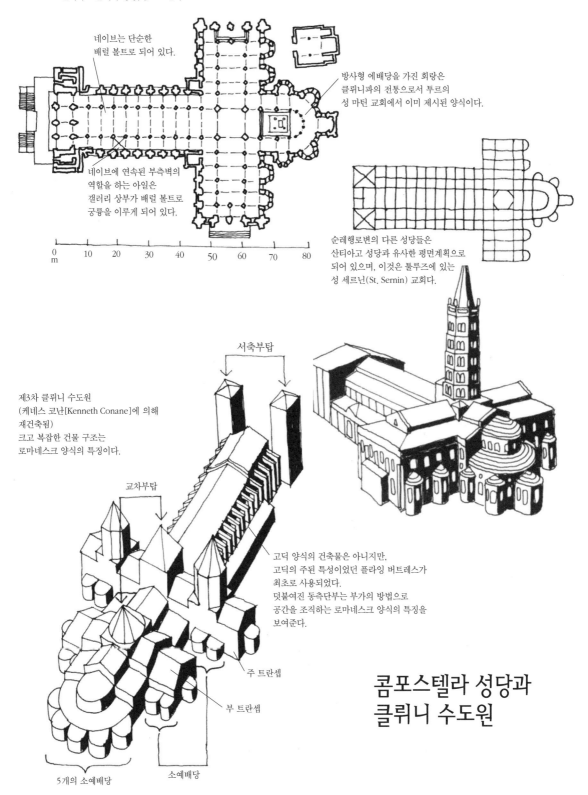

산티아고 순례자 성당, 콤포스텔라

네이브는 단순한 배럴 볼트로 되어 있다.

방사형 에배당을 가진 회랑은 클뤼니파의 전통으로서 투르의 성 마틴 교회에서 이미 제시된 양식이다.

네이브에 연속된 부측벽의 역할을 하는 아일은 갤러리 상부가 배럴 볼트로 궁륭을 이루게 되어 있다.

0 10 20 30 40 50 60 70 80
m

순례행로변의 다른 성당들은 산티아고 성당과 유사한 평면계획으로 되어 있으며, 이것은 툴루즈에 있는 성 세르닌(St. Sernin) 교회다.

서축부탑

제3차 클뤼니 수도원
(케네스 코난[Kenneth Conane]에 의해 재건축됨)
크고 복잡한 건물 구조는 로마네스크 양식의 특징이다.

교차부탑

고딕 양식의 건축물은 아니지만, 고딕의 주된 특성이었던 플라잉 버트레스가 최초로 사용되었다. 덧붙여진 동측단부는 부가의 방법으로 공간을 조직하는 로마네스크 양식의 특징을 보여준다.

주 트란셉

부 트란셉

콤포스텔라 성당과 클뤼니 수도원

5개의 소예배당

소예배당

식의 모든 분야에서 새로운 자각이 일기 시작했다. 따라서 건축 분야의 지식과 기술의 발전 역시 그 당시의 사회적 조류에 따라 이루어진 것으로 판단된다.

문화가 발전한다고 해서 반드시 사회의 전반적인 진보가 이루어지는 것은 아니다. 대체로 훌륭한 지식이 사회 개혁을 위한 기회를 제공하기는 하지만, 반드시 그런 것만은 아니어서 11세기의 경우 건축 기술은 향상되었지만 일반 농노들의 생활 수준은 개선되지 못했다. 실제로 문화적 발전이라는 것은 그 이면에 어느 정도의 불평등과 착취를 토대로 성립된다. 어떻게 보면 문화 엘리트들이 문화를 발전시킬 수 있었던 것은 그들이 사회로부터 노동의 책임을 면제받았기 때문이라 할 수 있다. 훌륭한 교회 건축물과 같은 건축적 성취도 소수의 사람들이 장악한 부와 권력에 바탕을 두고 있으며, 교회가 신앙적 통일과 우애의 상징이 되었지만 다른 한편으로 교회라는 존재는 사회 분열의 지표가 되기도 했던 것이다.

일반 주택

11세기 유럽에서는 대부분의 사람들이 여전히 5세기경의 이민족의 것과 유사한 원시적인 오두막에서 살고 있었다. 불모지를 제외한 암석 지대에서는 거친 돌들이 훨씬 더 많이 사용되었지만, 주거 건축의 주종을 이루는 건축 재료는 목재였다. 지붕은 가죽이나 갈대, 잔디 등으로 엮었으며, 담장은 풀잎으로 짠 울타리나 토담이 고작이었다. 소작인이나 도시 빈민은 대개 중앙에 화로가 있는 1실형 주거에서 생활했으며, 주거의 모습은 중앙 화로에서 나오는 연기를 지붕의 틈을 이용해 밖으로 배출시켰고, 방이 하나 더 있을 경우 그 방은 축사로 사용되었다. 창은 1~2개의 구멍이 유리가 끼워지지 않은 채로 채광창과 환기구의 역할을 하고 있을 뿐이었다.

한 세대의 거주를 위해 지어졌을 이러한 오두막집들은 오래가지 못했다. 오늘날까지 남아 있는 중세 주택은 지방의 자유민이나 도시의 부유한 상인들의 소유로서 더 견고한 재료로 축조된 것이다. 앵글로색슨족은 무거운 활엽수를 구조재로 사용했는데, 건축 형태는 지면에서 용마루까지 걸치는 마주 보는 구부러진 한 쌍의 목재 위에 벽이나 보를 이루는 부차적인 목재가 고정되어 기본적인 형태를 이룬다. 이 공법은 '크라크'(crucks) 방식이라 불리며 단층이나 2층 건물에 주로 사용되었는데, 1600년경까지는 상류계급의 주택에 주로 사용되었다. 부유층의 주택들은 매끈하게 다듬은 돌로 지어지기도 했다. 오늘

저택과 오두막

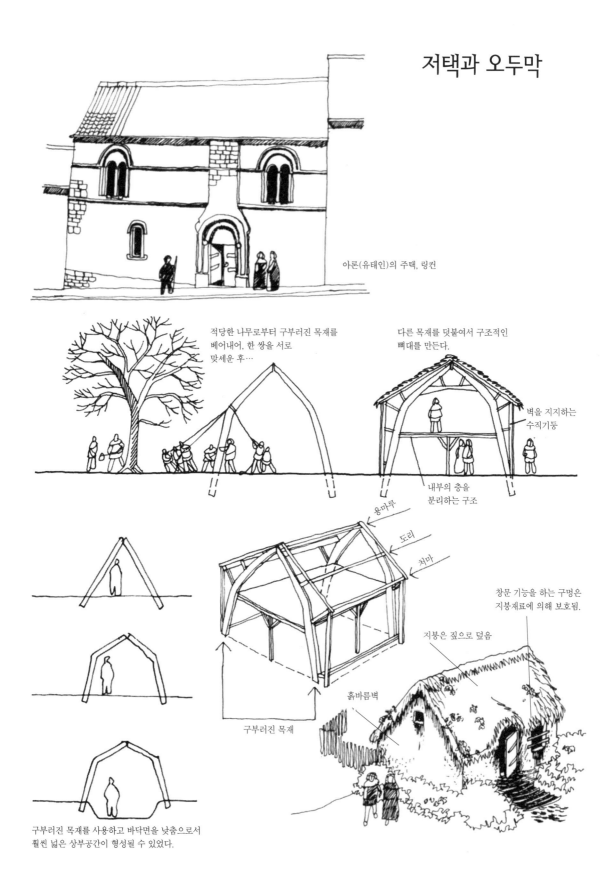

아론(유태인)의 주택, 링컨

적당한 나무로부터 구부러진 목재를 베어내어, 한 쌍을 서로 맞세운 후…

다른 목재를 덧붙여서 구조적인 뼈대를 만든다.

벽을 지지하는 수직기둥

내부의 층을 분리하는 구조

용마루

도리

처마

창문 기능을 하는 구멍은 지붕재료에 의해 보호됨.

지붕은 짚으로 덮음

흙바름벽

구부러진 목재

구부러진 목재를 사용하고 바닥면을 낮춤으로서 훨씬 넓은 상부공간이 형성될 수 있었다.

집중식 성곽

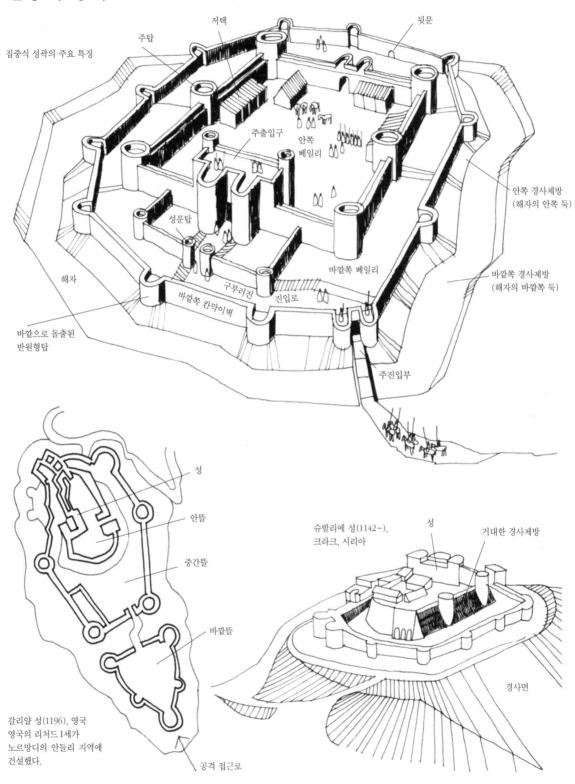

집중식 성곽의 주요 특징

저택

주탑

뒷문

주출입구

안쪽
베일리

안쪽 경사제방
(해자의 안쪽 둑)

성문탑

바깥쪽 경사제방
(해자의 바깥쪽 둑)

해자

바깥쪽 베일리

바깥쪽 칸막이벽

구부러진

진입로

바깥으로 돌출된
반원형탑

주진입부

성

안뜰

중간뜰

슈발리에 성(1142~),
크라크, 시리아

성

거대한 경사제방

바깥뜰

경사면

갈리얄 성(1196), 영국
영국의 리처드 I세가
노르망디의 안들리 지역에
건설했다.

공격 접근로

수도회

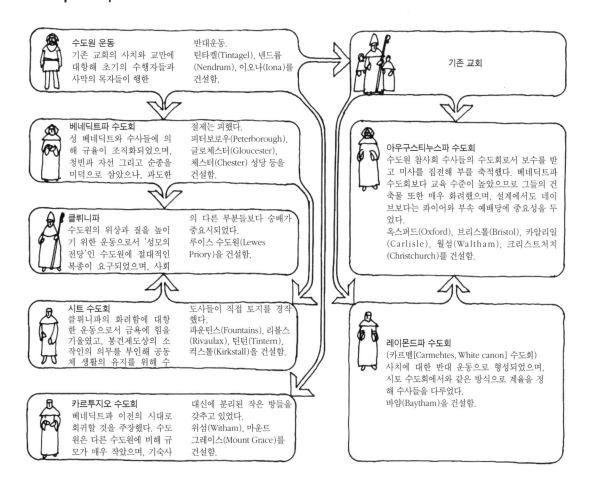

수도원 운동
기존 교회의 사치와 교만에 대항해 초기의 수행자들과 사막의 목자들이 행한

반대운동. 틴타켈(Tintagel), 넨드럼(Nendrum), 이오나(Iona)를 건설함.

기존 교회

베네딕트파 수도회
성 베네딕트와 수사들에 의해 규율이 조직화되었으며, 청빈과 자선 그리고 순종을 미덕으로 삼았으나, 과도한

절제는 피했다. 피터보로우(Peterborough), 글로체스터(Gloucester), 체스터(Chester) 성당 등을 건설함.

아우구스티누스파 수도회
수도원 참사회 수사들의 수도회로서 보수를 받고 미사를 집전해 부를 축적했다. 베네딕트파 수도회보다 교육 수준이 높았으므로 그들의 건축물 또한 매우 화려했으며, 설계에서도 네이브보다는 콰이어와 부속 예배당에 중요성을 두었다.
옥스퍼드(Oxford), 브리스톨(Bristol), 카알리일(Carlisle), 월섬(Waltham), 크리스트처치(Christchurch)를 건설함.

클뤼니파
수도원의 위상과 질을 높이기 위한 운동으로서 '성모의 전당'인 수도원에 절대적인 복종이 요구되었으며, 사회

의 다른 부분들보다 숭배가 중요시되었다. 루이스 수도원(Lewes Priory)을 건설함.

시트 수도회
클뤼니파의 화려함에 대항한 운동으로서 금욕에 힘을 기울였고, 봉건제도상의 소작인의 의무를 부인해 공동체 생활의 유지를 위해 수

도사들이 직접 토지를 경작했다. 파운틴스(Fountains), 리볼스(Rivaulax), 틴턴(Tintern), 컥스톨(Kirkstall)을 건설함.

레이몬드파 수도회
(카르멜[Carmehtes, White canon] 수도회)
사치에 대한 반대 운동으로 형성되었으며, 시토 수도회에서와 같은 방식으로 계율을 정해 수사들을 다루었다.
바얌(Baytham)을 건설함.

카르투지오 수도회
베네딕트파 이전의 시대로 회귀할 것을 주장했다. 수도원은 다른 수도원에 비해 규모가 매우 작았으며, 기숙사

대신에 분리된 작은 방들을 갖추고 있었다. 위섬(Witham), 마운트 그레이스(Mount Grace)를 건설함.

날에 많이 남아 있지는 않지만, 링컨 지방에서 가장 부자이고 수도원에 기부를 많이 했던 아론(Aron)이라는 인물의 주택인 '유태인의 집'(Jew's House, 1160)은 간결한 형태이지만 정교한 2층 건물로서 윗부분이 아치로 처리된 로마네스크 양식의 창과 출입문이 설치되어 있다.

집중식 성곽

초기의 십자군에 의해 유럽 경제는 강력한 추진력을 가지고 팽창하게 되었다. 11세기 후반에 비잔틴의 군사적인 힘은 쇠퇴해 동방의 황제 알렉시스(Alexis)는 그때까지 이슬람 세계를 지배해왔던 셀주크 투르크(Seljuk Turks)로부터 공격받기 쉬운 상태가 되었다.

서유럽의 방어를 위해 비잔티움은 완충지대로서 지켜져야 했기 때문에 서

유럽의 지도자들은 성지(Holy Land)가 입지해 있는 투르크를 연합 공격하는 데에 동의했다. 1095년에 교황 우르반 2세(Urban II)는 클레몽(Clermont)에서 연합군을 소집하면서 이것을 다음과 같이 지상의 종교적 사명으로 선언했다.

"하나님을 위하여 대담하게 싸우고 앞으로 나아가라. 그리스도는 너희 길을 인도하시리니 옛날의 이스라엘 자손보다 더 용감하게 예루살렘을 위해 싸우라…… Deus vult라는 말이 모든 곳에서 울려 퍼지도록 하라."

이슬람의 학문, 과학, 시 등이 융성하게 발전하고 있던 니잠-알-물크(Nizam-al-Mulk)와 오마르 카얌(Omar Khayyäm) 시대에 있었던 십자군 전쟁은 서양 사람들이 발달된 이슬람 문명을 직접 접할 수 있게 했다. 십자군 창설은 정치적인 이유에서든 종교적인 이유에서든 서유럽에 경제적·문화적으로 매우 중요한 소득을 가져다주었다. 십자군은 야만적 행위와 기사도를 적절히 구사하면서 1099년에 성지 예루살렘을 점령하고, 팔레스타인에 서구의 봉건제도를 정립시켰다. 예루살렘으로 향하는 순례 행로를 보호하기 위해 군부대가 주둔함에 따라 유럽의 무역은 지중해 동쪽을 장악하게 되었고, 소아시아와도 교역로를 열 수 있었다. 생포된 투르크의 기술자들은 그들의 탁월한 기술을 유럽에 전해주었고, 약탈한 문화유물을 통해 서양의 기술자들은 모방할 수 있는 기본 패턴을 마련했으며, 습득한 책은 아라비아의 사상과 지식의 확산에 도움을 주었다. 따라서 아랍의 정치적인 힘은 쇠퇴했으나, 그들의 문화적인 영향은 점차 증대되어 동방의 직물, 식탁용 철물과 유리 제품뿐만 아니라 농업과 금융 업무, 수학, 의학, 건설 기술 등이 서양에 적합한 방법으로 적용되기 시작했던 것이다.

이슬람으로부터 최초의 혜택을 받은 집단은 십자군 자신으로서 이슬람의 군사 건축을 모방했다. 칸막이벽과 방어용 탑을 가지고 있는 스페인의 로아르(Loarre, 1070) 성곽, 86개의 탑과 10개의 문이 배치된 길이 2.5km의 성벽이 있는 카스틸의 아빌라(Avila) 요새는 이미 스페인 성곽 건축에 대한 이슬람의 영향을 보여주고 있다. 그러나 이러한 영향은 좀더 본격화되어 동방의 순례 행로와 점유 영토에 방어물을 건설하기 위해 파견된 템플 기사단(Templar Knights), 호스피틀 기사단(Hospitaller Knights), 그리고 튜튼 기사단(Teutonic Knights)은 일괄적으로 사라센 양식을 채택해 서양 성곽 건축의 양식을 완전히 변화시켰다. 정복지에 구축된 십자군의 성곽은 매우 막강해 소모적인 지구전이나 적의 포위 공격을 견디어내는 데에 적합했다. 성곽들은 규모가 매우 컸으므로, 식별할 수 있는 시야거리 안에 세워져서 도움을 청할 신호를 교환할 수 있었고, 각각의 성곽들은 용병을 포함한 대규모의 수비대를 배치하고 오랜 포위 공격에도 견딜 수 있도록 충분한 공간을 마련하고 있었다. 많은 성곽들은 외부의 적으로부터뿐만 아니라 용병이 반란을 일으키는 경우까지를 방어하기 위해 방어거점 안에 세워졌다.

십자군의 성은 중앙집중식 형태로 내부의 방어거점은 중간중간에 탑이 있는 두 개 이상의 완전한 칸막이벽에 의해 둘러싸여 있으며, 탑은 포를 더욱 잘 막아 내기 위해 주로 원통형으로 되어 있었다. 대부분의 성은 자연적인 요새에 건설되었으며, 해자나 흙으로 돋우어 낸 인공언덕 등으로 둘러싸여 이중 방어가 가능했다. 오늘날의 시리아(Syria)에 있는 사온 성(Château de Saone, 1120~)은 두 면은 자연적인 경사에 의해 보호되고 다른 한 면은 암석을 절단한 20m 폭의 해자에 의해 보호되는 암석 지대의 삼각형 부지에 입지하고 있다. 이곳에는 유럽 양식의 사각형 성곽과 십자군에 의해 지어진 몇 개의 초기 원형탑이 세워져 있다. 1142년 이후 호스피틀 기사단에 의해 발전된 유명한 슈발리에의 크라크(Krak des Chevaliers) 성은 최고의 요새로서 3면이 급경사지로 보호되면서 경계 시야가 양호한 언덕 위에 세워졌다. 안쪽 베일리에는 군집한 3개의 탑으로 이루어진 성곽이 있으며, 베일리를 둘러싸고 있는 칸막이벽은 거대한 경사제방(glacis)에 의해 보호되었다. 바깥쪽은 꼭대기에 공격용 총안(machicolation, 성벽으로 밀려오는 적의 머리 위에 돌이나 뜨거운 물을 퍼붓기 위한 성벽 틈)을 둔 칸막이벽으로 둘러싸여 있으며, 칸막이벽은 벽 중간중간에 원통형 탑으로 강조되어 있다. 주요한 성문루를 향한 접근로는 이슬람 교도의 도시요새 건축 형식을 채용한 것으로, 꾸불꾸불하고 경사진 좁은 진입로는 적의 공격력을 분산시키고 움직임을 제지하도록 계획된 것이다. 이렇게 튼튼히 지어진 크라크 성은 12차례의 공격과 포위에도 함락되지 않았으나, 1271년의 13번째 공격에서 이슬람 군대에게 패배해 그 후로 계속 이슬람의 정복 아래에 있다. 그러나 크라크 성은 십자군의 창조성과 파괴성의 양면에서 가장 훌륭한 기념비적 건물인 것임에는 분명하다.

제4장 위대한 세기 : 13세기

13세기의 사회상황 : 도시의 성장

십자군의 식민지 확장 정책으로 인해 서방 사회에는 많은 변화가 일어났다. 인구가 늘고 경제 구조가 변화하면서 구세대에 대항하는 새로운 계층과 제도가 생겨났으며, 또한 의무라기보다는 상업성을 띤 직업군인들이 기사의 역할을 대신하게 되었다. 새로운 수도회 교단으로 등장한 프란체스코 수도회와 도미니크 수도회는 지적이고 정신적인 데에 관심을 두고, 교회 활동에는 그리 관심을 기울이지 않았다. 이에 따라 교회의 재산, 투자, 건축 활동이 수도원보다는 지역 교회 쪽으로 옮겨지게 되었다.

도시가 성장하면서 봉건제도는 점차 쇠퇴했다. 도시에서는 과거 농노 신분이었던 사람들이 봉건제도상의 노동의무를 피할 수 있게 되었으며, 일부는 신분 상승도 가능했다. 이로 인해 농경지에 농노를 묶어두기가 점점 어려워지게 되었다. 1100년경에 이르러서는 농노 계층이 숫자상으로는 가장 많았으나, 이들 대부분이 도시로 떠났기 때문에 시골에서는 노동력이 부족했다. 봉건제도 하의 유럽 대륙에서는 토지를 소유하는 것만이 유일한 부의 근원이었지만, 그 당시엔 시장성이란 없었고 오늘날처럼 신용을 기본으로 시장이 형성되지도 않았다. 차츰 상인 계급이 성장하면서 도시 안의 상업적 가치가 있는 건축지를 필요로 하기 시작했지만, 초기에는 상인들이 봉건귀족이나 교회로부터 토지를 양도 받을 방법이 없었다. 이에 따라 구계층과 신계층 사이에 긴장이 팽배해졌는데, 특히 도시의 토지를 내놓는 데 가장 심하게 반발한 것은 교회였다. 교회는 상인 계급에 의해 오랫동안 지속되어왔던 권위가 위협당하고 있다고 느꼈고, 교회의 도덕률로도 자유로운 상업 활동 자체를 용납할 수 없었다. 새로운 중산 계층은 상업적 자유를 가로막는 교회에 대응해 세력을 행사할 수 있는 공동체를 구성하거나 자치정부와 협상하고, 상업용 토지를 많이 소유한

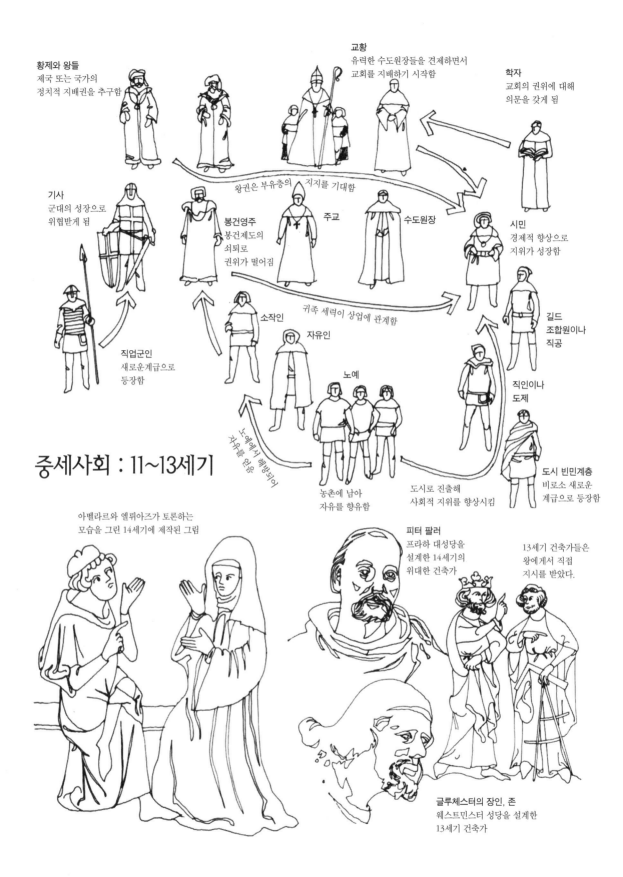

교황
유력한 수도원장들을 견제하면서
교회를 지배하기 시작함

황제와 왕들
제국 또는 국가의
정치적 지배권을 추구함

학자
교회의 권위에 대해
의문을 갖게 됨

기사
군대의 성장으로
위협받게 됨

왕권은 부유층의 지지를 기대함

봉건영주
봉건제도의
쇠퇴로
권위가 떨어짐

주교

수도원장

시민
경제적 향상으로
지위가 성장함

직업군인
새로운계급으로
등장함

소작인

자유인

귀족 세력이 상업에 관계함

길드
조합원이나
직공

직인이나
도제

노예

노예에서 해방되어
자유를 얻음

중세사회 : 11~13세기

농촌에 남아
자유를 향유함

도시로 진출해
사회적 지위를 향상시킴

도시 빈민계층
비로소 새로운
계급으로 등장함

아벨라르와 엘뢰아즈가 토론하는
모습을 그린 14세기에 제작된 그림

피터 팔러
프라하 대성당을
설계한 14세기의
위대한 건축가

13세기 건축가들은
왕에게서 직접
지시를 받았다.

글루체스터의 장인, 존
웨스트민스터 성당을 설계한
13세기 건축가

142

귀족들과 결탁했다. 기독교와 기사도의 윤리 규범에 의해 유지된 봉건제도의 엄격한 사회적 계층 구조는 상업적 성취만이 유일한 성공으로 간주되는 새로운 세계에 의해 점차 밀려나게 되었다. 자신들의 생존을 위해 상인들은 지방정부를 세우고 조세를 거두어들여 공익적인 목적인 안전을 위한 도시 성벽의 보강, 평화 유지, 도시 출입 통제, 무역판로를 보호하기 위한 통행권 협상 등의 목적으로 사용했다.

도시들은 서로 연합해 무역조합을 형성했는데, 롬바르디아 동맹과 한자 동맹이 그 예다. 한편, 각각의 도시에는 길드가 형성되어 상품의 질을 조절하고, 가격 특히 식품의 가격을 정해 상업을 보호했다. 하지만, 건축업에서는 로지(lodge)라고 알려진 독특한 건설 조합체가 이미 존재하고 있었기 때문에 건축에 관련된 예술가와 장인들은 상인이나 제조업자보다 뒤늦게 길드를 발전시킬 수 있다. 12세기 이전의 건축은 교회나 귀족에 의해서 지배를 받는 봉건적 운영체제였다. 대규모 수도원들의 설계자는 대개 수도사였으며, 건축을 맡은 장인들은 농노신분이었다. 따라서 외부인들과의 접촉이나 의견교환이 별로 없었던 반면, 지역적 영향이나 수도원 사정에는 익숙했다.

12세기의 도시사회는 세속적인 양상으로 발전되면서 이러한 양상을 변화시켰다. 봉건적 속박으로부터 자유로워진 직공, 염색공, 백정, 제빵업자, 양초 제조업자들이 스스로의 이익을 위해서 길드를 조직했고, 건축 분야도 이와 비슷한 성격을 띠게 되었다. 그러나 건축업은 다른 상업 활동과는 다르게 구성되었는데, 즉 같은 직업을 갖는 많은 사람들이 모인 것이 아니라 각기 다른 직업을 가진 사람들이 한 팀을 이루는 형태였다. 건설조합은 설계자, 석공, 목공, 연마공, 유약공, 도장공과 도제가 끝난 장인, 견습공 등의 위계적인 조직으로 이루어져 있으며, 한곳의 작업이 끝나면 다른 작업을 위해서 해체되거나 특별한 목적을 위해서 재구성되었다. 이런 점이 도시의 다른 부분과는 현저한 차이점으로서 다른 직종과 달리 이동의 자유가 주어졌던 석공의 경우, 생각과 기술을 서로 교환할 수 있는 기회를 갖게 되었지만 동시에 도시민들로부터 불신을 받기도 했다. 결과석으로 건설조합은 도시의 불신에 대해 그들 나름대로 자신의 활동에 대해 새로운 신뢰감을 부여하면서 자기만족적인 경향으로 발전했다.

영국에서는 11세기 중엽부터 13세기 말까지 루드로우(Ludlow), 윈저(Windsor), 베리 세인트 에드먼즈(Bury St. Edmunds), 포츠머드(Portsmouth), 리버풀(Liverpool), 하위치(Harwich)를 포함해 새로운 도시

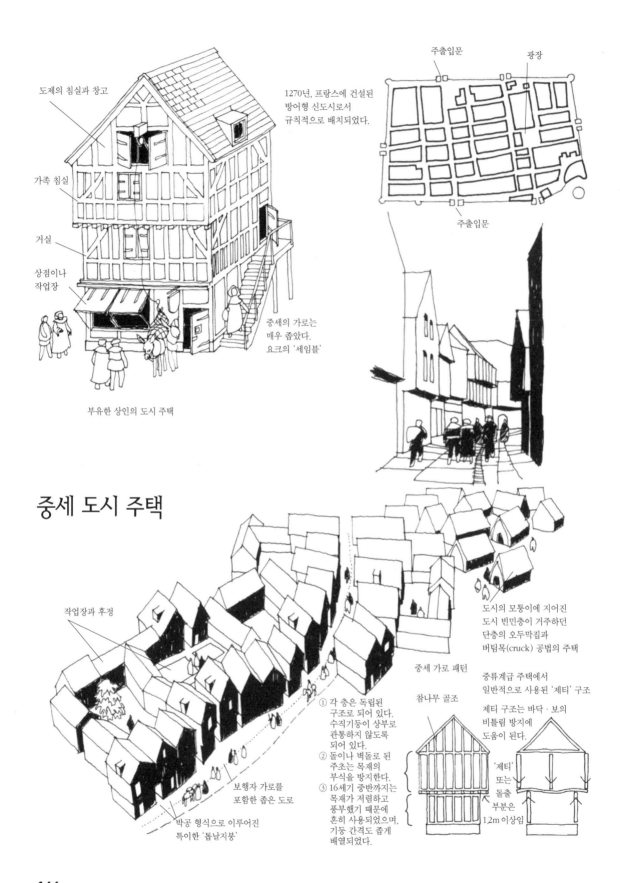

도제의 침실과 창고

가족 침실

거실

상점이나
작업장

부유한 상인의 도시 주택

1270년, 프랑스에 건설된
방어형 신도시로서
규칙적으로 배치되었다.

주출입문

광장

주출입문

중세의 가로는
매우 좁았다.
요크의 '셰임블'

중세 도시 주택

작업장과 후정

보행자 가로를
포함한 좁은 도로

박공 형식으로 이루어진
특이한 '톱날지붕'

중세 가로 패턴

① 각 층은 독립된
구조로 되어 있다.
수직기둥이 상부로
관통하지 않도록
되어 있다.
② 돌이나 벽돌로 된
주초는 목재의
부식을 방지한다.
③ 16세기 중반까지는
목재가 저렴하고
풍부했기 때문에
흔히 사용되었으며,
기둥 간격도 좁게
배열되었다.

도시의 모퉁이에 지어진
도시 빈민층이 거주하던
단층의 오두막집과
버팀목(cruck) 공법의 주택

중류계급 주택에서
일반적으로 사용된 '제티' 구조

제티 구조는 바닥·보의
비틀림 방지에
도움이 된다.

참나무 골조

'제티'
또는
돌출
부분은
1.2m 이상임

가 120개 생겨났다. 프랑스에서도 1350년까지 300여 개의 도시가 형성되었으며, 독일에서는 뤼벡(Lübeck, 1134), 베를린(Berlin, 1230), 프라하(Prague, 1348) 등을 포함해서 더 많은 도시가 형성되었다. 이들 도시의 두드러진 특색은 규칙적인 배치로서 대부분 직각의 도로망 패턴을 이루고 있다. 대부분의 도시가 성벽과 해자로 둘러싸여 있었으며, 프랑스의 에게-모르테(Aigues-Mortes), 카르카슨(Carcassonne), 아비뇽(Avignon) 등의 거대한 요새들은 오늘날까지 남아 있다.

중세 도시 주택

일반적으로 중세 도시는 보행을 기준으로 구획되었으며, 협소한 길과 소규모 건물을 보면 차량 통행에 대한 배려가 없었다. 이는 당시에 작업장이나 중정이 있는 개인주택의 설계가 도로 설계보다도 훨씬 중요했음을 시사해준다. 도시 경제는 수공업이나 소규모 공업에 의존했으므로 대부분의 주택은 장인에 의해 지어졌다. 이와 같은 장인의 주택은 일층에 작업장을 배치하고, 그 위층에 생활 공간과 창고를 두었다. 요크의 세임블즈(Shambles)와 아우그스부르크(Augsburg)의 푸게레이(Fuggerei)에서 규모가 작고 건물 전면의 폭이 좁은 중세 건물에서 몇 가지 훌륭한 설계 개념들을 찾아볼 수 있다. 많은 도시들이 그 주변 지역의 농업 생산물 시장으로서의 기능을 했는데, 옛 시장터에서 주로 이루어졌다. 또한 지방 산업이 성장함에 따라 수공업을 위한 교역의 중심지로서 새로운 시장들이 생겨났다. 중세 도시를 현대의 도시척도에 준해 보면 별로 큰 규모는 아니어서 14세기의 밀라노, 베네치아, 겐트(Ghent), 런던, 브뤼게(Bruges)와 같은 전형적인 대도시의 인구는 4~5만 명 정도였다. 예외적으로, 1309년에 교황의 도시가 된 아비뇽은 인구가 12만 명에 달하는 상당히 큰 도시였다.

중세 도시, 특히 북유럽 도시들의 주건축 재료는 목재로서 버팀목 유형(cruck type)의 간단한 구조로 이루어진 주택이 일반적이었으나, 점차 발전된 형태로 배치되기 시삭했다. 1500년경에는 빈민 주택을 제외한 모든 지역에서 상자형 구조(box-frame)의 건물이 일반화되었다. 벽돌이나 석재의 토대가 기둥과 샛기둥 같은 수직재를 지지하고 그 위에 수평보를 올려 벽과 지붕을 구성했다. 당시는 참나무가 풍성했으므로 샛기둥을 촘촘히 세우고 그 사이를 회반죽으로 마감해 '하프 팀버'(half-timber)라는 영국 특유의 외관을 정립해 '흑과 백'의 독특하고 대조적인 외관을 구성하게 되었다. 샛기둥은 아래에서 위층으로 연속되지 않고 종종 상층부가 저층보다 돌출된 '제티' (Jetty)를 형성했다. 지붕은 짚이나 목재 지붕널로 덮었으며, 당시는 유리가 없었으므로 창은 특별한 경우에 닫을 수 있도록 나무격자로 된 덧문을 두었다.

제티로 형성된 구조 형태는 점차 벌룬 프레임 구조(balloon-frame system)로 알려진 더 단순한 상자형 구조로 바뀌었다. 이 구조에서는 제티가 돌출되지 않고 지반부터 지붕에 이르기까지 샛기둥이 연속되었다. 목재가 귀해짐에 따라 샛기둥의 간격은 넓어졌지만, 구조가 연속되어 있기 때문에 그만큼 안정성은 커졌다. 또 벽체는 가는 나뭇가지를 엮어서 고정시키고 석회를 채웠는데, 때로는 벽 전체를 참나무로 프레임을 만들어 그 사이를 석회로 채웠다.

재료에 따라 건축 양식이 부분적으로 변화를 보여 암석이 풍부한 지역에서는 목구조를 대신해 석재가 사용되었다. 목조 건축물들은 위층으로 확장하기가 비교적 용이했으나, 석재를 사용한 건물은 옆면으로의 확장이 용이했으므로, 다소 세련미가 적은 '긴 형태의 주택'이 되었다. 건축 재료가 부족한 지역에서 이용되는 유일한 재료는 진흙이었으며, 영국 남서부의 '벽토'(cob)는 진흙과 석회를 갈대나 짚 같은 접합제와 섞은 것으로서 충분한 두께로 석회칠을 하면 어느 정도 오래 유지될 수 있었다.

도시의 성장으로 인해서 귀족의 권력이 감소하는 현상이 나타났고, 강력한 중앙집권제로 인해 봉건제도는 급격히 쇠퇴했다. 강력하고 통찰력 있는 프레드릭 바바로사(Frederick Barbarossa, 1152~90)는 중앙 관료 정치를 통해 귀족과 주교의 권위에 도전했고, 많은 북유럽 도시의 자치정부를 허용하는 '마그데부르크 법'(Magdeburg Law)을 제정했는데, 이를 통해 상공 계급의 시민층이 성장하게 되었다. 또한 영국의 헨리 2세는 병역 면제세 제도를 마련해 봉토의 병역 의무 대신 금전을 거두어들임으로써 중앙정부의 재정을 늘렸다. 그러한 과정에서 봉건제도는 심한 타격을 받았다. 한편, 프랑스에서도 루이 6세(Louis VI, 1108~37)와 수도원장 쉬제르(Suger, 1081~1151)의 지휘 아래 독일과 유사한 관료 제도가 만들어졌다.

고딕 양식의 탄생

성직자이자 정치가인 쉬제르는 1140년 유서 깊은 분묘의 개축을 통해 왕의 권위를 높여 주려는 상징적인 조치로서 성 드니(St. Denis, 일명 데니스) 수도원의 콰이어(choir, 성가대석)를 재건했는데, 이를 통해 건물은 종교적인

성 드니 수도원과 캔터베리 성당

고딕 양식의 탄생

카롤링거 양식의 앱스가 제거됨

카롤링거 색조를 그대로 사용함

쉬제르에 의한 새로운 부분

성 드니 수도원(1140)
쉬제르 외 여러 건축가들이 설계한 동측단부의 단면도

서측부탑

동측단부 전체가 1175~1220년 사이에 재건되었는데, 이 시기에는 건축이 융성했다.

교차부탑

캔터베리 성당
예배당과 베켓의 성물 보관소가 있는 동측단부는 영국식 성당으로서는 이례적으로 길이가 길다.

란프라스(Lanfranc)
교회의 본래 외곽선

트리니티 예배당

베켓의 '코로나'

네이브

교차부

동측부분

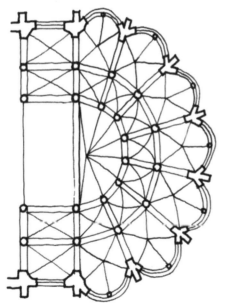

성 드니 수도원
동측단부 평면부
첨두형 아치를 사용함으로써 평면의 형태가 자유로워졌으며, 산 비탈레 성당 이후 볼 수 없었던 흐르는 듯한 공간을 창출하게 되었다.

캔터베리 성당
초기 영국식의 란셋 창을 가진 트리니티 예배당

중세 건축

건축비용은 물론 건설 작업까지도 소유주 혼자서 해결했다.
목수나 지붕 잇는 기술자가 간단한 도구를 가지고 와서 도왔을 수도 있다.

커다란 교회 같은 건축은 다소 복잡했다.

교회가 재정을 부담하고 도시민이 이를 보조해 참사회를 대표한 주임사제가
건설 작업을 감독했다.

그는 기계와 도구들을 소유했고, 대장장이를 고용해 이것들을 사용했다.
또한 석재와 목재를 구해 현장까지 운반하는 책임을 맡았다.

숙련된 석공이 그에게 조언과 작업 봉사를 했는데,
작업 계획, 건물 설계, 석공 고용 등이 숙련된 석공의 임무였다.

석공들은 대부분 도시 외곽 지역에서 온 장인들로서 공사 중에는
가설주택을 지어서 생활했으며, 마루를 깔아 그 위에서 설계 작업을 했다.

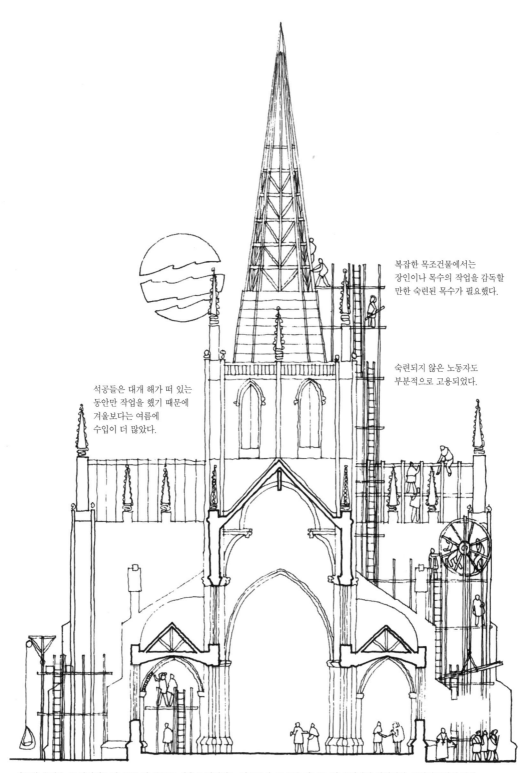

복잡한 목조건물에서는
장인이나 목수의 작업을 감독할
만한 숙련된 목수가 필요했다.

숙련되지 않은 노동자도
부분적으로 고용되었다.

석공들은 대개 해가 떠 있는
동안만 작업을 했기 때문에
겨울보다는 여름에
수입이 더 많았다.

석공의 유형은 두 가지였는데, 그중 한 부류는 석축을 담당하는 이들로서 큰 돌을 자르는 데 숙련되어 있었지만, 도시민들에게 의해
비숙련자라는 의심을 받기도 했다. 다른 한 부류는 돌을 장식 조각하는 석공들로서 그들은 새로운 석공들에게 호의적이었고,
또한 빈틈없고 힘이 있었기 때문에 도구를 마음대로 사용할 수 있었고, 원할 경우 일을 그만둘 수도 있었다.

동시에 정치적인 의미를 지니게 되었다. 건물 안에는 더램 성당의 리브 볼트, 클뤼니 수도원의 플라잉 버트레스, 그리고 많은 선례가 있는 첨두형 아치 등의 고딕적인 요소들이 다수 포함되어 있는데, 고딕의 각 특징이 많이 모여 있다는 사실보다는 각 건물에서 부분적으로 나타났던 요소들이 교묘하게 조화되어 공간적인 질서를 형성하고 미묘한 변화를 제공하고 있다는 데에 큰 의미가 있다. 로마네스크 시대의 건축가들이 질서정연한 구획으로 공간을 분할한 반면, 12세기 이후의 건축가들은 기둥을 가늘고 길게 배열하고 벽면의 실질적인 구분을 약하게 했으며, 지붕의 형태를 자유롭게 하고 공간을 한 지역에서 다른 지역으로 자연스럽게 흐르도록 하는 등 연속적인 공간을 창출했다.

이 시대의 건축은 대규모로 축조되었기 때문에 전문적인 건축 설계자가 필요했다. 성 드니 수도원 역시 전문적인 건축가의 작품이었다고 생각되지만, 수도원장 쉬제르가 쓴 두 권의 '작은 책들'(little books)에는 건물의 재건을 주장했다는 기록만이 남아 있을 뿐 건축가 이름에 대한 언급은 없다. 이것은 당시에 전문적인 건축가가 존재하지 않았던 것이 아니라 건축가 자신의 평범한 신분 때문에 이름이 기록되지 않았다고 보는 것이 타당할 것이다. 그러나 12세기 접어들어서는 건축 자체가 우수하고 유능한 사람을 필요로 했고, 이러한 사회적 변화와 더불어 비록 성직자는 아니지만 학식 있고 교양 있는 건축가들의 신분은 지식인 계층에서 점차 우위를 차지하게 되었다.

철학도 동방과의 접촉으로 상당한 영향을 받았는데, 1149년과 1190년의 2차, 3차 십자군 원정은 비록 실패로 끝났지만 동·서양의 학문적 교류는 계속 유지되었다. 아라비아 학자의 영향으로 아라비아 문자로 된 그리스와 라틴의 고전들이 해석되었고, '이성'(reason)이 철학의 중요한 요소가 되어 무조건 하나님을 믿기보다는 그에 대한 의문이나 이의를 갖게 되었다. 그 당시 지적인 논쟁 모습은 클레르보 수도원의 성 베르나르(St. Bernard, 1091~1153)의 정설과 피에르 아벨라(Peter Abelard, 1079~1142)의 탐구론에서 표현된 진보적인 사상과의 분쟁으로 요약된다. 흔히 15세기에 이탈리아에서 일어난 현상을 르네상스라고 생각하지만, 이미 12세기에 특징적인 활동과 제도상의 많은 부분들이 이탈리아뿐만 아니라 유럽 전 지역에서 태동하고 있었다.

고딕 양식의 특징

수직으로 우뚝 솟은 고딕 양식의 건물을 대할 때에는 이것이 통일된 신실한

고딕 양식의 특징 1

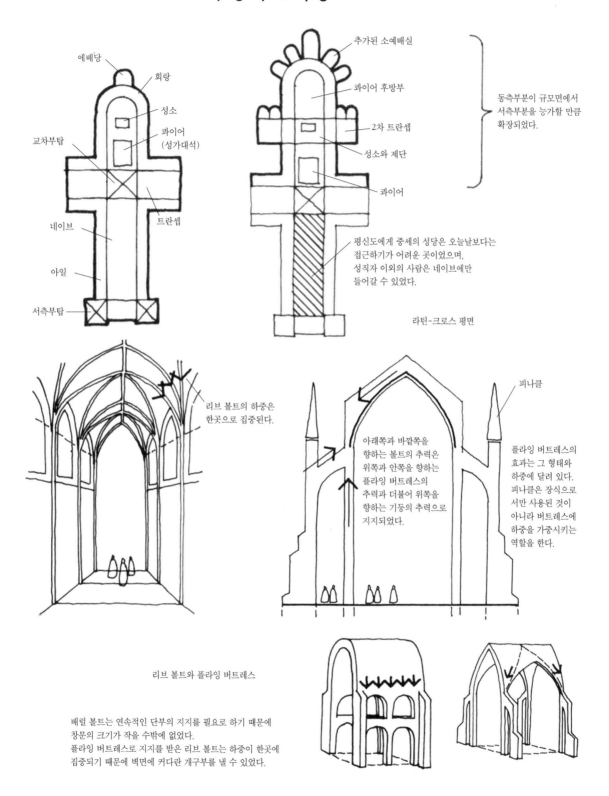

에배당

회랑

성소

콰이어
(성가대석)

교차부탑

네이브

아일

서측부탑

트란셉

추가된 소예배실

콰이어 후방부

2차 트란셉

성소와 제단

콰이어

동측부분이 규모면에서 서측부분을 능가할 만큼 확장되었다.

평신도에게 중세의 성당은 오늘날보다는 접근하기가 어려운 곳이었으며, 성직자 이외의 사람은 네이브에만 들어갈 수 있었다.

라틴-크로스 평면

리브 볼트의 하중은 한곳으로 집중된다.

아래쪽과 바깥쪽을 향하는 볼트의 추력은 위쪽과 안쪽을 향하는 플라잉 버트레스의 추력과 더불어 위쪽을 향하는 기둥의 추력으로 지지되었다.

피나클

플라잉 버트레스의 효과는 그 형태와 하중에 달려 있다. 피나클은 장식으로 서만 사용된 것이 아니라 버트레스에 하중을 가중시키는 역할을 한다.

리브 볼트와 플라잉 버트레스

배럴 볼트는 연속적인 단부의 지지를 필요로 하기 때문에 창문의 크기가 작을 수밖에 없었다.
플라잉 버트레스로 지지를 받은 리브 볼트는 하중이 한곳에 집중되기 때문에 벽면에 커다란 개구부를 낼 수 있었다.

종교 사회의 산물이라고 생각하기 쉽다. 더욱이 건물 자체의 위용을 보면 이러한 것이 실체화될 수 있었던 것은 사회 전체의 통일된 의지의 결실이라고 생각하기 마련이다. 그러나 실제 고딕 양식의 건축물이 일반 사회의 산물이며 사회의 소수 계층에 의해 이루어졌다는 사실을 소홀히 한다면, 이는 고딕 건축의 한 측면만을 파악한 것이 된다. 사실, 대성당은 신앙심이 풍부한 사람들이 신의 영광을 위해 지었지만, 역설적으로 고딕 건축은 경제적으로는 교회의 도덕적 견해와 반목하고 있던 신흥 자본가 계층에게 의존했으며, 또한 신앙과는 직접적으로 결부되지 않는 수학이나 물리학적인 지식을 토대로 했고, 교회 외부에서 기술을 습득한 석공의 기술로 이루어졌다. 이들 요소가 상호 결합됨으로써 대성당이라고 하는 최상의 공간이 건설될 수 있었던 것이다. 성당을 재건하기 위해 모인 사람들 중 대수도원장 헤이먼(Haimon)은 1145년에 자신이 쓴 글을 통해 고딕 건축은 중세 사회의 총체적인 무의식의 표출이라는 믿음을 널리 전파했으나, 실제로는 고딕 건축의 설계와 시공은 매우 엄격하고 분석적인 방법으로 접근하되 고도의 기술을 지니고 있던 전문 장인들에 의해 이루어졌다.

고딕 건축은 교회가 주도적인 역할을 한 중세에서 자유롭고 현세적인 르네상스로 전환해 가는 전환기적인 의미를 내포하고 있다. 이러한 의미에서 고딕 건축은 서양 건축사에서 대단히 훌륭한 성과를 남기고 있다. 종교적인 믿음과 냉철한 이성, 폐쇄적인 수도원 사회와 팽창하는 도시의 대립을 변증법적인 방식으로 훌륭하게 표현해낼 수 있었던 것이 고딕 건축이다.

1200년경 캔터베리(Canterbury) 대성당의 콰이어가 화재로 소실된 것에 대한 수사 젤바스(Gervase)와 어떤 석공을 둘러싼 흥미로운 일화가 있다.

당시 이를 복구하기 위해 프랑스와 영국에서 우수한 석공이 많이 초청되었고, ……그중 상스(Sens)에서 온 윌리엄(William)이라는 사람은 매우 활동적이고 솜씨가 있었는데, 그는 목재와 석재 두 가지 재료 사용에 가장 숙련된 기술자였다. 그는 비범한 재능과 명성 때문에 고용되었지만, 나머지 사람들은 고국으로 돌려보내졌다. 신의 섭리에 따라 윌리엄에게 작업 실행이 위임됐으며, 풍부한 탐구력과 개발 능력을 활용해 작업에 임했다.

윌리엄은 건축에 필요한 석재를 싣고 내릴 수 있는 기구를 고안해 그것을 사용해서 프랑스의 큰 석재를 영국으로 반입했다. 또한 조각가들에게 형틀을 사용해 조각 작업을 하도록 했으며, 공사의 진척을 직접 감독했다. 심지

고딕 양식의 특징 2

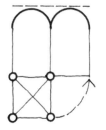

포인티드 아치는 정방형의
베이를 기본으로 형성된다.

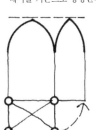

목재 천장의 발달

포인티드 아치

대각선과 한 변을
직경으로 해
반원형 아치로
형성된 크로스 볼트

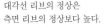

대각선 리브의 정상은
측면 리브의 정상보다 높다.

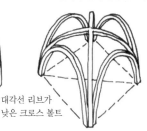

대각선 리브가 측면 리브와
높이가 같게 되면 견고하지 못하다.

대각선 리브가
낮은 크로스 볼트

모두 반원형의 아치로
이루어진 크로스 볼트이며,
측면 아치들은 지주들에
의해 지지된다.

모든 리브는
같은 높이로
볼품없는
지주들에
의해
지지된다.

지주

리브 볼트는
포인티드 아치로
이루어지며, 구조적으로
견고하고 높이가 모두
같으며 시각적으로
아름답다.

서까래

서까래만으로 구축된 작고
단순한 지붕

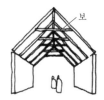

보

서까래 사이를 보로
연결해 강도를 높임

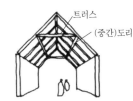

트러스

(중간)도리

보와 도리가 서까래를
지지하는 트러스의 역할을 함

목재 지붕틀이
석재 볼트의 상부에
얹혀져 배수물매의
역할을 함

트러스 서까래

작은 건물에서는 트러스
서까래가 장식의 효과를
주기 위해 사용되기도 했다

장식 목재로 트러스를 덮어
천장을 장식하는 방법이 있었는데,
이를 배럴 천장이라 한다.

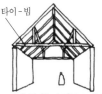

타이 - 빔

보가 처마높이 정도로 낮게
위치한 것을 타이 - 빔이라 하는데,
이는 구조적으로 매우 안전하다.

왕대공

타이 - 빔 지붕과 마찬가지로
왕대공 트러스를 사용하게
되면 지붕모양을 갖출 수 있다.

타이빔 지붕은 종종 매우
장식적으로 처리되기도 하며,
낮은 경사의 지붕에 적합하다.

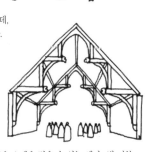

아치로 지지된 지붕 트러스는 넓은 스팬을 덮을 수 있는 해머 - 빔 지붕
트러스로 발전했는데, 이는 중세 천장 디자인의 백미다.

어는 작업이 많이 진전된 4년 후 쯤에 높은 발판대에서 실족해 중상을 입었는데도 들것 위에서 지휘를 계속했다. 그는 의사의 충분한 치료를 받지 못한 탓으로 작업을 포기하고 결국 프랑스로 되돌아갔지만, 폐허화된 노르만 양식의 콰이어를 확장해 첨두형 아치와 리브 볼트로 이루어진 이 건물은 프랑스의 성 드니 수도원처럼 중요한 의미를 갖는 영국 최초의 고딕 건물로 남게 되었다.

12세기 후반부터 13세기에 걸쳐 유럽 사회는 상호 왕래나 무역에 대한 정치적 규제가 거의 없는 개방된 사회였다. 석공의 이동이 용이했으므로 건축의 새로운 발상과 건축 기술의 교류가 활발해져 프랑스에서 발생한 고딕 양식은 유럽 각지에 급속하게 전파되었다. 고딕 건축이 발달하게 됨으로써 고딕의 기본 형식에 바탕을 둔 다양한 변이가 이루어졌다. 라틴 크로스형의 평면을 기본으로 하는 성당 건축은 서측 네이브에서 동쪽 방향으로 트란셉을 거쳐 동측 단부의 성소에 이르는 연속적인 공간으로 발전되었다. 일반 평민들은 네이브 부분에서만 예배를 보았고, 성가대석, 회랑(ambulatory) 그리고 소예배실의 증축으로 인하며 네이브의 길이만큼 확장된 동측단부는 성직자만이 예배를 볼 수 있었다. 또한 전형적인 형식인 거대한 석재 리브 볼트 지붕에서 발생한 외부 하중을 플라잉 버트레스로 흡수했고, 리브 볼트의 하중이 벽면의 일정한 곳에 집중됨에 따라 벽에 커다란 개구부를 낼 수 있게 되자 12세기에는 스테인드 글라스(stained glass)가 많이 사용되었다.

오늘날의 관점에서 보면 중세의 교회는 매우 기능적인 석조 건물이다. 건물 내부 벽면은 상징적인 벽화나 조각으로 장식되어 있으며, 화려하고 다채로운 스테인드 글라스를 통해 조명 문제를 해결하는 동시에 무지하고 빈곤한 사람들에게 예언자나 순교자의 이야기를 전할 수 있었다. 반원 아치를 구축하기 위해서는 정사각형의 구조적인 베이가 필요하기 때문에 로마네스크 양식에서는 설계상 큰 제약을 받았지만, 고딕 양식에서는 건물의 스팬에 구애를 받지 않는 첨두형 아치를 사용하게 됨으로써 평면을 훨씬 자유롭게 계획할 수 있었다. 평면 계획의 융통성과 구조상의 경제성으로 인해 직사각형의 베이가 일반화되어 더욱 오묘한 내부공간 효과를 이끌어낼 수 있게 되었다.

프랑스의 고딕

프랑스 성당의 전형인 파리의 노트르담(Notre Dame, 1163~) 성당은 초기

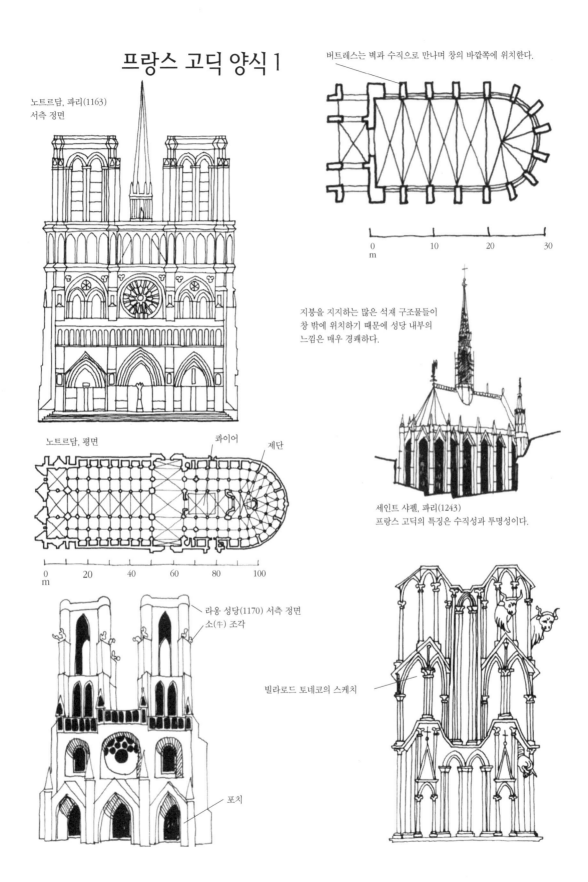

프랑스 고딕 양식 1

노트르담, 파리(1163)
서측 정면

버트레스는 벽과 수직으로 만나며 창의 바깥쪽에 위치한다.

지붕을 지지하는 많은 석재 구조물들이
창 밖에 위치하기 때문에 성당 내부의
느낌은 매우 경쾌하다.

노트르담, 평면

콰이어

제단

세인트 샤펠, 파리(1243)
프랑스 고딕의 특징은 수직성과 투명성이다.

라옹 성당(1170) 서측 정면
소(牛) 조각

빌라로드 토네코의 스케치

포치

고딕 건축물로서 리브 볼트로 이루어진 네이브의 내부는 매우 높아서 첨두형 아치 꼭대기까지의 높이가 32m나 된다. 평면 구성은 이중 아일에, 네이브는 좁아지고 트란셉의 길이도 짧아졌다. 트란셉은 건물 길이의 중간쯤에 위치하며, 셔베이 단부와 많은 소예배실이 배열되어 있는 동측 부분은 서측 부분과 크기가 거의 같다. 건물이 상당히 높기 때문에 건물 전체에 걸쳐 3단의 플라잉 버트레스가 설치되었고, 가장 낮은 것은 아일의 지붕측에 연결되었다. 서측 단부에는 윗부분에 커다란 차륜창(車輪窓, wheel window)을 지닌 중앙 입구가 있고, 양옆에는 쌍탑이 서 있으며, 교차부에는 탑이 없는 대신 작고 높은 첨탑(fleche)을 두었다. 건물 내·외부는 수수하면서도 장엄한 느낌을 주고 있는데, 복잡한 인물조각으로 장식해 한층 더 활기를 띤다. 노트르담의 뒤를 이어 라옹(Laon, 1170), 부르제(Bourges, 1192), 샤르트르(Chartres, 1191), 랭스(Reims, 1211), 아미앵(Amiens, 1220), 세인트 샤펠(Sainte Chapelle, 1243), 보베(Beauvais, 1247) 성당이 세워졌다.

라옹 성당은 노트르담 성당과 매우 흡사한 정면을 갖는데 출입구의 기능 강조를 위해 돌출된 포치(porch)를 사용했다. 정면의 두 탑은 기단부에서는 사각형, 상단부는 팔각형으로 처리되어 조형성을 부여해주며, 소의 형상으로 조각된 작은 모서리 조형물(corner-turrets)은 환상적인 느낌을 더해준다. 부르제 성당의 평면은 노트르담의 평면과 흡사하지만 트란셉이 완전히 사라짐으로써 내·외부에 통일성을 주고 있다. 서측 정면에서 볼 수 있는 교차점에서 돌출된 부축벽은 매력적이라기보다는 오히려 기념비적인 형태다.

샤르트르 성당은 장식적인 조각, 적황색과 짙은 청색의 매우 아름다운 스테인드 글라스를 도입한 건축물로서 프랑스의 고딕 건축 중 가장 매력적인 건축물이다. 첨탑(spire)은 프랑스에서는 이례적인 것이지만, 샤르트르 대성당은 서측에 있는 두 개의 탑 위에 첨탑을 두고 있다. 먼저 축조된 남측의 탑은 낮고 형태가 단순하며, 16세기 초엽에 재건된 북측의 탑은 높고 화려한 장식이 가미되었다. 이 두 개의 탑은 독특한 스카이라인을 형성해 주변을 지배하면서도 우아하고 인간미를 풍긴다.

파리의 세인트 샤펠은 규모는 작지만 고딕의 특색을 잘 나타내고 있다. 입구 포치를 제외하면 앱스식의 동측단부가 있는 단순한 직사각형 공간으로 구성되었다. 외부에 부축벽을 사용해 힘을 받는 부분의 벽 면적을 최소화했으며, 많은 부분을 채색 유리로 덮는 등 장식적인 실내 구성을 함으로써 내부에서 극적 효과를 나타내고 있다.

프랑스 고딕 양식 2

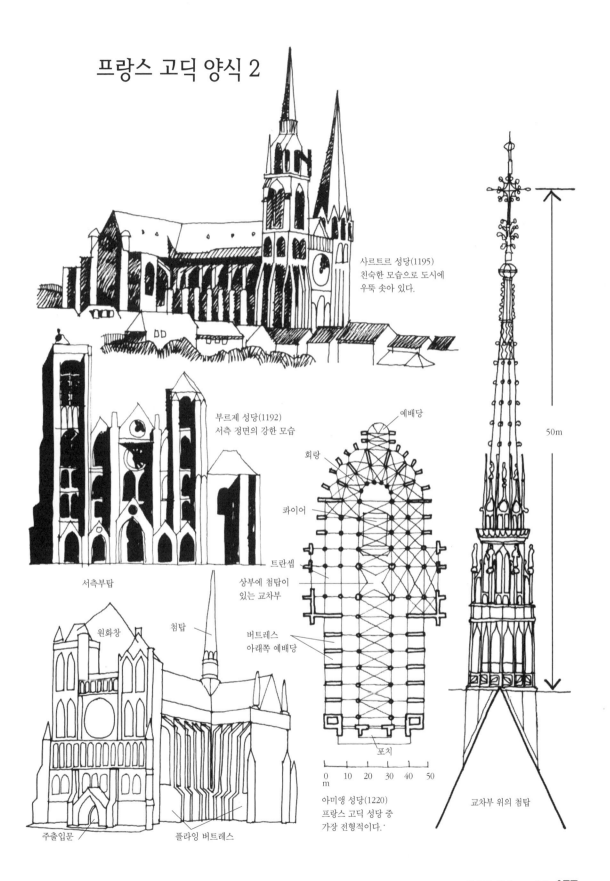

사르트르 성당(1195)
친숙한 모습으로 도시에
우뚝 솟아 있다.

부르제 성당(1192)
서측 정면의 강한 모습

서측부탑

원화창

첨탑

예배당

회랑

콰이어

트란셉

상부에 첨탑이
있는 교차부

버트레스
아래쪽 예배당

50m

0 10 20 30 40 50
m

포치

주출입문

플라잉 버트레스

아미앵 성당(1220)
프랑스 고딕 성당 중
가장 전형적이다.

교차부 위의 첨탑

랭스 성당은 노트르담에서 발전되어 평면 형태는 노트르담과 비슷하지만, 여러 프랑스 왕들의 즉위식을 위해 지어졌기 때문에 트란셉은 더욱더 커졌다. 천장의 교차 볼트 꼭대기까지의 높이가 42m나 되는 내부는 매우 인상적이며, 노트르담이나 라옹 성당을 기본으로 한 서측 정면은 섬세하고 정교한 조각장식이 전체적으로 조화로운 비례를 이루고 있다. 아미앵 성당도 같은 유형으로 내부와 외부가 같은 장식으로 되어 있고 내부 높이도 비슷하다.

보베 성당은 훨씬 높아서 천장 교차부 볼트의 정점까지의 높이가 48m로서 유럽에서 가장 높은 성당이다. 이 성당은 본래 계획상의 규모가 대단히 커서, 오늘날 우리가 볼 수 있는 것은 완성되지 않은 콰이어와 트란셉뿐이지만 그 또한 상당히 넓다. 네이브의 계획안은 실행되지 않았고, 꼭대기까지의 높이가 150m에 달하는 어마어마하게 높은 교차탑은 16세기에 붕괴되어버렸다. 현재 남아 있는 부분은 타이 로드(tie-rod)와 2열의 거대한 플라잉 버트레스에 의해 서로 연결되어 있다. 중세에는 구조에 대한 체계적 이론이 없었기 때문에 건물을 지어서 실험하기 전에는 건물의 안정성을 예측할 수 없었으므로 건축가가 실제로 건물을 축조함으로써 구조적 합리성을 입증할 수밖에 없었다. 따라서 보베 성당은 중세의 기술 수준을 넘어선 그들의 높이에 대한 과도한 열망을 보여주고 있다.

영국의 고딕

고딕 건축은 이탈리아, 독일, 스페인, 베네룩스 3국 등지의 유럽 전역에 확산되었으며, 프랑스에서 고안된 양식을 가장 많이 건축에 반영한 곳은 영국이었다. 켄터베리 성당의 콰이어는 명백히 프랑스식이다. 그러나 영국 고딕은 곧 독자적으로 발전했는데, 이는 도심에 위치해 주택으로 둘러싸인 전형적인 프랑스 성당에 비해 수도원(cloister)과 여러 건물들이 부속된 영국의 성당은 격리된 수도원 경내에 위치했기 때문에 나름대로의 다른 방식으로 지어져야 했다. 이러한 입지적 차이로 인해 프랑스 성당은 시가지의 광장에 면한 서측 입구의 외관이 상대적으로 중요한 의미를 갖게 되지만, 영국의 경우는 도로에서 본 외관의 배려가 그다지 중요한 의미를 지니지 않는다. 프랑스의 성당과 마찬가지로 영국의 성당도 세속적인 재산에 의해 운영되었으나, 설계는 수도원의 단순함을 따랐으므로 극적인 요소가 적고 더 엄격한 직사각형 평면이 주를 이루었다. 또한 건축물의 길이는 훨씬 길어지고 높이는 낮아져서 플라잉 버트레스와 같은 구조재는 필요하지 않았다. 프랑스보다 낮은 건물 높이

영국과 프랑스의 고딕 양식

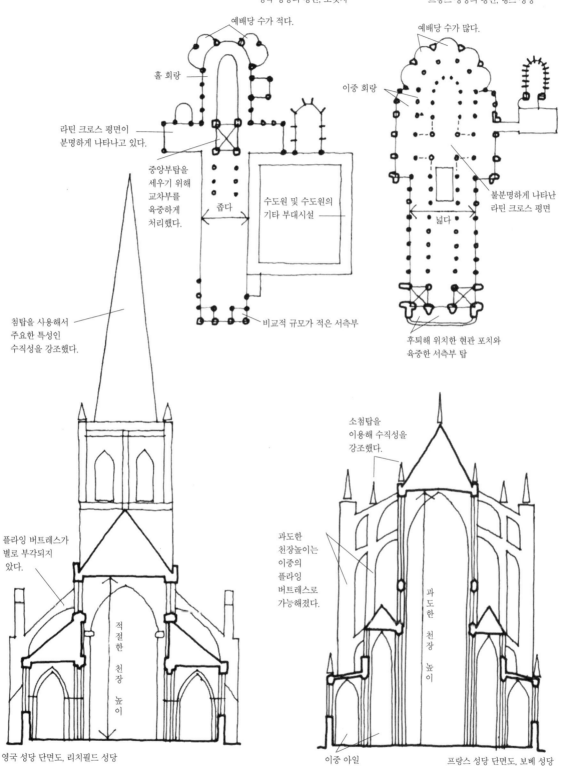

영국 성당의 평면, 노릿치

예배당 수가 적다.

홀 회랑

라틴 크로스 평면이
분명하게 나타나고 있다.

중앙부탑을
세우기 위해
교차부를
육중하게
처리했다.

좁다

수도원 및 수도원의
기타 부대시설

침탑을 사용해서
주요한 특성인
수직성을 강조했다.

비교적 규모가 적은 서측부

프랑스 성당의 평면, 랭스 성당

예배당 수가 많다.

이중 회랑

불분명하게 나타난
라틴 크로스 평면

넓다

후퇴해 위치한 현관 포치와
육중한 서측부 탑

소첨탑을
이용해 수직성을
강조했다.

플라잉 버트레스가
별로 부각되지
았다.

적절한 천장 높이

과도한
천장높이는
이중의
플라잉
버트레스로
가능해졌다.

과도한 천장 높이

영국 성당 단면도, 리치필드 성당

이중 아일

프랑스 성당 단면도, 보베 성당

는 높은 탑과 첨탑으로 보충되었고, 교차탑을 포함한 서측 정면의 두 탑이 일반화되었다. 영국 건축의 구조는 프랑스처럼 대담한 구조기술을 탐닉하지는 않았으므로 대담성은 덜했지만, 거의 완벽하게 구사되어 석재로 된 리브 볼트나 복잡한 목재 지붕의 발전은 영국 건축이 이루어낸 뛰어난 업적이라 할 수 있다.

영국 성당의 서측 입면 파사드는 조각과 장식이 인상적이기는 하지만 프랑스 성당에 비하면 외관의 수준이 뒤떨어진다. 링컨 대성당에서 볼 수 있듯이 영국 성당들의 서측 파사드는 너무 정적이어서 동적인 뒷면과의 연계성이 전혀 없어 보인다. 좋은 예로서 피터버로우(Peterborough, 1193) 성당의 파사드를 보면 3개의 레세스드 아치(Recessed Arch)는 뒤편에 있는 노르만 양식의 네이브와 아일의 존재를 솔직히 나타내고 있다. 칼날을 연상시키는 길쭉하고 간결한 윤곽의 '란셋 아치'(lancet arch)는 '초기 영국 양식'(Early English)으로 알려져 있으며, 영국 고딕의 전형이 되었다.

솔즈베리(Salisbury) 성당은 초기 영국 성당 중 가장 특징적인 것으로서 일리(Ely) 출신의 장인 니콜라스(Nicholas)에 의해서 1220년에 시작되어 1258년에 완성되었다. 이 건물은 여러 양식이 위대한 조화를 이루고 있는데, 평면상 네이브는 길지만 그다지 높지 않았고, 2중 트란셉 중 규모가 큰 트란셉은 교차부에 탑을 두고 있다. 남측의 아일 측면으로 수도원과 성직자 집회소(chapter-house)가 부가되어 있으며 동측 부분을 포함해 평면은 직사각형의 단순한 형태로서 아미앵 성당에서와 같은 프랑스 성당의 전형적인 흐르는 듯한 분위기와는 강한 대조를 이루고 있다.

12세기 후반에 장인 알렉산더(Alexander)에 의해 시작된 링컨 성당 역시 비슷한 특징을 가지고 있다. 1192년 당시의 콰이어와 작은 트란셉은 초기 영국 양식이었지만, 이후 계속 발전되어 1209년에는 커다란 트란셉, 교차부 탑, 입구 포치, 그리고 성직자 집회소를 갖추었다. 이후 1256년 알렉산더의 후계자인 서스크(Thirsk) 출신의 사이몬(Simon)에 의해 동측단부에 후방부 성가대석(retro-choir)이 부가되어 길이가 대폭 늘어났다. 프랑스와 영국의 성당 건축을 비교해 보면 성당 내부 천장 높이가 높은 것이 프랑스 성당 건축의 특징인 데 반해 영국 성당의 특징은 평면상에서 보이는 성당의 길이다. 이러한 특징은 윈체스터(Winchester) 성당에 잘 나타나 있다. 1235년 규모가 큰 후방부 성가대석이 완성되자 건물 전체 길이가 170m에 달해 중세 유럽의 성당 중에서 최장 길이였다.

초기 영국 고딕의 훌륭한 작품 중 하나로 1180년에 기공된 웰즈(Wells) 성당을 들 수 있다. 1206~42년에 걸쳐 만든 서측 정면은 부르제(Bourges) 성당과 비슷한 구성으로 강하게 처리된 반면에 건축가 토마스 노리스(Thomas Norreys)와 조각가인 사이몬에 의해 훌륭한 장식이 적절히 가미되어 있다.

건축적인 측면뿐 아니라 정치적인 관점으로도 중세 영국 건축에서 가장 중요한 비중을 차지한 지역은 거의 천년 동안 정치적 중심지였던 웨스트민스터(Westminster)다. 샤를마뉴 대제 때의 수도였던 아헨과 유사하게 교황 세속권과 종교적 힘이 병존하고 있었던 웨스트민스터는 거대한 수도원을 포함한 종교 건축물 복합체로서 군주제도와 종교의 통합을 상징하고 있다. 960년 던스턴(Dunstan)에 의해 7세기의 옛날 교회 자리에 세워진 이 사원은 고백왕 에드워드(Edward)의 재위 기간인 1055년에 재건되었으며, 현재까지 남아 있는 많은 교회들이 건설된 시기인 13세기에 거대한 규모로 다시 지어졌다. 1245~69년에 동측 부분과 하나의 주 트란셉, 그리고 네이브의 동측 베이가 초기 영국 양식으로 건설되었고, 14세기 말엽에 네이브를 서측으로 확장시킬 때에도 이 양식이 답습되었다. 콰이어는 교차부를 피해 서측의 네이브 안쪽으로 밀려났는데 이곳은 랭스 성당처럼 대관식 무대로 사용되었다.

웨스트민스터 사원은 수도원과 부속건물을 포함해 본래의 수도원적인 특징이 많이 남아 있지만, 이는 그 당시 영국 성당의 전형적인 모습은 아니었다. 거대한 높이, 복잡한 플라잉 버트레스, 서측 정면의 쌍탑, 트란셉 교차탑의 제거, 그리고 영국 성당에서만 볼 수 있는 요소인 동측단부의 셔베이 형식 등은 프랑스의 교회 양식이지만, 건물 자체에서 행해지는 활동은 영국의 공공생활과 전적으로 동일시되는 모순점을 보이고 있다. 그뿐만 아니라 외관상으로 왕과 대주교의 영속적인 권력을 여실하게 나타내고 있는 이 대규모의 건축물이 중산 계층이 이미 출현한 시기에 지어졌다는 더 큰 모순점을 가지고 있다.

중세 초기에는 북유럽의 문화가 대부분 스칸디나비아로부터 유입되었으나, 12세기경에는 그 양상이 바뀌어 노르웨이, 덴마크, 스웨덴의 대규모 건축물을 세우기 위한 구조적인 기술이 프랑스와 영국으로부터 들어왔다. 예를 들어 트론하임(Trondheim, 1190)에 있는 교회는 동시대 영국의 링컨 대성당과 계획면에서 상당히 유사하고, 웁살라(Uppsala, 1273) 성당은 영국 양식으로 지어지기 시작해 프랑스 양식으로 마감되었으며, 린쾨핑(Linköping, 1240) 성당의 네이브는 영국의 석공들에 의해 만들어졌다. 그러나 옛날부터 발전된 이 지방 특유의 목구조로 이루어진 '스티브'(stave, 통널 교회)는 외

중심부 베이는 양옆의 다른
두 개보다 폭이 좁으며,
페디먼트의 기초 받침점이
다른 둘보다 높게 위치한다.

세 가지 형태의 란셋 아치는 폭은 다르지만 아일의 높이는 모두 같다.

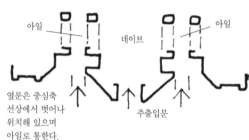

아일

네이브

아일

옆문은 중심축
선상에서 벗어나
위치해 있으며
아일로 통한다.

주출입문

피터버로우 성당(1193)
아름답게 정돈된 서측 정면은 영국 건축의 걸작으로 손꼽힌다.

윈체스터 성당과 링컨 성당

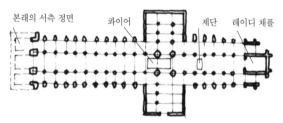

본래의 서측 정면   콰이어   제단   레이디 채플

성직자회 집회소

두 성당은 매우 긴 평면을
가진 영국 건축의 예다.

탑

제단

콰이어

탑과 첨탑은
영국에서
가장 높다.

콰이어

복도

레이디 채플

제단

성구 안치소

수도원

성직자회 집회소

영국 고딕 양식 1

솔즈베리 성당(1220)
영국 고딕 평면형태의 절제미가 가장 잘
나타난 예로서, 정연한 기하학적 특색은
건물이 설계되고 건설되기까지의 작업속도에서
비롯된다.

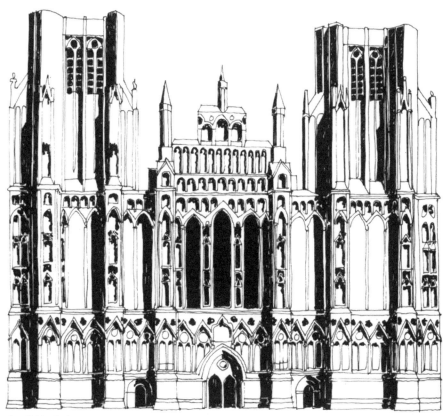

웰즈 성당(1180~)
풍부한 장식과 조각으로 이루어진 서측 정면 모습으로서
기초 부분의 형태가 매우 강한 인상을 주고 있으며,
영국 건축의 걸작 중 하나로 손꼽힌다.

영국 고딕 양식 2

웨스트민스터 성당의 내부는 매우 높으며, 눈에 띄는
플라잉 버트레스와 셔베이 형식의 평면은 영국 성당에서 나타나는
가장 프랑스적인 특징이다.

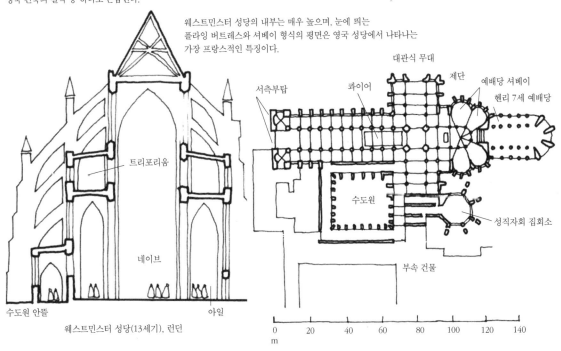

트리포리움

네이브

수도원 안뜰

아일

웨스트민스터 성당(13세기), 런던

서측부탑

콰이어

대관식 무대

제단

예배당 셔베이

헨리 7세 예배당

수도원

성직자회 집회소

부속 건물

0 20 40 60 80 100 120 140
m

부에서 도입된 방법에서 나름대로 상당히 발전되었다. 최초로 알려진 건축물의 예는 고트란트(Gotland)에 있는 헴스(Hemse) 성당인데, 이 교회 건축은 경사지붕을 가진 장방형 평면의 건물로서 내측은 평평하고 외측은 둥근 형태로 쪼개진 통나무 널을 사용했으며, 모서리를 서로 접합해 지반에 고정시켰다. 룬드(Lund)의 성 마리아 미노르(Sancta Maria Minor, 1020) 성당은 현재까지 남아 있는 것 중 가장 오래된 건축물이고, 에섹스(Essex)의 그린스테드 교회(Greensted Church)의 네이브는 거의 같은 시기에 만들어진 것으로 동일한 설계 요소로부터 시작되었다. 통널을 지탱하고 부패를 방지하기 위해 그라운드 빔(ground-beam)과 결합한 구조적인 프레임이 이미 소개되었고, 종종 전통에 따라 복잡한 장식이 사용되기도 했다. 건물 표면이 켈트의 전통 형식으로 조각되어 있는 베르겐(Bergen)의 손 피요르드(Sogne Fiord)에 있는 우르느 교회(Urnes Church, 1125)는 유명한 예다. 우르느 교회는 목조 회랑(timber colonade)에 의해 명확하게 구획된 중앙의 높은 공간이 낮은 아일을 둘러싸고 있는 새로운 2층의 구조 형태를 선보였는데, 이러한 양식은 홉렉스태드(Hoprekstad)와 롬(Lom), 특히 보르군트(Borgund, 1150)에서 절정에 달했다. 교회의 평면 형식은 비잔틴 건축의 전통인 중앙집중형이며, 중심 공간과 주위를 둘러싼 아일 부분이 모두 다층구조로 이루어져 있는데, 외부의 극적인 효과와 내부의 공간적 풍부함은 대륙의 고딕 성당의 분위기와 비교해 보아도 결코 손색이 없는 건축물이다.

스페인·네덜란드와 독일의 고딕

프랑스로부터 직접적인 영향을 받은 스페인도 일찍부터 고딕 건축이 발달했다. 셔베이 형식의 평면을 가진 아빌라(Avila) 성당은 1160년에 건설되었다. 아랍의 영향이 계속되어 스페인 고딕은 복잡하고 기하학적인 장식이 나타난다. 스페인의 독특한 특징으로서 석조로 장식된 뚫린 벽면(pierced screen)은 아랍의 전통을 따랐으나 기독교의 용도에 알맞게 변형되었다. 이러한 특징은 부르고스(Burgos, 1120~) 성당에서 잘 나타나고 있는데, 내부에는 트리포리움 높이의 정교한 스크린 벽(screen-wall)이 형성되어 있고, 외부에는 풍부하게 장식된 교차탑과 서측의 탑들이 있으며, 서측의 탑 상부에는 섬세하게 다듬어진 석조 첨탑이 얹혔다. 프랑스식 평면 형태는 셔베이 형식으로 된 동측단부를 통해서 쉽게 인지되지만, 더욱 엄숙한 예배 의식을 위해 독자적인 스페인풍으로 바뀌었다. 규모가 크고 개소가 많은 측면의 예배실은, 스페인

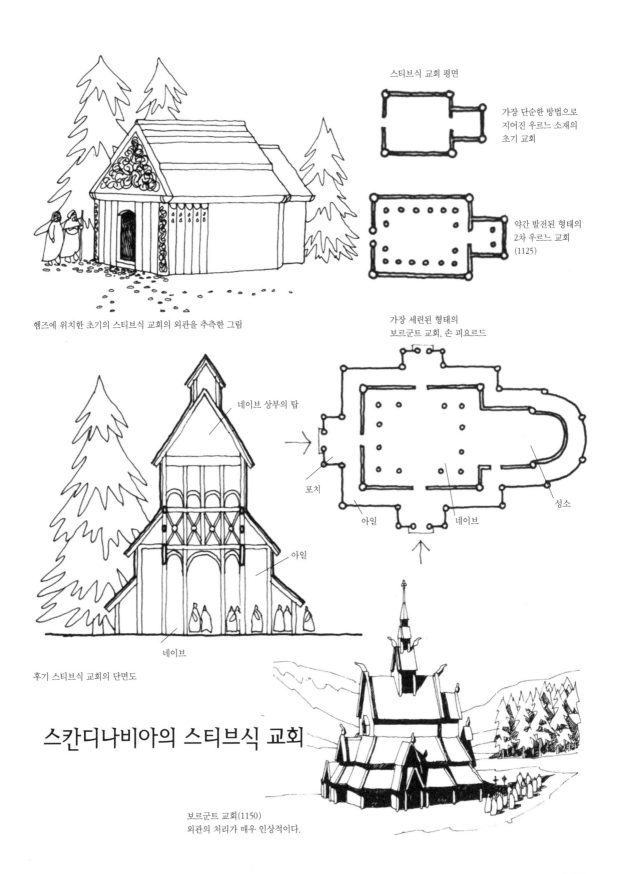

스티브식 교회 평면

가장 단순한 방법으로
지어진 우르느 소재의
초기 교회

약간 발전된 형태의
2차 우르느 교회
(1125)

헴즈에 위치한 초기의 스티브식 교회의 외관을 추측한 그림

가장 세련된 형태의
보르군트 교회, 손 피요르드

네이브 상부의 탑

포치

아일

네이브

성소

아일

네이브

후기 스티브식 교회의 단면도

스칸디나비아의 스티브식 교회

보르군트 교회(1150)
외관의 처리가 매우 인상적이다.

성당의 전형적인 특징으로 성가대석은 의식을 위해 랭스나 웨스트민스터에서 처럼 교차부를 벗어나 동측 네이브에 위치하고 있으며, 서측 네이브는 규모가 축소되어 나르텍스(narthex)의 형태가 되었다.

바르셀로나(Barcelona, 1298~) 성당과 톨레도(Toledo, 1227~) 성당 역시 프랑스식 평면을 기본으로 해서 스페인풍으로 변형된 것이다. 바르셀로나 성당에는 주 아일 바깥쪽에 배치된 다수의 소예배실을 포함해 9개의 매우 발전된 셔베이 형식의 소예배실이 있으며, 이들은 거대한 부축벽 사이에 위치하고 있다. 톨레도 성당의 평면은 파리 성당이나 부르제 성당과 아주 흡사하며, 이중의 아일이 앱스식의 동측단부를 둘러싸며 연속되어 있다. 대개 프랑스 성당은 영국과 비교해 길이에 비해 폭이 넓은데, 톨레도 성당의 폭도 60m 이상으로서 크기 자체가 건물의 특징이 되는 장엄하고 기념비적인 건물이다. 성당의 내부에 배열된 풍부한 조각과 정교한 스테인드 글라스로 내부 공간에 활기를 띠고 있다.

카롤링거 왕조와 로마네스크의 전통이 강한 중부와 북부 유럽에서는 고딕 양식이 느린 속도로 꾸준히 발전했다. 네덜란드 지방 최초의 고딕 건물은 브뤼셀의 성 구둘(St. Gudule, 1220) 성당으로 추측된다. 세부 디자인에는 로마네스크적인 특성이 여전히 남아 있기는 하지만, 평면의 형태나 쌍탑으로 이루어진 서측 파사드는 프랑스 고딕 양식으로 구성되어 있다. 우트레히트(Utrecht, 1254) 대성당은 아미앵 성당을 연상시킬 만큼 완전히 발전된 프랑스식 고딕 건축물이다. 다만 한 개만 서 있는 서측 탑은 독특한 모습으로서 이후 네덜란드와 벨기에 성당의 원형이 되었다. 독일 트리에(Trier)의 리브프라우엔 성당(Liebfrauenkirche, 1242)은 원형 아치와 첨두형 아치로 이루어져 있는데, 로마네스크에서 고딕으로 넘어가는 과도기적 특징을 보여준다. 말부르크(Marburg)의 성 엘리자베드(St. Elisabeth, 1257) 성당 또한 앱스 형태의 트란셉과 동측단부의 구성방식은 전통적인 로마네스크의 건축적 특징을 가지고 있음에도 불구하고 고딕 건축물로 간주된다.

독일의 초기 고딕은 쾰른(Cologne, 1257~) 성당과 그로부터 파생한 프라이부르크(Freiburg, 1250) 성당, 레겐스부르크(Regensburg, 1275) 성당에서 고도의 발전을 이루었으나, 그중 어느 것도 랭스나 웰즈 성당에서처럼 형태와 공간을 전체적으로 통합하지는 못했다. 북유럽에서 규모가 가장 큰 쾰른 성당은 이중의 아일로 인해 내부가 매우 넓으며, 천장 높이도 보베 성당과 비슷하다. 가장 중요한 특징은 첨탑으로 장식되어 있는 육중한 서측 탑인데, 라인강

유역의 넓은 평야를 배경으로 150m나 되는 높이로 우뚝 솟아 있다. 네덜란드에서 쾰른 성당과 견줄 만한 성당은 앤트워프(Antwerp, 1325~) 성당으로서 높지는 않으나 폭이 매우 넓으며, 볼로뉴(Boulogne) 출신의 장인 아멜(Amel)에 의해 계획된 것으로서 기본적인 평면 형태는 프랑스식이지만, 기념비적인 북서측의 탑을 포함해 벨기에풍의 특징이 현저히 나타난다.

이탈리아의 도시 건축과 교회

13세기까지 북유럽의 무역은 한자 동맹에 입각해 이루어지고 있었다. 1241년 뤼벡과 함부르크가 동맹을 맺고 다른 도시도 가담하게 되어 서부의 런던과 브루그스(Bruges)로부터 단치히(Danzig)와 리가(Riga)를 거쳐 동부의 노브고로드(Novgorod)로 이어지는 하나의 중요한 교역로가 생겨났다. 그중에서 지리적으로 중심에 위치한 쾰른은 가장 큰 혜택을 보았으며 북부의 많은 도시들도 모직, 금속, 목재, 모피, 그리고 의류를 포함한 모든 종류의 가공품을 교역함으로써 이득을 보게 되었다. 도시 회관, 길드 회관, 상인 회관 등이 무역 연합을 위해 지어졌으며, 특히 네덜란드의 것이 주목할 만한데, 브루그스에 위치한 거대한 모직 회관(cloth hall, 1282)의 탑은 앤트워프 성당의 탑과 비교할 만하며, 이프르(Ypres, 1202)의 모직 회관은 기념비적인 단순성으로 의미가 있는 상업용 건축물이다. 규모면이나 그 위용에서도 성당에 버금가는 이런 부류의 일반 건축물은 상업 세력이 중요한 세력으로 발전해 종교 세력에 대항하게 되었다는 사실을 시사해준다.

이탈리아는 동방과 교역해 비단과 향료와 같은 중요한 물품을 수입함으로써 유럽 전체의 수요를 만족시킬 수 있었다. 지중해 무역은 점차 안정되었고, 피사, 제노아, 베네치아 등의 도시에서는 십자군과 협력해 중동에 거점을 확보하고 시리아와 이집트에 이탈리아식의 큰 상점을 설치했다.

북유럽에서는 교회의 고리대금업 때문에 상업 발전이 저해되었지만, 이탈리아에서는 범세계적인 무역 때문에 교회의 통제력이 약화되었다. 시리아인, 비잔틴인, 유대인들을 필두로 해 이후에는 기독교인 역시 금융 기술을 발전시켜 나갔는데, 13세기 말에는 시에나(Siena), 피아첸자(Piacenza), 루카(Lucca), 피렌체가 유럽의 금융 중심지가 되었고, 그 수준도 비교적 높아서 비양도 증서, 신용 대여 및 복식 부기제를 사용할 정도의 수준에 도달해 있었다.

13세기에 있었던 두 가지의 정치적 사건으로 이탈리아의 세력은 한층 더 증

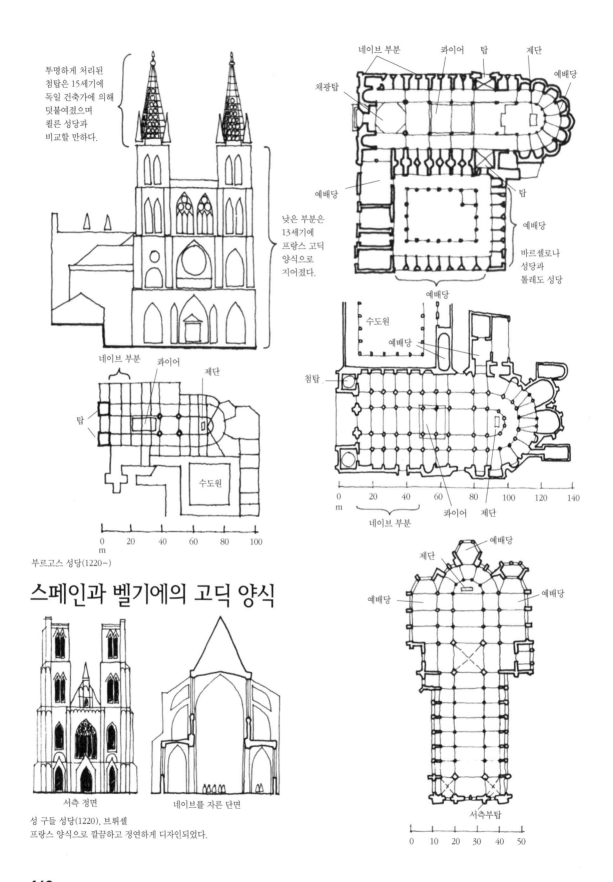

투명하게 처리된
첨탑은 15세기에
독일 건축가에 의해
덧붙여졌으며
쾰른 성당과
비교할 만하다.

낮은 부분은
13세기에
프랑스 고딕
양식으로
지어졌다.

네이브 부분　코이어　탑　제단

채광탑　예배당

예배당　탑

예배당

바르셀로나
성당과
톨레도 성당

예배당

네이브 부분　코이어　제단

탑

수도원

0　20　40　60　80　100
m

부르고스 성당(1220~)

예배당

수도원

예배당

첨탑

0　20　40　60　80　100　120　140
m

코이어　제단

네이브 부분

예배당

제단

예배당　예배당

스페인과 벨기에의 고딕 양식

서측 정면　네이브를 자른 단면

성 구들 성당(1220), 브뤼셀
프랑스 양식으로 깔끔하고 정연하게 디자인되었다.

서측부탑

0　10　20　30　40　50

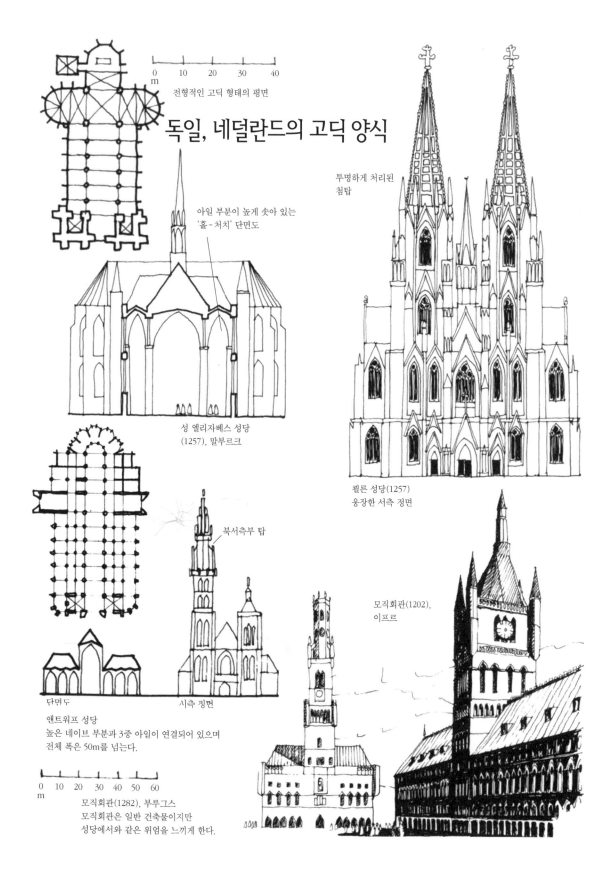

전형적인 고딕 형태의 평면

독일, 네덜란드의 고딕 양식

투명하게 처리된
첨탑

아일 부분이 높게 솟아 있는
'홀 – 처치' 단면도

성 엘리자베스 성당
(1257), 말부르크

쾰른 성당(1257)
웅장한 서측 정면

북서측부 탑

모직회관(1202),
이프르

단면도

시측 킹면

앤트워프 성당
높은 네이브 부분과 3중 아일이 연결되어 있으며
전체 폭은 50m를 넘는다.

모직회관(1282), 부루그스
모직회관은 일반 건축물이지만
성당에서와 같은 위엄을 느끼게 한다.

대되었다. 그 사건의 하나는 1204년의 네 번째 십자군 원정 당시 십자군이 콘스탄티노플을 약탈하기 위해 성지로부터 우회해 통과하게 되자 베네치아가 지중해 동부를 지배하게 된 것이고, 다른 하나는 1240년대에 아시아를 통일한 몽골 제국의 확장으로 인해 이탈리아 상인들이 인도, 중국과 자유롭게 교역할 수 있게 된 것이다. 이러한 기회는 선각자 마르코 폴로(Marco Polo)에게서 영향을 받아 이루어진 것이었다.

북유럽의 영주들이 상업과는 무관하게 농경지로부터 재원을 확보했던 반면에 일찍부터 도시에 거주한 이탈리아의 봉건영주는 유럽 귀족으로서는 처음으로 도시의 상업 활동에 의욕을 보였다. 초기 자본주의는 경쟁이 치열했기 때문에, 건축물 역시 공격적이면서 방어적인 성격을 띠었다. 이탈리아의 밀집된 도시에 세워진 부유층의 저택은 성곽 건축이나 장원 영주의 주택과는 분명한 차이를 보이지만, 재산을 보호하며 부와 권력을 과시하고 있다는 점에서 공통점을 지니고 있다. 볼로냐(Bologna)의 토르 애쉬넬리(Torre Asinelli, 1109)와 토르 가리센다(Torre Garisenda, 1100), 그리고 10~14세기에 산 지미니아노(San Gimignano)에 세워진 72개의 탑 중에서 아직도 남아 있는 13개의 탑이 그 좋은 예다. 영주의 성채는 방어를 위해 건축되었으므로 엄격하고 단조로운 입면을 보이며, 70m 이상 되는 탑의 높이는 기능적으로는 감시를 위한 이유에서였지만 동시에 도시 안에서 가문의 권위를 상징적으로 표현하기 위한 행위로도 해석할 수 있다. 따라서 도시당국에서는 건물 구조의 안정성과 정치적인 이유로 인해 도시 내부에 건축물의 높이 제한을 점차적으로 도입할 수밖에 없었다.

12~13세기의 도시형 팔라초(palazzo)는 5층 정도의 석조 건물로 지어졌는데, 방어를 위해 아래층의 창은 위층보다 작게 처리되었으며, 상부의 총구용 흉벽, 공격용 성벽틈, 망루가 특색 있는 스카이라인을 이루고 있다. 피렌체의 베키오 궁(Palazzo Vecchio, 1298)은 일가족만을 위한 건물이지만, 베로나(Verona)의 토르 델 코뮨(Torre del Comune, 1172)과 시에나의 푸블리코 궁(Palazzo Pubblico, 1289)은 비상시 피난장소로 이용될 수 있는 시당국의 건물이다. 중세의 팔라초 중에서 베네치아의 도제 궁전(Doge, 1309~1424)은 상당히 호화스러웠는데, 웨스트민스터에서의 궁성과 수도원의 배치 모습처럼 산 마르코 교회와 나란히 배치되어 있어 세속권력과 교회가 서로 호혜 관계를 이루고 있었음을 시사해준다. 이 건물은 베네치아 공화국의 행정관청으로서 지역 상업활동에 관한 규제법을 제정한 총독이 자신의 지배적인 권력을 나타

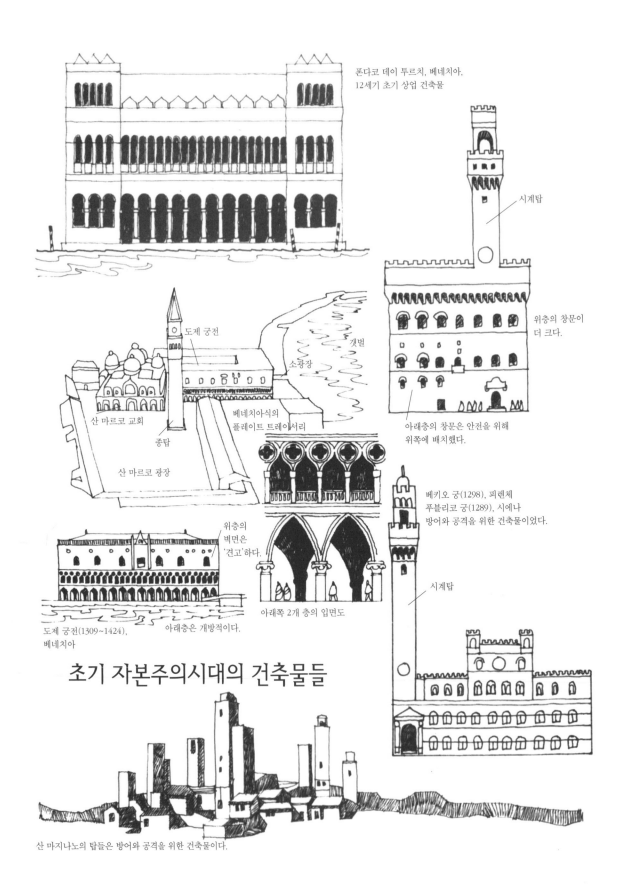

폰다코 데이 투르치, 베네치아,
12세기 초기 상업 건축물

시계탑

위층의 창문이
더 크다.

도제 궁전

갯벌

소광장

산 마르코 교회

종탑

베네치아식의
플레이트 트레이서리

산 마르코 광장

아래층의 창문은 안전을 위해
위쪽에 배치했다.

베키오 궁(1298), 피렌체
푸블리코 궁(1289), 시에나
방어와 공격을 위한 건축물이었다.

위층의
벽면은
'견고'하다.

시계탑

도제 궁전(1309~1424),
베네치아

아래층은 개방적이다.

아래쪽 2개 층의 입면도

초기 자본주의시대의 건축물들

산 마지나노의 탑들은 방어와 공격을 위한 건축물이다.

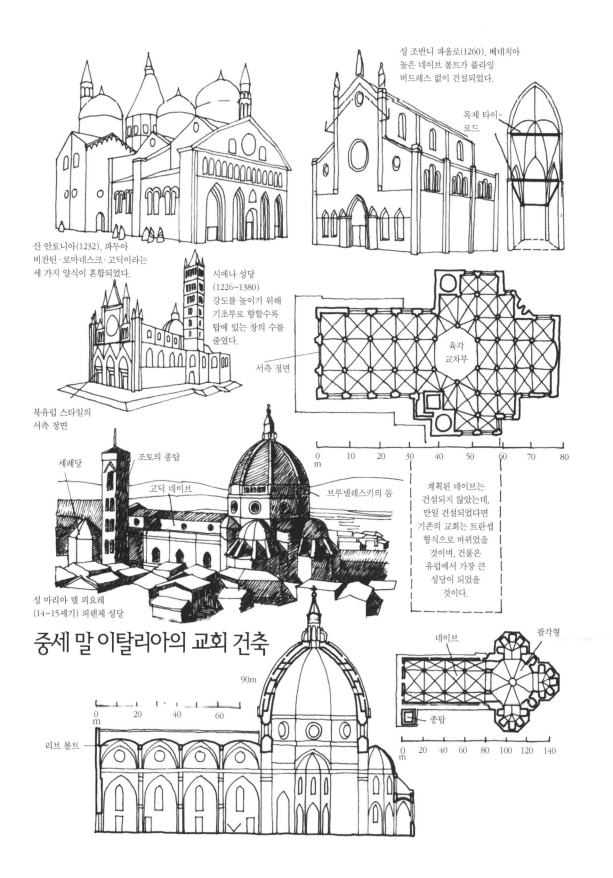

성 조반니 파올로(1260), 베네치아
높은 네이브 볼트가 플라잉
버트레스 없이 건설되었다.

목제 타이-로드

산 안토니아(1232), 파두아
비잔틴·로마네스크·고딕이라는
세 가지 양식이 혼합되었다.

시에나 성당
(1226~1380)
강도를 높이기 위해
기초부로 향할수록
탑에 있는 창의 수를
줄였다.

서측 정면

육각
교차부

북유럽 스타일의
서측 정면

세례당

조토의 종탑

고딕 네이브

브루넬레스키의 돔

계획된 네이브는
건설되지 않았는데,
만일 건설되었다면
기존의 교회는 트란셉
형식으로 바뀌었을
것이며, 건물은
유럽에서 가장 큰
성당이 되었을
것이다.

성 마리아 델 피요레
(14~15세기) 피렌체 성당

중세 말 이탈리아의 교회 건축

네이브

팔각형

종탑

90m

리브 볼트

스코(San Francesco, 1228) 성당에서는 첨두형 리브 볼트와 실험적으로 플라잉 버트레스가 사용되기는 했지만, 건물 전체의 외관은 언덕 위에 위치한 대규모 수도원의 일부로서 로마네스크풍의 장엄함과 단순성을 지니고 있다.

시에나(Siena, 1226~1380) 성당은 13세기 이탈리아의 대표적인 대규모 건축물로서 시의 명예를 건 장대한 시도였다. 서측 정면의 장식은 북유럽의 고딕 양식을 따르고 있으나 문자 그대로 장식적 입면의 파사드에 불과해 뒤편에 있는 웅장한 본건물과 관계가 없다. 원통형 볼트와 첨두형 볼트로 형성된 내부 공간의 구성이 상부에 돔과 꼭대기 탑(lantern)이 얹혀진 6각의 교차부로 집중되어 있다.

피렌체에서도 성 마리아 노벨라(Santa Maria Novella, 1278)와 성 크로체(Santa Croce, 1294) 성당뿐만 아니라 거대한 건물 복합체로 된 성 마리아 델 피요레(Santa Maria del Fiore) 성당에 막대한 투자를 했다. 여기에서도 시에나와 마찬가지로 시의회를 통해 시민들로부터 돈을 거두어들여 200년이 넘는 동안 피렌체의 건축가들에 의해 건설이 계속되었다. 이러한 여건에서도 설계는 놀랄 만한 통일성을 가지고 있으며, 건물 자체는 매우 단순하게 처리되었다. 1296년 아놀포 디 캄비오(Arnolfo di Cambio)가 건설을 시작했는데, 주요한 설계요소인 동측단부는 그리스 십자형으로 형성되어 있으며, 43m 폭의 8각 교차부로 공간이 집중된다. 소예배실로 둘러싸여 세 방향으로 뻗어 있는 짧은 앱스는 지성소와 트란셉을 포함하고 있으며, 다른 한 방향에 있는 긴 직사각형 형태의 네이브는 볼트가 씌워진 4개의 정사각형 베이로 형성되고 그 양측에는 아일이 나란히 배치되어 있다. 약간의 고딕 요소가 사용되었지만, 구조체계는 샤르트르 성당이나 랭스 성당보다는 대담하지 못했고, 내부적으로도 동적인 공간효과를 갖지 못했다. 더욱이 평범한 외관을 돋보이게 할 플라잉 버트레스나 작은 첨탑도 설치되어 있지 않다. 조토(Giotto)가 설계해 1334년에 공사가 시작된 84m 높이의 단순한 직사각형 형태의 종탑은 건물 외관에서 중요한 역할을 하지만, 내·외부적으로 가장 중요한 요소이자 전체 디자인의 중심이 되는 요소는 100년 후 브루넬레스키(Brunelleschi)에 의해 축조된 팔각형의 교차부 돔이다. 그는 외적인 대칭을 위해서 구조적인 표현을 의식적으로 배제했는데, 이 점은 유럽의 건축철학에 의미 있는 공헌을 하게 된다.

제5장 자본주의의 성장 : 14~15세기

성곽 건축

14세기 무렵 도시내에서 중산 계층의 영향력이 점차 증대되기 시작하자 유럽의 전제군주들은 교회와 귀족들 대신 도시 중산 계층과 타협함으로써 정치적·경제적인 지배권을 확보했다. 국왕과 중산 계층은 건물에 대한 대부분의 투자를 도맡아 하게 되었는데, 그 대표적인 예로 13세기 말 웨일스(Wales)의 통치기간에 건설한 에드워드 1세(Edward I)의 성곽 축조 계획을 들 수 있다. 1282년 웨일스 최후의 왕자 로아린(Llywelwyn)의 죽음을 계기로 에드워드 왕은 군비를 확대하고 경제 재건에 착수했는데, 거대한 성의 축조로 인해 주변에는 새로운 도시가 형성되었고 웨일스 특유의 목가적인 생활은 도시 생활로 바뀌게 되었다. 이러한 에드워드식 성곽은 플린트(Flint), 콘위(Conwy), 캐너본(Caernarvon), 보마리스(Beaumaris), 루드로우(Ludrow), 쳅스토우(Chepstow) 등의 성곽들을 포함하고 있었으며, 그 규칙적인 형상은 새로운 도시의 어느 곳에서나 유사했다.

에드워드식의 거대한 성곽들은 서유럽에서 나타난 십자군시대 성곽의 완결이라 할 수 있다. 슈발리에의 크라크(Krak des Chevaliers) 성이나 가리알 성(Château Gaillard)에서 볼 수 있는 집중적인 장막벽(curtain wall)은 에드워드식 디자인의 중요한 특징으로서 성은 더 이상 안쪽에 배치되지 않았으며, 방어를 위해 익과을 더욱 보강하고 거대한 망루기 성을 대신해 성벽의 정면에 배치되었다. 외부 벽에는 적으로부터 방어하기 위해 도랑이나 축대를 두었고, 기지로부터 조금 떨어진 곳에 공격을 위한 동심원 형태의 돌출벽을 두었다. 성벽의 중앙 상부에는 대포를 비치한 몇 개의 원형탑을 설치해 성벽을 분할 구획함으로써 적군이 성벽의 일부를 점령했을 경우 적군을 고립시킬 수 있는 구조형식을 취하고 있다. 콘위(1283) 성과 캐너본(1283) 성은 당시 최대·

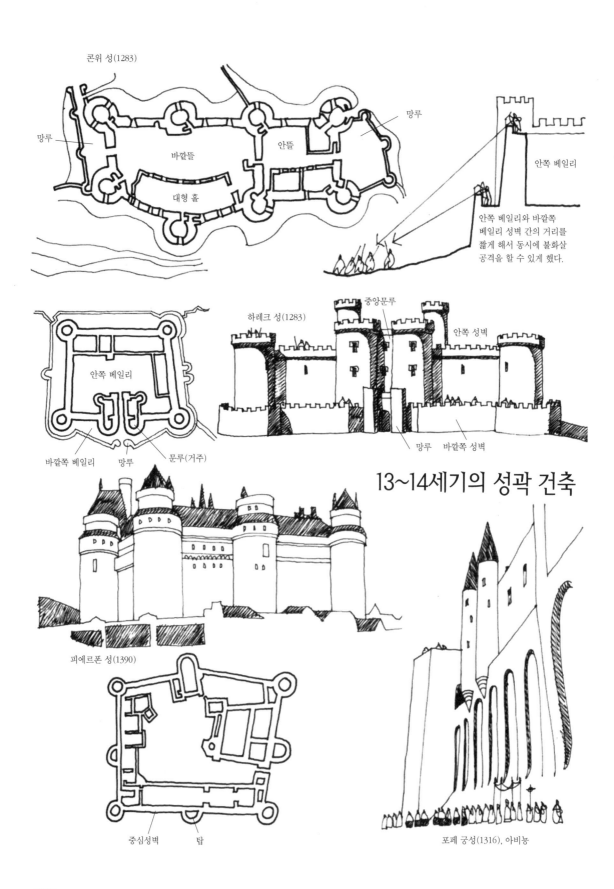

콘위 성(1283)

망루

망루

바깥뜰

안뜰

대형 홀

안쪽 베일리

안쪽 베일리와 바깥쪽 베일리 성벽 간의 거리를 짧게 해서 동시에 불화살 공격을 할 수 있게 했다.

하레크 성(1283)

중앙문루

안쪽 베일리

안쪽 성벽

바깥쪽 베일리   망루   문루(거주)

망루   바깥쪽 성벽

13~14세기의 성곽 건축

피에르폰 성(1390)

중심성벽   탑

포페 궁성(1316), 아비뇽

최강의 성곽이었으며, 하레크(Harlech, 1283) 성, 보마리스(1283) 성, 캐르필리(Caerphilly, 1267) 성은 대칭형의 조직적인 구조를 자랑하는 최고의 성이었다. 한편 14세기 동안에는 화약이 발명되어 왕과 시민 계급의 시위가 향상되었는데, 두 계급만이 화약과 무기를 대규모로 생산할 수 있을 만큼 부유해지고 조직화되었다. 14세기 말경에는 전쟁의 성격이 바뀌어 웨일스의 성들은 더 이상 난공불락의 요새가 되지 못했다. 장미전쟁과 내전 동안 이러한 성들은 소규모의 군대로 유지할 수 있었으나, 수제병기(hand-weapon)와 공성포에 대항해 버틸 수 있는 성곽은 없었다. 노르만족에 의해서 건설된 케닐워스(Kenilworth) 성과 같은 중세의 여러 성들과 라글란(Raglan, 1430) 성은 그 안에서 사람들이 일상생활을 할 수 있도록 변모되었는데 즉 주거 부분이 증가되고 창문이 넓어져 군사적 성격이 약화된 반면 생활의 편의성은 증가되었다.

이러한 상황은 비단 영국에만 국한된 것이 아니라 유럽 전체에 공통된 사실로서 벼랑과도 같은 급경사의 성벽과 8개의 탑으로 방비된 피에르퐁 성(Château de Pierrefonds, 1390)은 당시 호화스러운 성의 가장 대표적인 실례이다. 로슈(Loches)와 시농(Chinon)에 위치한 도핀(Dauphin)의 성곽 두 개는 요새화된 구역과 호화스러운 거주지 부분을 포함해 거대한 복합건물군이다.

14세기부터 500여 년 동안 지속된 제국과 교황권 간의 다툼은 거의 종결되었다. 황제의 권력이 몰락함으로써 전 유럽과 교황에 대한 영향력은 끝을 맺게 된 것이다. 원래 교황권은 정치적인 권력을 갖고 있지는 않았으나 이마저 상당히 약화되었고 부패한 교황이 계속 뒤를 이어나가고 사회도 세속화됨에 따라 각국 왕의 야망과 교황의 이해가 예리하게 대치되었다. 1309년 프랑스 국왕 필립 4세(Philip Ⅳ, 1285~1314)가 프랑스 출신의 교황을 선출하고자 교황청을 70년 동안 아비뇽으로 옮겨 놓아 교황권은 '바빌론 유수'(Babylonian Captivity)를 겪게 되었다. 아비뇽에 우뚝 솟은 교황청사는 절벽과도 같은 포디움(podium) 위에 축조되어 아치형의 부축벽으로 지지되어 있고, 성채 형식의 건물처럼 보이지만 실제로 교황에게는 감옥에 지나지 않았다.

후기 고딕 건축

1378년 아비뇽과 로마에서 각각 교황이 선출되자 결과적으로 교황의 권위가 실추되고 교회는 '대분열' 상태에 놓이게 되었다. 존 위클리프(John

Wycliffe) 같은 교회 내부의 혁명론자는 사유재산에 대한 권리를 주장하면서 많은 교리들을 비판했다. 종교개혁가 요한 후스(Johann Huss)는 신앙생활의 기본인 성경으로 돌아가야 한다고 주장했으며, 마이스터 엑크하르트(Meister Eckhardt)를 추종하는 종교인들은 신앙의 순수함을 되찾기 위해 노력했다. 14세기에는 이러한 복잡한 상황하에서 몇몇 교회들은 왕과 부유층의 후원을 받아 커다란 건축적 성취를 이루었다. 대규모 성당의 신축은 비교적 드물었지만, 기존 성당들이 증축되고 거의 모든 도시나 마을에 위치한 교구 성당들 또한 개축되거나 새롭게 단장되었다. 정치적으로 불안정한 독일이나 이탈리아보다는 군주제가 발전한 프랑스, 네덜란드, 영국에서 성당 건축이 번성했다.

프랑스의 필립 4세(Philip IV)는 부의 힘을 알고 있었으므로 세금을 늘리고 유태인의 재산을 몰수하며 부유한 계층을 옹호했다. 그는 고전 끝에 성지를 점령하고서 프랑스에 정착한 템플 기사단을 합병했다. 랭스 성당의 확장 공사는 그가 행한 주요한 건축 사업의 하나로서 성당 건물은 황제의 대관식에 이용되었다. 서측 주출입문 상부에 있는 성모 마리아의 상징적인 조각군(1290)은 왕권의 신성함을 암시하며, 1305년에 시작된 서측 탑은 전체 구성에 장엄함을 더해준다. 곡선과 불꽃 모양으로 이루어진 후기 프랑스 고딕 양식의 풍부한 장식은 '플랑보아양'(Flamboyant) 양식으로 알려졌다. 이러한 양식은 엄격하고 성채 같은 알비(Albi, 1282~) 성당 내부의 네이브, 보베 성당의 남측 트란셉, 벤돔(Vend me)의 라 트리니테(La Trinité) 성당, 그리고 루앙(Rouen)의 성 오웬(St. Ouen, 1318~) 성당에서 찾아볼 수 있다.

프랑스에서는 강력한 관료정치를 등에 업은 국왕의 힘이 커지자, 봉건영주뿐만 아니라 시민들까지도 불만을 갖게 되었다. 1337년에는 필립 6세(Philip VI)가 아퀴테느(Aqitaine)를 강점하려 함으로써 영국과 오랫동안에 걸친 영토 분쟁이 시작되었다. 백년전쟁의 주요한 양상으로 1346년에 크레시(Crécy)와 1356년에 포이티에르(Poitiers)에서 영국이 승리함으로써 프랑스 군주제의 권위는 무너지고 대규모 건설 사업에 대한 왕의 후원도 끝이 났었다. 따라서 13세기 초반까지 서양 건축의 주역을 담당하고 있던 프랑스는 13세기 후반부터 14세기 전반까지는 영국의 영향권 안으로 들어가게 된다.

14세기로 전환되면서 영국의 고딕 양식은 점차 각광을 받기 시작했는데, 그 내용도 초기의 기하학적인 규칙성을 탈피해 복잡한 장식과 화려한 장식으로

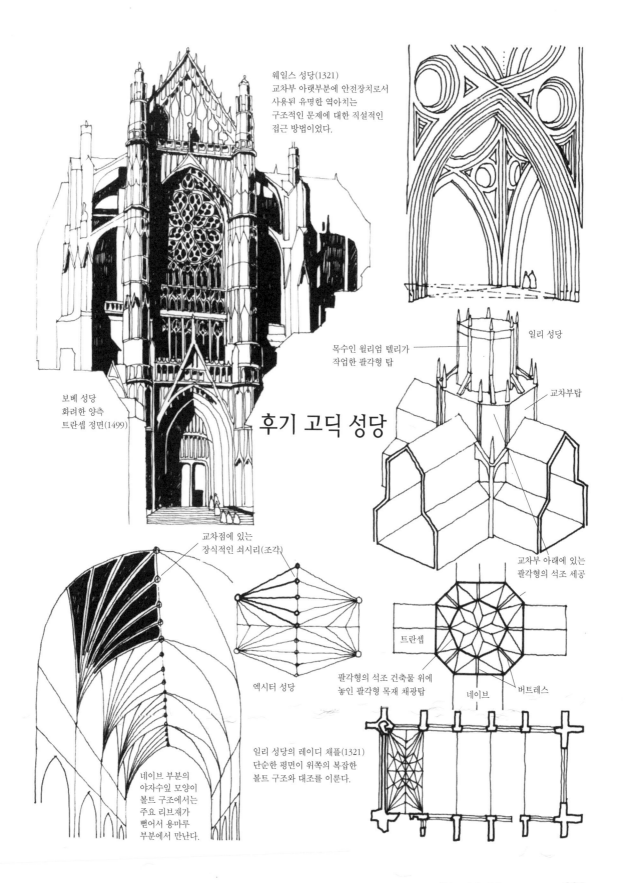

웨일스 성당(1321)
교차부 아랫부분에 안전장치로서
사용된 유명한 역아치는
구조적인 문제에 대한 직설적인
접근 방법이었다.

목수인 윌리엄 텔리가
작업한 팔각형 탑

일리 성당

교차부탑

보베 성당
화려한 양측
트란셉 정면(1499)

후기 고딕 성당

교차부 아래에 있는
팔각형의 석조 세공

교차점에 있는
장식적인 쇠시리(조각)

트란셉

엑시터 성당

팔각형의 석조 건축물 위에
놓인 팔각형 목재 채광탑

네이브

버트레스

네이브 부분의
야자수잎 모양이
볼트 구조에서는
주요 리브재가
뻗어서 용마루
부분에서 만난다.

일리 성당의 레이디 채플(1321)
단순한 평면이 위쪽의 복잡한
볼트 구조와 대조를 이룬다.

구성되었다. 1261년에서 1324년 사이에는 요크 민스터(York Minster)의 네이브와 함께 소예배실을 설치하고 풍부하게 장식된 서측 정면이 지어졌고, 14세기에는 정교한 스테인드 글라스가 설치되었다. 링컨 성당에는 1307년에 영국에서 가장 높은 82m의 사각 교차탑이 첨가되었고, 1325년에 화려한 트레이서리(tracery)가 있는 차륜창이 만들어졌다. 웨일스 성당은 1321년에 십자형 평면의 중앙에 탑을 구축했는데, 탑으로 인해 증가된 하중은 교차부의 주기둥에 접합되어 있는 네 개의 거대한 특수 아치로 해결했다. 이와 같이 특수한 아치 구조에 의한 보강 수법은 중세의 독특한 아이디어로서 현대처럼 체계적인 구조 계산을 할 수 없었던 당시의 석공들이 구조적인 난제를 어떻게 해결했는가를 엿볼 수 있는 귀중한 실례다.

영국 건축의 눈부신 발전의 본보기로 일리 성당을 꼽을 수 있는데, 그중에서도 특히 부인 예배당(Lady Chapel, 1321)과 재건된 네이브의 교차 부분(1323)을 들 수 있다. 이곳은 대략 30×14m의 단순한 직사각형 평면으로서 벽면은 서펜틴 아치(serpentine arch, 구불구불한 모양의 아치)와 반곡 아치(ogee arch)로 형성되어 장식적인 리브 볼트로 이루어진 천장까지 나뭇가지 모양으로 뻗어 있으며, 전체적으로는 호화로운 잎장식 조각으로 덮여 있다. 네이브의 교차 부분은 14세기의 건축이 이룩한 훌륭한 업적으로서 석공의 우두머리였던 존 아테그렌(John Attegrene)이 무너진 탑을 대체해 지은 것이며, 단순한 장방형으로 이루어진 다른 부분과 달리 높은 팔각형의 공간을 형성하고 있다. 또한 왕실 목수인 윌리엄 헐리(William Hurley)가 팔각형의 각에 맞추어 팔각형의 채광탑(lantern)을 세움으로써 내부의 공간적인 효과가 훨씬 풍부해졌다.

엑시터(Exeter) 성당은 14세기의 장식적 스타일을 대변하는 최고의 예다. 장식적인 주기둥에 연결된 촘촘한 필라스터는 트리포리움을 지나 마룻대에서 만나는 조화롭고 상상적인 천장 리브의 갈래까지 수직적으로 뻗어올라가서 야자수잎 모양으로 내부에 펼쳐져 있다. 글루체스터(Gloucester) 성당의 장식적인 볼트는 엑시터 성당의 야자수잎 모양 볼트에서 진일보한 것으로서 각각의 리브들은 같은 길이로 디자인되었으며, 끝부분을 둥근 호로 처리함으로써 부채 모양으로 되었다. 그 때문에 생긴 이름인 팬 볼트(fan vault) 기법은 새로운 구조적인 출범이라기보다는 장식으로 변형된 것인데, 왕실의 석공인 헨리 이블(Henry Yevele)에 의해 1379년 캔터베리 성당의 재건 당시 네이브에 적용되어 15세기의 왕실 예배당에서 발전의 절정을 이루었다.

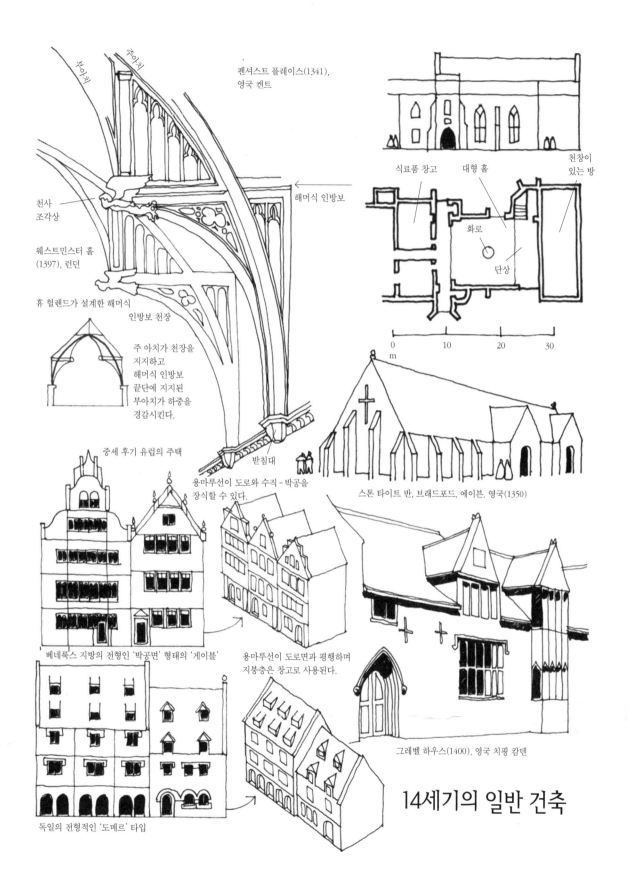

펜셔스트 플레이스(1341), 영국 켄트

부아치

주아치

천사 조각상

해머식 인방보

웨스트민스터 홀 (1397), 런던

휴 헐랜드가 설계한 해머식 인방보 천장

주 아치가 천장을 지지하고 해머식 인방보 끝단에 지지된 부아치가 하중을 경감시킨다.

식료품 창고

대형 홀

천창이 있는 방

화로

단상

중세 후기 유럽의 주택

받침대

용마루선이 도로와 수직 - 박공을 장식할 수 있다.

0   10   20   30
m

스톤 타이트 반, 브래드포드, 에이븐. 영국(1350)

베네룩스 지방의 전형인 '박공면' 형태의 '게이블'

용마루선이 도로면과 평행하며 지붕층은 창고로 사용된다.

그레벨 하우스(1400), 영국 치핑 캄덴

독일의 전형적인 '도메르' 타입

14세기의 일반 건축

14세기의 일반 건축

웨스트민스터 홀(Westerminster Hall)은 국왕의 후원을 받아서 건설된 중세의 가장 훌륭한 단일 건축물 가운데 하나다. 이 건물은 정열적으로 예술의 진흥을 꾀한 리차드 2세(Richard II, 1377~99)를 위해서 1397년에 건설되었으며, 그를 위해 윌튼 딥티크(Wilton Diptych, 두 쪽 양탄자 병풍)를 색칠하고 초서(Chaucer)에게는 왕실을 '캔터베리 장식'(The Canterbury Tales)으로 꾸미도록 하는 한편, 목수장인 휴 헐렌드(Hugh Herland)에게는 웨스트민스터 궁에 있는 대형 홀의 지붕을 재건하도록 했다. 최상의 고딕 건물답게 70×20m의 공간을 덮고 있는 거대한 참나무 지붕은 구조적 예술적 표현을 완벽하게 통합한 것으로서 이러한 미적 성취는 역학적인 문제를 해결하는 방법에서 나온 것이다. 거대한 스팬을 줄이기 위해서 내부를 다루기 쉬운 크기로 분할했고, 여기에 걸쳐 댄 해머식 인방보(hammer beam)는 벽으로부터 돌출되어 아랫부분의 곡선으로 된 버팀대(strut)에 의해서 지지되며 그 끝단은 공중에 대담하게 걸려 있는 아치로 된 지붕 트러스의 홍예받이 점(springing point)이 된다. 각 요소의 기능에 맞게 장식수법을 달리했는데, 중심공간을 가로질러 홍예받이로부터 굽어 올라간 거대한 곡선 아치에는 세로 홈을 조각해 힘차게 처리했고, 육중한 해머식 인방보를 풍부한 장식이나 정적인 느낌이 들도록 처리했다.

12세기 이래로 200년 동안 장인의 사회적 지위는 점차 높아졌다. 생즈(Sens) 성당을 지은 윌리엄을 비롯해 성 드니 성당의 알려지지 않은 장인들은 그들의 능력을 인정받았음에도 불구하고 사회적으로는 낮은 계층에 속했으나, 14세기에 들어서서는 장인들의 경제력이 증가하고 사회적 지위 또한 높아져서 장인이나 그의 후손들은 대학에서 교육을 받을 수 있게 되고 귀족과의 결혼도 가능해졌다. 오랜 세월 동안 건축 활동은 그 복잡하고 정교한 기술적인 문제로 인해 일반인들의 일상생활과는 유리된 것이었지만, 14세기에 이르러서는 건축 활동 역시 일반 대중들의 생활에 더 가까워졌다.

14세기 유럽의 고딕 건축이 영국에 의해서만 주도된 것은 아니었다. 독일에서는 13세기의 건축 패턴이 계속 이어졌는데, 그 예로 하나의 거대한 지붕이 아일과 네이브를 덮고 있는 뉘른부르크(Nuremburg)의 부인 교회(Frauenkirche, 1354)는 지역적 특성을 가진 교회이며, 울름(Ulm, 1377~) 성당은 복잡하긴 하지만 프라이부르크(Freiburg) 성당과 유사한 높은 서측 첨탑이 있는 평범한 건물에 불과하다. 가장 훌륭한 건물 중의 하나로서 프랑스 아라스(Arras) 출신의 장인 매튜(Mathieu)가 설계한 프라하(1344) 대성당을 꼽을 수 있는데, 동측 끝단에 셔베이가 있는 평면 형태와 플라잉 버트레스는 전형적인 프랑스식으로서 세부 설계는 1353년 프랑스에 연고를 둔 피터 팔러(Peter Parler)에게 이어져 동일한 양식으로 건축이 진행되었다. 구조이론에 대한 지식은 한계가 있어서 심지어 보베 성당이나 웨스트민스터 홀 같은 건물에서조차도 하중과 힘에 대한 정확한 분석보다는 경험과 추측에 의존했다. 고딕 건물의 지붕 트러스에서 종종 중요한 구조재가 아닌 필요 이상의 부재들이 사용되었고, 후기 고딕 건축에서는 그러한 요소들이 많이 사용되어 일종의 매너리즘적 현상이 발생했다. 예컨대 프라하 성당의 버트레스는 무창의 트레이서리로 장식되었고, 지붕의 볼트에는 실제적인 리브도 있긴 하지만 의미없는 플라잉 리브(free-flying rib)가 첨가되었으며, 펜던트 볼트(pendent vault)가 종유석처럼 매달려 있어서 경이롭고 모호하게 보이기는 하지만 실제적인 의미는 없다.

중세 후기의 사회

14세기 초기는 특유의 과도기적 시기로서 과거의 제도들과 새로운 제도들이 병존했다. 이탈리아가 중세 기독교 윤리를 희생하면서 근대상업을 개척하는 동안 북유럽은 이탈리아가 소유하지 못한 원료를 가지고 제품을 생산했다. 한자동맹국 도시들간의 고도로 발전된 협력 관계는 이탈리아 도시들간의 심각한 경쟁 관계와는 강한 대조를 이루었다. 영국에서는 비록 그 품질이 네덜란드 제품에는 미치지 못하는 것이었지만 모직 산업이 번창했으며, 교역을 더욱 활발히 추구해 14, 15세기의 경제적인 신화를 이루어내었다. 생산이 증가함에 따라 노동력 착취가 심해지고 봉건제도의 점진적인 자유화가 갑자기 중단되었다. 봉건영주들은 노동의 대가를 지불하지 않고 노동력을 착취하려 했고, 소작농의 신분과 지위가 하락함에 따라 빈부의 격차는 더욱 심해졌다.

14세기 중반에는 사회 전반에 걸쳐 영향을 미친 중대한 사건이 발생했다. 1346년 극동으로부터 교역로를 따라 버지기 시작한 흑사병이 그리미아(Crimea)를 통해서 1348년에는 남부 유럽, 1350년에는 북부 유럽을 휩쓸었다. 이로 인해 감염지역 인구의 1/4~1/3이 희생되었으며, 곡물 경작과 교역이 중단되고 유럽은 황폐화되었다. 하지만 긍정적인 면도 없지는 않았는데, 조토(Giotto, 1276~1337)의 회화와 단테(Dante, 1255~1321)의 시에 의해서 표현되고 있는 예술 분야에서의 휴머니즘에 대한 관심이 높아졌다. 어떤 면으

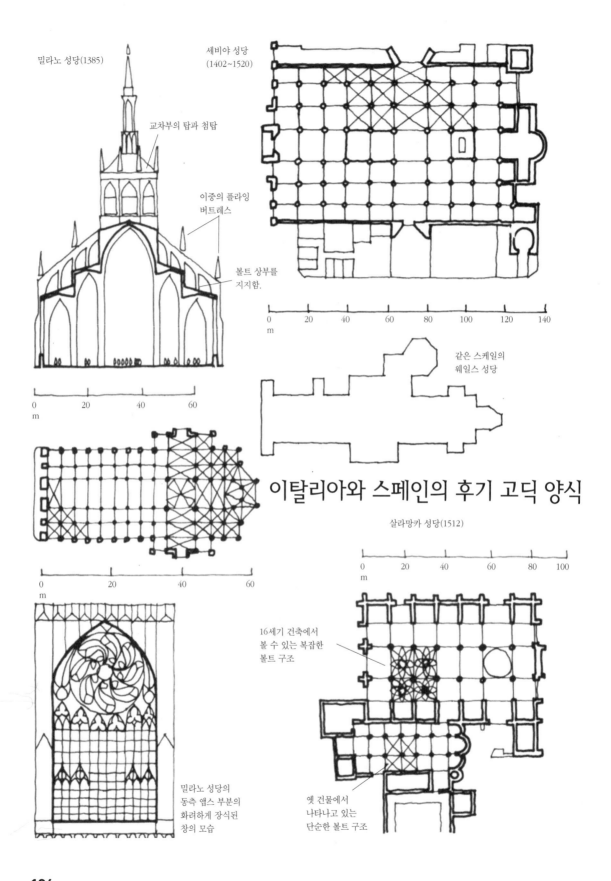

밀라노 성당(1385)

세비야 성당
(1402~1520)

교차부의 탑과 첨탑

이중의 플라잉
버트레스

볼트 상부를
지지함.

같은 스케일의
웨일스 성당

이탈리아와 스페인의 후기 고딕 양식

살라망카 성당(1512)

16세기 건축에서
볼 수 있는 복잡한
볼트 구조

밀라노 성당의
동측 앱스 부분의
화려하게 장식된
창의 모습

옛 건물에서
나타나고 있는
단순한 볼트 구조

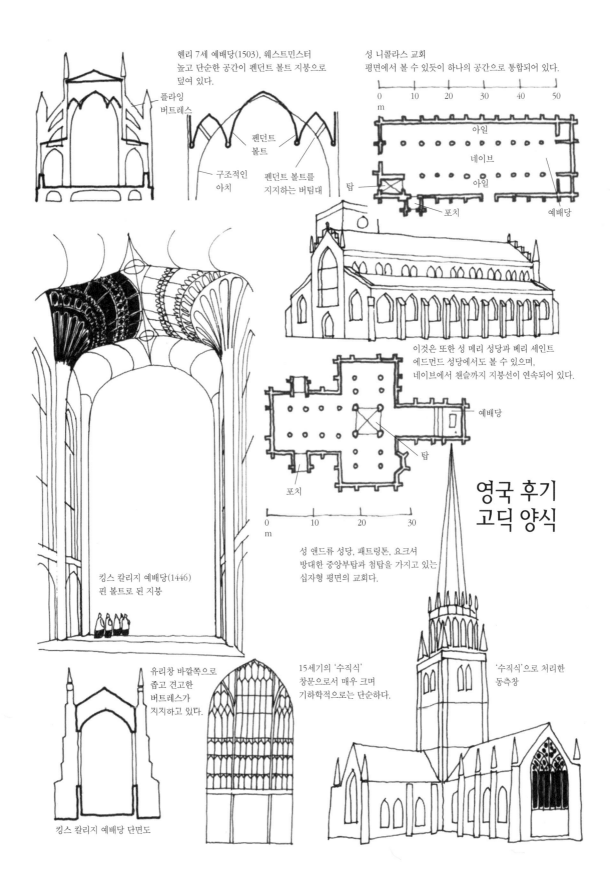

헨리 7세 예배당(1503), 웨스트민스터
높고 단순한 공간이 펜던트 볼트 지붕으로
덮여 있다.

플라잉
버트레스

펜던트
볼트

구조적인
아치

펜던트 볼트를
지지하는 버팀대

성 니콜라스 교회
평면에서 볼 수 있듯이 하나의 공간으로 통합되어 있다.

0   10   20   30   40   50
m

아일

네이브

아일

탑

포치

예배당

이것은 또한 성 메리 성당과 베리 세인트
에드먼드 성당에서도 볼 수 있으며,
네이브에서 챈슬까지 지붕선이 연속되어 있다.

예배당

탑

포치

0   10   20   30
m

킹스 칼리지 예배당(1446)
핀 볼트로 된 지붕

유리창 바깥쪽으로
좁고 견고한
버트레스가
지지하고 있다.

15세기의 '수직식'
창문으로서 매우 크며
기하학적으로는 단순하다.

성 앤드류 성당, 패트링톤, 요크셔
방대한 중앙부탑과 첨탑을 가지고 있는
십자형 평면의 교회다.

영국 후기 고딕 양식

'수직식'으로 처리한
동측창

킹스 칼리지 예배당 단면도

로는 절망과 염세적인 감정이 죽음에 대한 선입견을 낳게 되었고, 다른 면으로는 널리 인정된 기독교적 교리에 대해 도전적인 태도를 취하게 되었다. 흑사병에 의해서 자극을 받았든지 그렇지 않았든지 간에 그 이후의 철학, 예술, 그리고 건축은 많은 발전을 거두었다.

흑사병으로 인해서 사회 내부의 경제적 모순은 심화되었다. 노동력이 감소하게 되자 지주들은 남아 있는 노동자를 더 엄격하게 통제하고자 애를 썼고 이에 대해 노동력 가치가 상승된 노동자들은 더 좋은 조건을 얻기 위해서 지주에게 많은 요구를 하게 되었다. 도시와 농촌 간의 갈등도 표면화되었다. 영국과 프랑스 간의 백년전쟁이 오랫동안 계속되자 평민들의 불만이 증가되어 1358년 프랑스에서는 재크리(Jacqueries) 농민반란이 일어났고, 영국에서는 1380년대에 소작농 폭동이 일어났다. 런던에서는 위클리프와 그의 추종자의 이상주의에 영향을 받은 와트 틸러(Wat Tyler)와 존 볼(John Ball)이 도시 노동자와 소작인들의 공동체를 설립하고 자본가의 초기 자본주의에 적극적으로 대항했다.

그렇지만 이들의 노력은 아직은 시기상조로서 대부분 왕권에 의해서 여지없이 무너졌고, 14세기의 다른 부문의 발전에 가려 빛을 보지 못했다. 이들에 비해 다른 세력이 번성했다는 증거는 충분하다. 예를 들어 노릿치(Norwich)의 주교인 헨리 디스펜서(Henry Despencer)의 아름다운 장원 주택은 사우스 엘렘(South Elmham)에 위치하고 있는데, 그곳은 1399년 위클리프파 신도로서는 처음으로 윌리엄 소트리(William Sawtry)가 순교당한 곳이다. 또 다른 예로서 영국의 부유한 상인인 존 드 폴트니 경(Sir John de Poulteney)이 켄트(Kent)에 지은 펜셔스트 플레이스(Penshurst Place, 1341)를 들 수 있다. 장원 주택의 디자인에 기초를 둔 펜셔스트 플레이스는 14세기의 기준으로는 매우 호화로운 건축으로서 창문에는 장식적인 트레이서리가 있으며, 한편에는 부엌과 식료품 창고를 구비한 큰 홀을 갖추었고, 다른 한편에는 태양광선을 이용한 천창을 둔 방들이 있어서, 이 주택은 인근에 즐비한 소규모의 오두막들과는 강한 대조를 이룬다. 또 다른 건축유형으로는 타이트 반(tithe bahn, 교회의 헛간)을 들 수 있는데, 14세기는 상품의 형태로 거두어 들이는 십일조에 대한 교회의 집착이 심각한 상황으로서 이런 교회의 타락한 모습을 잘 표현한 타이트 반은 교회 가까이에 위치해 쉽게 눈에 띈다.

도시의 경우에도 상인들의 주택과 빈민층의 오두막 사이에는 현저한 차이가 있었다. 전형적인 영국식 주택으로 손꼽을 수 있는 치핑 캄덴(Chipping

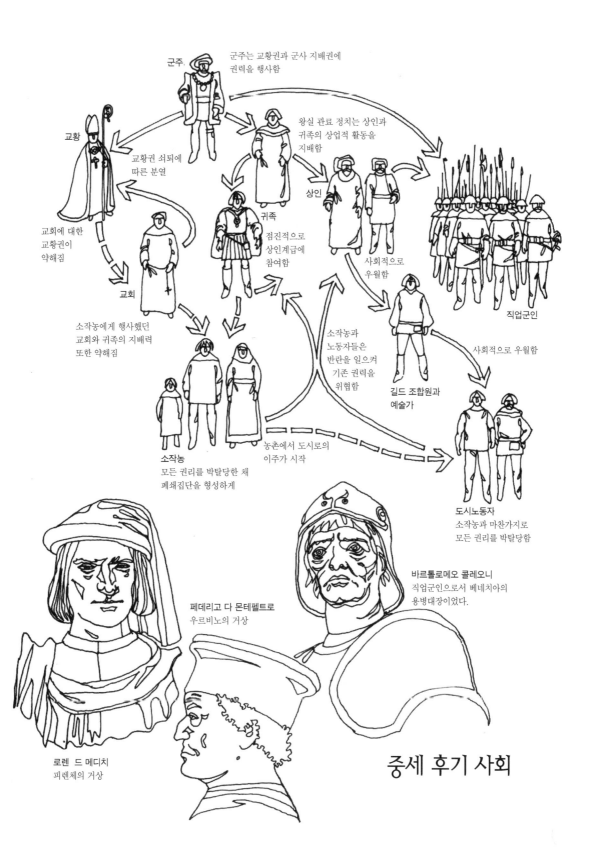

군주는 교황권과 군사 지배권에
권력을 행사함

군주

왕실 관료 정치는 상인과
귀족의 상업적 활동을
지배함

교황

교황권 쇠퇴에
따른 분열

상인

교회에 대한
교황권이
약해짐

귀족

점진적으로
상인계급에
참여함

사회적으로
우월함

직업군인

교회

소작농에게 행사했던
교회와 귀족의 지배력
또한 약해짐

소작농과
노동자들은
반란을 일으켜
기존 권력을
위협함

사회적으로 우월함

길드 조합원과
예술가

소작농
모든 권리를 박탈당한 채
폐쇄집단을 형성하게

농촌에서 도시로의
이주가 시작

도시노동자
소작농과 마찬가지로
모든 권리를 박탈당함

바르톨로메오 콜레오니
직업군인으로서 베네치아의
용병대장이었다.

페데리고 다 몬테펠트로
우르비노의 거상

로렌 드 메디치
피렌체의 거상

중세 후기 사회

Campden) 소재의 그레벨 하우스(Grevel House, 14세기 후반)는 기존의 목조 건축 형식을 탈피하고 석조 건축물로 지어졌는데 이 건물은 주된 바닥층과 급경사의 지붕층, 그리고 돌출한 박공창을 가지고 있다. 중세 주택의 전면폭은 보통 4.5~6m 정도로 경사지붕의 용마루선이 도로에 수직으로 면한다. 부유한 사람들은 2개 이상의 획지를 병합해 용마루선이 도로에 평행한 전면이 넓은 집을 지었다. 독일의 브라운슈바이크(Braunschweig), 뉘른부르크 등지에서는 3층 이상의 지붕층을 가진 큰 규모의 주택을 찾아볼 수 있는데, 지붕 속에 있는 방의 채광은 나란히 배열된 지붕창을 통해서 해결했다. 이에 반해 전면이 협소한 주택은 전면 박공을 장식적인 형태로 마무리하고 있는데, 이러한 모습의 주택은 독일에서도 지어지기는 했지만 네덜란드와 벨기에에서 흔히 찾아볼 수 있다. 겐트(Ghent), 리게(Liège), 미델부르크(Middelburg), 위트레히트(Utrecht) 등의 도시에 비교적 완전한 모습의 오래된 주택이 보존되어 있다.

자본주의가 성장함에 따라 유럽의 중세 시대는 끝을 맺게 되었다. 국가간이나 사회 내부의 계층 사이에서 새로운 제도에 대한 갈등은 근대 세계의 특징이 되었다. 스콜라 철학의 중세적 체계 정립은 하나의 큰 사건으로서, 본래 이성을 종교적 신념과 일치시키기 위한 노력이 샤를마뉴 대제의 왕립학교에서 시작되었다. 한편 교회나 대학에 관련되지 않은 많은 사상가들은 새롭게 인문주의적 태도를 발전시켰다. 복카치오(Boccaccio), 페트라르카(Petrarch), 초서(Chaucer), 프로이사르츠(Froissart), 랭글란트(Langland), 그리고 빌롱(Villon)과 같은 작가들의 문학작품에서는 추상적인 내용보다는 인간의 삶 자체를 다루었고, 안젤리코(Fra Angelico), 마사치오(Masaccio), 리포 리피(Lippo Lippi), 로비아(della Robbia), 그리고 반 아이크(Van Eyck)의 회화에서는 중세풍의 상징주의를 배격하고 인간의 성격 묘사를 선호했다. 건축 디자인에서도 이와 유사한 경향으로 발전되었다.

대부분의 유럽 지역에서는 고딕 건축과 숙련된 석공예나 조각 등이 활발히 발전되었다. 뛰어난 실례로 밀라노 성당은, 1385년에 시작해 15세기까지 건설 작업이 계속된 세계에서 가장 화려한 성당 중 하나로서 밀라노의 공작 비스콘티(Visconti)의 능력이 여실히 나타나 있다. 이 건물은 알프스 북부 지방에 연고를 둔 50명 이상 되는 건축가들에 의해서 설계가 이루어졌으며, 이탈리아, 프랑스, 독일의 영향이 종합된 결과라 할 수 있다. 프랑스식 이중 아일을 가진 네이브는 셔베이식이 아닌 독일식 다각형 아일로 둘러싸인 동측단부까지 계속된다. 아일부의 거대한 높이는 고측창을 내기 위해 효과적으로 낮아졌고, 내부의 효과는 독일식 교회(hall church)처럼 어둡고 엄숙해 이탈리아풍 대리석 외장과 레이스로 된 부속벽, 첨탑, 소삭상늘의 밝은 분위기와는 대조를 이룬다. 1402년에 시작되어 1520년에 완성된 세비야(Seville) 성당은 위와 유사한 개념임에도 불구하고 매우 다른 모습으로서 중세 교회 중에서 규모가 가장 크다. 이 성당은 이전의 이슬람교 사원, 특히 우아한 첨탑 부분의 기초를 재사용해 색다른 직사각형 평면으로 재구성한 거대한 규모의 성당으로 설계되었다. 이중 아일과 측면에 넓은 폭으로 구성된 네이브의 지붕은 육중하면서도 복잡한 리브 볼트로 덮여 있다. 3단의 플라잉 버트레스로 형성된 외부는 일반적인 특성이나 외관으로 볼때는 고딕풍이지만 세부 디자인은 무어 양식으로 이루어져 있다.

건축 양식에서 밀라노 성당이나 세비야 성당보다는 일관성 있게 구성된 15세기 영국 교회 건축물들이 후기 고딕의 정수라 할 수 있다. 15세기 초에 시작된 것을 포함해서 수많은 대규모 건축물들이 완성되었다. 비벌리 민스터(Beverley Minster)의 장엄한 서측 전면부가 약 1400년경에 건설되었고, 대략 같은 시기에 노릿치 대성당에 첨탑이 첨가되었으며, 더램(1465) 성당과 캔터베리 (1490) 성당에 훌륭한 교차탑이 부가되었다. 또한 이튼 칼리지(Eton College, 1440)와 킹스 칼리지(King's College)의 헨리 6세 예배당, 1481년 헨리 7세에 의해서 시작된 윈저 성곽(Windsor Castle)의 성 조지(St. George) 예배당, 그리고 1503년 헨리 8세에 의한 웨스트민스터 사원의 헨리 7세 예배당과 같은 중요한 왕립 예배당이 건설되었다. '수직식'(perpendicular)으로 알려진 이러한 뛰어난 교회 건물들의 건축 양식은 영국 밖에서는 찾아볼 수 없으며, 이 양식의 이름이 창문 트레이서리의 단순한 규칙성에서 유래한 만큼 영국의 장식 형태와 프랑스의 플랑보아양 양식과는 대조를 이루고 있다. 이러한 특성은 흑사병으로 인해 실력 있는 장인들이 부족하게 된 결과이기도 하지만, 사실 15세기의 일반적인 건축에서 나타나는 수직적 요소는 중세의 장인 기술이 기술저으로 가장 완숙한 경지에 도달했음을 나타내주고 있다.

만일 킹스 칼리지 예배당에 몇가지 요소가 결여되었더라면 초기 고딕 형식의 모호한 공간적 다양성을 가지면서도 신비롭고 흥미롭기까지 한 이 건물은 그렇게 합리적이고 상징적인 공간으로 발전되지는 못했을 것이다. 이 예배당은 길이 88m, 폭 12m, 높이 24m의 단순한 상자 형태로 성가대 부분의 칸막이(choir-screen)에 의해서만 내부가 구획되고 있다. 단순한 트레이서리로 장식된 크고 연속적인 창문과 높은 기둥이 반복되면서 훌륭한 내부 공간을 나타내고 있는데, 이 기둥은 세로 홈으로 인해 높이가 강조되면서 장인 존 워스텔(John Wastell)에 의해 만들어진 팬 볼트까지 연장되어 있는 것이다. 볼트의 리브는 구조적인 힘을 나타내는 선만을 의미하는 것이 아니라 석재 리브 표면에 조각을 함으로써 장식적인 특성까지를 지니게 되었다. 이처럼 구조적인 표현을 은폐시키는 방법은 버츄(Vertue) 형제가 지은 헨리 7세 예배당의 환상적인 석조 지붕에서 절정에 달했는데, 여기서 실제로 힘을 받는 아치는 정교한 석재 펜던트 볼트(pendent vault)에 의해서 감춰지고 있다.

교회 건물은 왕실의 후원으로 지어졌기 때문에 영국 전역의 시가지나 촌락에서 유사한 형태를 나타내고 있으며, 모직 산업의 중흥으로 부유해진 지방 중산 계층의 후원을 받은 교회 또한 같은 형식을 따르게 되었다. 몇몇의 교회들은 지방색이나 전통적인 특성을 그대로 지니고 있기는 하지만 일반적으로 거대한 규모로 높게 지어지는 수직식이 사용되었다.

내부 공간은 네이브와 챈슬(chancel, 강단의 제대 부분) 사이의 명확한 구분이 사라진 대신 지붕으로 연결된 높고 연속적인 하나의 주된 공간을 단지 장식적인 루드 스크린(rood-screen, 강단 후면의 칸막이)을 사용해 두 공간으로 구분했다. 이러한 형식의 건물로는 성 메리(St. Mary's) 성당, 베리 세인트 에드먼드(Bury St Edmunds) 성당이 있다. 이와 더불어 많은 대규모 성당이 수직식으로 새롭게 건설되었는데, 요크셔(Yorkshire)에 있는 패트링톤(Patrington) 성당의 동측 대형창과 링컨셔(Lincolnshire)에 있는 보스톤(Boston) 교회의 거대한 탑과 같은 새로운 요소들이 첨가되었다. 가장 주목할 만한 것은 목재 지붕으로서 웨일즈에 있는 성 쿠드베르트(St. Cuthbert) 성당에서처럼 완만한 경사의 함석지붕에는 낮은 타이 빔(tie-beam, 테두리보)이 쓰였고, 케임브리지셔(Cambridgeshire)에 있는 마치(March) 교회에서와 같은 급경사의 지붕엔 이중의 해머식 보(hammer-beam)를 포함해 다양한 유형이 사용되었다.

포르투갈의 벨렘(Belém)에 소재한 제로니모스(Jerónimos, 1500) 교회, 살라만카(Salamanca, 1512) 성당, 세고비아(Seagovia) 성당에서부터 루앙(Rouen, 1509) 성당의 서측 전면부, 브르노(Brno)의 성 제임스(St. James) 교회에 이르기까지 유럽 전역에서는 영국 교회에 버금가는 수많은 특이한 후기 고딕 건물이 출현했다. 프랑스에서 시작된 고딕 양식이 유럽에 확산된 지 300년도 되지 않아서 각국 문화의 독자성과 설계자의 개성이 건축에 반영되어 분명한 고딕 양식임에도 불구하고 각 건물마다 독특한 성격을 띠게 되었다. 이론보다는 실제를 통해서 전수된 기술과 경험에 기초를 두고 있는 일반석인 유럽의 선동적인 건축 방식에 따라서 지역직인 양식이 나타나고 긱 긴물마다 건축가의 개인적인 역량이 발휘되었다. 16세기 말에 이르러서는 비록 세속적인 건물에서는 지역적인 건축 방식이 지속되기도 했으나 이러한 전통은 곧 사라지게 되었다. 길드 제도에 입각해서 건축을 위해 각 부문의 전문가들이 모여 집단을 구성했던 전통적인 롯지 제도(lodge system)가 붕괴되었고, 대규모 건물은 부분적으로 다양한 기술을 보유한 작업팀에 의해 건설되기보다는 각기 다른 직업을 가진 장인들이 연합해 건설했다. 상당한 지위에 오른 건축가들은 교육을 받은 점이나 계급에서도 기능적인 기존의 장인과는 구별되었는데, 이들의 기술은 실제적이기보다는 지적인 것이었으므로 관리 측면에 더욱 열중하게 되었다. 이에 따라 건축가들은 건설 시공 과정 자체에서는 점점 멀어지게 되었는데 반해 장인들은 설계에 관여하지 않게 되면서 재량이 감소되었다.

이러한 추세는 세 가지 사건의 발달로 더욱 분명해졌다. 첫째는 구텐베르크(Johann Gutenberg, 1400~68)가 발명한 이동가능한 인쇄기로서 이로 인해 문자 통신에 대변혁이 일어나고 문자로 된 사상의 교류가 급속히 증가할 수 있었다. 건축에서도 실례를 통해서 건축 지식을 전달하던 전통적인 중세의 방법은 이론적인 사상이 확산되는 방식으로 대체되었다.

둘째는 이탈리아인이 로마 제국의 역사를 단계적으로 이해한 것으로서 세속주의에 힘입어 고전적인 이교도들의 작품인 고대 로마 건축물에 대한 관심으로 이어졌다. 중세 이탈리아는 고대의 건축물을 과거 야만족의 상징과 건축 재료의 출처로서만 여길 뿐 자신들의 유산으로 인식하지 못하는 상태였다. 5세기에 건축되고 11세기에 개조된 피렌체의 한 세례당은 로마 건물로 잘못 인식되고 있었다. 어느 곳이든 진정한 로마 건물들은 거의 부서진 채 방치되거나 콜로세움처럼 무단 거주자들의 생활공간으로 사용되었다. 북부까지 널리 피진 고딕 건축 양식이 있었음에도 불구하고 이탈리아 지역은 15세기에 이르러 고대 로마의 건축적인 형태로 명확하게 복귀하고 있다. 특히 폐허가 된 건물 자체에서뿐만 아니라 많은 이론을 표명해 독점적 권위를 지녔던 1세기 로마 건축가인 비투르비우스(Vitruvius)의 책에서 건축가들은 많은 영감을 얻었다.

셋째는 이탈리아의 신흥계급에서 시작된 사회적 운동인 르네상스 운동(the

Renaissance)으로서 신흥상인들이 부와 권세를 차지함에 따라 옛 봉건귀족들에 의해 이루어졌던 교육과 생활양식에 일대 변혁이 일어났다. 15세기경의 이탈리아 도시국가에서는 대부호들이 절대적인 권력을 갖고 있었고, 그에 반해 소시민 계급이나 직공의 지위는 고용노동자에 지나지 않았는데, 이러한 변화는 이탈리아에서 특히 일찍부터 시작되었다. 북부의 상인들은 아직 종래의 귀족 계급의 세력을 완전히 차지하지는 못했으며 길드 조합이 하위 계급과 직인들의 신분을 보호하고 있었다. 그러나 이탈리아에서는 상인층이 최고의 지배력을 장악했다. 흑사병에도 불구하고 교역과 생산은 점점 증가했고 자본주의가 급속히 이루어졌다. 아직은 상인의 전문화가 이루어지지 않았으므로 은행, 사채, 광산업, 수공업, 무역, 건설, 부동산, 그리고 예술품 매매와 같은 사업을 광범위하게 전개해나갔다. 중세의 조직체제에 의거해 시대에 뒤떨어진 공화제를 답습하고 있던 베네치아나 제노바는 차츰 빛이 바랬고, 이에 반해 비스콘티(Visconti)와 스포르차(Sforza)가 지배권을 차지하고 있던 밀라노, 메디치(Medici)가 지배한 피렌체와 같은 소수의 신흥귀족이 정권을 장악한 도시국가가 크게 부각되었다. 그들의 교묘한 외교 정책과 막대한 재산의 행사를 통해 도시국가의 규모를 훨씬 넘은 차원까지 영향력을 발휘했다. 기베르티(Ghiberti), 도나텔로(Donatello), 보티첼리(Botticelli), 레오나르도(Leonardo) 등과 같은 위대한 예술가를 대부호들이 적극적으로 후원한 결과 회화와 조각이 크게 발전했고, 건축에 대한 투자도 비약적으로 증대되었다.

중세의 건축가들은 건축가라기보다는 여전히 석공, 목수, 농노와 같은 신분에 지나지 않았으며, 그들은 각자의 기량에 따라 신분이 보장되기는 했으나 육체노동자라는 관점에서 볼 때 대체로 천시당하는 입장이었던 것만은 분명하다. 15세기의 피렌체에서도 건축가가 독자적인 힘으로 자립할 수 있는 직업은 아니었고, 건축에 종사하기 위해서는 보석 가공이나 은 세공, 회화나 조각, 석공업과 목수업 등과 같은 가내수공업과 조화를 이루면서 작업을 했으므로 이들이 구성하고 있는 조합 자체는 사회적인 하위 계급에 속해 아직도 낮은 신분에서 벗어나지 못했다. 그러나 봉건주의가 종식되자 많은 변화가 이루어졌다. 몇몇 예술가나 건축가들의 부류는 자신의 특별한 지위를 인식시키려는 투쟁을 시작했다. 철학자나 자연과학자 같은 지적인 직업이 사회적으로 더 인정을 받았으므로 그들은 수공작업을 그만두고 지적 작업에 관심을 기울였고 또 다른 부류는 부를 축적하거나 귀족 가문과 결혼함으로써 사회적으로 높은 지위를 쟁취했다. 즉 윌리엄 모리스(William Morris)의 말대로 "목적을 위해서는 어떠한 인간적인 문제도 개의치 않는 위대한 건축가"가 되어버린 것이나.

이렇게 한층 높은 지위를 차지하게 된 예술가나 건축가는 독자적으로 자신의 표현양식을 추구했다. 동시에 잃은 것도 많아서 그들의 지위가 높아짐으로써 많은 사람들과는 소원해졌다. 개인의 발전에 갖가지 제한이 가해졌던 중세 사회에서 건축은 명확한 상품이었을 뿐이며, 건축주와 건축가의 관계는 매우 폐쇄적이었다. 그러나 자본주의가 발달함에 따라서 사회와 건축가의 관계는 매우 복잡해졌고, 건축가와 사용자와의 유기적 관계가 적어짐으로써 건축은 점차로 사회적인 소외감을 갖게 되었다. 15세기경 피렌체의 건축 상황이 그처럼 표현화될 정도라면 문제의 심각성이 있겠지만, 사회적인 환경에서 볼 때 아직도 건축가가 활동하기에는 별다른 제약이 없었다. 따라서 신흥 중산 계급의 부와 정치적 활동력을 토대로 새로운 지위를 얻은 건축가들은 건축 역사상 위대한 업적을 남길 수 있었던 것이다.

필립포 브루넬레스키

피렌체에 남겨진 여러 가지 업적 중에서 첫째로 꼽을 수 있는 것은 필립포 브루넬레스키(Filippo Brunelleschi, 1377~1446)의 건축이다. 금세공사이자 조각가로서 출발한 그는 이미 1401년 세례당(the Baptistery)의 청동제 정문 현상설계에 응모해 그 역량을 유감없이 발휘했다. 이를 계기로 점차 건축에 흥미를 가지게 되어 1401년까지 이미 몇 개의 건물을 설계했으며, 또한 유적들을 발굴하고 평가하는 작업에 참여했다. 1418년 피렌체의 가장 중요한 건물인 성 마리아 델 피요레(Santa Maria del Fiore) 성당의 돔 현상설계에 당선되었다. 그는 아놀포(Arnolfo)의 의도에 따르되, 틀을 사용하지 않으면서 돔을 축조했으며, 의심이 많은 시공측에게 그의 능력을 증명해보이기 위해서 산 자코포 올트라르노(San Jacopo Oltrarno) 교회당의 작은 돔에 그의 방법을 실험해보았다. 이 거대한 돔은 1420년에 시작되어 서서히 1436년에 완성되었다. 내·외부에 판을 대어 외형을 비교할 수 없을 정도로 안정되게 처리한 상자형 리브(box-rib) 구조의 건축적 탁월성으로 말미암아 그는 유럽 전역에서 인정을 받게 되었다. 이것은 알베르티(Alberti)가 "투스카니(Tuscany)의 모든 사람들을 덮을 만큼 크고 거대한 돔을 하늘 높이 구축해 올린 건축가 피포(Pippo)의 역량을 어찌 찬양하지 않을 수 있겠는가?"라고 말할 정도로 위대한 업적이었다.

　브루넬레스키는 피렌체 성당을 건설하는 동시에 다른 여러 개의 건물을 지을 수 있었는데, 그것 자체로 건축가의 역할이 변화되었음을 시사해준다. 1421년 그가 직접 감독한 오스페달레 델리 이노첸티(Ospedale degl'Innocenti)의 로지아(loggia, 바람 쐬는 복도)는 단순한 아케이드로 이루어진 회랑으로서 위층의 각 방을 둘러싸고 있으며, 층진 포디움 위에 세워져 있다. 복합 주두(composite capitals)를 가진 기둥(column)과 단순한 그로인 볼트를 포함한 디테일의 대부분이 로마 양식이며, 디테일의 우아함은 산 미니아토(San Miniato) 교회의 로마네스크 양식과 유사한 점이 많다. 그럼에도 불구하고 전체적인 개념은 매우 명백하고 체계화되어 있어 로마나 로마네스크 양식으로 된 선례를 능가하고 있다. 혼란한 세상의 심연으로부터 질서의 세계로 들어서려는 노력이 이탈리아 르네상스의 기본 정신이었다. 이는 마치 화가가 기하학적인 원근법을 추구하고, 조각가가 인체의 해부학적인 구조를 연구하며, 건축가가 수학적 비례로 공간의 조화로움을 파악하는 것과 같은 구체적인 방법으로써 그 정신이 구현되었다고 할 수 있다. 건축에서의 예로는 두 개의 성구보관소가 옆에 붙은 성소와 높은 네이브, 그로인 볼트로 된 아일로 구성되어 있는 바실리카 건물인 산 로렌초(San Lorenzo, 1421) 교회를 들 수 있다. 북쪽의 사크리스티아 베키아(the Sacristia Vecchia, 성구보관소, 1428)는 이탈리아 건축의 걸작 중 하나로서 브루넬레스키는 이 조그만 방을 입방체로 설계하여 그 위에 반구형 돔을 올려 놓았다. 제단으로 쓰이는 한쪽 면의 소규모 예배당은 조그만 돔을 얹은 이중 입방체로 모든 벽과 천장 표면은 흰색 석고로 처리되었고, 방 내부에는 아치와 원형무늬의 조각(medallions)이 두드러지며 기하학적 명료함이 강조되고 있다. 이러한 경쾌한 효과는 현학적이라기보다는 창조적인 설계 방법을 통해 실현되었음에도 불구하고 매우 엄격하게 표현방식이 규제되고 있다.

　브루넬레스키가 1430년에 건설한 산타 크로체(Santa Croce) 교회에 부설된 안드레아 파치(Andrea Pazzi)를 위한 예배당은 산 로렌초 교회에서 발전된 형태다. 이 건물은 직사각형 공간에 돔을 얹은 소규모 건물로서 단순한 기하학적 형태를 사용하고 있으며, 흰색 바탕에 석재 리브를 회색으로 표현해 사람들의 시선을 끌고 있다. 돌출된 포티코가 전면부를 아름답게 구성하고 있으며, 돔의 형상을 반영한 반원형 아치에 의해 아키트레이브(architrave)가 절단되어 있다.

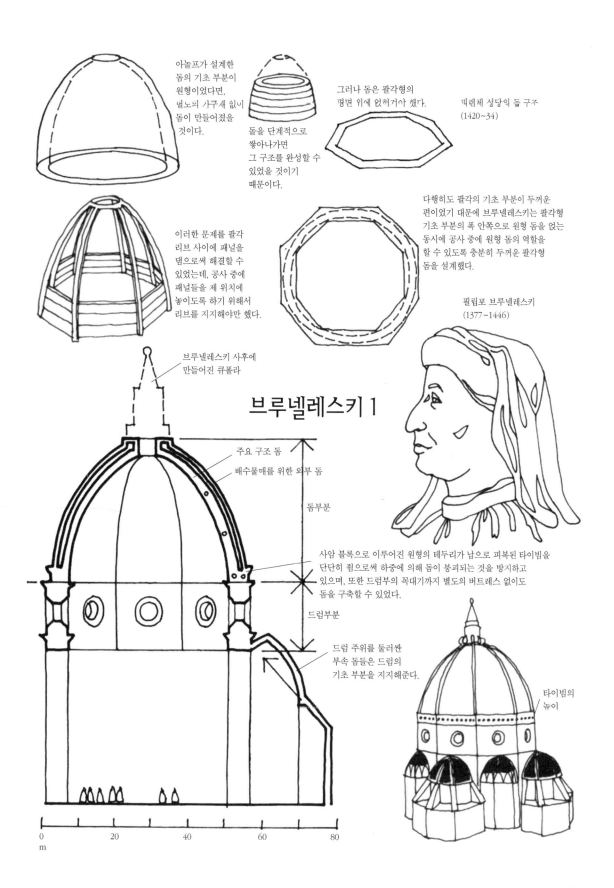

아놀프가 설계한 돔의 기초 부분이 원형이었다면, 넬노의 가구새 없이 돔이 만들어졌을 것이다.

돌을 단계적으로 쌓아나가면 그 구조를 완성할 수 있었을 것이기 때문이다.

그러나 돔은 팔각형의 평면 위에 얹혀야 했다.

피렌체 성당의 돔 구조 (1420~34)

이러한 문제를 팔각 리브 사이에 패널을 댐으로써 해결할 수 있었는데, 공사 중에 패널들을 제 위치에 놓이도록 하기 위해서 리브를 지지해야만 했다.

다행히도 팔각의 기초 부분이 두꺼운 편이었기 때문에 브루넬레스키는 팔각형 기초 부분의 폭 안쪽으로 원형 돔을 얹는 동시에 공사 중에 원형 돔의 역할을 할 수 있도록 충분히 두꺼운 팔각형 돔을 설계했다.

필립포 브루넬레스키 (1377~1446)

브루넬레스키 사후에 만들어진 큐폴라

브루넬레스키 1

주요 구조 돔

배수물매를 위한 외부 돔

돔부분

사암 블록으로 이루어진 원형의 테두리가 납으로 피복된 타이빔을 단단히 죔으로써 하중에 의해 돔이 붕괴되는 것을 방지하고 있으며, 또한 드럼부의 꼭대기까지 별도의 버트레스 없이도 돔을 구축할 수 있었다.

드럼부분

드럼 주위를 둘러싼 부속 돔들은 드럼의 기초 부분을 지지해준다.

타이빔의 늑이

0   20   40   60   80
m

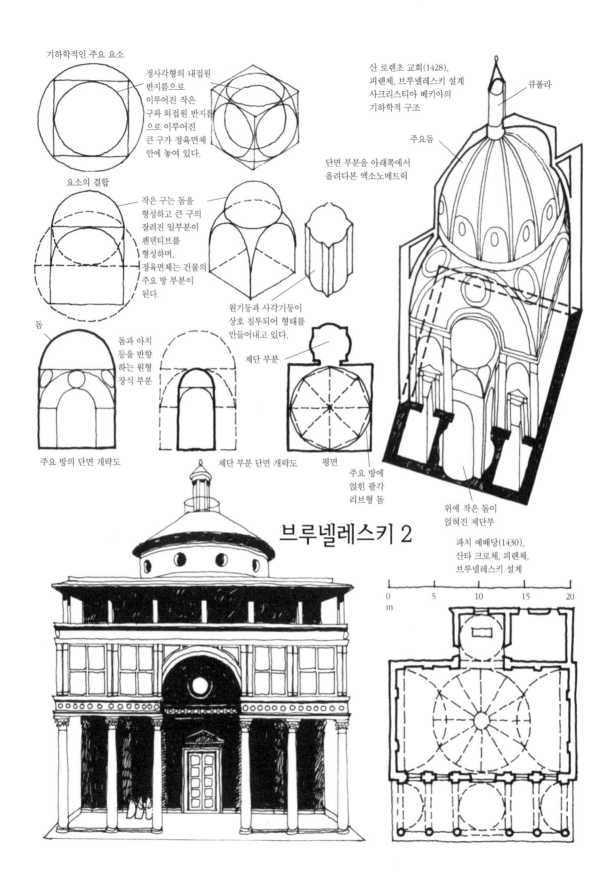

기하학적인 주요 요소

정사각형의 내접원 반지름으로 이루어진 작은 구와 외접원 반지름으로 이루어진 큰 구가 정육면체 안에 놓여 있다.

요소의 결합

작은 구는 돔을 형성하고 큰 구의 잘려진 일부분이 펜덴티브를 형성하며, 정육면체는 건물의 주요 방 부분이 된다.

돔

돔과 아치 등을 반향하는 원형 장식 부분

주요 방의 단면 개략도

제단 부분 단면 개략도

평면

원기둥과 사각기둥이 상호 침투되어 형태를 만들어내고 있다.

제단 부분

주요 방에 얹힌 팔각 리브형 돔

단면 부분을 아래쪽에서 올려다본 엑소노메트릭

산 로렌초 교회(1428), 피렌체, 브루넬레스키 설계 사크리스티아 베키아의 기하학적 구조

큐폴라

주요돔

위에 작은 돔이 얹혀진 제단부

브루넬레스키 2

파치 예배당(1430), 산타 크로체, 피렌체, 브루넬레스키 설계

0   5   10   15   20
m

화가가 평면 캔버스에 3차원을 정확히 묘사할 수 있도록 해주고 건축가의 경우에는 건물을 짓기 전에 공간적인 효과를 추측할 수 있게 하는 원근법은 브루넬레스키가 최초로 사용했다고 추측된다. 브루넬레스키의 건물에서는 이 점이 확실히 입증되고 있는데, 그의 성숙된 작품들은 세심한 계획에 따라 공간적인 효과를 표현하고 있다. 그가 설계한 대규모 라틴 크로스형 건물인 성 스피리토(Santo Sprito, 1436) 교회는 단순성에서 바실리카식의 산 로렌초 교회를 능가하고 있다. 아치로 이루어진 열주랑은 네이브와 아일을 분리하고 있으며, 맞물린 원주들로 구성되어 측면 예배당을 분리시킨 후면의 열주랑과는 다른 모습으로 보여진다.

레온 바티스타 알베르티

브루넬레스키는 고전적인 로마네스크와 같은 맥락에서 고딕으로부터 건축적인 어휘를 절충해 사용하기도 했지만, 곧 고대 로마 건축에서 건축적인 영감을 얻어내게 되었다. 이것은 알베르티(Leon Battista Alberti, 1404~1472)도 마찬가지였다. 고전문학을 연구했던 그는 비트루비우스 이후 건축 디자인 이론을 정리한 사람 중의 하나였는데, 1483년에 발행된 그의 책 『건축서』(De Re Aedificatoria)는 구텐베르크 방법으로 인쇄된 최초의 건축서적으로서 비트루비우스의 건축이론에 기초를 둔 것이다. 피렌체에 있는 산타 마리아 노벨라(Santa Maria Novella) 교회의 파사드에서 아일과 네이브를 이어주는 무늬판은 알베르티 교회 설계 이론을 반영하는 좋은 예다. 한편 루첼라이 궁(Palazzo Rucellai, 1451)에서 알베르티는 베키오 궁에서 시작되어 브루넬레스키의 피티 궁(Palazzo Pitti, 1435)과 리카르디 궁(Palazzo Riccardi, 1444)에서 발전되고 교화된 건축형태를 발전시켰다. 알베르티는 3층 건물의 외벽에 그리스의 3가지 고전양식 기둥을 도입하되 매층마다 다른 형식의 붙임기둥(필라스터) 형태로 장식했는데, 이러한 수법은 고대 로마의 콜로세움의 외부형식과 연관되어 있다. 마자노(Majano)와 크로나카(Cronaca)가 설계한 스트로치 궁(Palazzo Strozzi, 1495)은 팔라초 건축이 전형이라고 볼 수 있는 작품으로서 견고한 매스의 건물에 적당한 크기의 창문을 율동감 있게 배치하고, 지붕은 고대 로마풍의 묵직한 코니스로 마감함으로써 중량감을 더해주고 있다. 또한 평면에 중정을 도입해 각 방에 채광과 환기를 할 수 있도록 배려하고 있다.

부유한 상인인 시지스몬도 말라테스타(Sigismondo Malatesta)를 위한 기념

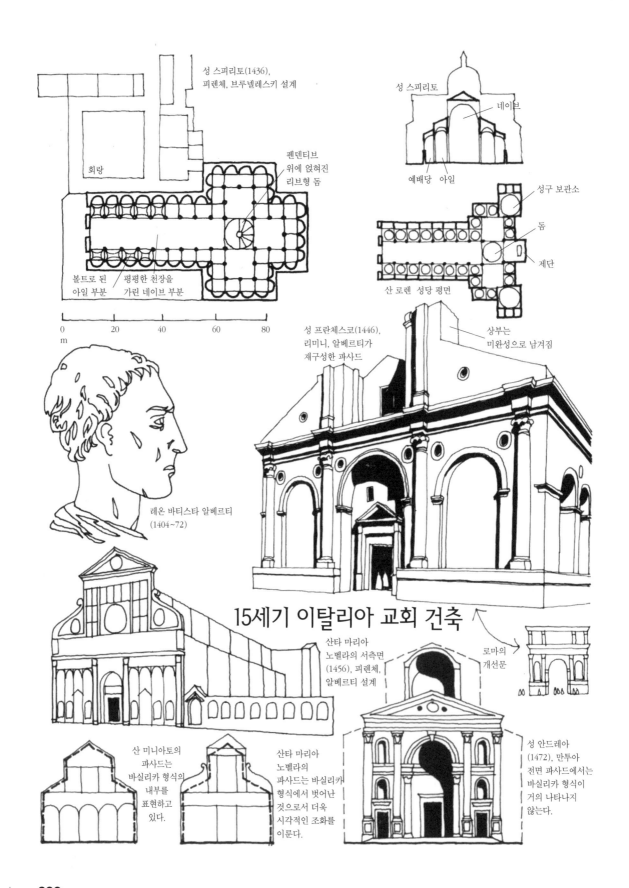

성 스피리토(1436),
피렌체, 브루넬레스키 설계

회랑

펜덴티브
위에 얹혀진
리브형 돔

볼트로 된
아일 부분

평평한 천장을
가린 네이브 부분

성 스피리토

네이브

예배당　아일

성구 보관소

돔

제단

산 로렌 성당 평면

레온 바티스타 알베르티
(1404~72)

성 프란체스코(1446),
리미니, 알베르티가
재구성한 파사드

상부는
미완성으로 남겨짐

15세기 이탈리아 교회 건축

산타 마리아
노벨라의 서측면
(1456), 피렌체,
알베르티 설계

로마의
개선문

산 미니아토의
파사드는
바실리카 형식의
내부를
표현하고
있다.

산타 마리아
노벨라의
파사드는 바실리카
형식에서 벗어난
것으로서 더욱
시각적인 조화를
이룬다.

성 안드레아
(1472), 만투아
전면 파사드에서는
바실리카 형식이
거의 나타나지
않는다.

200

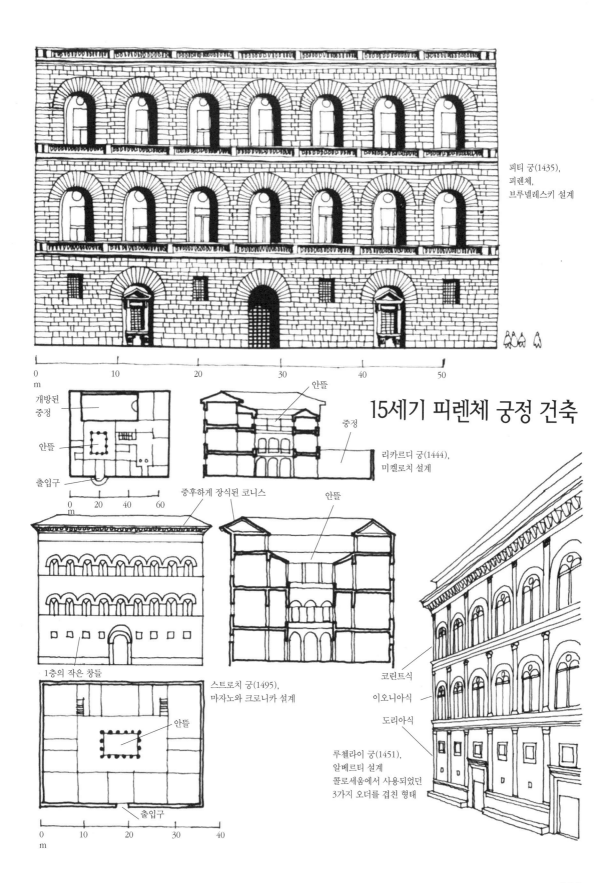

피티 궁(1435),
피렌체,
브루넬레스키 설계

15세기 피렌체 궁정 건축

개방된
중정

안뜰

출입구

안뜰

중정

리카르디 궁(1444),
미켈로치 설계

중후하게 장식된 코니스

안뜰

1층의 작은 창들

스트로치 궁(1495),
마자노와 크로니카 설계

안뜰

출입구

코린트식

이오니아식

도리아식

루첼라이 궁(1451),
알베르티 설계
콜로세움에서 사용되었던
3가지 오더를 겹친 형태

교회인 리미니(Rimini) 소재의 성 프란체스코(San Francesco, 1446) 교회의 서측 정면 재건축 때에도 알베르티의 건축 디자인이 적용되었다. 이것은 부분적으로 리미니의 아우구스투스(Augustus) 교회의 아치에 기초를 둔 웅대한 디자인이었다. 그는 반드시 도면에 의해서 공사를 진행시켰으며, 현장에서 구두로 작업을 지시하는 경우는 없었다. 이러한 사실을 감안할 때 그가 당시로서는 질적으로 상당히 우수하며 이론가형의 건축가였음을 알 수 있다. 그의 작품 중에서 최고의 걸작으로 꼽을 수 있는 만투아(Mantua)의 성 안드레아 (Sant' Andrea) 교회는 그가 죽기 직전인 1472년에 시작되어 40년 후에 완성되었다. 이 건물은 아일이 없이 펜덴티브 위에 교차 돔을 얹은 육중한 라틴 크로스형 건물로서 웅장한 로마식 특징을 가지고 있으며, 개선문의 특징을 본뜬 서측 정면에 의해 더욱 강조되었다.

15세기의 피렌체 궁정 건축

3가지 고전 기둥 양식을 주제로 한 입면 계획은 몬테펠트로(Montefeltro) 가를 위해 라우라나(Laurana)가 설계한 우르비노(Urbino)의 듀칼레 궁 (Palazzo Ducale, 1465)의 안뜰에서 반복되어 나타나며, 유명한 벽 판넬 (wall-panel)이 있는 이 건물의 우아한 내부 역시 주목할 만하다. 피에로 델라 프란체스카(Piero della Francesca)에 의해 제작된 것으로 보이는 벽 판넬은 명확한 투시도로서 르네상스 도시의 모습을 보여준다. 이는 피렌체의 건축양식이 점차로 정리되어가는 단계라 할 수 있다. 파비아(Pavia)의 체르토사(Certosa, 1453~) 교회는 특성상 고딕 건물이라 할 수 있지만, 조반니 아마데오(Giovanni Amadeo)에 의한 서측 디자인과 조각은 디테일 면에서 고전 건축양식이라 할 수 있다. 베네치아의 건축가인 피에트로 롬바르도(Pietro Lombardo)는 베네치아에 새로운 건축 개념을 도입했는데, 베네치아-비잔틴풍으로 대리석을 아름답게 다룬 성 마리아 데이 미라콜리(Santa Maria dei Miracoli, 1480) 교회의 설계에서는 2단의 입면으로 처리한 모습이 특이하다.

도나토 브라만테

로마에서는 새로운 이상이 추구되고 있었다. 교황들의 정신적인 영향력이 쇠퇴하면서도 교회의 부는 축적이 되자 교회 건물은 독특한 외관을 형성했다. 그 대변자 역할을 도나토 브라만테(Donato Bramante, 1444~1514)가 수행했는데 그는 비록 가난한 환경에서 자랐지만, 뛰어난 재능으로 말미암아 우르

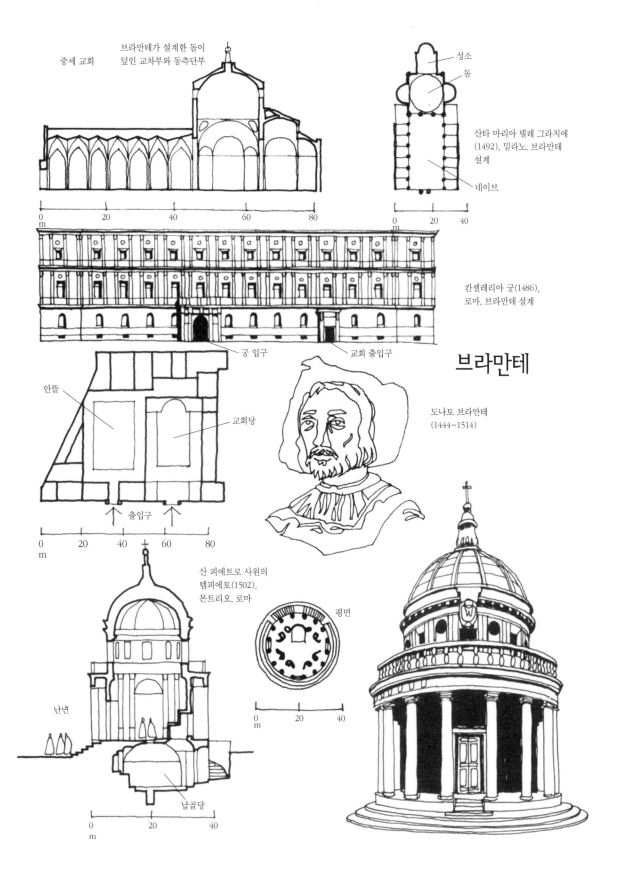

중세 교회

브라만테가 설계한 돔이
덮인 교차부와 동측단부

성소

돔

산타 마리아 델레 그라치에
(1492), 밀라노, 브라만테
설계

네이브

칸셀레리아 궁(1486),
로마, 브라만테 설계

궁 입구

교회 출입구

브라만테

안뜰

교회당

도나토 브라만테
(1444~1514)

출입구

산 피에트로 사원의
템피에토(1502),
몬트리오, 로마

평면

난변

납골당

비노에서 화가 생활을 시작하고 피렌체와 로마에서는 건축가로서의 자신의 지위를 공고히 마련했다. 그는 밀라노에서 중세의 수도원 산타 마리아 델레 그라치에(Santa Maria delle Grazie)의 동측단부에 있는 돔을 축조한 것을 비롯해 몇 개의 중요한 작품에 참여한 뒤 1499년부터 로마에서 실제적인 건축활동을 시작했다. 그는 로마의 칸셀레리아 궁(Palazzo della Cancelleria)의 건축에도 관여했는데, 그가 그곳에 살게 되었을 즈음 건물은 거의 완성되어 있었다. 이 건물은 피렌체 팔라초 양식을 더욱 발전시킨 로마 최초의 대규모 르네상스 건축이다. 부호 카디날 리아리오(Cardinal Riario)를 위해 지어진 이 건물은 안뜰을 포함한 3층의 궁전으로서 다마조(Damaso)에 있는 고대 바실리카식의 산 로렌초(San Lorenzo) 교회에 건물의 일부를 병합시켰다.

로마에서는 과거의 권위를 되살리려는 교황의 열정과 모델이 되는 많은 고대의 건물들을 기반으로. 브루넬레스키의 절충주의로부터 벗어나 과거 로마의 고전적 건축 디자인 방법을 역사적으로 올바르게 재창조하고자 했다. 브라만테의 작품은 이러한 흐름에 직접적인 영향을 받은 것으로서 전성기의 르네상스 시대를 이끌어냈다. 브라만테보다 수준이 낮은 몇몇 건축가들은 이를 평범한 건축물이라고 치부했지만, 로마 몬트리오(Montrio)에 있는 산 피에트로(St. Pietro) 사원의 템피에토(Tempietto, 1502)는 비록 규모는 작으나 르네상스가 낳은 걸작 중 하나다. 성 피에트로(베드로)의 순교를 상징하는 이 사원은 반경 4.5m 정도의 고대 로마 원형 사원 형식으로 만들어졌고, 그리스풍의 열주와 드럼, 돔 등으로 구성됨으로써 완벽한 비례미와 균제미를 나타내주고 있다.

중세의 교회가 어떻게 사용되었는가를 확실히는 알 수 없으나, 최소한 건물 설계시 신도들이 이용하는 네이브와 성직자가 이용하는 성소가 만나는 건물의 교차부에 상징성을 부여하려고 노력한 흔적이 있다. 15~16세기에 이르러 건축가들은 우주를 표현하는 교회 건축에서 원의 형태가 가장 완벽한 상징이라는 개념을 전개했다. 알베르티도 그의 건축서(De Re Aedificatoria)에서 교회 설계를 위한 9가지 이상적인 평면을 제시했는데, 원과 원에서 끌어낸 팔각형도 이에 포함된다. 로마 판테온에서도 이러한 전례를 볼 수 있는데, 우주나 별 등의 둥근 형태에 대한 자연적인 경배 사상에서 비롯되었다. 중심에 얹은 돔에 의해서 한층 효과가 강화된 원형 평면은 제단과 의식을 위한 중심 위치를 암시하며 이러한 상징성의 표현은 실제적으로 성직자와 신도들의 자리를 어디에 두어야 하는가 하는 문제를 야기시켰다. 예를 들어 제단이나 니치(niche)가 위치하던 돔의 아랫부분을 신도들을 위해서 내어준다면 가장 중요한 정신직 요소가 부차적 위치에 놓이게 되어버리는 것이다. 그럼에도 불구하고 15~16세기 동안 이탈리아에서는 브라만테의 템피에토처럼 원형 성당이 널리 유행해 30여 개의 중요한 성당들이 이와 같은 형태로 건설되었다.

피렌체와 로마의 건축사상은 알프스 산맥을 넘어 서서히 확산되었다. 프랑스는 부르고뉴 공국에서 벗어나 루이 11세(Louis XI, 1461~83)에 의해서 통일국가가 되었음에도 불구하고 백년전쟁의 여파로 건설보다는 사회와 경제의 복구에 중요한 의미를 두었다. 영국 역시 통일은 되었지만 백년전쟁과 장미전쟁을 겪었기 때문에 경제적 발전의 여력이 없었다. 유능한 행정가인 리차드 3세가 1485년에 사망하자 곧이어 헨리 7세의 엄격한 통제에 의한 군주제가 강화되기 시작했다. 이들 양국이 문화적·경제적으로 확장할 수 있는 여지가 있기는 했지만, 북유럽의 최대강국은 네덜란드로서 이탈리아, 독일, 프랑스, 그리고 영국과의 무역으로 부를 축적한 유산계층이 모여 있는 앤트워프(Antwerp)에서는 이탈리아 르네상스의 건축사상을 북유럽 지역에서 최초로 수용했다.

한편 스페인과 포르투갈에서 유럽의 장래에 중요한 영향을 끼친 사건이 발생했다. 1469년 아라곤(Aragon)의 페르디난드(Ferdinand)와 카스틸랴(Castile)의 이사벨라(Isabella)가 결혼함으로써 두 국가가 하나로 통합되어 근대 스페인이 탄생했고, 그 즉시 호전적인 영토 확장의 기치 아래 국가적 주체성을 확립했다. 왕권 강화에 따라 귀족사회는 철저히 통제되고 이슬람 교도와 유태인들은 추방되었으며, 토르퀘마다(Torquemada)의 종교재판이 맹위를 떨쳤다. 그동안 무장함선의 해적행위 때문에 쇠퇴하고 있었던 무역항로에 대한 새로운 모색의 일환으로서 신항로 개척을 위한 탐험이 이루어졌다. 포르투갈의 왕자 앙리는 서아메리카 해안의 탐험을 시도했고, 베르날 디아즈(Bernal Diaz)는 희망봉을 정복했으며, 바스코 다 가마(Vasco da Gama)는 희망봉을 돌아 인도까지 항해했다. 페르디난드와 이사벨라의 후원을 받은 크리스토퍼 콜럼버스(Christopher Columbus)는 1492년 인도로 가기 위한 새로운 항로를 찾기 위해서 항해하다가 예기치 않은 신대륙을 발견했다.

유럽의 세계탐험은 이탈리아가 독점했던 동방교역로를 깨뜨리기 위해서 인도와 중국으로의 새로운 교역로를 찾고자 했던 자본가 계급에 의해서 촉진되었다. 그러나 아메리카 대륙의 발견과 식민지화로 인해 인도와 중국에 대한 관심은 점차 사라지게 되었고, 새로운 대륙을 차지하기 위한 충돌이 일어났다. 금이나 은과 같은 자원의 갑작스런 증가로 인해 유럽 전역에 인플레이션과 물가상승이 일어났고, 사회적으로는 중간 계층 상인들이 증가한 반면 빈민층의 상황은 더욱 악화되어 산업시대의 고질적인 경제구조와 계급구조의 패턴이 확립되었다.

과학적인 발견 역시 활성화되었지만, 기술발전에 실질적 영향을 미치지는 못했다. 기술은 단지 기술자들의 영역에서만 맴돌고 있었고, 과학은 오랫동안 철학의 한 부류였으므로 과학과 기술이 결합되기는 어려웠다. 기술적인 진보가 중세적인 방식으로 계속되었고, 기술발달은 과학이론에 의해 뒷받침되지 못한 채 점진적이고 실용적인 기술숙련을 통해 이루어졌다. 그렇지만 인간의 발견을 향한 열정에는 끝이 없었으며, 발견된 사실들은 장차 과학적 이론이 성립을 위해 정립·축적되고 있었다.

제6장 발견의 시대 : 16~17세기

16세기의 사회 상황

레오나르도 다 빈치(Leonardo da Vinch)는 "제자는 빈곤한 것, 결코 스승을 초월할 수 없다"고 말했다. 그러나 지식과 기술의 영역이 확대됨으로서 새로운 시대의 지평선이 열리면서 인류의 자유와 발전에 대한 무한한 가능성이 싹트고 있었다. 16세기에 중세가 붕괴되면서 완전히 다른 형태의 새로운 권력 집중이 이루어지고 있었다. 사회 분위기는 자유로웠지만 자본가들에 의해 세계 도처에서 지배권력과의 갈등과 정치적 불평등의 관계가 생겨나고 있었다. 니콜로 마키아벨리(Niccolo Machiavelli, 1469~1527)는 이러한 사실을 깨닫고 메디치 가에서 자신의 정치적 위상을 높이기 위해 1513년 『군주론』을 저술했다. 하지만 그는 군주론에서 당시의 새로운 권력에 필적할 수 있는 현실적인 정치적 상황에 대한 실제적인 분석과 더불어 권력을 획득하고 유지할 수 있는 현실적인 방안을 너무나도 거리낌 없이 적나라하게 표현해 비난을 받기도 했다.

튜더(Tudor) 왕조의 영국에서 1535년 토마스 모어(Thomas More)의 단죄 사건이 일어났는데 이 사건 역시 마키아벨리즘에 못지않게 전제군주 제도의 독재적 정치형태를 보여주는 것으로서 독실한 기독교 신자인 모어에게 튜더 왕조의 전제정치는 견디기 힘들었을 것이다. 그는 이상적인 인간사회에 대한 견해를 『유토피아』(Utopia, 1516)에서 잘 묘사했지만, 중세시대에는 이렇게 이상향을 제안하는 것은 인정되지도 않았을뿐더러 필요하지도 않았다. 사람들은 성 오거스틴(St. Augustine)이 제창한 '신의 도시'(City of God)처럼 이상적인 사회는 단지 천국에 속한 것이고 현세의 삶은 이를 준비하는 것에 불과하다고 생각했다. 그러나 천국에 대한 믿음이 점차 줄어들고 현세에 대한 관심이 높아지면서 삶 자체에 대한 깊은 관심과 그 개선방향을 추구하게 되었다. 가난과 억압은 운명적으로 지워진 것이 아니라 변화의 가능성이 있다고 인식하게 되었으며, 폭군의 부귀영화를 허용하는 사회가 있다면 독재가 존재하지 않는 세상도 존재할 수 있다는 생각을 하게 되었고 또한 그러한 사람들의 건전한 사고가 건축물에 반영될 수 있었다. 『군주론』과 『유토피아』는 유사한 시대적 상황하에서 제시된 두 가지의 가치척도라 할 수 있는 것으로서 '소수의 권력 독점'과 '전체 사회의 공익을 바탕으로 한 부의 공정한 분배'라는 사회적 요구의 전혀 다른 모습을 나타내고 있다.

프랑스 궁성 건축과 필리베르 드 로름

사회가 일부 특권 계층에 의해 계속적으로 지배되는 한 소수의 권력 독점은 불가피하게 유지될 것이고, 그 당시의 건축에도 영향을 미치게 될 것이다. 중세 성당은 야심에 찬 몇몇 후원자의 투자에 의해 그들의 공명심을 성취하고자 지어진 경우도 있었으나, 그런 행위는 신의 영광이라는 미명 아래 정당화되었다. 그러나 중세 이후의 사회에서는 사회풍조가 세속적으로 발전함에 따라 그러한 구실을 찾을 필요가 없게 되었다. 거대한 건축물을 지음으로써 자신들의 부와 권력을 드러낼 수 있었기 때문에 13세기에 단지 하나님을 위해서만 행해졌던 건축적인 노력과 투자가 16세기에는 사람을 위한 궁성 건축에 적용되었다.

첫째 예로서 프랑스 르와르 밸리(Loire Valley)의 궁성(châteaux)을 들 수 있다. 발로아(Valois) 왕조의 왕들은 당시의 다른 왕조와 마찬가지로 여러 곳에 분산되어 있는 궁을 순회하는 여행으로 대부분의 시간을 소비했다. 따라서 거대한 궁성이 연속적으로 지어졌으며, 한 곳의 음식과 포도주가 바닥나고 배수관이 가득차면 나중에 그것을 치우기 위한 주재관을 남기고는 왕실 전체가 이동했다. 르와르 궁성의 전성기는 15세기 중엽 샤를 7세(Charles VII)의 치세부터 시작해 발로아 왕조 최후의 앙리 3세(Henri III) 치하인 16세기 말까지 계속되었다. 이 기간에 궁성은 전략적인 성곽요새라는 의미에서 탈피해 외관상 보기 좋고 장려한 궁전 형식으로 발전했다. 그 실례로 중세의 성곽이었던 블로아(Blois) 궁성에서는 프랑수아 1세(François I, 1515)가 지은 건물의 좌우 날개에 해당하는 건물동을 중심으로 중정을 조성해나가는 형식의 확장공사가 시작되었고 유명한 나선형의 행렬용 계단이 설치되었다. 1515년 세농소(Chenonceaux)와 1518년 아제이-르-리두(Azay-le-Rideau)에 화려한 궁성이 2개 건축되었는데, 이들의 아름다운 중세풍 실루엣은 주변의 물가 경치로

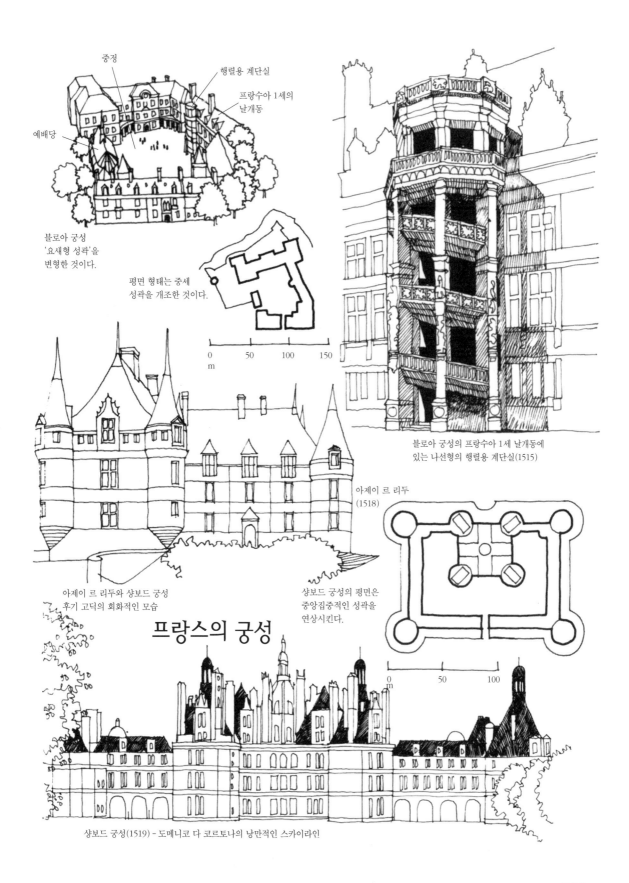

중정

행렬용 계단실

프랑수아 1세의
날개동

예배당

블로아 궁성
'요새형 성곽'을
변형한 것이다.

평면 형태는 중세
성곽을 개조한 것이다.

블로아 궁성의 프랑수아 1세 날개동에
있는 나선형의 행렬용 계단실(1515)

아제이 르 리두
(1518)

아제이 르 리두와 샹보드 궁성
후기 고딕의 회화적인 모습

샹보드 궁성의 평면은
중앙집중적인 성곽을
연상시킨다.

프랑스의 궁성

샹보드 궁성(1519) - 도메니코 다 코르토나의 낭만적인 스카이라인 인해 한층 더 돋보인다. 궁성 중에서도 가장 유명한 샹보드(Chambord, 1519) 궁성은 고전적인 요소를 많이 내포하고 있는 건물이지만 본질적으로 중세적 건물로서 평면 형식은 집중식 성곽을 기준으로 설계되었으나, 수직적 요소나 화려한 지붕선 등은 고딕 성당에서 파생된 것이다.

1556년에는 왕실 전속 기술자인 필리베르 드 로름(Philibert de l'Orme, 1515~70)이 셰어강(Cher)에 아치 5개로 이루어진 교량을 건설하면서 셰농소의 확장 공사가 시작되었는데, 그는 이 작품을 통해 프랑스 최초로 중세적인 굴레를 벗어난 건축가라 할 수 있다. 비트루비우스의 열광적인 추종자인 로름은 1533년에 이탈리아를 방문해 고전주의 건축의 훌륭함을 체험한 후 귀국했는데, 그의 두 권의 책('*Le Premier Tome de l'Architecture*'와 '*Novelles Inventions pour bien Bastir*')에서도 이에 대해 공표한 바 있다. 아네(Anet, 1547) 성에서는 비트루비우스적인 모티프를 그의 독특한 방식으로 처리하고 있다. 특히 예배당은 고전적인 디테일을 시도하면서도 대담한 기하학적 형태로 구성되어 독특한 개성을 나타내고 있다. 로름의 건축은 프랑스 건축 발전에 절대적인 영향을 미쳤다.

해외에서 귀국한 프랑스 건축가와 이민온 이탈리아 건축가들이 도입했던 고전주의 건축은 이탈리아에서처럼 전개되지 않았다. 프랑스에는 이탈리아인 특유의 영감도. 로마 양식 건축물도 거의 없었으며. 고딕적 기능의 전통이 너무 강해서 쉽게 사라지지 않았다. 이 때문에 16세기 동안 점진적으로 새로운 영향을 소화해 나가면서 고전주의와 중세 고딕의 전통을 동화시키고 프랑스만의 독자적인 양식을 확립하게 되었다. 이때 건축의 방향을 명확하게 설정한 건축가가 로름이다. 셰농소의 확장 공사와 아네 궁성, 퐁테느블루(Fontainbleau), 빌레-코트레(Villers-Cotterets), 그리고 볼로뉴 궁성에서의 우아한 디자인, 간소한 저층부, 장식적인 지붕창을 둔 급경사의 모임지붕과 같은 건축 패턴은 이후 3세기 동안 프랑스 건축의 주종을 이루었음은 물론 클로드 샤스틸롱(Claude Chastillon, 1605)에 의한 파리의 플라스 드 보주(Place des Vosges) 같은 도시 중간 계층의 건물에서 시작해 튈레리(Tuileries), 루브르(Louvre) 궁전에 이르기까지 폭넓은 영향을 미쳤다.

파리의 센강변에 있는 튈레리 궁전은 메디치 가의 카트리느(Catherine)를 위한 것으로서 1564년 로름에 의해 시작되어 그 후 불랑(Bullant), 뒤 세르소(du Cerceau), 르 보(Le Vau) 등에 의해 완성되었다. 초기 계획안에 포함되었던 넓은 3개의 중정은 결국 실현되지 못했으나, 축조된 건물군은 1871년 파

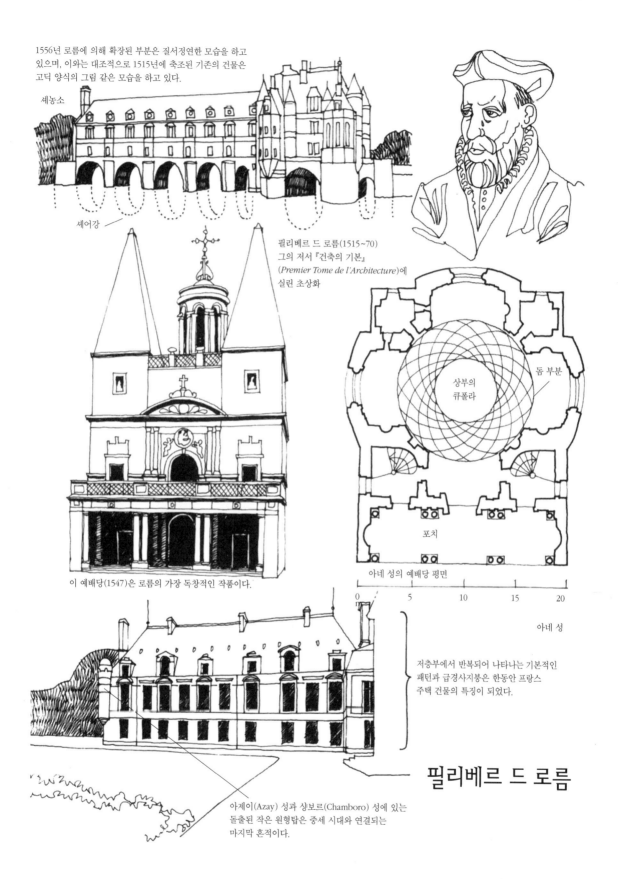

1556년 로름에 의해 확장된 부분은 질서정연한 모습을 하고 있으며, 이와는 대조적으로 1515년에 축조된 기존의 건물은 고딕 양식의 그림 같은 모습을 하고 있다.

셰농소

셰어강

필리베르 드 로름(1515~70)
그의 저서 『건축의 기본』
(*Premier Tome de l'Architecture*)에
실린 초상화

상부의
큐폴라

돔 부분

포치

아네 성의 예배당 평면

0 5 10 15 20

아네 성

이 예배당(1547)은 로름의 가장 독창적인 작품이다.

저층부에서 반복되어 나타나는 기본적인
패턴과 급경사지붕은 한동안 프랑스
주택 건물의 특징이 되었다.

필리베르 드 로름

아제이(Azay) 성과 샹보르(Chamboro) 성에 있는
돌출된 작은 원형탑은 중세 시대와 연결되는
마지막 흔적이다.

괴될 때까지 프랑스 왕과 군주들을 위한 주택으로 이용되었다. 튈레리 궁전에 연결되어 있으면서 정형적인 구성의 방대한 정원을 두고 있는 루브르 궁전은 프랑수아 1세의 재임기간에 중세 궁성부지에 건축되기 시작해 그 후 계속된 건축가들에 의해 유럽 역사에 길이 남을 가장 큰 궁전으로 완성되었다.

국왕의 비호 아래 탄생한 16세기 프랑스 건축물은 훌륭했지만, 교황과 중산계층을 중심으로 형성된 이탈리아의 창조적인 건축 수준에는 미치지 못했던 것으로 생각된다. 이를테면 1503년에 브라만테가 교황 율리우스 2세(Julius II)의 명을 받아 건설한 바티칸(Vatican)의 벨베데레(Belvedere) 중정의 장대한 모습에 견줄 만한 건축은 프랑스에서 찾기 어렵다. 고대 로마의 스케일을 기초로 전개된 3층의 개선문 모티프와 거대한 반구형 돔으로 이루어진 옥외 니치(niche)는 단순히 건축적인 효과를 강조하기 위한 것이다. 웅대한 스케일감을 느낄 수 있는 이와 비슷한 예로 브라만테의 제자인 안토니오 다 상갈로(Antonio da Sangallo)가 설계한 로마 소재의 파르네세 궁(Palazzo Farnese, 1515)이 있다. 도심지에 건축된 팔라초 중에서 최고의 걸작으로 일컬어지는 이 건축물은 벽토로 치장한 3층의 석조건물이 사방 25m의 아름다운 중정을 둘러싸고 있다. 흥미로운 사실은 당시 건축업자들이 고대 로마의 유산에 대한 동경으로 창틀을 장식하기 위한 석재를 콜로세움에서 가져다 사용했다는 점이다. 로마의 전성기 르네상스 건축 중에서 가장 빛나는 성과를 거둔 작품으로는 카프라롤라(Caprarola) 근교에 있는 또 하나의 파르네세 궁을 들 수 있다. 이 건물은 1547년에 지아코모 다 비뇰라(Giacomo da Vignola)에 의해 건설되었는데, 그는 이론적 배경을 지니고 있는 건축가로서『건축에서 5가지 오더 형식에 관한 규칙』(Regola delli Cinque Ordini d'Architettura)이라는 이론서를 남겼는데, 이 책은 이후의 프랑스 건축에 지대한 영향을 미쳤다. 파르네세 궁은 한 면이 46m인 오각형 평면으로 그 중심에 원형의 중정을 두고 있으며, 경사진 지형의 언덕에 정면계단과 경사로를 두어 테라스와 조합시킴으로써 매우 기념비적인 전체 구성을 갖게 되었다.

미켈란젤로

시간이 경과함에 따라 건축가의 창조력은 점차로 브라만테나 그의 동료 건축가들에게 영감을 준 비트루비우스의 이론을 능가하기 시작했다. 건축의 표현언어가 새롭게 바뀜에 따라서 기존의 이론서에 기록된 구성 원칙에 대해서 사람들은 조바심을 느끼게 되었는데 이러한 충동은 대부분 전통적인 장

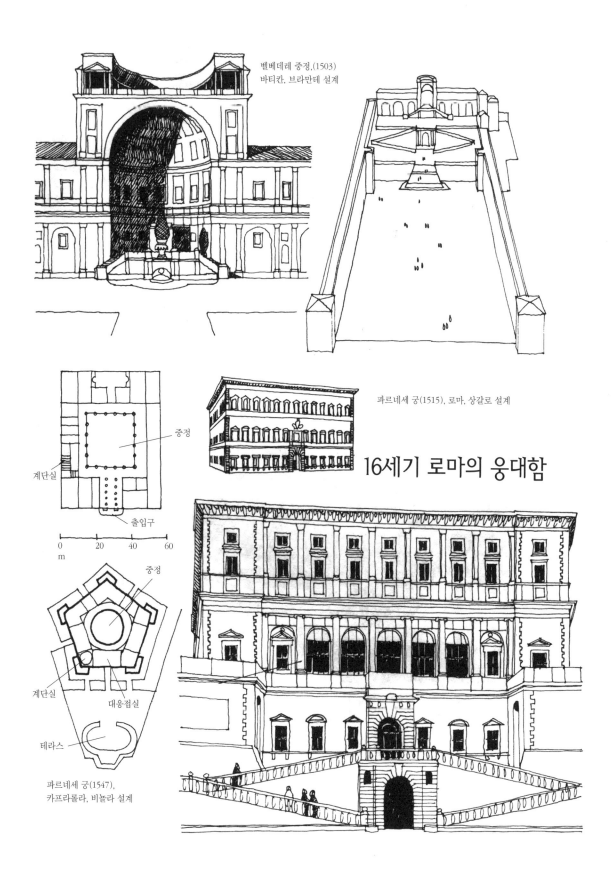

벨베데레 중정.(1503)
바티칸, 브라만테 설계

파르네세 궁(1515), 로마, 상갈로 설계

중정

계단실

출입구

0 20 40 60
m

16세기 로마의 웅대함

중정

계단실

대응접실

테라스

파르네세 궁(1547),
카프라롤라, 비뇰라 설계

인 훈련을 받은 건축가나 석공이 아니라 화가나 조각가들에게서 상당히 강했다. 최초의 매너리즘 건축은 1521년 미켈란젤로(Michelangelo, 1475~1564)에 의해 설계된 피렌체의 산 로렌초(San Lorenzo) 교회로서 이 교회에는 메디치 가의 줄리아노(Giuliano)와 로렌초 2세의 묘가 있다. 이 건물은 브루넬레스키의 사크리스티아 베키아(Sacristia Vecchia)와 쌍벽을 이루고 있지만 건물의 분위기는 서로 다르다. 브루넬레스키가 건축의 기본적인 논리를 지키면서 건물 내부를 생동감 있게 연출했다면, 미켈란젤로의 건축은 조각 그 자체로서 강렬하면서도 다소 왜곡되게 표현되고 있으며 내부는 기념적인 형태의 극적인 공간을 유지하고 있다. 4m 정도 높이의 두 개의 마주보는 벽에 설계의 초점이 맞추어져 있고, 벽을 구성하고 있는 조각상은 아래의 석관을 감싸면서 두 사람이 앉아 있는 자세로 되어 있다. 이 두 부분의 디테일은 매우 정교하면서도 참신한 공간미를 부여하고 있다. 벽면은 엔타블레이처가 생략된 코린트식 붙임기둥(pilaster)으로 구성되어 있지만, 이것은 단지 조각상들의 테두리 역할을 할 뿐이다.

이런 특징은 라우렌티안 도서관(Laurentian Library)의 입구 홀에서 한층 더 명확히 나타난다. 이 도서관은 1524년 미켈란젤로가 설계한 작품으로서 1559년에 다른 사람들에 의해 완공되었다. 견고한 기초판 위에 세우는 대신 콘솔(console, 까치발 장식) 윗부분의 벽면에서 돌출되어 있는 쌍기둥의 기묘한 처리방식과 더불어 3중 계단실의 자유로운 형태는 미켈란젤로의 독자적인 수법이다.

고전적인 디자인의 실례는 화가 출신 건축가인 줄리오 로마노(Giulio Romano, 1492~1546)의 작품에서 엿볼 수 있다. 만투아(Mantua) 소재의 델테 궁(Palazzo del T)은 1525년에 세워진 곤차가(Gonzaga) 가문의 별장으로서 표면을 거칠게 마감한 견고한 건축물이며, 도리아 양식의 붙임기둥을 실용적인 방법으로 적용했다.

안드레아 팔라디오

베네치아에는 고전주의 양식이 비교적 늦게 도입되었으나, 베네치아의 건축은 로마식의 형태를 변형시킴으로써 고도의 독자적인 베네치아 양식을 꽃피우게 되었다. 그 실례로는 산 마르코 광장에 있는 산소비노(Sansovino)의 산 마르코 도서관(1536)과 산 미켈레(San Michele)가 설계한 그리마니 궁(Palazzo Grimani, 1556)을 들 수 있다. 베네치아의 건축가들 중에서 가장 뛰

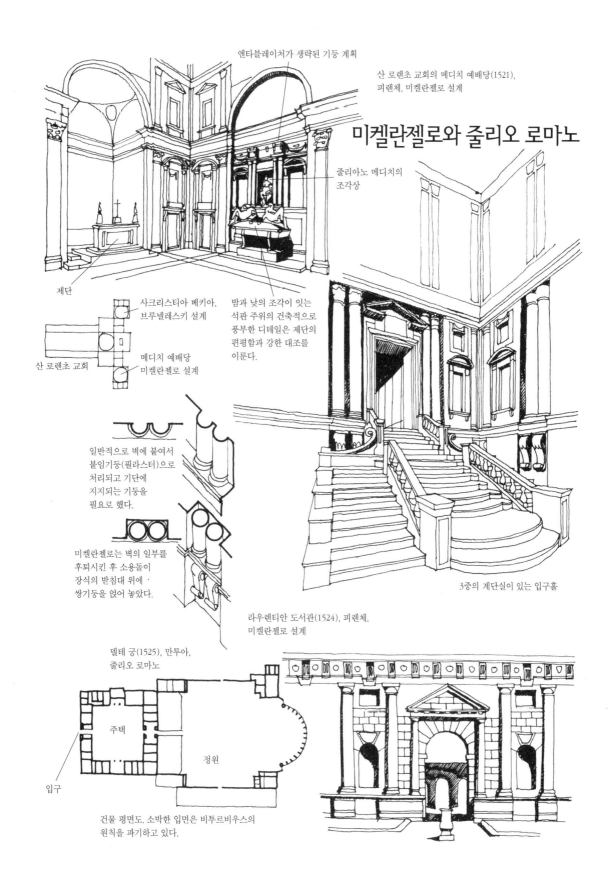

엔타블레이처가 생략된 기둥 계획

산 로렌초 교회의 메디치 예배당(1521),
피렌체, 미켈란젤로 설계

미켈란젤로와 줄리오 로마노

줄리아노 메디치의
조각상

제단

사크리스티아 베키아,
브루넬레스키 설계

산 로렌초 교회

메디치 예배당
미켈란젤로 설계

밤과 낮의 조각이 잇는
석판 주위의 건축적으로
풍부한 디테일은 제단의
편평함과 강한 대조를
이룬다.

일반적으로 벽에 붙여서
붙임기둥(필라스터)으로
처리되고 기단에
지지되는 기둥을
필요로 했다.

미켈란젤로는 벽의 일부를
후퇴시킨 후 소용돌이
장식의 받침대 위에 ·
쌍기둥을 얹어 놓았다.

3중의 계단실이 있는 입구홀

라우렌티안 도서관(1524), 피렌체,
미켈란젤로 설계

델테 궁(1525), 만투아,
줄리오 로마노

주택

정원

입구

건물 평면도. 소박한 입면은 비투르비우스의
원칙을 파기하고 있다.

어난 인재로 알려진 안드레아 팔라디오(Andrea Palladio, 1508~80)는 유럽 건축에 지대한 영향을 끼친 중요한 건축가 중 한 사람이다. 그는 미켈란젤로나 줄리오 로마노 같은 건축가들과는 달리 고전을 거부하지 않고 이를 수용하되 독자적이고 창조적인 접근방식에 의해 고전형식을 완성했다. 비첸차(Vicenza)의 거리에서는 그의 훌륭한 작품을 많이 찾아볼 수 있는데, 대표적인 키에리카티 궁(Palazzo Chiericati, 1550)은 미적인 형상보다는 균제의 미를 갖춘 외관으로써 고전주의 양식을 잘 표현해주고 있으며, 건물의 정면 파사드는 팔라디오의 작품 성향을 잘 나타내고 있다.

팔라디오는 부유한 상인들이 혼잡한 도시의 팔라초보다 점점 전원주택을 선호하게 되자 전원 주택에도 유사한 건축적인 형태를 부여했다. 팔라디오 식의 '빌라'(Villa)는 팔라초와는 달리 사방에서 조망이 가능하도록 고안되어 있는데, 그 원형은 비첸차에 있는 빌라 카프라(Villa Capra, 1552)에서 찾아볼 수 있다. 열주형의 포티코를 4면에 배치하고 중앙에 얇은 돔을 얹은 사각의 건물로서 이 건물은 몇 가지 고전의 모방적인 요소도 있으나 당시로서는 상당히 혁신적인 작품이다.

훌륭한 작품들보다도 더욱 뛰어난 팔라디오의 업적은 『건축사서』(I quattro libri dell' Architettura)를 집필해 건축 디자인에 미친 절대적인 영향이라고 할 수 있다. 이 책은 1570년 이후 전 유럽에서 출판되어 팔라디오의 고전적 형태와 비례에 대한 관심을 널리 전하는 계기가 되었다. 또한 자신이 설계한 건축물들의 그림을 책에 실음으로써 건축물 역시 널리 알렸다.

팔라디오가 지은 대부분의 건축물은 성공적이었다. 그는 석공 출신이었으므로 재료의 속성을 잘 이해했으며, 모든 건축물에 재료의 속성을 표현했다. 심지어 소규모 건물에서도 매우 단순하고 솔직하게 표현해 색상과 재질의 선택, 그리고 벽돌과 치장용 벽토 사용에 대한 탁월한 재능을 보여주었다.

다른 작품으로는 산 조르조 마지오레(San Giorgio Maggiore, 1565)와 일 레덴토레(Il Redentore, 1577) 성당이 있다. 이 건물들은 바실리카 양식이지만, 교차부에 돔을 얹음으로써 동측단부에 그릭 크로스 평면형의 느낌을 부여하고 있다. 서측면은 특히 후면의 바실리카 형태를 강조하고 있는데, 양쪽 아일 부분은 단층 높이의 필라스터로 처리하고 네이브는 2층 높이의 '통제 기둥'(giant order)으로 처리함으로써 기둥은 내부 공간의 높이를 반영하고 있다. 이렇게 높고 큰 통제 기둥은 팔라디오의 대규모 건축물에서 찾아볼 수 있는 특징으로서 상당히 장엄한 분위기를 자아낸다.

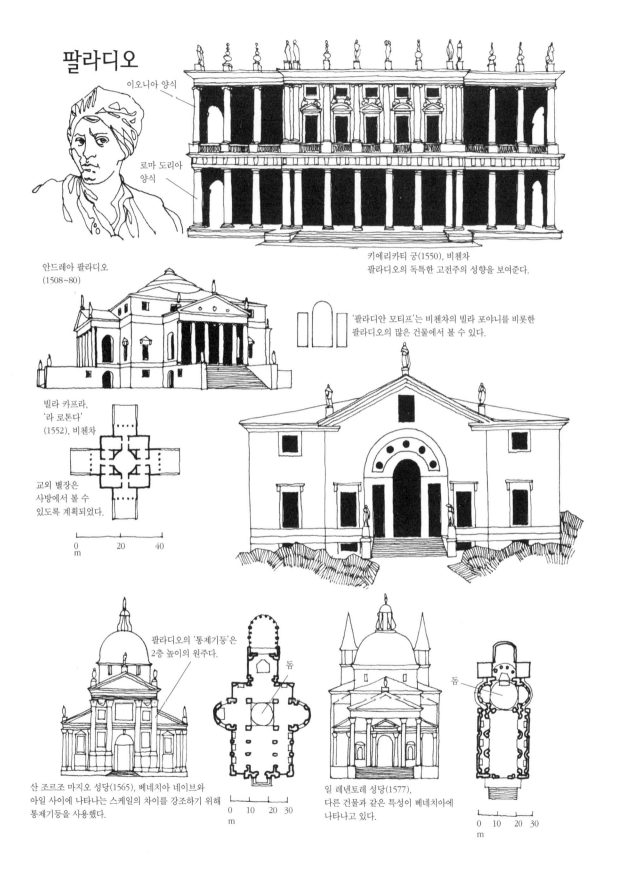

팔라디오

이오니아 양식

로마 도리아 양식

안드레아 팔라디오 (1508~80)

키에리카티 궁(1550), 비첸차
팔라디오의 독특한 고전주의 성향을 보여준다.

빌라 카프라, '라 로톤다' (1552), 비첸차

교외 별장은 사방에서 볼 수 있도록 계획되었다.

0 20 40
m

'팔라디안 모티프'는 비첸차의 빌라 포야니를 비롯한 팔라디오의 많은 건물에서 볼 수 있다.

팔라디오의 '통제기둥'은 2층 높이의 원주다.

돔

산 조르조 마지오 성당(1565), 베네치아 네이브와 아일 사이에 나타나는 스케일의 차이를 강조하기 위해 통제기둥을 사용했다.

0 10 20 30
m

돔

일 레덴토레 성당(1577), 다른 건물과 같은 특성이 베네치아에 나타나고 있다.

0 10 20 30
m

로마 가톨릭의 자부심과 교회 건축

16세기 교권의 쇠퇴와는 아주 대조적으로 이탈리아 건축은 활기에 차 있었다. 교리보다도 이성에 관심을 둔 철학자들의 사고는 전통적인 신앙에 많은 변화를 가져왔고, 당시 교회의 타락에 경종을 울렸다. 1517년 독일의 성직자 마틴 루터(Martin Luther, 1483~1546)는 교회가 아닌 성경을 기독교의 궁극적인 권위로 삼아야 한다고 주장했는데, 교황의 권위에 대한 도전으로 『95조항』(Ninety-five Theses)이라는 책을 펴냈다. 루터는 교회의 권위가 붕괴되어야만 자본주의가 자유롭게 발전할 수 있다고 믿었던 당시의 많은 군주들에게 지지를 받았다.

이러한 대립 가운데 루터의 개혁 입지는 더욱 강화하게 되었고, 츠빙글리(Zwingli)와 칼뱅(Calvin)의 노력으로 인해서 개신교는 독일로부터 스위스, 스코틀랜드, 영국, 프랑스로 널리 확산되었다. 그러나 다른 한편으로는 가톨릭의 보복으로 스페인과 이탈리아에서 개최된 종교재판에서는 새로운 움직임을 이단으로 규정되어 압박이 가해졌고, 이러한 반개혁은 로욜라(Loyola)의 예수회(Society of Jesus)에 의해서 강화되었는데, 그 내용은 지적 수련과 전도 사업에 헌신하는 수도원의 규칙에 관한 것이다. 개혁운동의 결과 유럽은 북쪽의 개신교와 남쪽의 가톨릭으로 양분되었고, 종교의 자유와 정치적 해방 운동으로 인해서 유럽에서는 네 차례의 전쟁이 발생했다. 독일 내전, 네덜란드와 스페인, 프랑스 내의 가톨릭과 위그노 교도, 그리고 스페인과 영국의 전쟁이 그것이다. 이와 더불어 국가적 동맹과 자결권을 요구하는 소리가 높아졌다. 왕과 중산계급의 재산도 증가되었으며 교회에 대한 도덕적 속박이 제거되자 자본주의는 급속히 발전했고, 특히 왕실의 보고는 착취한 재화로 넘치게 되었다.

이 시기의 정치적 동요와는 정반대 현상으로 오히려 위신을 과시하려는 듯이 장대한 기독교 건축물들이 지어졌다. 비뇰라(Vignola)가 설계한 교황 율리우스 3세(Julius III)의 개인별장인 빌라 지울리아(Villa Giulia, 1550)는 질서 정연한 정면 파사드와 후면에 길게 연속되어 있는 테라스, 계단, 담장으로 둘러싸인 반원형 중정을 둔 호화로운 건물이다.

일 제수(Il Ges 성당도 가톨릭의 위신을 잘 표현한 건물로서 예수를 위해 1568년에 비뇰라가 설계했다. 이 교회는 만투아에 위치한 알베르티의 성 안드레아(Sant' Andrea) 성당을 번안한 형태로서 돔이 동측단부에 위치해 기존 성당의 집중식 평면에서 이탈해 라틴 크로스 평면으로 변화해 가는 경향을 보인다. 내부는 후대의 건축가들에 의해 호화로운 실내 장식으로 완성되었다. 외부는 서측입면이 매우 특징적인데 알베르티의 형식을 도입한 바실리카 형식의 입면은 산타 마리아 노벨라(Santa Maria Novella)에서와 같은 소용돌이 나선으로 마무리되었다.

16세기 동안 교회는 분열된 반면 기독교의 단일화를 선언한 대규모의 건설사업이 전개되고 있었다. 이것은 1505년 자신의 묘를 짓기 위한 율리우스 2세의 야망에서 시작되었는데, 새로운 건물을 위해 콘스탄티누스 대제에 의해 건설된 고대 바실리카인 성 피에트로(베드로) 성당이 파괴될 수밖에 없었다. 성 피에트로 성당의 현상설계에는 브라만테가 당선되었는데, 그의 계획안은 중앙에 돔을 둔 광대한 그릭 크로스형 평면이었다. 성당 건축은 1506년에 시작되었고 1513년 라파엘로에 의해 라틴 크로스 평면 형태로 계획안이 수정되었으며, 교회의 계속된 정치적인 위기, 자금 부족, 건축가들의 설계 변경으로 인해 건설 속도가 늦어졌다. 1546년에 거장 미켈란젤로에게 건축이 위임되어서 새로운 그릭 크로스형 평면으로 진행되었다. 1564년 그가 사망할 즈음 건물은 돔의 드럼 부분까지 완성되었다. 그 후 1585년에 돔과 큐폴라(cupola)가 완성되었다. 17세기로 들어서면서 카를로 마데르나(Carlo Maderna)가 라틴 크로스형 평면으로 다시 개조해 네이브 부분을 더 확장함으로써 서측면을 더욱 웅장하게 표현했다. 결국 17세기 중엽, 베르니니(Bernini)가 성당 전면을 열주랑(colonnade)으로 둘러싼 의식을 위한 넓은 광장(piazza)을 형성함으로써 전체적인 건물 구성을 마무리지었다. 이 기념비적 건축물은 이후 160여 년에 걸쳐 12명의 건축가들의 노력으로 완성되었다.

이러한 복잡한 경위로 인해 성 피에트로 성당은 건축적 통일성을 상실했는데, 가장 아쉬운 점은 네이브의 과도한 길이와 높이로 인해 전체 디자인의 중심인 돔의 위용이 약화되었다는 점이다. 그러나 이 건물은 규모에서뿐만 아니라 그 위에 호화로운 장식을 가함으로써 장엄한 가톨릭의 전당으로서 적합한 분위기를 나타내주고 있다. 브라만테가 초기에 설계한 돔은 템피에도에서와 같이 낮고 얕았지만, 높이가 140m나 되는 미켈란젤로의 높이 솟은 돔은 거대한 기둥 4개로 지지되며, 그 내부에는 붕괴를 방지하기 위해 인장력 체인을 짜 넣은 훌륭한 구조적 발상이 엿보인다. 베르니니가 설계한 아름다운 장식의 높은 제단은 성 피에트로(베드로)의 묘 위에 놓여 있으며, 이 둘은 모두 돔의 정중앙에 위치해 전체 구성에서 상징적인 초점을 이루고 있다.

16세기에 가장 강력한 제국이었던 스페인의 왕은 가톨릭 교도로서 교황의 주요한 협력자였다. 카를로스 5세(1519~56)는 1520년 신성로마제국의 황제가 되어 스페인, 시칠리아, 나폴리, 사르디니아, 오스트리아, 룩셈부르크, 네덜란드 등 유럽의 여러 나라들뿐만 아니라 식민지화한 중앙아메리카까지 지배했다. 스페인은 화약과 말, 그리고 성경으로 무장하고 중앙아메리카에서 금과 은을 무한정 착취했기 때문에 제국 내에는 인플레이션이 높아지고 무역 균형도 깨어진 채 낭비가 극심해졌다. 16세기 초에 지어진 대규모 건축물 중에 그라나다(Granada, 1528~) 성당은 규모나 형태에서 세비야 성당과 비교할 만하다. 양식적으로는 고딕 건축과 고전 건축풍이 혼재되어 있는 양식을 취하고 있고, 디테일이 매우 화려하게 처리되었다. 이것은 은 제품이라는 뜻에서 유래한 '플라터레스크'(plateresque)로 알려진 시대에 속하는 것으로서 양식적 특징은 탐험가들에 의해 상기된 과거의 복잡한 금속 세공에서 영감을 받은 듯하다. 스페인에 대한 이탈리아의 건축적인 영향이 점차로 증대되었는데, 1527년 페드로 마쿠카(Pedro Machuca)는 그라나다에 있는 14세기의 무어식 알람브라(Moorish Alhambra) 궁과 인접되도록 카를로스 5세를 위한 궁전 건설을 시작했다. 원형의 중정이 있는 60m2의 2층 블럭은 브라만테의 수법을 모방한 것으로서 고전주의 성격이 명확히 드러나며 장엄하고 기념비적이다. 부스타멘테(Bustamente)가 설계한 타베라 병원(Tavera Hospital, 1542~) 역시 이탈리아풍의 건축물로서 2층의 아치로 이루어진 중정을 두고 있다.

펠리페 2세는 1556년에 스페인 왕위를 계승해 16세기 말까지 통치했다. 그는 유럽과 스페인 제국의 정치적 통일을 위한 수단으로서 강력한 가톨릭 체제를 수립했다. 그러나 관료체제의 부패는 그의 힘을 약화시켰고, 유럽 통일의 꿈은 침묵왕 윌리엄(William the Silent)의 지휘 아래 네덜란드의 신교도들이 맹렬히 독립투쟁을 함에 따라 무산되었다. 결국 1588년 영국이 스페인의 무적함대를 패배시켰을 때 그의 계획은 완전히 끝이 났다. 펠리페 2세가 엄격하고 열광적인 가톨릭 신봉자였다는 사실은 마드리드(Madrid) 교외에 위치한 에스코리알 궁(Escorial Palace)에서 잘 입증되고 있다. 200m2의 이 복합건물군은 산이 많은 지형에 입지하고 있으며, 펠리페 2세가 종교적인 왕권을 유지하기 위해 필요한 것을 모두 수용해 1599년 후안 바우티스타 데 톨레도(Juan Bautista de Toledo)에 의해 시작되어 후안 데 헤레라(Juan de Herrera)에 의해 계승되었다. 상부에 돔을 얹은 교회를 중심으로 한편

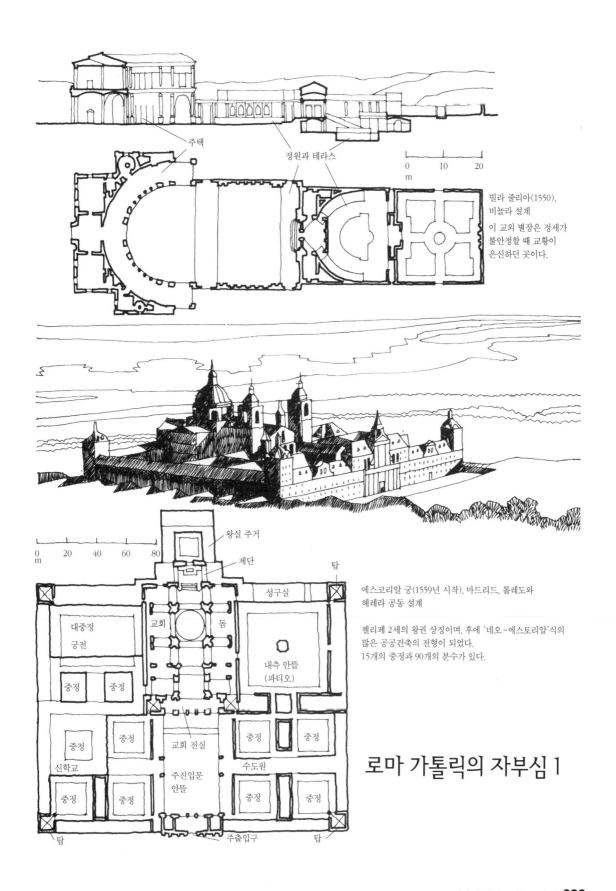

주택

정원과 테라스

0　　10　　20
m

빌라 줄리아(1550),
비뇰라 설계
이 교외 별장은 정세가
불안정할 때 교황이
은신하던 곳이다.

0　20　40　60　80
m

왕실 주거

제단

성구실

탑

에스코리알 궁(1559년 시작), 마드리드, 톨레도와
헤레라 공동 설계

펠리페 2세의 왕권 상징이며, 후에 '네오-에스토리알'식의
많은 공공건축의 전형이 되었다.
15개의 중정과 90개의 분수가 있다.

대중정
궁전

교회

돔

중정　중정

내측 안뜰
(파티오)

중정　중정

중정　중정

교회 전실

중정　중정

신학교

주진입문
안뜰

수도원

중정　중정

탑

주출입구

탑

로마 가톨릭의 자부심 1

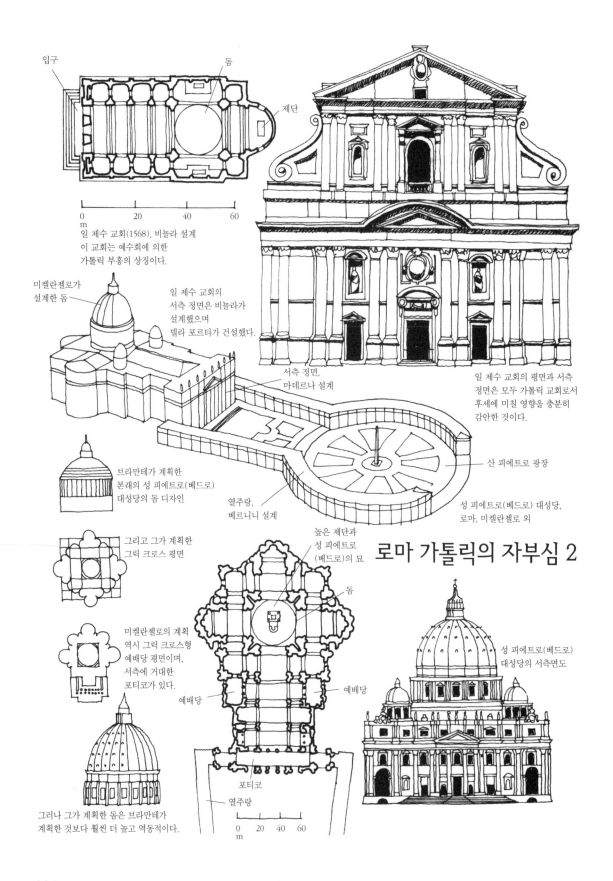

입구

돔

제단

0　　　20　　40　　60
m

일 제수 교회(1568), 비뇰라 설계
이 교회는 예수회에 의한
가톨릭 부흥의 상징이다.

미켈란젤로가
설계한 돔

일 제수 교회의
서측 정면은 비뇰라가
설계했으며
델라 포르타가 건설했다.

서측 정면,
마데르나 설계

일 제수 교회의 평면과 서측
정면은 모두 가톨릭 교회로서
후세에 미칠 영향을 충분히
감안한 것이다.

브라만테가 계획한
본래의 성 피에트로(베드로)
대성당의 돔 디자인

열주랑,
베르니니 설계

산 피에트로 광장

성 피에트로(베드로) 대성당,
로마, 미켈란젤로 외

그리고 그가 계획한
그릭 크로스 평면

높은 제단과
성 피에트로
(베드로)의 묘

돔

로마 가톨릭의 자부심 2

미켈란젤로의 계획
역시 그릭 크로스형
예배당 평면이며,
서측에 거대한
포티코가 있다.

예배당

예배당

성 피에트로(베드로)
대성당의 서측면도

그러나 그가 계획한 돔은 브라만테가
계획한 것보다 훨씬 더 높고 역동적이다.

포티코

열주랑

0　20　40　60
m

에는 수도원이 인접해 있고 다른 편에는 신학교와 왕실 주거가 배치되었는데, 건물들은 대부분 중정을 두고 있으며 장대하면서도 엄격하게 구성되어 있디.

튜더 왕조의 영국에서는 수도원의 엄격성과는 다른 형태의 절대주의가 진행되고 있었다. 헨리 7세는 귀족들을 통제하고 자신의 역할을 확고히 수행할 수 있는 의회를 설립해 영국의 정치상황을 안정시켰으며, 교역을 증대시킴으로써 더욱 강력한 왕조를 성립했다. 교황에게 파면된 그의 아들 헨리 8세(1509~47)는 자신을 우두머리로 하는 국교를 세우고 가톨릭을 해체해 그들의 재산을 몰수했다. 그의 딸 엘리자베스 1세(Elizabeth I, 1558~1603)는 새로운 영국 국교회(Anglican church)를 확고히 하는 한편, 막강한 해군력을 바탕으로 식민지 정책과 무역 진흥을 통해서 국가의 부를 착실히 증대시켰다. 또한 헨리와 엘리자베스는 톨리스(Tallis), 버드(Byrd), 스펜서(Spenser), 셰익스피어(Shakespeare)의 작품을 포함해 문화적인 업적들을 총괄, 관장했다.

에스코리알 궁과는 대조적으로 서레이(Surrey)에 있는 헨리 8세의 논서치(Nonsuch) 궁은 두 개의 중정을 둘러싼 유원지로서 이탈리아, 프랑스, 네덜란드, 영국 등지에서 불러 모은 장인들의 노력으로 이루어졌다. 이 궁은 17세기에 붕괴되었는데, 그 당시의 기록을 통해 수많은 탑과 첨탑, 조각상으로 이루어진 5층 높이의 건물이 있었음을 알 수 있다. 논서치 궁은 1층은 석재로 되어 있고 상부는 금박의 장식 판넬로 덮인 목구조로 이루어져 있으며, 3층 높이의 대연회장을 비롯해 격자형으로 구성된 정원과 산책로를 두고 있었다고 기록되어 있다.

그러나 헨리 8세는 재상인 울시(Wolsey) 추기경에 의해 건설되고 있던 햄턴 코트(Hampton Court)에 현혹되어 논서치 궁에 싫증을 냈다. 그 지역의 장인들에 의해 고딕풍으로 지어진 햄턴 코트는 장식벽돌로 쌓은 건물 안에 서로 다른 크기의 정원이 네 개 있는 광활한 개방식 궁전으로서 화려한 문루(gatehouse), 예배당, 그리고 제임스 네덤(James Ncdcham)에 의해 해머식 인방보로 지붕이 덮인 대형 홀(Great Hall) 등 몇 가지 세련된 건물을 포함하고 있다. 이 건물은 1520년에 지어지기 시작했는데, 1526년 완성될 즈음 헨리 8세의 시샘에 따라 울시 추기경은 왕에게 자신이 심혈을 기울여 지은 궁을 바칠 수밖에 없었다.

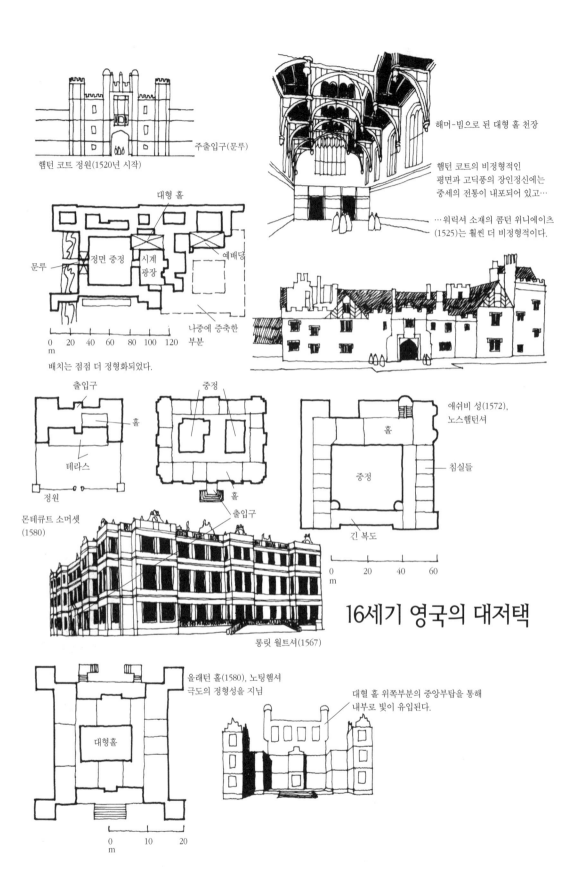

주출입구(문루)

햄턴 코트 정원(1520년 시작)

해머-빔으로 된 대형 홀 천장

햄턴 코트의 비정형적인
평면과 고딕풍의 장인정신에는
중세의 전통이 내포되어 있고…

…워릭셔 소재의 콤턴 위니에이츠
(1525)는 훨씬 더 비정형적이다.

대형 홀

문루   정면 중정   시계 광장   예배당

나중에 증축한 부분

0 20 40 60 80 100 120
m

배치는 점점 더 정형화되었다.

출입구

홀

테라스

정원

몬테큐트 소머셋
(1580)

중정

홀

출입구

애쉬비 성(1572),
노스햄턴셔

홀

중정

침실들

긴 복도

0   20   40   60
m

16세기 영국의 대저택

롱릿 월트셔(1567)

올래턴 홀(1580), 노팅햄셔
극도의 정형성을 지님

대형홀

대형 홀 위쪽부분의 중앙부탑을 통해
내부로 빛이 유입된다.

0   10   20
m

226

16세기의 영국 건축

16세기 동안에는 부유한 귀족이나 명예욕이 강한 상인들이 고급 주택을 추구함으로써 영국 특유의 상류 주택 양식이 확립되었다. 평면 계획은 노르만의 장원 주택에서 발전된 형태로서 대형 홀을 중심으로 배치되었고 장식적인 목조지붕이나 정교하게 회반죽을 바른 천장을 포함해 커다란 난로와 굴뚝을 두었으며 전체 공간을 참나무 판넬재로 마감했다. 홀은 집안의 중심인 동시에 중요한 연결공간으로 한편에는 웅장한 계단실을 두어 위층으로 진입할 수 있게 했다. 뒤로 물러나 배치되어 있는 위층의 방들은 노르만의 일광욕실에서 발전한 것으로서 16세기에는 새로운 요소인 갤러리(gallery) 형식의 길다란 복도가 덧붙여졌다. 위층의 모든 방으로 연결되는 이 지붕 덮인 복도는 점점 넓고 길어졌으며, 시간이 지나면서 전시실이나 오락실 등으로 발전되었다. 콤튼 위니에이츠(Compton Wynyates, 1525)에서도 볼 수 있듯이 16세기 초에는 중세 후기의 다양한 특성이 나타나는데, 사각형의 중정을 포함한 기하학적 평면, 세로창살이 있는 창문이나 돌출창(projecting bay)에서와 같은 직선적인 외관 형태에서 새로운 특징을 엿볼 수 있다. 롱릿(Longleat, 1567), 애쉬비 성(Castle Ashby, 1572), 울래튼 홀(Woolaton Hall, 1580), 몬테큐트(Montacute, 1580) 등의 영국 중부나 남서부의 대규모 저택은 석회석이나 사암으로 지어졌으나, 규모가 작은 장원 주택은 목구조로 지어졌다. 체셔(Cheshire)에 있는 모어튼 올드 홀(Moreton Old Hall, 1559)과 슈롭셔(Shropshire)에 있는 피치포드(Pitchford, 1560)는 엘리자베스 왕조의 '흑과 백' 양식의 대표적인 건물이다.

이처럼 귀족층이나 부유층들의 주택에서는 당시의 농가나 소주택과는 대조적으로 목재를 풍부하게 사용해 16세기 말에 이르러서는 목재의 부족현상은 심각할 지경에 이르렀다. 과거에는 건축이나 선박을 짓기에 필요한 상당한 양의 목재도 작은 숲에서 벌채하는 정도에서 해결되었으나, 도시의 급성장과 무역의 발달로 인해 이제는 커다란 숲속까지 침범하게 되었다. 게다가 목재는 오랫동안 주요한 에너지원으로 사용되었다. 16세기에는 중세와 같이 수력과 풍력을 주로 많이 이용했으므로 물방앗간이나 풍차간을 활용하는 기술에 상당한 진보가 이루어졌으나, 야금공업의 규모가 점차로 커지면서 에너지원을 목재의 사용에 의존하게 되었다. 18세기에 산업혁명으로 대체에너지를 발명하기 전까지 목재 부족 현상은 매우 심각한 상태에 이르게 되어 16세기에 들어 목재 가격이 1,200%나 상승한 지방도 있었다. 이러한 영향으로 벽돌공법이

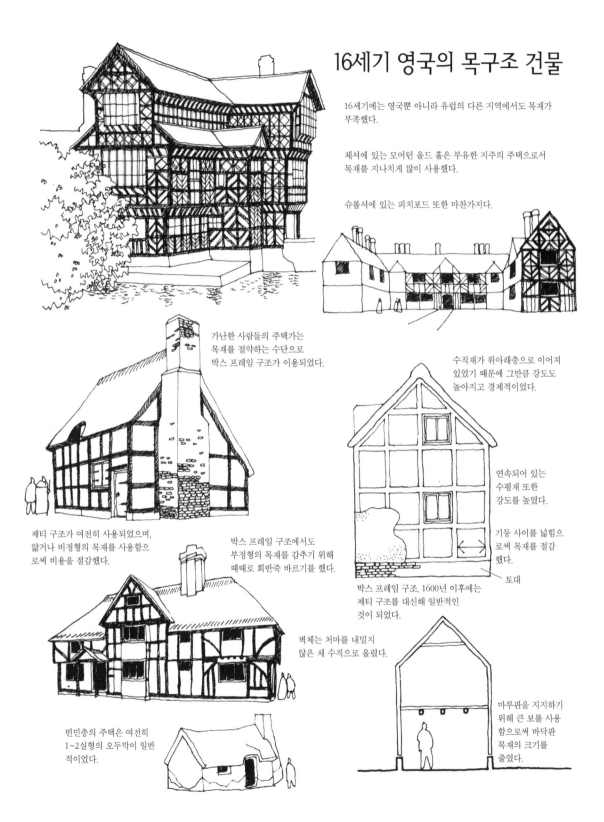

16세기 영국의 목구조 건물

16세기에는 영국뿐 아니라 유럽의 다른 지역에서도 목재가 부족했다.

체셔에 있는 모어턴 올드 홀은 부유한 지주의 주택으로서 목재를 지나치게 많이 사용했다.

슈롭셔에 있는 피치포드 또한 마찬가지다.

가난한 사람들의 주택가는 목재를 절약하는 수단으로 박스 프레임 구조가 이용되었다.

수직재가 위아래층으로 이어져 있었기 때문에 그만큼 강도도 높아지고 경제적이었다.

제티 구조가 여전히 사용되었으며, 얇거나 비정형의 목재를 사용함으로써 비용을 절감했다.

박스 프레임 구조에서도 부정형의 목재를 감추기 위해 때때로 회반죽 바르기를 했다.

연속되어 있는 수평재 또한 강도를 높였다.

기둥 사이를 넓힘으로써 목재를 절감했다.

토대

박스 프레임 구조. 1600년 이후에는 제티 구조를 대신해 일반적인 것이 되었다.

벽체는 처마를 내밀지 않은 채 수직으로 올렸다.

빈민층의 주택은 여전히 1~2실형의 오두막이 일반적이었다.

마루판을 지지하기 위해 큰 보를 사용함으로써 바닥판 목재의 크기를 줄였다.

228

발전하게 되고 목재는 아주 중요한 건물에만 국한되어 사용되었다. 당시의 전형적인 농가나 소주택에서는 목재는 구조재로만 사용했고 사용량을 절감하기 위해 공산을 넓게 구획했고, 추가로 목새가 필요한 경우에는 품질이 나쁘거나 모양이 좋지 않은 나무를 사용했다.

16세기 영국의 농촌은 근본적으로 '사회 변화의 장'이라 할 수 있다. 사유재산제가 확립됨에 따라 지주들은 도랑이나 울타리로 농장을 둘러싸고 농부들을 그 바깥으로 추방했으며, 그들의 오두막도 철거했다. 수도원의 해체로 수많은 노동자들이 직업을 잃게 되면서 덩달아 소작농들도 실업 문제에 직면했으나, 당시 제조 산업의 성장으로 이 문제는 부분적으로 해소되었다. 제조 산업도 급속히 변화하기 시작했는데, 15세기의 모직 산업이 더욱 발전해 공장과 새로운 계층의 노동자들을 필요로 하게 되었다. 도처에서 소작농의 수가 감소함에 따라 사회는 자본주의 속성인 '자본가와 노동자'로 양분되었다.

루터는 "신앙은 사람을 신도로 변하게 하듯이 사람의 노동을 선으로 승화시킨다"라고 말했다. 신교는 유럽 전역에 퍼졌고, 수도원적인 명상보다는 사람들의 실제적인 재능 개발에 중점을 두게 되었다. 신앙의 유무에 관계 없이 사람들의 산업과 상업 활동을 정당화했다. 17세기 동안 북유럽 특히 영국과 네덜란드의 지속적인 경제 성장은 자본주의자들이 신교의 윤리를 흡수했기 때문에 가능했던 것으로 판단된다. 더욱 분명한 이유는 상업에 의존하는 이탈리아나 식민지에서 착취한 금을 가지고 번영을 꾀하던 스페인과는 달리 북유럽의 부는 주로 노동을 기반으로 한 제조산업에 기초를 두고 있었다는 점이다. 산업이 발전함에 따라 17세기에 영국과 네덜란드는 그들의 식민지와의 무역물을 수송하기 위한 해상로를 급속히 확장하게 되었으며, 반면 이탈리아와 스페인은 시대에 뒤떨어져 남게 되었다.

이탈리아의 바로크

그러나 이탈리아와 스페인, 특히 이탈리아에는 여전히 막대한 부가 존재하고 있었다. 종교개혁의 영향으로 재정적 위기에 처한 교황청은 가톨릭을 신봉하는 국가들의 뒷받침과 세금 인상으로 재정 확보를 꾀했다. 그와 더불어 교회나 궁의 건설도 계속되어 이탈리아 건축은 성숙기를 맞이했다. 카를로 마데르나(Carlo Maderna, 1556~1629), 프란체스코 보로미니(Francesco Borromini, 1599~1667), 조반니 베르니니(Giovanni Bernini, 1598~1680)

이탈리아 바로크 1

베르니니

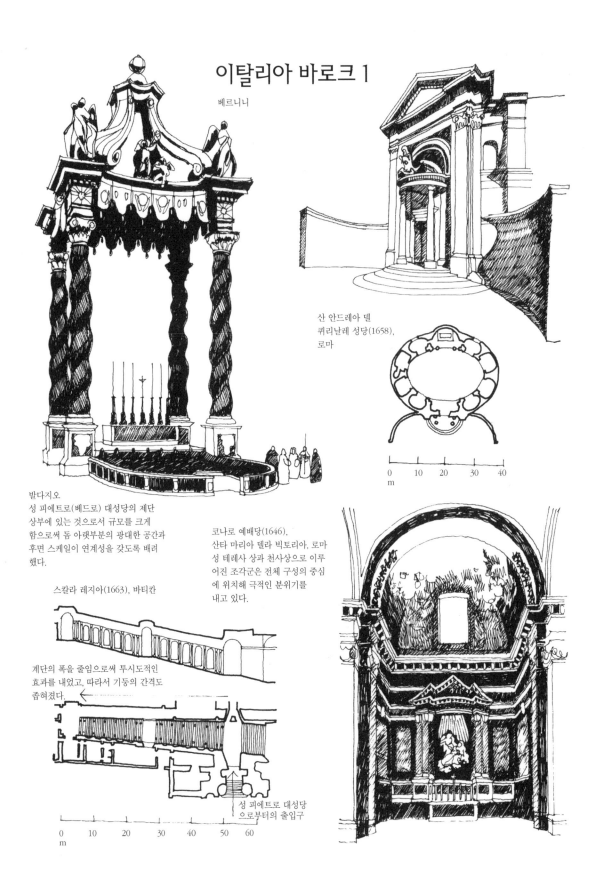

발다지오
성 피에트로(베드로) 대성당의 제단
상부에 있는 것으로서 규모를 크게
함으로써 돔 아랫부분의 광대한 공간과
후면 스케일이 연계성을 갖도록 배려
했다.

산 안드레아 델
퀴리날레 성당(1658),
로마

0 10 20 30 40
m

코나로 예배당(1646),
산타 마리아 델라 빅토리아, 로마
성 테레사 상과 천사상으로 이루
어진 조각군은 전체 구성의 중심
에 위치해 극적인 분위기를
내고 있다.

스칼라 레지아(1663), 바티칸

계단의 폭을 줄임으로써 투시도적인
효과를 내었고, 따라서 기둥의 간격도
좁혀졌다.

성 피에트로 대성당
으로부터의 출입구

0 10 20 30 40 50 60
m

등의 활약에 힘입어 당시의 건축은 풍요하고 대담하며 힘찬 표현방식을 드러내고 있다. 고대 로마의 건축어휘가 여전히 사용되었지만, 고전적인 절제보다는 풍부한 곡선과 기번적인 조형형태가 사용되었다. 마네트나의 스타일은 고전적인 세련미가 다소 결여되었기 때문에 바로크(baroque) 양식이라고 불렸는데, 이 말은 가공하지 않은 진주나 돌을 의미하는 보석 관련 용어인 바로코(baroco)에서 유래한 것이다. 마데르나는 성 피에트로 성당의 서측 정면과 네이브를 설계한 건축가로서 약 30m 높이의 열주에 코린트 양식 주두를 시도했는데, 그것은 독창적이라기보다는 규모가 크다는 점에서 인상적이었다. 마데르나가 설계한 로마의 성 수산나(Santa Susanna, 1597) 교회는 웅대함은 덜하지만 상상력이 풍부한 작품으로서 정면의 장식과 군집된 기둥, 페디먼트와 돌출창은 주출입구를 강조하고 있다.

미켈란젤로와 마찬가지로 조각가로 출발한 베르니니는 건축적인 법칙을 무시하고 조각적인 효과를 내는 데에 중점을 두었다. 흐르는 듯한 곡선과 원근법(false perspective)을 활용한 성 피에트로 광장의 열주랑은 바로크식 외부 공간 계획의 걸작으로 손꼽히며, 로마에 있는 산 안드레아 델 퀴리날레(San Andrea del Quirinale, 1658) 성당 역시 비교적 작은 규모지만 훌륭한 건물로서 단순한 타원형의 평면 위에 돔이 얹혀져 있다. 여러 가지 양식의 기둥과 페디먼트로 처리된 정면에는 포디움으로 올라가는 반원형의 포치가 앞으로 돌출되어 있으며, 양쪽에 곡면의 날개벽이 있어 전면부의 공공 공간과 건물을 통합시켜준다. 스칼라 레지아(Scala Regia, 1663)는 바티칸 궁과 성 피에트로 성당의 포티코 부분을 연결하는 베르니니의 유명한 계단으로서, 점점 좁아지는 대지 조건을 잘 이용해 멀수록 점점 작게 보이는 투시도 효과와 긴 내부 공간에 비추어지는 특이한 조명효과로 장엄한 분위기를 연출하고 있다. 이와 같은 베르니니의 독특한 기법은 보는 이로 하여금 구성된 공간 속에 몰입되어 그 속으로 빠져드는 듯한 느낌을 준다. 유사한 접근방식으로 미켈란젤로는 메디치 예배당의 조각 주위에 건축물을 설계했고 베르니니는 로마의 산타 마리아 델라 비토리아(Santa Maria della Vittoria)외 성 테레사 예배당(Santa Teresa chapel, 1646)에서 변형된 고전식 원주로 틀을 형성하고 그 내부는 사실적이면서도 황홀한 느낌을 주는 성 테레사 상과 천사상을 안치해 마치 무대에서와 같은 초점을 표현하고 있다.

베르니니의 과장된 듯한 표현들도 사실은 간단한 방법으로써 그렇게 풍부한 효과를 얻은 것이다. 베르니니의 제자였던 보로미니의 건축은 복잡성과 열

이탈리아 바로크 2

산타 수산나(1567), 로마
마데르나 설계

풍부한 구성으로 중앙 현관이
강조되어 있다.

산 카를로 알레 콰트로 폰타네
(1638), 로마

보로미니 설계
복잡하고 유동적인 평면은 절정기의
이탈리아 바로크를 잘 나타내고 있다.

산타 마리아 델라 살루트(1631),
베네치아, 롱헤나 설계

산 로렌초(1668), 튜린,
구아리니 설계
개성 있고 강렬한 디자인

수페르가(1717), 튜린,
주바라 설계
단순하면서 강렬한
바로크 양식

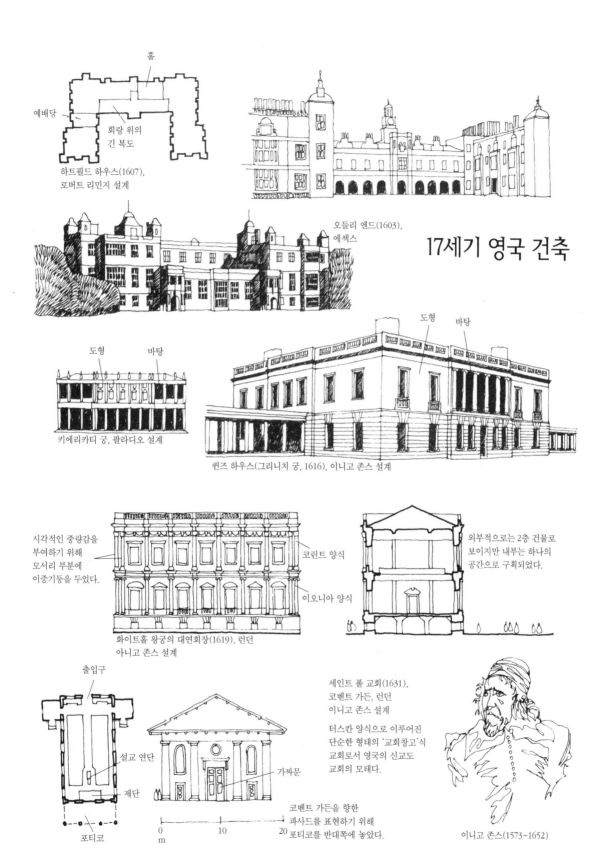

홀

예배당

회랑 위의
긴 복도

하트필드 하우스(1607),
로버트 리민지 설계

오들리 엔드(1603),
에섹스

17세기 영국 건축

도형

바탕

도형   바탕

키에리카티 궁, 팔라디오 설계

퀸즈 하우스(그리니치 궁, 1616), 이니고 존스 설계

시각적인 중량감을
부여하기 위해
모서리 부분에
이중기둥을 두었다.

코린트 양식

이오니아 양식

화이트홀 왕궁의 대연회장(1619), 런던
아니고 존스 설계

외부적으로는 2층 건물로
보이지만 내부는 하나의
공간으로 구획되었다.

출입구

설교 연단

제단

포티코

가짜문

0   10   20
m

코벤트 가든을 향한
파사드를 표현하기 위해
포티코를 반대쪽에 놓았다.

세인트 폴 교회(1631),
코벤트 가든, 런던
이니고 존스 설계

터스칸 양식으로 이루어진
단순한 형태의 '교회창고'식
교회로서 영국의 신교도
교회의 모태다.

이니고 존스(1573~1652)

광적인 성격을 동시에 지니고 있는데, 로마에 있는 산 카를로 알레 콰트로 폰타네(San Carlo alle Quattro Fontane, 1638~) 성당에서 그 성격이 단적으로 표현되고 있다. 성 카를로 성당은 베르니니의 산 안드레아 성당과 규모나 형태가 거의 유사하고 비슷한 형태의 타원형 돔이 덮여 있으나 평면계획은 더 복잡하다. 정면은 파상형 벽으로 구성되어 극적인 효과를 주고 있기는 하지만 다소 불안한 느낌을 배제할 수 없다.

바로크 건축이 이탈리아 전역에 확산될 즈음 건축 활동은 상당히 쇠퇴했지만, 베네치아에는 베르니니와 동시대의 건축가인 발다사레 롱헤나(Baldassare Longhena)에 의해 로마의 건물들과 비교할 만한 주요한 건축물이 서게 되었다. 이 건물은 산타 마리아 델라 살루트(Santa Maria della Salute, 1631) 성당으로서 팔각형의 평면을 가지고 있는 중앙집중형의 건물이며, 16개의 소용돌이 모양의 부축벽에 의해 지지되는 드럼 위에 높은 돔이 올려져 있다. 또 다른 낮은 돔이 성소 위에 얹혀 있고, 이슬람 사원의 첨탑과 같은 모양의 탑이 그 측면에 위치해 명확한 방향감을 부여하고 있다.

로마 건축이 쇠퇴하기 시작하자 뛰어난 재능이 있는 북유럽 건축가 두 명이 이탈리아 건축에 새로운 영감을 불어넣었는데, 그들은 바로 구아리노 구아리니(Guarino Guarini, 1624~83)와 필립포 주바라(Filippo Juvarra, 1678~1736)다. 구아리니는 튜린(Turin)에 있는 산 로렌초(San Lorenzo, 1668) 성당과 튜린 대성당의 홀리 쉬로우드(Holy Shroud, 1667) 예배당을 설계했는데 이 두 건물은 타원이나 원형의 볼륨이 겹쳐진 까다로운 교차 볼트로 세워진 돔으로 인해 매우 복잡하다. 이와는 대조적으로 주바라의 작품은 단순하고 장엄하며, 튜린에 있는 슈퍼가(Superga, 1717)에서 잘 나타난다. 성당과 수도원으로 이루어진 이 건물은 언덕 위에 위치하고 있는데, 단순하고 반복적인 수도원 건물과 웅장한 돔이 있는 교회가 대조적으로 처리되어 새로운 느낌을 주고 있다.

이니고 존스와 17세기 영국 건축

한편 남유럽의 일부 도시가 점차 쇠퇴한 반면 북부의 도시들은 계속 성장하고 있었다. 근처에 길드 하우스가 있는 앤트워프(1561), 쾰른(1569), 이프르(Ypres, 1575)와 겐트(1595)의 화려한 시청은 아름답고 고전적인 분위기를 나타내어 도시가 지닌 부의 힘을 과시하고 있다.

대부분의 도시에는 이미 많은 공장과 작업장이 있었지만, 산업 활동은 아직도 미흡한 상태였다. 의류 제조를 포함한 많은 과정에서 수력이나 풍력, 그리고 적절한 운송수단을 필요로 하기 때문에, 많은 원자재를 쉽게 모을 수 있는 작업장에서 대부분의 작업이 실행되었다. 17세기의 공장주는 대부분 농촌의 지주였다. 자코뱅(Jacobean)의 부유한 전원주택은 영국의 수입원이 도심 무역에 있긴 하지만 결국 전원 작업장의 생산성과 부에 의존한다는 사실을 증명해준다. 로버트 리민지(Robert Lyminge)가 설계했던 솔즈베리의 얼(Earl) 백작의 저택인 하트필드 하우스(Hatfield House, 1607)는 단순한 계획에 세부적인 장식을 부가한 건물의 전형이다. 하트필드 하우스처럼 숙련공의 솜씨가 돋보이는 벽돌과 돌 쌓기, 회화적인 스카이라인, 그리고 주변과 합치되는 듯한 느낌을 주는 질서정연한 설계 등이 돋보이는 건물로는 놀(Knole, 1605)과 오들리 엔드(Audley End, 1603)를 들 수 있다.

17세기 초 영국의 왕조에는 극적인 변화가 있었다. 튜더 왕조는 전제군주임에도 불구하고 의회와의 관계를 유지했으나, 계승된 스튜어트 왕조는 더 야심적이었으므로 그렇지 못했다. 제임스 1세(James I, 1603~25)의 "왕은 신으로부터 나오고, 법은 왕으로부터 나온다"(a Deo rex, a lege lex)라는 말은 절대적 통치에 대한 야망을 한마디로 표현한 것으로 당시의 다른 군주들도 이를 모방하기 시작했다. 당시 신교가 널리 퍼진 상태에서 제임스 국왕은 가톨릭을 신봉하며, 독재정치, 족벌정치 등으로 인해 백성의 원망을 사게 되었다. 그의 후계자 찰스 1세(Charles I, 1625~49)는 더욱 심해 자신의 신하들로부터 개인세금을 징수하려 했는데 의회가 이를 간섭하자 의회를 해산해버렸다. 그는 불법적으로 세금을 징수하는가 하면 자신의 측근이었던 윌리엄 로드(William Laud)를 대주교로 지명하고 이에 대해 항의하는 사람들을 감옥에 가두어버렸다.

거장 이니고 존스(Inigo Jones, 1573~1652)의 경력은 주로 스튜어트 왕조 처음 두 왕의 재위기간에 이루어졌다. 위험한 전제군주들에게 보여준 그의 건축은 이치에 맞지 않게 상당히 평온한 분위기였다. 그는 본래 사치스런 왕궁 연회장의 무대 연출과 의상 디자이너로서 시작해 곧 왕의 직무를 관리하는 위치로 올라서게 되었고, 당시 가장 중요한 건축물을 담당하기에 이르렀다. 존스는 고전주의 건축과 디자인에 관심이 많았기 때문에 직접 이탈리아에 가서 공부를 할 정도였다. 고전적 디테일은 튜더 왕조 이래로 이미 영국 건축에서 복제되어 사용되기는 했지만, 디자인 철학이 완결된 것은 아니었다. 그러나 존스가 소개한 것은 적어도 예술가들에게는 혁명을 불러일으켰다.

처음에 영국인들은 로름(l'Orme) 이후의 프랑스 건축과 브루넬레스키 이후의 이탈리아 건축에 관심을 기울였는데, 두 양식은 한 요소와 다른 요소 간의 관계를 주의 깊게 다루고 있는 건축양식이라는 점에서 공통점이 있었다. 영국에서는 팔라디오의 이론에 기반을 둔 전통주의(academicism)와 그의 건축적 독창성이 가장 호소력 있게 받아들여지고 있었는데, 존스는 중요한 영국의 건축물을 설계하면서 그 두 가지 요소를 세련되게 혼합해 표현했다. 제임스 1세의 왕비를 위해서 그리니치에 우아하게 건축된 퀸즈 하우스(Queen's House, 1616)는 2층 높이의 현관홀이 있는 석조 건물이다. 하부는 석재를 거칠게 다듬어서 처리했으며, 상부는 코니스와 석조 난간을 두고 매끈한 석벽으로 마감했다. 남측면은 팔라디오의 키에리카티 궁과 유사한데, 이는 팔라디오의 건축적 표현인 채움과 비움의 단순한 반복과 온화한 분위기, 그리고 비례에서 영향을 받고 있다.

존스가 설계한 이탈리아풍의 또 하나의 중요한 건물은 런던에 있는 화이트홀(Whitehall) 궁의 대연회장(Banqueting Hall, 1619)인데, 이 건물은 재건축 계획의 유일한 완성작이다. 홀은 거칠게 다듬은 기초 위에 세워져 있고, 정교하게 분할된 입면은 그 내부에 있는 하나의 커다란 공간을 둘러싸고 있다. 입면에서는 이오니아 양식의 원주 위에 코린트 양식의 원주를 사용했고 모서리에는 시각적으로 힘차게 보이기 위해 이중의 원주를 배치했다. 본래 대연회장은 궁중의 가장무도회를 위해 세워졌지만, 1649년 찰스 1세가 내전에서 의회의 크롬웰 군대에 패해 발코니에서 공개적으로 처형되는 끔찍한 사건이 발생하기도 했다. 왕에 대한 존경심을 버리지 않았던 존스는 동조자로서 체포되었다. 후에 석방되기는 했지만 찰스 왕이 처형된 후 단지 4년 더 살았을 뿐이다.

17세기의 프랑스 건축

중부 유럽에서는 종교의 자유와 정치권력에 대한 투쟁이 영국에서보다도 더욱 거세게 일어나고 있었으며, 1618년 독일에서는 신앙의 자유를 위한 신교도의 외침으로 30년전쟁이 일어났다. 유럽의 지배권 확보를 위해 보헤미아, 프랑스, 스웨덴, 덴마크, 네덜란드가 전쟁에 참가했으며, 1648년 제국이 붕괴되면서 전쟁은 막을 내리게 되었다. 이로 인해 광대한 지역의 토지가 황폐화되고 인구가 감소되었으나, 적어도 독일의 신교는 지켜지게 되었다. 신교가 세력을 펴지 못했던 프랑스에서는 앙리 4세(Henri IV, 1589~1610)가 그의

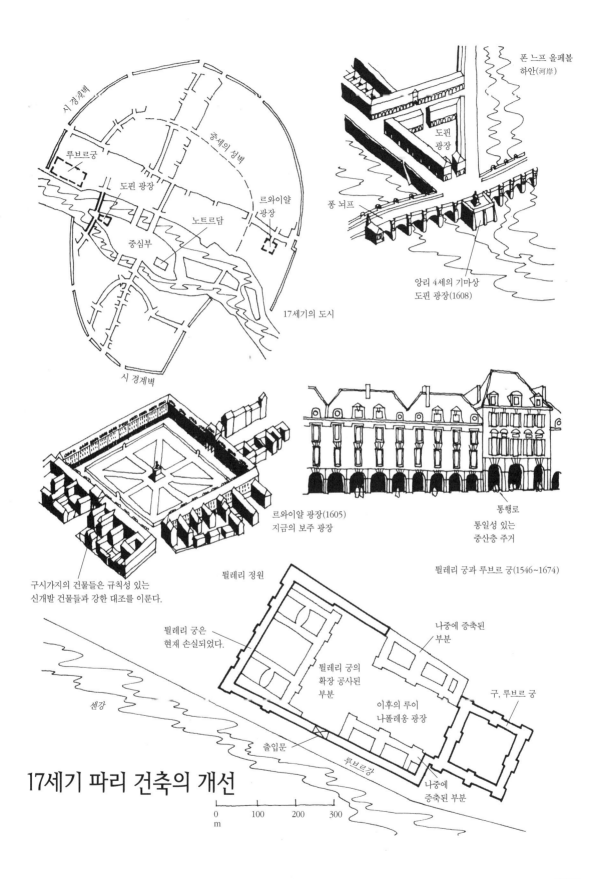

시 경계벽

중세의 성벽

루브르궁

도핀 광장

노트르담

르와이얄 광장

중심부

17세기의 도시

시 경계벽

폰 느프 올페볼 하안(河岸)

도핀 광장

퐁 뇌프

앙리 4세의 기마상 도핀 광장(1608)

르와이얄 광장(1605) 지금의 보주 광장

통행로 통일성 있는 중산층 주거

구시가지의 건물들은 규칙성 있는 신개발 건물들과 강한 대조를 이룬다.

틸레리 정원

틸레리 궁은 현재 손실되었다.

틸레리 궁의 확장 공사된 부분

나중에 증축된 부분

이후의 루이 나폴레옹 광장

틸레리 궁과 루브르 궁(1546~1674)

구, 루브르 궁

센강

출입문

루브르강

나중에 증축된 부분

17세기 파리 건축의 개선

0 100 200 300
m

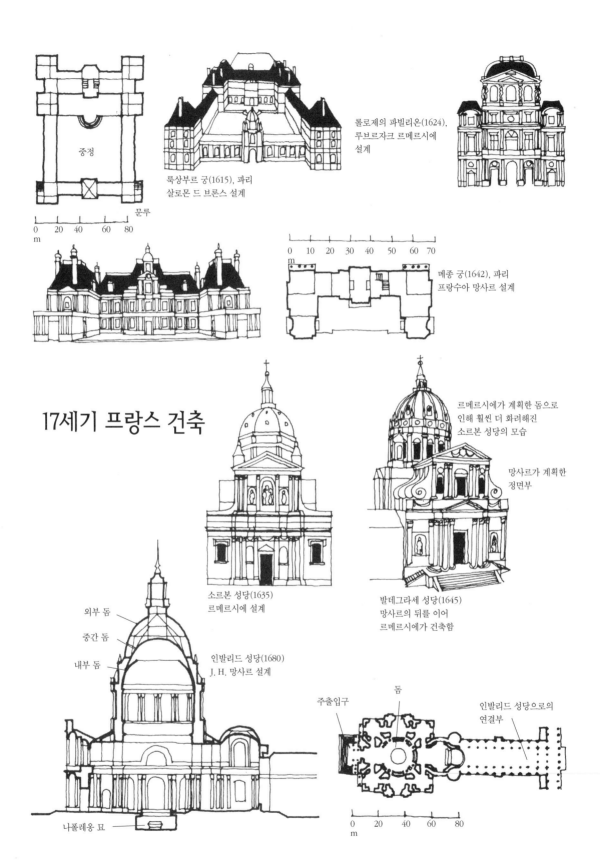

중정

문루

0 20 40 60 80
m

룩상부르 궁(1615), 파리
살로몬 드 브론스 설계

롤로제의 파빌리온(1624),
루브르자크 르메르시에
설계

0 10 20 30 40 50 60 70
m

메종 궁(1642), 파리
프랑수아 망사르 설계

17세기 프랑스 건축

소르본 성당(1635)
르메르시에 설계

르메르시에가 계획한 돔으로
인해 훨씬 더 화려해진
소르본 성당의 모습

망사르가 계획한
정면부

발데그라세 성당(1645)
망사르의 뒤를 이어
르메르시에가 건축함

외부 돔
중간 돔
내부 돔

인발리드 성당(1680)
J. H. 망사르 설계

나폴레옹 묘

주출입구

돔

인발리드 성당으로의
연결부

0 20 40 60 80
m

238

신하인 설리(Sully)의 도움으로 부르봉 왕조를 수립하고 낭트 칙령에 따라 강력한 국가통일 정책을 수립하는 한편, 발로아 왕조식의 낭비를 억제하고 농업과 외국 무역을 장려했다. 그러나 강력한 새상인 리슐리외(Richelieu)의 도움을 받아 정치를 하던 루이 13세(Louis XIII, 1610~43)는 진보적인 성향이 아니었으며, 반대자들을 분쇄하고 귀족의 저택을 파괴해 자기 밑에 두는 한편, 귀족과 중산 계급들을 철저하게 통제하고 위그노족의 권리를 빼앗았다.

중세 도시였던 파리에서는 점차 질서가 회복되고 중산 계층이 많아짐에 따라 도시계획에 입각한 재개발사업을 실시했는데, 이와 같이 앙리 4세의 통치기간에 여러 공공사업과 자본가들에 의한 모험적 사업이 실시되었다. 현재의 보주 광장(Place des Vosges)인 르와이얄 광장(Place Royale, 1605)은 정형적인 오텔(hôtel)의 파사드로 둘러싸여 사각의 광장을 형성하고 있다. 오텔은 중정 주위에 지어진 일종의 테라스 하우스로서 바닥층은 열주랑으로 되어있고 위로 두 개의 층이 더 있으며, 돌출창을 가진 경사지붕으로 이루어져 있다. 일 드 라 시테(Ile de la Cit 의 서쪽 끝에 있는 도핀 광장(Place Dauphine, 1608)은 건물로 둘러싸인 삼각형 형태의 광장이며, 앙리 4세의 상으로 집중되는 퐁 뇌프(Pont Neuf)에 한쪽 끝이 연결되어 있다.

루이 왕과 리슐리외에 추기경은 가톨릭의 부활과 왕권의 절대화를 서서히 진행시켰으며, 교회와 왕궁에 대한 건설 투자가 재개되었다. 파리의 룩상부르 궁(Palais de Luxembourg, 1615)은 앙리 4세의 미망인 마리 드 메디치(Marie de Médicis)를 위해 살로몬 드 브로스(Salomon de Brosse)가 지은 궁전으로서 마차가 출입할 수 있는 정문을 통해 주위에 3층 건물이 정렬해 있는 정면광장으로 진입할 수 있다. 규모가 작으면서도 우아하고 세련된 파리 근교의 메종 궁성(Château de Maisons, 1642)은 건축가 프랑수아 망사르(François Mansart, 1598~1666)에 의해 설계되었는데, 망사르는 당시 프랑스에서 가장 유명한 건축가였다. 그의 작업 성향은 계획적이지만 독선적이었는데, 자신이 설계한 건축물에 귀족적 성향을 표현해야 하는 임무기 주이졌기 때문에 질제되고 명료한 형태의 건물을 추구함으로써 17세기의 우아하고 장중한 프랑스 고전주의 건축양식을 확립했다. 그의 작품 중 메종 궁성은 부유한 상인을 위해 계획된 것으로 건축주의 경제적 여유와 인내심으로 인해 망사르는 건축물의 초기 계획을 자유롭게 변경할 수 있었는데, 심지어는 건설 중에 건물을 헐기도 했다. 결과적으로 그는 걸작을 만들 수 있었고, 화려한 장식을 부가하지 않고도 풍부한 효과를 내는 그의 능력을 과시했다. 르메르시에(Lemercier)에 의한 리슐리외 성(Château de Richelieu, 1631)은 이와는 대조적인 거대한 건축물로서 현재에는 흔적도 없이 사라졌다. 그러나 루이 르 보(Louis Le Vau)가 설계한 인상적인 보-르-비콩트(Vaux-le-Vicomte, 1657) 궁은 아직까지 남아 있으며, 이 궁성에는 정면 광장은 없지만 대신에 넓은 타원형의 거실을 포함한 중요한 방들이 르 노트르가 계획한 장대한 정원을 향해 배치되어 있다.

파리에 있는 소르본(Sorbonne, 1635) 성당은 리슐리외를 위해 르메르시에가 설계한 정형적이고 고전적인 건물로서 2층의 단순한 입면과 우아하고 높은 중앙부의 돔으로 이루어져 있다. 더욱 풍성한 분위기를 느낄 수 있는 건물은 망사르의 뒤를 이어 르메르시에가 건축한 파리의 발-데-그라세(Val-de-Grâce, 1654) 성당으로서 외관은 소르본 성당과 유사하지만, 돔의 드럼 주변에 있는 콘솔과 정면 입구에 있는 소용돌이 장식(scroll)이 매우 힘 있게 느껴진다. 무엇보다도 가장 인상적인 건물은 망사르(J. H. Mansart)가 계획한 오텔 데 인발리드(Hôtel des Invalides, 1680) 성당이다. 이 성당은 그릭 크로스형 평면으로 직경 30m의 높은 중앙부 돔이 드럼부를 벗어나 지어졌는데, 드럼은 한 쌍의 오더로 된 열주랑 모양의 부축벽으로 지지된다. 망사르는 올바른 외관을 만들어내기 위해 외부의 돔을 내부에서 보여지는 것보다 훨씬 더 높였는데, 내부 돔은 사실상 두 개로서 낮은 것은 중앙부가 개방되어 있어서 그 개구부를 통해 장식적인 위쪽의 돔을 볼 수 있도록 되어 있다.

루이 13세를 위해 리슐리외가 노력했던 것처럼 루이 14세(Louis XIV, 1643~1715)는 마자린(Mazarin)과 콜베르(Colbert)의 도움을 받았다. 그들은 화폐개혁을 통해 국왕의 부를 확고히 했고, 72년간에 걸친 루이 14세의 오랜 통치기간 동안 유례없이 강력한 왕권을 구축했다. "짐은 곧 국가다"(L'état, c'est moi)라는 그의 말은 공연한 자랑거리는 아니어서 그의 재위중에는 의회 소집이 없었고, 정치적인 논의는 궁중에서 이루어졌다. 왕은 모든 세입과 세출을 지휘하고 법을 제정했으며, 사면이나 전쟁선포 등을 명령하고 식민지를 확장해나갔다. 한편 문화를 장려했으므로 여러 예술 분야에서 프랑스 양식이 생겨나 유럽 전역의 상류사회에 널리 퍼졌다. 이를테면 희곡에서는 코르넬리(Corneille), 몰리에르(Moli re), 라신(Racine), 음악에서는 룰리(Lully)와 라모(Rameau), 회화에서는 푸생(Poussin)이 활발한 활동을 보였다.

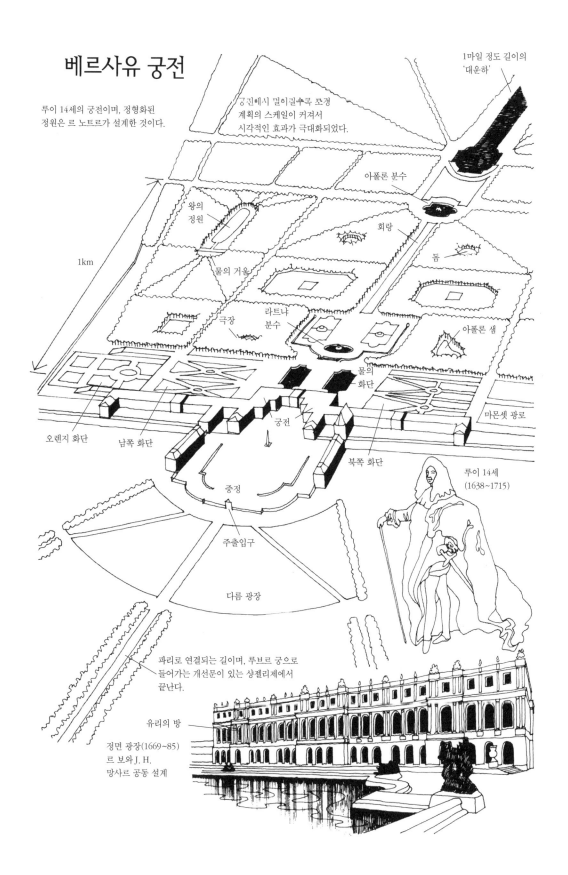

베르사유 궁전

루이 14세의 궁전이며, 정형화된
정원은 르 노트르가 설계한 것이다.

궁전에서 멀어질수록 조경
계획의 스케일이 커져서
시각적인 효과가 극대화되었다.

1마일 정도 길이의
'대운하'

아폴론 분수

왕의
정원

회랑

돔

1km

물의 거울

극장

라트나
분수

아폴론 샘

물의
화단

마몬셋 광로

오렌지 화단

남쪽 화단

궁전

북쪽 화단

루이 14세
(1638~1715)

중정

주출입구

다름 광장

파리로 연결되는 길이며, 루브르 궁으로
들어가는 개선문이 있는 샹젤리제에서
끝난다.

유리의 방

정면 광장(1669~85)
르 보와 J. H.
망사르 공동 설계

베르사유 궁전

루이 14세는 수도인 파리를 거부하고 대신 파리에서 수 마일 정도밖에 떨어져 있지 않은 베르사유(Versailles)에 새로운 궁을 지었다. 그는 모든 부분을 주시할 수 있도록 하나의 방대한 건물 안에 궁 전체와 정부의 모든 기능을 수용하도록 했다. 베르사유 궁은 유럽 절대왕정의 기념비적인 건물로서 르 보(Le Vau)와 망사르(J. H. Mansart)에 의해 1661년부터 1751년 사이에 지어졌다. 정면 광장은 3면을 건물이 둘러싸고 있으며, 좌우로 뻗은 날개는 뒤의 정원과 접하면서 400m 길이의 파사드를 구성하고 있고, 건물의 표면은 필라스터를 규칙적으로 반복함으로써 주된 벽면을 장식하고 있다. 망사르가 계획한 '유리의 방'(Galérie des Glaces)은 벽면이 온통 거울로 되어 있으며, 이후 유럽의 호화스러운 실내장식의 표본이 되었다. 하지만, 가장 아름다운 부분은 르 노트르(Le Nôtre, 1613~1700)가 설계한 방대한 기하학적인 정원으로 후대의 도시계획에 많은 영향을 주었다.

본래 정원은 베르사유 궁의 수많은 거주자나 손님에게 즐거움을 주기 위해 만들어진 것이었다. 건물 주변의 숲은 넓은 축상의 경관(vista)을 형성하기 위해 개간되었고, 낮은 관목숲을 기하학적 패턴으로 구획한 화단 사이로 파빌리온이나 연못이 곳곳에 배치되어 있는 길, 테라스가 배치되었다. 한쪽 끝에는 대운하가 끝도 없이 펼쳐져 있고, 양쪽에는 말이나 마차가 다닐 수 있는 구획된 가로가 숲을 가로질러 인공동굴, 사원, 노천극장, 작은 호수로 이어져 있어서 지칠 대로 지친 귀족들의 눈을 즐겁게 해주었다. 궁전으로부터 방사상으로 퍼져 나가는 가로수 길은 왕의 영토가 지평선 저 멀리까지 확산된다는 것을 상징하듯이 주위의 경관과 어우러져 한없이 뻗어나가고 있다.

르 노트르의 '장대한 표현 방법'(grand manner)은 정원 계획뿐 아니라 도시 계획에도 영향을 미쳤다. 17세기부터 유럽의 도시 중심부를 재개발하거나 해외 식민지 국가들의 신도시를 건설하는 데에 뜻을 둔 예술적이고 철학적인 이상은 경관을 형성하는 가로 계획, 방사형 또는 격자형 도로, 그리고 길이 만나는 곳에 분수대(rond-point)나 광장을 두는 수법으로 표현되었다.

1685년 루이 왕은 낭트 칙령을 파기하고 최고의 종교로서 가톨릭교를 인정했다. 이로 인해 장인과 기업인으로서 나름대로의 기술을 보유한 수많은 위그노족은 프랑스를 떠났다. 루이 왕의 사치로 인해 점차 경제는 악화되고 그의 군대는 해외 원정에서 패배했으며, 이를 뒷받침하기 위해 세금 징수는 계속 많아졌다. 이른바 베르사유 궁으로 표현된 그의 장엄함은 결국 세계적으로 막

모리츠(1633), 헤이그
야콥 반 캠펜 설계
이탈리아풍의 북유럽
양식을 확립하는 데에
상당한 영향을 준
건축물

개신교 교회당(1645), 할렘
반 캠펜 설계
개신교 교회당의 경향을 띤 정방형의
그릭 크로스형 평면

배럴 볼트가 교차해 중앙의
크로스 볼트를 형성한다.
정방형 평면

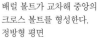

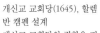

개신교 교회당(1649), 헤이그,
노리츠와 반 바센 공동 설계

단순한 중앙집중형 평면을 가진
또 하나의 개신교 교회당

길드 하우스(1690), 브뤼셀
앤트워프에 있는 길드 하우스
(1561)와 마찬가지로
후기 고딕의 특징이 남아 있다.

17세기 베네룩스 지방의 건축

강했던 프랑스의 쇠퇴와 중간 계급의 불만을 초래하고 말았다.

17세기 유럽 지역의 건축 : 베네룩스와 북부 유럽

한편, 30년전쟁을 통해 북부와 동유럽 국가들은 자신감을 회복했는데, 특히 베네룩스 지방과 북부 독일에서는 개신교 세력이 확고한 기반을 구축했다. 스페인의 지배를 벗어난 네덜란드는 번영을 이루었으며, 중심도시인 암스테르담과 헤이그는 주요 무역항 앤트워프를 능가하는 세력을 차지했다. 당시의 건축가로 야콥 반 캠펜(Jacob van Campen)이 있었는데, 왕실과 상인들이 그의 주요한 고객이었다. 그가 낫소(Nassau)의 모리스 왕자(Prince Maurice)를 위해 헤이그에 지은 모리취스(Mauritshuis, 1633)는 팔라디오 양식을 네덜란드 양식으로 처리한 비례감 있는 훌륭한 작품이다. 암스테르담 시청사(1648)와 이후의 왕궁은 거대한 석조 건물로서 역시 팔라디오풍이며, 4개 층을 두 부분으로 구분해 거대한 붙임기둥으로 처리했고, 페디먼트로 된 중앙의 포티코 위에 배치되어 있는 거대한 큐폴라는 건물 나름대로의 고유한 특성을 표현하고 있다. 신교의 정신을 계획에 반영한 캠펜의 집중식 개신교 교회당(New Church, 1645)도 훌륭하지만, 17세기의 가장 아름다운 건물로는 브뤼셀의 길드 하우스(Guild House, 1691~)를 꼽을 수 있다. 고전적 디테일을 이용해 놀라울 만큼 풍요로운 장식을 사용한 점이나 그림과도 같은 스카이라인은 앤트워프에 있는 이전의 건물들을 연상시킨다.

30년전쟁의 여파로 신성로마제국의 권위는 무력해졌고, 독일은 문화적이고 정치적인 자치단체의 성격을 띠는 작은 주들로 혼돈 상태에 놓였다. 이에 반해 구교 세력의 영향하에 있는 바이에른, 오스트리아, 보헤미아 지방의 건축은 이탈리아나 프랑스의 영향을 받았다. 이러한 건물들은 18세기에 환상적인 후기 바로크 양식의 교회로 실현되지만, 17세기에는 더 수수한 양식으로 지어졌다. 바렐리(Barelli)와 주칼리(Zuccali)가 계획한 뮌헨의 테아틴(Theatine, 1663) 성당은 개념상으로는 이탈리아 바로크 양식이지만, 파사드를 이루는 서측의 두 탑은 비뇰라의 일 제수 성당과 비슷하다. 프라하에 있는 트로야 궁(Troja Palace, 1679)은 마테이(J.-B. Mathey)라는 프랑스인이 설계한 것으로서 보헤미안 바로크 양식이다. 정교하고 잘 정돈된 디자인은 거대한 붙임기둥의 사용으로 통일성을 갖게 되었다.

한편 러시아에서는 절대군주의 권력이 극에 달했는데, 16세기에 이반 3세(Ivan III)와 폭군 이반(Ivan the Terrible)에 의해 확고한 기반이 구축되고

페테르스부르크(17세기 후반~18세기 초)

성 페테르-성 폴 성당

트레시니 설계

페테르-폴 요새

다리

네바강

방파제

해군성 탑

구, 해군성

구, 겨울궁전

해군성 탑

탑으로 이르는 길

17세기 – 유럽 북부의 바로크

트로야 궁(1679), 프라하
마테이 설계

테아틴 성당(1663), 뮌헨
바렐리와 주칼리 공동 설계

가톨릭 재건의 상징인
바놀라의 일 제수 성당의
영향이 여전히 남아 있다.

17세기 페테르 대제(Peter the Great)에 의해 완전히 확립되었다. 페테르 대제는 발전 모델을 서유럽 지역 특히 프랑스에 기초를 두고 '서방을 향해'라는 개방적인 정책을 폈다. 그는 재위기간(1682~1725)에 서유럽과의 무역을 위해서 부동항인 발틱 항을 개항하고 러시아인이 통치하는 지역에 그리스 정교를 소개했다. 또한 학교와 병원을 짓고 인쇄술을 발달시켰으며, 서양식 의복을 소개했다. 그는 새로운 수도인 페테르스부르크(Petersburg)를 건설했는데 서구식의 장엄한 건물을 설계하기 위해 서유럽의 건축가들을 고용했다. 그 최초의 건축가는 도메니코 트레시니(Domenico Tressini)로서 페테르-폴(Peter-and-Paul) 요새, 성당의 설계와 축조까지를 담당했는데, 이 두 건물 모두 신 도시의 출발점인 네바강(Neva)의 섬 위에 세워졌다.

영국에서의 절대왕정은 찰스 1세와 함께 끝을 맺었다. 내전은 본래 청교도적인 중산층과 왕과 귀족 집단 간의 권력 다툼이었으나, 점차 종교적인 양상을 띠게 되었다. 왕권이 약화되었지만, 중산층이 힘을 얻지는 못했다. 이 시기에 등장한 올리버 크롬웰(Oliver Cromwell)은 1653년에 의회를 청산하고 종교적·군사적으로 독재정치를 시작했다. 당시 무역 및 산업과 더불어 영국의 해상력이 상승했음에도 불구하고 중산층 중심의 민주주의가 아직 싹트지 못하고 있었으며 건축 활동은 위축되지 않고 계속되었다.

크리스토퍼 렌

크롬웰이 죽자 의회가 복원되고, 가톨릭 교도인 스튜어트 왕조가 복귀했다. 찰스 2세(1660~85)는 청교도 내각을 제거하려 했으나, 의회는 인신보호령(Habeas Corpus Act, 1679)을 통해 자신들을 보호하며 왕과 대치했다. 제임스 2세의 짧은 재위기간(1685~88)에는 의회와의 싸움이 빈번했는데, 1688년 신교도인 윌리엄과 메리가 왕이 될 때, 왕에 대한 의회의 우선권과 신교의 미래를 보장받으면서 싸움이 마무리되었다. 1세기 후 프랑스에서도 겪게 될 중산층에 의한 '영국혁명'(English Revolution)이 이 지역에서 먼저 일어났다. 개신교의 사회적 영향의 하나로 과학적인 탐구에 대한 간접적인 장려를 들 수 있다. 글에 대한 신뢰로 글을 읽고 쓰는 교육의 확산이 장려되었고, 글을 통해 과학을 포함한 사상이 전세계로 전파되었다. 그 당시의 과학은 관측된 사실에 대해 이론을 세우는 데카르트(Descartes)나 베이컨(Bacon)의 방법론에 따라 자연을 관찰하고 기록하고 분류하는 수준이었다. 갈릴레오(Galileo), 케플러(Kepler), 뉴턴(Newton)은 사물과 인간의 상관관계를 눈부시게 확장시켰다. 그 후 과학으로 인해 인간의 기술적인 힘은 증대되었지만, 17세기의 과학과 기술은 겨우 합치되기 시작한 정도였다. 1645년 언어학에서 천문학에 이르기까지 폭넓은 지식에 관심이 깊었던 호사가들이 참여해 왕립협회(Royal Society)를 조직했다. 이 협회에는 베이컨(Bacon), 보일(Boyle), 뉴턴 등이 속해 있었고, 건축가 크리스토퍼 렌(Christopher Wren, 1632~1723)도 그중의 한 사람이었다.

영국의 가장 위대한 건축가인 렌은, 교육 경력으로 본다면 건축가가 아니라 고전주의자, 수학자, 천문학자였다. 렌은 자신의 경력 초기에는 "기하학과 산수에 기초를 둔 수학적 증명만이 모든 사람이 믿을 수 있는 유일한 진리다"라고 주장하면서 구조적·공간적 문제를 해결하는 데에 이를 이용했다. 그는 왕립협회 회원이었음에도 불구하고 찰스 2세가 복귀할 때까지는 두각을 나타내지 않았다. 하지만 옥스퍼드에 있는 쉘도니안 극장(Sheldonian Theatre)의 특이한 지붕처럼 실제적인 문제를 건축적으로 해결하면서 그가 보여준 비범한 역량, 명민함, 천문학에 대한 관심 등으로 인해 곧 왕의 시선을 끌게 되었다. 렌은 드디어 1666년 런던 대화재로 인해 오래된 고딕 성당인 성 폴(Paul) 성당과 수많은 교구교회, 주택들이 소실되었을 때 그 복구사업에 기용되었다.

렌이 사상적으로 뒷받침을 받은 인물로는 프랑스에서 단기간 체류 중에 만났던 프랑수아 망사르, 당시 67세였던 노장 건축가 베르니니, 그리고 베르사유 궁, 루브르 궁, 소르본 교회, 발 데 그라세 교회의 건설에 참여했던 그외의 건축가들이다. 그의 건축가 교육은 짧은 여행에 기초했다. 또한 비트루비우스, 알베르티(Alberti), 세를리오(Serlio), 팔라디오의 저서, 그리고 존스와 그 제자들이 영국에 건설한 고전적인 건물에서도 많은 지식을 흡수했다. 렌은 '장대한 도시 구성 방법'을 참조해 방사상 도로와 분수대를 수용한 런던 재계획을 수립했으나 경비 문제 등으로 실현하지 못했다. 하지만 성 폴 성당과 도시의 교회들은 영국 건축의 최고 걸작으로 꼽힌다.

당시 50개의 도시 교회당이 1670년에서 1680년대 중반 사이에 재건되었는데, 렌은 건물들에서 다양한 변화를 보여주면서 복잡한 도시 지역에서 발생하는 설계상의 문제들을 천재적으로 해결했다. 설계를 착수하면서 그가 참조할 수 있는 교회는 존스에 의해 코벤트 가든(Covent Garden)에 지어진 교회와 브로스(de Brosse)에 의해 샤렌톤(Charenton)에 지어진 교회뿐이었으므로 그는 새로운 분야를 개척해내야 했다. 우선 렌은 가급적 모든 사람이 설교 강단을 바라볼 수 있고 설교 소리를 들을 수 있도록 설계하는 것에 중점을 두

크리스토퍼 렌

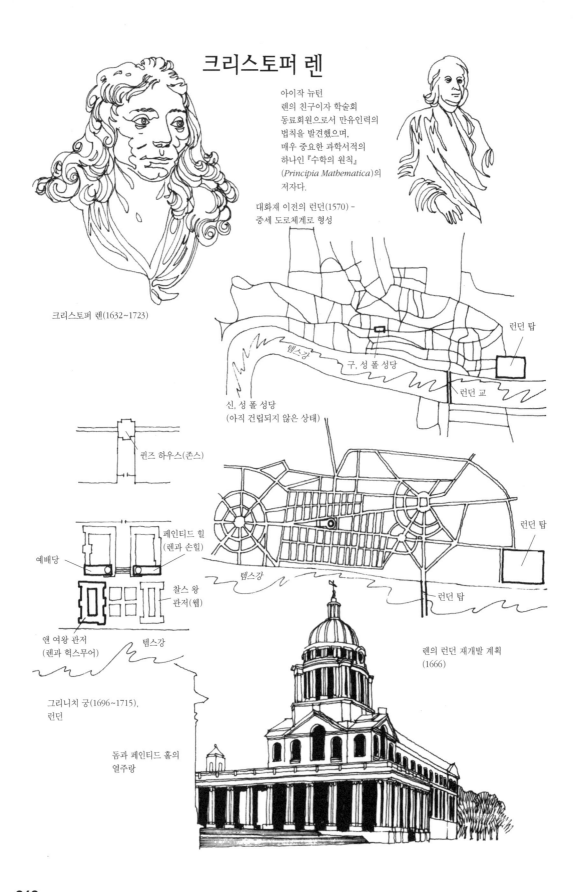

아이작 뉴턴
렌의 친구이자 학술회
동료회원으로서 만유인력의
법칙을 발견했으며,
매우 중요한 과학서적의
하나인『수학의 원칙』
(*Principia Mathematica*)의
저자다.

크리스토퍼 렌(1632~1723)

대화재 이전의 런던(1570) –
중세 도로체계로 형성

템스강

구, 성 폴 성당

신, 성 폴 성당
(아직 건립되지 않은 상태)

런던 탑

런던 교

퀸즈 하우스(존스)

예배당

페인티드 힐
(렌과 손힐)

찰스 왕
관저(웹)

앤 여왕 관저
(렌과 헉스무어)

템스강

템스강

런던 탑

런던 탑

렌의 런던 재개발 계획
(1666)

그리니치 궁(1696~1715),
런던

돔과 페인티드 홀의
열주랑

렌의 도시 교회 건축

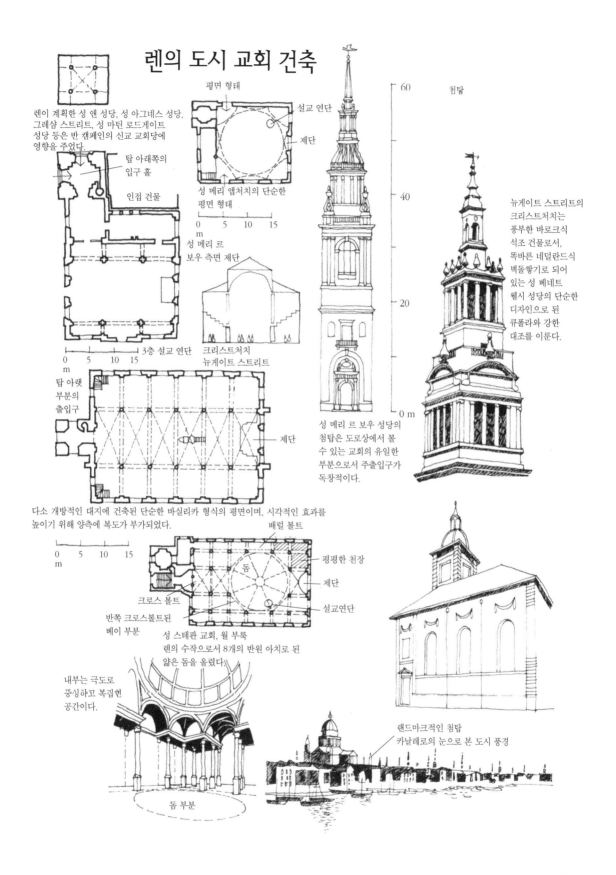

렌이 계획한 성 앤 성당, 성 아그네스 성당, 그레샴 스트리트, 성 마틴 로드게이트 성당 등은 반 캠페인의 신교 교회당에 영향을 주었다.

탑 아래쪽의 입구 홀

인접 건물

평면 형태

설교 연단

제단

성 메리 앱처치의 단순한 평면 형태

0 5 10 15
m

성 메리 르 보우 측면 제단

3층 설교 연단

크리스트처치 뉴게이트 스트리트

0 5 10 15
m

탑 아랫 부분의 출입구

제단

다소 개방적인 대지에 건축된 단순한 바실리카 형식의 평면이며, 시각적인 효과를 높이기 위해 양측에 복도가 부가되었다.

0 5 10 15
m

배럴 볼트

평평한 천장

제단

설교연단

돔

크로스 볼트

반쪽 크로스볼트된 베이 부분

성 스테판 교회, 월 부록
렌의 수작으로서 8개의 반원 아치로 된 얇은 돔을 올렸다.

내부는 극도로 풍성하고 복잡한 공간이다.

돔 부분

60

천탑

40

20

0 m

성 메리 르 보우 성당의 첨탑은 도로상에서 볼 수 있는 교회의 유일한 부분으로서 주출입구가 독창적이다.

뉴게이트 스트리트의 크리스트처치는 풍부한 바로크식 석조 건물로서, 똑바른 네덜란드식 벽돌쌓기로 되어 있는 성 베네트 웰시 성당의 단순한 디자인으로 된 큐폴라와 강한 대조를 이룬다.

랜드마크적인 첨탑
카날레로의 눈으로 본 도시 풍경

었는데 그 결과 장방형보다는 정방형 평면이 더 유리하고 복층의 좌석을 마련하는 것이 좋다는 점을 교회 설계안으로서 제시했다. 그는 설교로 대중을 사로잡기 위해 설교강단을 높이고 눈에 띄게 돌출시켰으며, 제단은 측면이나 벽 끝 쪽으로 놓았다.

먼 곳에서 볼 때 복잡한 도시 지역의 교회탑은 건물의 성격을 명확히 해준다. 이를 감안한 렌의 설계는 상상력을 동반하고 있는데, 그가 처리한 교회탑의 모습은 납으로 덮인 단순한 큐폴라에서 정교한 석조탑에 이르기까지 다양하다. 성 메리-르-보우(St. Mary-le-Bow) 교회의 첨탑은 약 70m 높이로 크리스트처치(Christchurch)와 월부룩(Walbrook)에 있는 성 스테판(St. Stephen) 같은 다른 교회의 첨탑보다도 훨씬 정교하다. 그는 성 메리-르-보우 교회의 평면 형태 설계에서 제한된 대지 조건을 독창적으로 잘 이용하고 있으며, 크리스트처치에서는 갤러리를 수용하기 위해 바실리카식 평면을 채택했다. 내부는 성 베네트 웰쉬(St. Benet Welsh)에서 사용한 생석회와 벽널, 그리고 성 클레멘트 데인스(St. Clement Danes)에서 사용한 회반죽 바르기와 목각에 이르기까지 다양하게 처리했다. 성 메리 앱처치(St. Mary Abchurch) 교회는 가장 단순한 평면을 가지고 있으며, 정방형 평면 위에 돔을 두고 있다. 8개의 반원 아치 위에 격자형 반자로 장식된 돔을 올린 월부룩의 성 스테판 교회는 공간적인 풍성함을 나타내고 있다.

렌은 돔이 있는 프랑스의 성당 건축에서 강한 인상을 받아 성 폴 성당에도 아치 8개 위에 돔을 얹었다. 1673년 여러 번의 스케치와 모형 작업을 통해 6m 길이의 큰 모형을 제작했는데, 서쪽이 확장된 그릭 크로스형 평면과 성 피에트로 성당의 것보다 약간 작은 돔을 계획했지만, 이는 너무 혁신적이어서 결국 라틴 크로스 평면으로 정리되었다. 성 폴 성당(1675~1710)은 영국에서 가장 세련된 건물 중의 하나이기는 했지만 여러 특성이 절충된 것이었다. 건물 내부는 장엄하고 우아하며, 렌이 애호한 판유리를 통해 실내에 빛이 충만하도록 설계했다. 성 피에트로 성당과는 달리 중심부에 돔을 얹었고, 제단은 더 동쪽인 챈슬(chancel) 부에 배치했다. 거대한 기둥 8개 위에 설치된 돔은 네이브와 아일을 합한 것만큼이나 폭이 넓은데, 이는 아마도 일리 성당의 팔각형에서 영향을 받은 것으로 보인다. 내부의 돔은 반구로서 그 위에 큐폴라를 지지해주는 구조벽돌로 된 원추가 있고, 외부 돔은 목구조로 틀을 짠 후 그 위에 납을 씌웠으며, 퍼짐 방지를 위해 쇠사슬로 엮은 열주 드럼 위에 얹어놓았다.

성 폴 성당(1675~1710), 런던

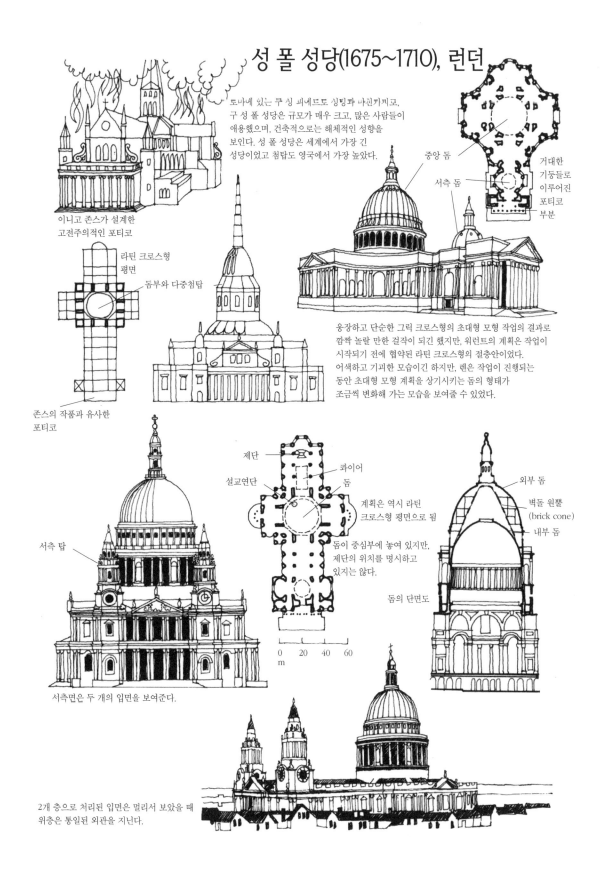

로마에 있는 두 성 피에트로 성당과 마찬가지로, 구 성 폴 성당은 규모가 매우 크고, 많은 사람들이 애용했으며, 건축적으로는 해체적인 성향을 보인다. 성 폴 성당은 세계에서 가장 긴 성당이었고 첨탑도 영국에서 가장 높았다.

이니고 존스가 설계한 고전주의적인 포티코

중앙 돔

서측 돔

거대한 기둥들로 이루어진 포티코 부분

라틴 크로스형 평면

돔부와 다중첨탑

존스의 작품과 유사한 포티코

웅장하고 단순한 그릭 크로스형의 초대형 모형 작업의 결과로 깜짝 놀랄 만한 걸작이 되긴 했지만, 워런트의 계획은 작업이 시작되기 전에 협약된 라틴 크로스형의 절충안이었다. 어색하고 기괴한 모습이긴 하지만, 렌은 작업이 진행되는 동안 초대형 모형 계획을 상기시키는 돔의 형태가 조금씩 변화해 가는 모습을 보여줄 수 있었다.

제단

설교연단

콰이어

돔

계획은 역시 라틴 크로스형 평면으로 됨

돔이 중심부에 놓여 있지만, 제단의 위치를 명시하고 있지는 않다.

외부 돔

벽돌 원뿔 (brick cone)

내부 돔

돔의 단면도

서측 탑

0 20 40 60
m

서측면은 두 개의 입면을 보여준다.

2개 층으로 처리된 입면은 멀리서 보았을 때 위층은 통일된 외관을 지닌다.

돔의 외형 실루엣은 차분하고 고전적이며 매우 아름답지만, 건물 파사드의 저층부는 그다지 인상적이지 못하다. 사면이 2층의 입면으로 구성되어 있는데, 윗부분은 개방된 창문(blank window) 형식으로 플라잉 버트레스를 감추기 위한 장막의 역할을 한다. 강렬한 디자인을 배제해 서쪽의 포티코(portico)를 거대한 기둥으로 구성하지 않았지만, 두 개의 서측탑은 영국식이 아닌 인상적인 바로크풍을 채택했다.

왕립 건축가로서 렌은 일생 동안 많은 대규모 사업을 위임받았는데, 그 업적은 실로 엄청난 것이었다. 그의 마지막 위대한 작업은 그리니치 궁(Greenwich Palace, 1696~1715)의 재개발로서 여러 건축가들의 작업으로 혼잡해진 요소들을 통일시켜 차분하면서도 아름답게 질서를 잡았다. 렌은 건물에서뿐만 아니라 건축적 문제를 해결하는 접근 방법도 중요하게 생각했다. 성 폴 성당의 설계자로서 성 피에트로 성당의 설계자보다 융통성 있는 과학적 사고방식으로 문제를 해결해 나아가면서도 전반적으로 일을 훨씬 수월하게 처리했다. 그 이유는 1642년 갈릴레오가 죽은 뒤 정역학이 발달했고, 렌은 수학적 재능으로 인해 다른 건축가들보다 더 확실히 구조물의 강도를 예상할 수 있었기 때문이다. 과학과 기술이 합치되어 사회에 큰 변화가 이루어졌는데, 이러한 변화의 선두주자는 과학을 기반으로 한 기술을 수용할 준비가 가장 잘되어 있는 사람이었던 것으로 판단된다.

제7장 시민혁명의 시대 : 18세기

18세기의 프랑스 사회 상황

"데카르트는 시인의 목을 잘랐다"라는 작가 부알로(Boileau)의 말처럼 17세기 말부터 18세기 초에는 데카르트의 철학이 전 유럽을 지배하면서 지적인 변혁이 일어났다. 정치는 이제 종교의 지배를 벗어났고 결과적으로 대중의 생활도 이상이나 교리를 탈피해 실용성 위주가 되었다. 부알로의 빈정거림처럼 예술적 표현까지를 포함한 모든 부분에서 타협과 화해가 이루어졌다. 하지만 18세기의 건축이 표방한 바로크 정신은 이러한 일반적 상황과는 빗나가고 있었다. 관료와 전문가들이 통치하는 사회는 비교적 안정적이었다. 유럽의 세력은 세계 여러 지역으로 확산되어 17세기 중반에 이르러 신대륙의 탐험으로 얻은 새로운 식민지에서 광물, 농작물, 가축, 인력을 본격적으로 개발하기 시작했다. 중앙아메리카의 농산물, 아메리카와 오스트레일리아와 남아프리카에서 기른 가축, 캐나다와 아시아에서 포획한 것들이 북유럽으로 유입되었다.

식민지 사회는 여러 측면에서 유럽 사회와 유사했지만, 중요한 측면에서 상당히 다른 양상을 나타냈다. 뉴잉글랜드 지방에서는 평등주의가 싹텄지만, 사회 전반의 노동력 부족으로 인해 서인도제도 같은 곳은 노예제도가 강화되었다. 아메리카 대륙의 스페인어권 지역에서는 고국의 문화가 강요되었다. 교회와 관료들의 엄격한 통제로 인해 토착 중산계층이 스페인 귀족에 도전하기 시작한 18세기 말까지 인디언의 문화는 서의 불모 상태였다. 대조적으로 북아메리카의 상황은 좀더 복잡했다. 중앙아메리카에 있는 스페인어권의 상류계층 문화에 대응할 만한 문화는 거의 없었다. 1800년대 후반까지도 멕시코 시티가 대륙 전체에서 가장 훌륭한 도시였던 그런 수준이었다. 그러나 뉴잉글랜드 지역의 청교도 집단, 동부 항구 지역의 유럽 상인 계층, 서부의 개척자들처럼 다양한 세력으로 구성된 그 사회에는 고유한 힘이 있었다. 유럽에서나 꿈꿀 수 있었던 신앙, 정치, 사상의 자유와 더불어 신분 상승의 기회를 이곳에서도 가질 수 있었다.

17세기 중반에 완성된 60×120m 크기의 멕시코 시티 성당은 세비야(Seville)와 발라돌리드(Valladolid)의 전통에 따른 거대한 건물로서 쌍탑과 정면 포티코로 이루어진 서측면은 발라돌리드와 유사하게 설계되었다. 이 건물은 고전적이면서도 절제된 디테일을 보여주는데, 도금장식을 한 수많은 스페인풍의 교회들과 현저한 대조를 이룬다. 멕시코의 오코틀란(Ocotlán) 순례성지는 18세기 초 본토의 조각가인 프란시스코 미구엘(Francisco Miguel)에 의해 흰 스투코(stucco)와 세라믹 타일을 혼합해 만들어졌다.

북아메리카의 건축은 청교도적인 사회 분위기와 합리주의 경향을 띤 북유럽 건축의 영향으로 더욱 절제되었다. 북동부의 주들은 17세기 후반의 영국이나 네덜란드의 건축패턴을 따랐고, 이러한 패턴은 종종 목구조 형태로 변형되기도 했다. 메사추세츠 주의 탑스필드(Topsfield)에 있는 카펜 하우스(Capen House, 1683)는 목구조에 비늘판을 대고 지붕널을 씌운 대표적인 소규모 주택이다. 더 큰 규모의 주택들은 벽돌로 지어졌는데, 대표적인 예로 버지니아주의 찰스 시티 카운티(Charles City County)에 있는 웨스트오버(Westover, 1730)는 경사지붕에 천창을 두고 있는 정형의 2층 건물로서 디자인과 기술면에서 영국 조지안(English Georgian) 양식의 주택들과 아주 흡사하다. 한편 최남단에서는 북유럽 양식이 아열대 기후에 맞게 변형되었는데, 사우스 캐롤라이나주에 소재한 드레이튼 홀(Drayton Hall, 1738)의 경우도 기본적으로는 영국 조지안 양식이지만, 더운 기후에서 베란다로 사용할 수 있도록 2층 높이의 포티코를 설치함에 따라 베란다가 주택의 주요한 특색이 되었다. 루이지애나주의 포인트 쿠페(Pointe Coupée)에 있는 팔랑제(Parlange, 1750)는 2층으로 이루어진 개방식 복도의 갤러리(open gallery)가 건물을 둘러싸고 있어서 각 방으로의 출입이 가능하며 직접환기가 이루어질 수 있게 처리되어 있다.

식민지 건축의 특징은 공공건물에서 잘 나타난다. 신교도들의 교회는 크리스토퍼 렌과 그의 제자들이 지은 교회로부터 기본 양식을 받아들여서, 찰스톤(Charleston)에 있는 성 미카엘 교회(St. Michael's Church, 1752)에서처럼 석재 대신 목재를 사용해 렌의 건축어휘를 상징적으로 재구성했다. 식민지 도시 중에 버지니아주의 윌리엄스버그(Williamsburg)는 지금까지도 건물들이 완벽하게 보존되어 있어서 거리 전체가 살아 있는 박물관으로서의 역할을 한

18세기 식민지 북아메리카

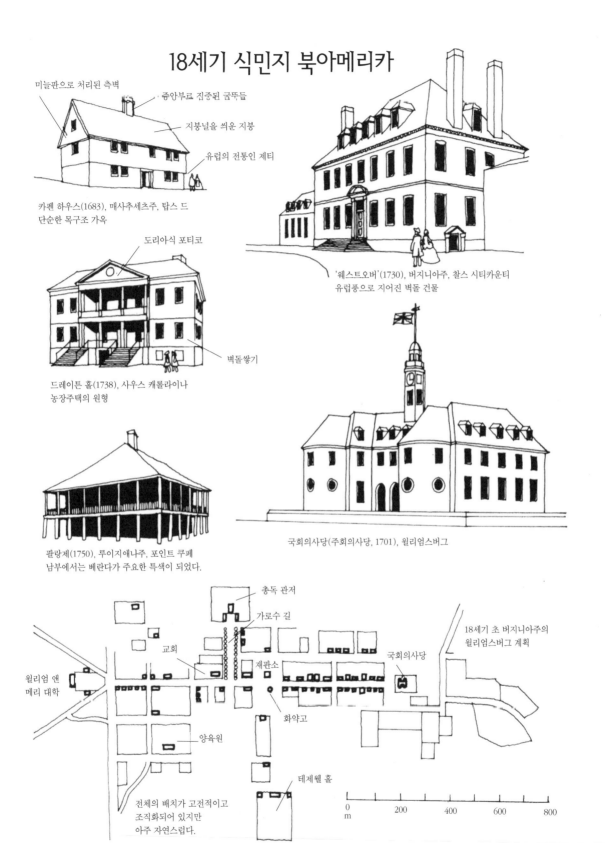

미늘판으로 처리된 측벽

중앙부로 집중된 굴뚝들

지붕널을 씌운 지붕

유럽의 전통인 제티

카펜 하우스(1683), 매사추세츠주, 탑스 드
단순한 목구조 가옥

도리아식 포티코

벽돌쌓기

드레이튼 홀(1738), 사우스 캐롤라이나
농장주택의 원형

'웨스트오버'(1730), 버지니아주, 찰스 시티카운티
유럽풍으로 지어진 벽돌 건물

국회의사당(주회의사당, 1701), 윌리엄스버그

팔랑제(1750), 루이지애나주, 포인트 쿠페
남부에서는 베란다가 주요한 특색이 되었다.

총독 관저

가로수 길

교회

재판소

화약고

양육원

테제웰 홀

윌리엄 앤
메리 대학

국회의사당

18세기 초 버지니아주의
윌리엄스버그 계획

전체의 배치가 고전적이고
조직화되어 있지만
아주 자연스럽다.

| 0 m | | 200 | 400 | 600 | 800 |

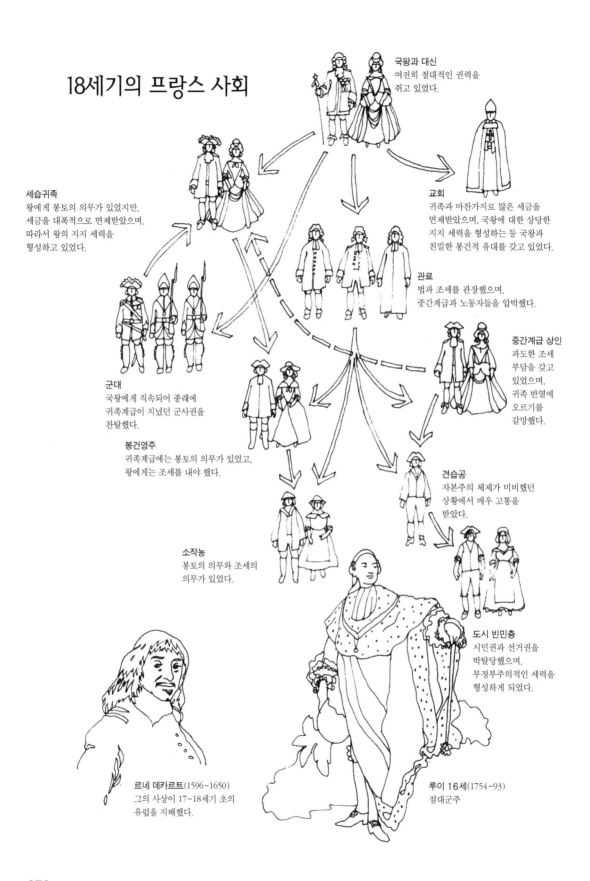

18세기의 프랑스 사회

국왕과 대신
여전히 절대적인 권력을
쥐고 있었다.

교회
귀족과 마찬가지로 많은 세금을
면제받았으며, 국왕에 대한 상당한
지지 세력을 형성하는 등 국왕과
친밀한 봉건적 유대를 갖고 있었다.

세습귀족
왕에게 봉토의 의무가 있었지만,
세금을 대폭적으로 면제받았으며,
따라서 왕의 지지 세력을
형성하고 있었다.

관료
법과 조세를 관장했으며,
중간계급과 노동자들을 압박했다.

군대
국왕에게 직속되어 종래에
귀족계급이 지녔던 군사권을
찬탈했다.

봉건영주
귀족계급에는 봉토의 의무가 있었고,
왕에게는 조세를 내야 했다.

중간계급 상인
과도한 조세
부담을 갖고
있었으며,
귀족 반열에
오르기를
갈망했다.

견습공
자본주의 체제가 미비했던
상황에서 매우 고통을
받았다.

소작농
봉토의 의무와 조세의
의무가 있었다.

도시 빈민층
시민권과 선거권을
박탈당했으며,
무정부주의적인 세력을
형성하게 되었다.

르네 데카르트(1596~1650)
그의 사상이 17~18세기 초의
유럽을 지배했다.

루이 16세(1754~93)
절대군주

258

다. 몇 가지 좋은 예로서 중앙 건물과 좌우의 날개동으로 구성된 윌리엄 앤 메리 대학(William and Mary College, 1695), 총독 관저(Governor's Palace, 1706), 중앙에 날씬한 시계탑이 있는 H형태의 평면을 가진 세련된 시의회 의사당(Capitol, 1701)이 있다. 가장 훌륭한 건축물 중 하나인 필라델피아 소재의 국회의사당(State House, 1731)은 위엄 있는 시의 복합건물로서 벽돌구조 위에 석재로 치장했으며, 시계탑과 개방된 큐폴라가 중앙 건물 위에 솟아 있다.

신대륙에서 인디언들은 점차 안정을 찾게 되었고 캐나다에서는 프랑스가 물러났다(1756~63). 북아메리카 식민지에는 영국군이 주둔하게 되어 런던에 세금을 내게 되었고, 웨스트민스터에서는 토리(Tory) 당이 집권해 영국의 권위를 주장함으로써 신대륙에서는 불만이 팽배해졌다. 따라서 대서양 양쪽의 진보적 사상가들은 진정한 의미의 국제적인 혁명운동을 시작했는데, 즉 세계의 중산계층들이 세습적인 귀족 정권 타파를 위해 하나로 뭉치고 있었다.

프랑스의 바로크

루이 14세가 표면상의 유럽 지배를 행사했던 프랑스에서는 강력한 왕권인 '앙시앙 레짐'(ancien régime, 구제도)이 나타났으며, 이로써 유럽은 문화적으로나마 13세기부터 계속되었던 분열에서 탈피해 통일성을 갖추게 되었고, 정치적 상황에서도 균형을 이루게 되었다. 즉 이는 마치 구제도 자체가 강력한 왕권의 지배력을 고수하기 위해 선택된 제도가 아니라 이러한 정치적 평형상태를 지속시키기 위한 장치로서 보여졌다. 심지어 절대적인 왕권의 부르봉(Bourbon) 왕조도 영국에서 겪은 바 있는 혁명을 피하고 안정된 사회를 만들기 위해 관료주의 절차에 따르는 여러 제도들에 기초를 두고 있었다. 건축에서도 이 시기의 실용주의를 반영해 비모험적인 고전주의가 주종을 이루었다. 그 전형이 건축가 가브리엘(Gabriel)이 루이 15세를 위해 베르사유 궁전의 정원에 지은 소규모 주택인 프티 트리아농(Petit Trianon, 1762)이다. 절제된 디테일과 침착한 분위기를 지니고 있는 이 고전적인 3층 건물은 아름다운 색채의 석재를 사용해 지어졌다.

낭시(Nancy) 도심부 계획은 디테일면에서는 다소 풍부하게 처리되었으나, 성격면에서는 다른 경우와 마찬가지로 상당히 절제되어 있다. 이 계획은 건축가 보프랑(Boffrand)과 드 코르니(de Corny)에 의해 1757년에 완성되었고, 규모와 형태가 서로 다른 3개의 광장이 단순하게 설계된 공공건물들로 둘러싸

18세기 프랑스

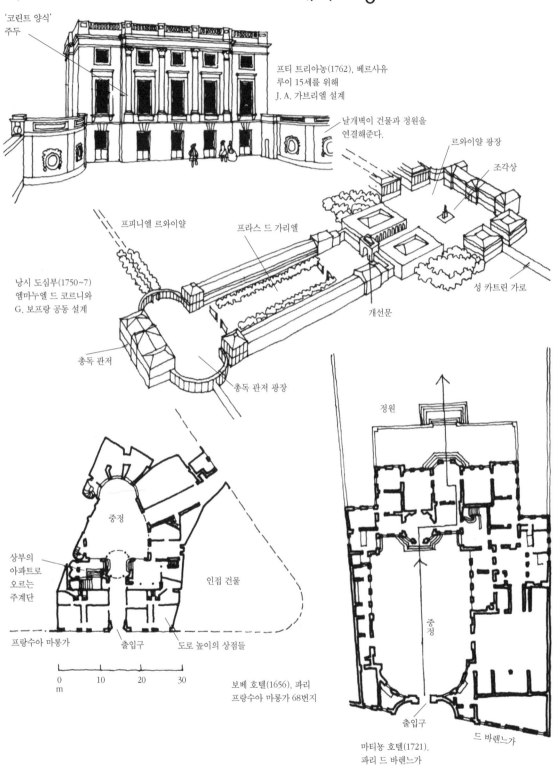

'코린트 양식' 주두

프티 트리아농(1762), 베르사유
루이 15세를 위해
J. A. 가브리엘 설계

날개벽이 건물과 정원을
연결해준다.

르와이알 광장

조각상

피피니엘 르와이알

프라스 드 가리엘

낭시 도심부(1750~7)
엠마누엘 드 코르니와
G. 보프랑 공동 설계

성 카트린 가로

총독 관저

개선문

총독 관저 광장

정원

중정

상부의
아파트로
오르는
주계단

인접 건물

중정

프랑수아 마롱가

출입구

도로 높이의 상점들

0 10 20 30
m

보베 호텔(1656), 파리
프랑수아 마롱가 68번지

출입구

드 바렌느가

마티뇽 호텔(1721),
파리 드 바렌느가

중부 유럽의 바로크

언덕 위의 멜크 수도원(1702),
오스트리아 프란타우어 설계
천국의 영광을 나타내듯이 바위 위에
솟아 있다.

브레프노프 수도원(1710),
프라하 딘첸호퍼 설계
바로크 특징을 아주 잘 나타내고 있다.

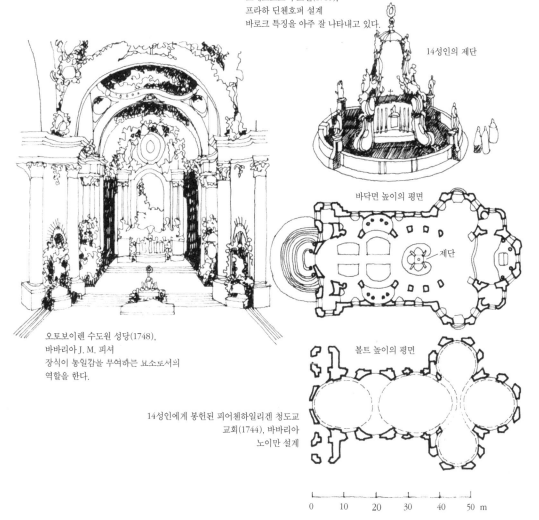

14성인의 제단

오토보이렌 수도원 성당(1748),
바바리아 J. M. 피셔
장식이 통일감을 무여하는 묘소모서의
역할을 한다.

바닥면 높이의 평면

제단

볼트 높이의 평면

14성인에게 봉헌된 피어첸하일리겐 청도교
교회(1744), 바바리아
노이만 설계

0   10   20   30   40   50 m

여 전체적으로 길게 연속되어 있는 모습이다.

17세기 말에서 18세기 초 프랑스 건축의 전형은 부유한 중산층의 도시형 주택(town-house)이나 호텔로서 이러한 건물들은 주로 건물이 밀집하게 들어선 한정된 부지에 지어졌지만, 당시의 영국 주택에서는 채택되지 않던 독창성 있는 설계가 시도되었다. 파리의 보베 호텔(Hôtel de Beauvais, 1656)은 인접한 상점들 중앙에 있는 출입구를 통해서 후면의 중정에 이르는데, 이것은 과거의 장대한 규모의 중정 형식(cour d'honneur)에서 발전된 형태로서 밀집된 주거 부분으로 둘러싸여 있다. 후에 더 큰 규모로 지어진 마티뇽 호텔(Hôtel de Matignon, 1721)은 앞뒤에 모두 중정을 두고 있다. 까다로운 대지 형태 때문에 정면의 중정축이 입구의 축과 다르게 형성되었지만, 내부 계획에서 방향의 전환이 적절하게 이루어졌다.

당시의 주택 내부는 '로카이유'(rocaille)로 알려진 날카로운 장식으로 치장되었는데, 도금한 석고 세공, 추상적이고 비대칭적인 소용돌이 장식과 꽃무늬 장식, 벽에 붙인 거울들, 그리고 섬세하게 칠해진 벽과 천장이 조화되어 우아하고 경쾌한 느낌을 자아내고 있다. '로코코'(rococo) 양식도 여기에서 유래한 것으로 판단된다. 보프랑이 장식한 파리에 있는 수비세 호텔(Hôtel de Soubise, 1706)의 내부와 베벡트(Verbeckt)가 장식한 베르사유 궁에 있는 루이 15세의 거실은 대표적인 로코코 양식으로서 바로크 양식의 대담한 효과가 다소 품위 있고 절제된 로코코 양식으로 바뀐 모습을 보여준다.

유럽 제국의 바로크

독일 공국과 관할구에서는 프랑스의 풍습이 답습되었으나, 건축 분야는 이외의 지역에서도 많은 영향을 받았다. 특히 이탈리아와 접촉이 많은 남부에서는 가브리엘보다는 구아리니의 특징이 강한 후기 바로크 건물이 18세기에 출현했다. 언덕 위에 위치한 멜크(Melk, 1702) 수도원은 야곱 프란타우어(Jacob Prandtauer)의 작품으로서 돔과 쌍탑이 스페인적인 색채를 풍기고 있으며, 크리스토프 딘첸호퍼(Christoph Dientzenhofer)가 설계한 프라하 소재의 브레프노프(Brevnov, 1710) 수도원은 별도의 장식이 없음에도 불구하고 대담한 곡선 표현으로 인해 바로크적인 특징이 잘 나타나고 있다. 그 당시 바이에른(Bavaria) 지방의 교회들은 절제성이 덜했는데, 곡선 형태나 상호 교차하는 공간과 같은 바로크적 특성이 현저하게 나타나긴 했지만 로코코 장식이나 채색된 디자인들이 지나칠 정도로 많이 사용됨으로써 실내가 상당히 화려하게 장식되었다. 발타자르 노이만(Balthasar Neumann)이 계획한 트리에(Trier) 소재의 성 파울린(St. Paulin, 1732) 성당과 아삼(Asam) 형제가 계획한 뮌헨에 있는 성 요한 네포무크(St. Johann-Nepomuk, 1733)는 고도의 장식을 사용하고 있지만, 공간적으로는 극히 단순하다. 피셔(J. M. Fischer)의 오토보이렌(Ottobeuren, 1748) 수도원 교회와 노이만의 피어첸하일리겐(Vierzehnheiligen, 1744) 청교도교회는 복합적인 공간과 풍부한 장식이 조화를 이루고 있다. 피어첸하일리겐 교회의 네이브는 서로 연결된 2개의 타원으로 이루어져 있고, 성소는 하나의 타원으로 되어 있으며, 측면에 있는 트란셉의 형태는 원형에 가깝다. 교차 부분은 집중식 평면의 교회와는 달리, 단지 4개 공간의 결합부로서의 의미만을 갖고 있으며, 교회의 초점이 되는 14성인의 봉헌제단은 네이브에 위치하고 있다. 실내는 통상적인 건축 원칙을 무시한 듯한 식물, 과일, 조개껍질, 비대칭 소용돌이 무늬와 꽃무늬 등의 로코코 장식으로 전체가 활기를 띠고 있으며, 기둥, 코니스, 건물의 접합부, 성소, 그리고 천장의 채색 등 전반에 걸쳐 통일된 느낌을 주고 있다.

러시아에서는 차르(Tsar) 왕조와 상류계층에 미친 프랑스의 영향이 건축에서도 여실히 드러나고 있다. 페테르호프(Peterhof, 1747) 궁은 페테르 대제를 위해 프랑스 건축가 르 블롱(Le Blond)이 지은 후 이탈리아 건축가인 라스트렐리(Rastrelli)가 증축한 건물로서 중앙부분의 3층 건물 좌우로 날개형 건물을 펼쳐서 구성한 기법은 베르사유 궁전과 흡사하며 거대한 정원에서는 분수와 폭포가 장엄한 광경을 연출한다. 프랑스에서 교육을 받은 라스트렐리가 엘리자베스 황후를 위해 만든 이 궁전은 러시아풍으로 세부장식에도 불구하고 전체적으로 베르사유 궁전이 강하게 연상된다. 차르의 영지(Tsar's Village)에 소재한 여름철을 위한 에카테리닌스키 궁(Ekaterininsky Palace, 1749)과 페테르스부르크의 네바(Neva)강변에 위치한 겨울 궁전(Winter Palace, 1754)은 라스트렐리 최대의 걸작으로서 에카테리닌스키 궁의 길이가 300m에 이르는 만큼 두 건물 모두 횡으로 길게 뻗은 정면 파사드에 큰 기둥을 사용해 구획하고 있으며 밝은 색채와 세부 장식이 어우러져 건물에 활기를 주고 있다.

18세기의 유럽은 강력한 네 개의 정치집단에 의한 지배를 받았다. 그중 세 세력은 절대군주체제였는데, 즉 로마노프 왕조의 러시아는 핀란드, 폴란드, 크리미아로 세력을 확장하고, 호엔촐레른(Hohenzollern) 왕조의 프러시아 제국은 오스트리아와 독일의 일부를 지배했으며, 부르봉 왕조의 프랑스는 유럽에

제국도시 페테르스부르크

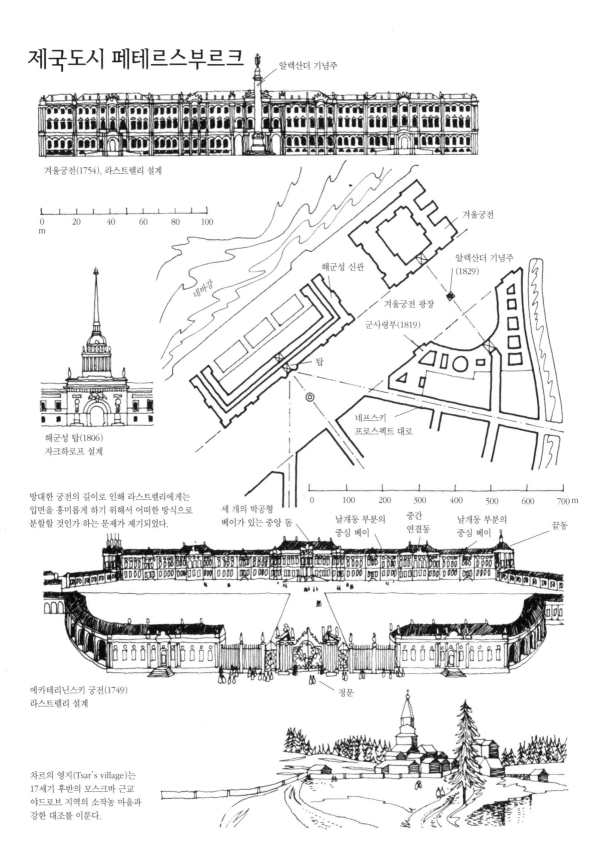

알렉산더 기념주

겨울궁전(1754), 라스트렐리 설계

0 20 40 60 80 100
m

네바강

해군성 신관

겨울궁전

알렉산더 기념주
(1829)

겨울궁전 광장

군사령부(1819)

탑

해군성 탑(1806)
자크하로프 설계

네프스키
프로스펙트 대로

0 100 200 300 400 500 600 700 m

방대한 궁전의 길이로 인해 라스트렐리에게는
입면을 흥미롭게 하기 위해서 어떠한 방식으로
분할할 것인가 하는 문제가 제기되었다.

세 개의 박공형
베이가 있는 중앙 돔

날개동 부분의
중심 베이

중간
연결동

날개동 부분의
중심 베이

끝동

에카테리닌스키 궁전(1749)
라스트렐리 설계

정문

차르의 영지(Tsar's village)는
17세기 후반의 모스크바 근교
야드로브 지역의 소작농 마을과
강한 대조를 이룬다.

서 지배력 유지와 함께 해외 식민지 확대에 주력했다.

또 하나의 세력은 영국으로서 몇 번의 혁명을 거치면서 의회가 확립되어 있었고, 중산계급이 정치상의 결정을 할 수 있는 권리를 획득했다. 반면, 프랑스의 중산계급은 부르봉 왕조나 교회의 지배를 받았으므로 영국의 중산계급을 부러워했다. 엄격한 프랑스의 관료주의보다는 영국의 의회제도가 사람들의 요구를 더 잘 받아들였는데, 실제로 중산계급, 노예, 경작자, 농장 주인, 면화 종사자들의 요구가 많이 수용되었다. 따라서 영국에서는 그에 부합한 중산계급의 세력이나 명성이 다른 지역에 비해 매우 강했다. 프랑스에서는 귀족으로의 신분상승이 부를 축적한 상인계층의 희망이었지만, 영국에서는 그 반대로 르네상스 시대의 이탈리아에서처럼 귀족들이 상업에 종사하기를 희망했다. 프랑스에서는 극단적인 소비 행태와 나태한 생활이 만연한데 비해 영국은 근검절약으로 자본을 축적해 17세기에서 18세기 동안 놀라운 경제성장을 이룩함에 따라 또 하나의 강력한 세력으로써 그 위치를 확고히 했다. 그리니치(Greenwich) 건설과 같은 17세기의 주요 사업은 국왕의 위탁사업이었으며, 성 폴(St. Paul) 대성당과 도시 교회 건설에 필요한 세금 징수도 국왕의 이름 아래 이루어졌다. 이 시기에 광대한 토지 보유자나 성공한 사업가 등 새로운 유력계층이 등장해 18세기에 지어진 궁을 소유하게 되었다.

프로테스탄트 사회와 영국의 바로크

옥스퍼드셔(Oxfordshire)의 블렌하임 궁(Blenheim Palace, 1704)은 군사적 영웅인 말보로(Marlborough) 공작을 위해 국가에서 수여한 건물로서 건축가 존 밴브라(John Vanbrugh)의 작품이다. 밴브라는 이미 또 다른 궁성인 요크셔(Yorkshire)의 하워드 성(Castle Howard, 1699)의 건설에도 종사한 바 있는데, 사회적인 유대 관계에 의해 건축의 위임권을 얻어낸 것이다. 젊은 시절 극작가였던 밴브라는 왕실 건축가인 렌(Wren)의 조수에 임명되었을 때부터 자신의 건축적 창조력을 빛내 나갔다. 블렌하임 궁, 하워드 성, 그리고 노섬버랜드(Northumberland)에 있는 그의 마지막 작품인 시튼 델라벌(Seaton Delaval, 1720)은 엄청난 규모, 힘차고 극적인 표현, 중후하고 큰 비례, 고의적인 비조화성 등으로 인해 순수한 고전주의 건축가들에게는 충격적으로 받아들여졌다. 이 건물들은 17세기 프랑스의 대규모 저택에서 찾아볼 수 있는 중정을 둘러싼 일반적인 구성 방식을 제외하면 기존의 관례를 거의 따르지 않는

18세기 신교도 사회

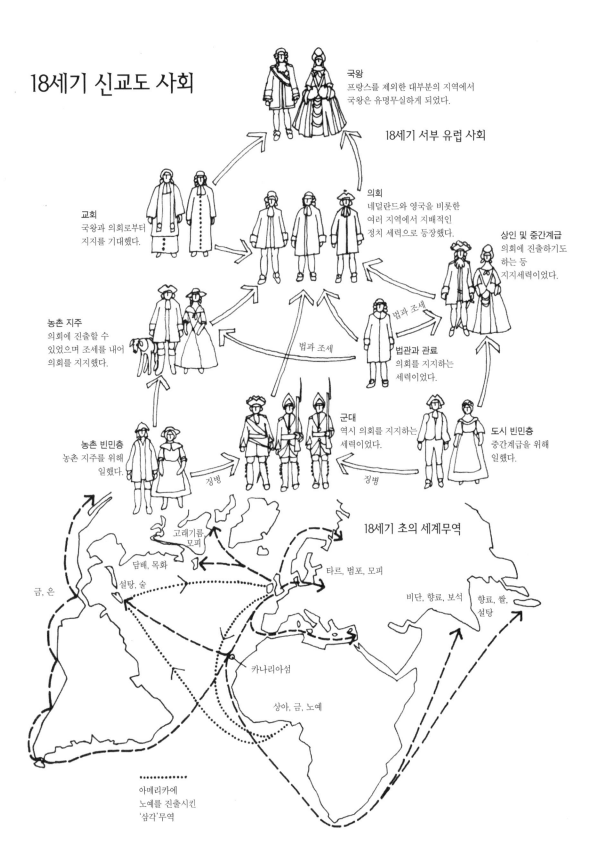

18세기 서부 유럽 사회

국왕
프랑스를 제외한 대부분의 지역에서
국왕은 유명무실하게 되었다.

교회
국왕과 의회로부터
지지를 기대했다.

의회
네덜란드와 영국을 비롯한
여러 지역에서 지배적인
정치 세력으로 등장했다.

상인 및 중간계급
의회에 진출하기도
하는 등
지지세력이었다.

농촌 지주
의회에 진출할 수
있었으며 조세를 내어
의회를 지지했다.

법과 조세

법과 조세

법관과 관료
의회를 지지하는
세력이었다.

농촌 빈민층
농촌 지주를 위해
일했다.

군대
역시 의회를 지지하는
세력이었다.

도시 빈민층
중간계급을 위해
일했다.

징병

징병

18세기 초의 세계무역

고래기름
모피

담배, 목화

타르, 범포, 모피

비단, 향료, 보석

향료, 쌀,
설탕

설탕, 술

금, 은

카나리아섬

상아, 금, 노예

••••••••••••••••
아메리카에
노예를 진출시킨
'삼각'무역

266

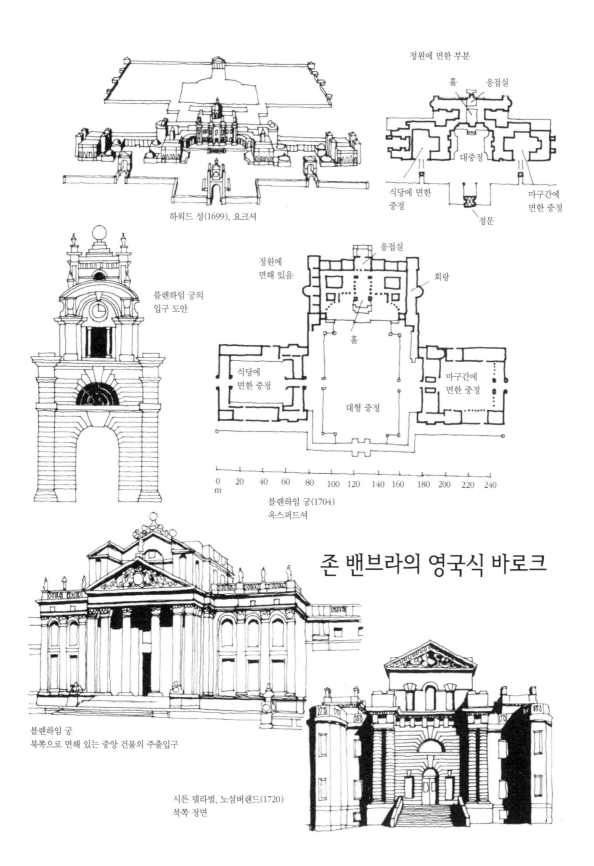

정원에 면한 부분

홀 응접실

식당에 면한 중정

대중정

마구간에 면한 중정

정문

하워드 성(1699), 요크셔

블렌하임 궁의 입구 도안

정원에 면해 있음

응접실

회랑

홀

식당에 면한 중정

마구간에 면한 중정

대형 중정

0 20 40 60 80 100 120 140 160 180 200 220 240
m

블렌하임 궁(1704)
옥스퍼드셔

존 밴브라의 영국식 바로크

블렌하임 궁
북쪽으로 면해 있는 중앙 건물의 주출입구

시튼 델라벌, 노섬버랜드(1720)
북쪽 정면

개성적인 영국식 바로크 건물이라 할 수 있다.

밴브라는 당시의 일반적인 건축사상과는 동떨어져 있었다. 당시 영국의 건축적 주류는 복고적 탐구와 같은 차분한 분위기의 팔라디오 형식(Palladianism)이었다. 콜렌 캠벨(Colen Campbell)이 설계한 켄트(Kent) 소재의 미어워스 성(Mereworth Castle, 1722)은 팔라디오의 빌라 카프라(Villa Capra)를 재현한 것으로서 매혹적이긴 하지만 영국 기후에는 부적합했다. 이 건물은 정방형 평면으로 네 면에 고전적인 포티코가 있고, 중심부의 원형 홀 상부에는 돔이 얹혀져 있다. 로드 벌링턴(Lord Burlington)과 윌리엄 켄트(William Kent)가 설계한 런던의 치스윅 하우스(Chiswick House, 1725)는 돔을 지지하고 있는 드럼 부분의 고측창을 통해 홀의 채광을 하고 있으며, 포티코가 하나로 감소되기는 했지만 이 건물 또한 팔라디오의 빌라 카프라와 매우 유사하다.

팔라디오 양식

팔라디오 양식 저택의 디자인 중 필수적인 부분은 정원이다. 18세기 영국 정원의 특징적인 스타일은 윌리엄 켄트에 의해서 발전하기 시작해 그의 조수인 랜슬롯 브라운(Lancelot Brown, 1716~83)이 계승했다. 이것은 기교로 자연을 재구성하던 프랑스의 르 노트르(Le Nôtre) 스타일과 달리, 자연 그대로의 경관을 중시했다. 정원 내부에는 장식적인 다리, 교회, 호화 별장을 위한 넓은 잔디밭, 활엽수림, 곡선의 산책로와 자연스러운 연못 등을 배치했으며, 건물과 공원을 분리하는 정형의 테라스나 화단을 사용하지 않고 비정형의 조경을 벽으로까지 연결시켰다. 또한 자연공원과 영국식의 자연스러운 조경처리 사이에는 차이점이 없어져서 전체는 같은 구성으로 보여진다. 버킹햄셔(Buckinghamshire)의 스토우 하우스(Stowe House)는 브라운의 도움을 받아 켄트가 계획한 훌륭한 조경작품으로서 이러한 특징들이 완벽하게 나타나고 있다. 브라운의 작품으로는 크룸 코트(Croome Court, 1751)와 애쉬번햄(Ashburnham, 1767)의 정원이 있다. 브라운은 블렌하임 궁의 정원(1765)에서 밴브라가 만든 다리와 스케일을 맞추기 위해 연못을 확장한 것을 포함해서 본래의 정형적 조경요소에서 많은 부분을 제거했다.

영국에서 팔라디오 양식은 실제적인 건축 설계상의 해결방법을 제공함으로써 공공건물의 설계에서 빈번하게 사용되었다. 렌의 제자인 제임스 깁스(James Gibbs)가 설계한 케임브리지의 평의원집회소(Senate House, 1722)

영국의 팔라디오 양식

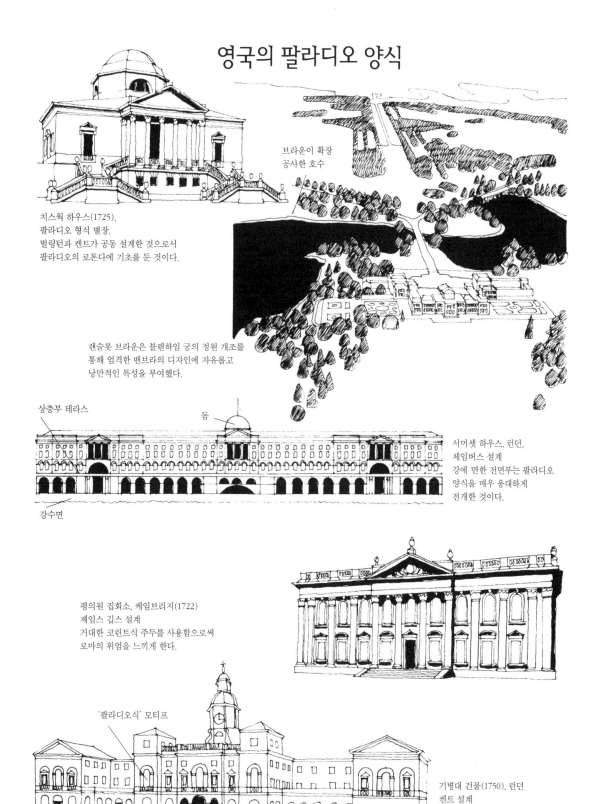

치스윅 하우스(1725),
팔라디오 형식 별장.
벌링턴과 켄트가 공동 설계한 것으로서
팔라디오의 로톤다에 기초를 둔 것이다.

브라운이 확장
공사한 호수

랜슬롯 브라운은 블렌하임 궁의 정원 개조를
통해 엄격한 밴브라의 디자인에 자유롭고
낭만적인 특성을 부여했다.

상층부 테라스

돔

강수면

서머셋 하우스, 런던,
체임버스 설계
강에 면한 전면부는 팔라디오
양식을 매우 웅대하게
전개한 것이다.

평의원 집회소, 케임브리지(1722)
제임스 깁스 설계
거대한 코린트식 주두를 사용함으로써
로마의 위엄을 느끼게 한다.

'팔라디오식' 모티프

기병대 건물(1750), 런던
켄트 설계

사열식을 위한 광장

는 중앙에 페디먼트식 베이가 있는 정형의 고전적인 건물로 거대한 코린트 양식의 원주를 사용함으로써 한층 격을 높였다. 켄트가 지은 런던 소재의 기병대(Horse Guards, 1750) 건물도 팔라디오 양식을 훌륭하게 적용한 건물이다. 윌리엄 체임버스(William Chambers, 1723~96)가 계획한 스트랜드(Strand)의 서머셋 하우스(Somerset House, 1776)는 넓은 중정을 둘러싼 큰 규모의 복합건물로서 200m의 강에 면한 긴 파사드를 몇 개의 부분으로 나눈 후 작은 돔을 세워 중심성을 부여했다. 제임스 간든(James Gandon)이 계획한 더블린(Dublin) 소재의 커스텀스 하우스(Customs House, 1781)도 비슷한 특징을 가지고 있는 건물이다.

교회건축에서 렌의 영향은 18세기까지 계속되었고, 그의 제자 깁스에 의해서 갤러리와 설교단을 갖춘 짧은 사각형 평면 패턴이 계승되었다. 깁스가 설계한 런던의 두 건물 중 성 메리-르-스트랜드(St. Mary-le-Strand, 1714) 교회는 이탈리아 바로크식이고, 성 마틴-인-더-필즈(St. Martin-in-the-Fields, 1722) 교회는 명백한 팔라디오 양식이다. 토마스 아처(Thomas Archer)의 교회 건축들은 플랑보앙(flanboyant) 양식으로서 그의 대표작인 버밍햄 소재의 성 필립스(St. Philips, 1709) 교회는 양측이 오목하게 처리된 힘 있는 전면부탑을 두고 있다. 뎁포드(Deptford) 소재의 성 폴(St. Paul, 1712) 교회는 하나의 서측부 첨탑과 반원형의 포티코를 두었으며, 스미스 스퀘어(Smith Square) 소재의 성 존스(St. John's, 1714) 교회는 분리된 기둥에 인접한 원형탑을 네 개 가지고 있는데, 두 건물 모두 집중형 평면으로 런던에 위치해 있다.

렌과 밴브라에 비교되는 영국 건축가로 니콜라스 헉스무어(Nicholas Hawksmoor, 1666~1730)가 있다. 그는 건축가로서 훈련을 받았으나 전자의 건축가들처럼 전문적인 기교를 보이지는 않았다. 렌이 실제적 건축 설계상의 해결 방법을 제공했다면, 헉스무어는 건물의 모든 디테일을 세밀히 분석한 후 도면을 사용해 시공자에게 설명해주는 교육적 방법을 사용했다. 그는 렌과 함께 1718년까지 왕실 건설 작업반에서 일했는데, 정치상의 경쟁자 편을 들었다는 이유로 둘 다 해고되었다. 헉스무어는 그리니치의 건축적 명성을 렌과 함께 나누었으며, 하워드 성과 블렌하임 궁의 작업에서는 밴브라와 함께 일했다. 헉스무어의 작품 속에서는 렌과 밴브라의 바로크 정신이 잘 나타나 있다.

헉스무어의 작품으로는 1712년에 지어진 그리니치의 성 알페지(St.

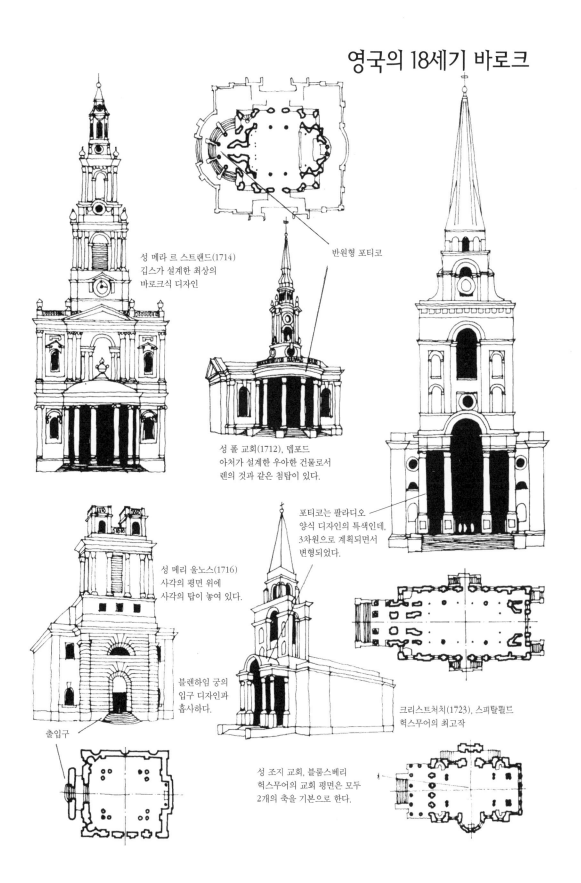

성 메라 르 스트랜드(1714)
깁스가 설계한 최상의
바로크식 디자인

반원형 포티코

성 폴 교회(1712), 뎁포드
아처가 설계한 우아한 건물로서
렌의 것과 같은 첨탑이 있다.

포티코는 팔라디오
양식 디자인의 특색인데,
3차원으로 계획되면서
변형되었다.

성 메리 울노스(1716)
사각의 평면 위에
사각의 탑이 놓여 있다.

블렌하임 궁의
입구 디자인과
흡사하다.

출입구

크리스트처치(1723), 스피탈필드
헉스무어의 최고작

성 조지 교회, 블룸스베리
헉스무어의 교회 평면은 모두
2개의 축을 기본으로 한다.

Alphege), 라임하우스(Limehouse)에 있는 성 앤(St. Anne), 성 조지-인-더-이스트(St. George-in-the-East, 1715), 성 메리 울노스(St. Mary Woolnoth, 1716), 블룸스베리(Bloomsbury, 1720)의 성 조지(St. George), 그리고 스피탈필즈(Spitalfields) 소재의 크리스트처치(Christchurch, 1723) 등 1711년 법령으로 지어진 6개의 런던 교구교회가 있다. 이 건물들은 내부으로 풍부한 공간적 효과가 나타나고 외부적으로 아름답고 힘 있는 표현을 한 점은 같지만 디테일 면에서는 각기 다른 특징을 보인다. 이 건물들 가운데 성 메리 울노스 교회에는 다소 낯선 직사각형의 거친 탑 위에 두 개의 작은 탑이 놓여 있고, 성 앤 탑은 위로 갈수록 가늘어지는 모습으로서 힘차고 기하학적인 바로크풍이다. 크리스트처치는 양측이 파인 사각형의 탑 위에 로마네스크풍의 첨탑과 배럴 볼트로 된 포티코가 있는 당시 최고의 건물이다. 그의 작품에서는 전체적으로는 유기적이지만 본질적으로 서로 다른 요소를 결합하고 있는데 이러한 점으로 인해 팔라디오 양식의 비평가들에게 관심을 끌지는 못했다.

영국의 주택

팔라디오 양식은 소주택의 디자인에도 영향을 미쳤는데, 존스 형식의 주택과 17세기 네덜란드에서 도입된 아이디어가 부분적으로 사용되어 17세기 말 영국의 부유한 중간 계층의 교외주택에서 그 특징이 나타나고 있다. 버크셔(Berkshire)에 있는 로저 프래트 경(Sir Roger Pratt)의 주택인 콜스힐 하우스(Coleshill House, 1662)는 그 전형으로서 현재는 파손되어버렸다. 이 건물은 중앙 출입구와 수직창틀을 세워 댄 2층 주택으로서 팔라디오 양식이 잘 나타나며 퀸즈 하우스의 독특한 설계방식을 따랐다. 하지만, 육중한 코니스 윗부분에는 존스 형식의 평지붕 대신 육중한 경사지붕을 씌웠는데, 이는 반 캠펜(Van Campen)의 모리취스(Mauritshuis)를 연상시킨다. 지붕창(dormer)과 굴뚝을 포함한 이러한 특성은 존스 형식의 주택을 영국 기후에 맞게 변형시키면서 수용되었는데, 그것을 적절히 표현해내는 일은 장인 건축가와 지방의 기능공들에게 달려 있었다.

상인, 법률가, 중개인, 사무원 등과 같은 도시 중산계층이 증가함에 따라 큰 규모의 저택과 노동자 막사의 중간 수준인 투기성 주택이 세워졌다. 투기업자들은 땅을 필요로 했는데, 대개의 경우 상업에 관심이 있는 귀족들에 의해 제공된 부지에 주택을 건설했다. 영주들은 종종 개발업자로서 행세하기도 했으며, 그중 일부는 상점과 개방 공간(open space)을 포함해 배치하는 방식이 상업적으로 유리하다는 사실을 인식했다. 이것을 형상화시킨 예로서 토지에 가로 광장과 개방 공간을 연결시킨 사우스햄튼 백작(Southampton)의 블룸스베리 개발은 17세기의 선형이 되었다. 그러나 다른 한편에서는 도로에 접한 토지에 가능한 한 많은 집들을 채워넣는 데에 더욱 큰 관심을 보였다.

위의 두 가지 형식의 주택에서 나타나는 기본유형은 기하학적인 열을 따라 배열된 테라스하우스로서 건물마다 지하실을 두고 있으며, 1층 입구에는 포디움을 설치하고 도로에 면한 장식적인 문을 통해 출입하도록 되어 있다. 층고가 높은 1, 2층부분에는 중요한 방을 배치했고, 3층 다락방 등은 층고가 낮아 위로 갈수록 낮아지는 형태로 되어 있다. 이 경우 하인은 지하실이나 다락방에 기거한다. 건물의 외관은 팔라디오 양식을 따른 것으로서 서로 연계되어 있되 위로 갈수록 작아지는 문과 창의 비례는 18세기 초에 상당히 유행하던 목수 베티 랭글리(Batty Langley)의 주택들과 같은 형식으로서, 투기업자들은 이런 모습의 건물을 여러 곳에 세웠다. 일부에서는 단위 건물을 묶어 전체를 궁전과 같이 마무리하는 방법도 사용했는데, 각 단위 주호(住戶, unit)의 평면은 동일하지만 중앙의 건물을 의식적으로 장식하고 양측단부를 파빌리온(pavilion)으로 처리함으로써 거주자들에게 궁전에서 살고 있다는 만족감을 주고자 했다. 런던, 더블린, 에딘버러(Edinburgh)에 있는 넓은 지역에서 이러한 방법을 사용했지만, 영국의 소도시인 배스(Bath)에서 가장 훌륭한 예를 찾아볼 수 있다. 배스 지방의 온천수는 로마인들에게 잘 알려져 있었으며, 1720년경 온천수가 사람들에게 재인식되어 부자지간인 두 명의 존 우즈(John Woods)가 개발했다. 그 지방의 사암을 이용해 건설된 연립주택은 퀸즈 광장(Queen's Square, 1728), 서커스 광장(The Circus, 1754), 로열 크레센트(Royal Crescent, 1754)라는 세 부분의 테라스 하우스로 구성되었으며, 이들은 공간적으로 서로 연계성을 가지고 연결되어 있다. 서커스 광장의 건물은 세 개의 곡선 블록으로 원형 공간을 형성하고 있으며, 콜로세움에서와 같이 3가지 다른 형식을 겹친 원주를 사용한 3층 건물로 설계되었다. 퀸즈 광장의 건물은 1층이 포디움으로 거칠게 마감되었고 위의 두 층은 큰 원주를 사용해 서로 묶어주었다. 중앙부의 페디먼트식 베이와 양끝의 파빌리온은 궁전을 연상케 하며, 건물 전체에 육중한 느낌의 페디먼트가 꼭대기에 씌워져 있어 하인의 방이 있는 지붕공간을 감춰준다.

빈민층은 도시의 생활 개선 대상에 포함되지는 않았지만, 식료품의 품질 개

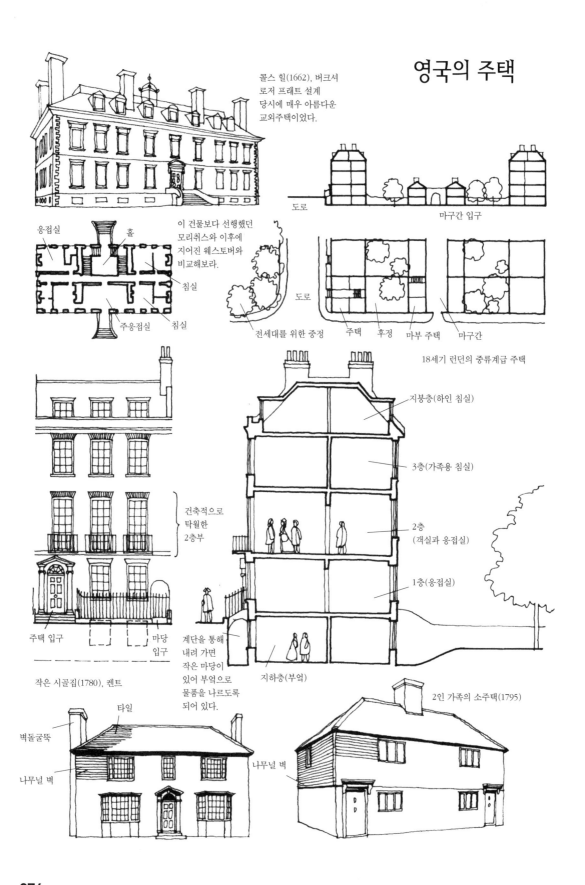

영국의 주택

콜스 힐(1662), 버크셔
로저 프래트 설계
당시에 매우 아름다운
교외주택이었다.

도로

마구간 입구

응접실

홀

침실

주응접실

침실

이 건물보다 선행했던
모리취스와 이후에
지어진 웨스토버와
비교해보라.

도로

전세대를 위한 중정

주택   후정   마부 주택   마구간

18세기 런던의 중류계급 주택

지붕층(하인 침실)

3층(가족용 침실)

2층
(객실과 응접실)

1층(응접실)

지하층(부엌)

건축적으로
탁월한
2층부

주택 입구

마당
입구

작은 시골집(1780), 켄트

계단을 통해
내려 가면
작은 마당이
있어 부엌으로
물품을 나르도록
되어 있다.

타일

벽돌굴뚝

나무널 벽

2인 가족의 소주택(1795)

나무널 벽

18세기 배스 지방의 건축

'만인이 왕이다'

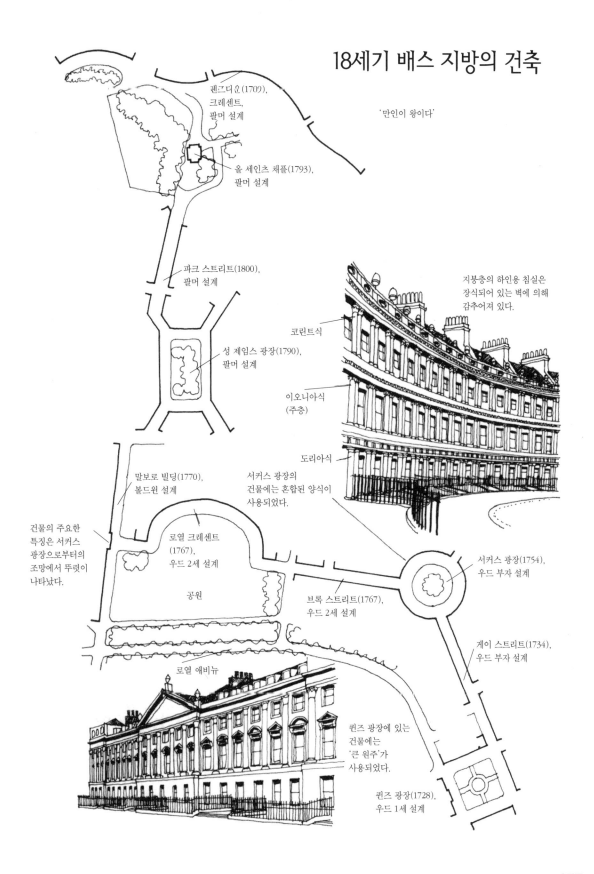

랜즈다운(1709),
크레센트,
팔머 설계

올 세인츠 채플(1793),
팔머 설계

파크 스트리트(1800),
팔머 설계

성 제임스 광장(1790),
팔머 설계

지붕층의 하인용 침실은
장식되어 있는 벽에 의해
감추어져 있다.

코린트식

이오니아식
(주층)

도리아식

서커스 광장의
건물에는 혼합된 양식이
사용되었다.

말보로 빌딩(1770),
볼드윈 설계

서커스 광장(1754),
우드 부자 설계

건물의 주요한
특징은 서커스
광장으로부터의
조망에서 뚜렷이
나타났다.

로열 크레센트
(1767),
우드 2세 설계

브록 스트리트(1767),
우드 2세 설계

게이 스트리트(1734),
우드 부자 설계

공원

로열 애비뉴

퀸즈 광장에 있는
건물에는
'큰 원주'가
사용되었다.

퀸즈 광장(1728),
우드 1세 설계

선, 의료 수준의 발달, 전쟁의 감소 등 사회 전반의 영향으로 빈민층의 생활도 서서히 나아졌다. 그러나 노동자 주택의 대부분은 그 지역의 재료를 사용한 초가지붕의 단층건물이 일반적이었다. 방은 두 개뿐으로 그중 하나는 벽돌 굴뚝을 포함하고 있었다. 식수 공급은 멀리 떨어진 곳에서 해결했고, 하수설비가 없는 비위생적 상황은 상류계급의 주택에서도 마찬가지였다. 지방의 시공업자가 지은 숙련 노동자를 위한 주택은 약간 상태가 나았는데, 그 전형은 비늘판을 댄 목구조의 2층 건물로서 벽돌과 타일로 구조적인 다양성을 주었다. 경사지붕 밑에는 침실이 있으며 작은 지붕창을 통해서 채광이 된다. 아마도 서민주택의 가장 중요한 점은 외관의 규칙성이며, 중앙에 지붕을 씌운 출입문과 양편에 대칭으로 반짝이는 새시 창틀에서 어렴풋이 팔라디오의 영향을 볼 수 있을 것이다.

18세기 후반의 영국 건축

18세기의 발전은 건축 디자인 쪽에 또 다른 영향을 가져다주었다. 독일인으로서 구둣방 아들이었던 요한 빙켈만(Johannn Winckelmann)은 후에 시인이자 고전주의 철학자로서 교황청 관료가 되었다. 그는 나폴리에 있던 1748년 나폴리의 왕을 위한 기술 작업을 하면서 매립되어 있던 폼페이 유적에서 최초의 벽화를 발견했다. 이 놀라운 발견에 대해 기록한 그의 저서에서 미루어 짐작할 수 있듯이 그는 고대에 대해 지대한 관심을 갖기 시작했다. 고대에 대한 관심은 조반니 바티스타 피라네시(Giovanni Battista Piranesi, 1720~78)에 의해서 낭만적인 양상으로 전개되었는데, 그가 묘사한 폼페이나 고대 로마 유적의 옛모습이 책으로 출판되어서 일반인들도 그 당시의 상황을 이해할 수 있게 되었다. 과거의 유적에 대한 관심은 로마에 국한되지 않고 에트루리아, 그리스, 극동으로 퍼져 나갔고, 유럽의 중세 유적으로까지 확대되었다. 랭글리의 『고딕 건축 개선』(Gothic Architecture Improved, 1742), 체임버스(Chambers)의 『중국 건축의 디자인』(Design of Chinese Buildings, 1757), 스튜어트(Stuart)와 리벳(Revett)의 『아테네의 고대 유적』(Antiquities of Athens, 1762) 등은 그러한 영향을 받은 책들이다.

이탈리아와 파리에서 공부한 스코틀랜드 출신 건축가 로버트 아담(Robert Adam, 1728~92)은 로마에서 유적들을 조사했고 피라네시를 만난 후 영국으로 돌아와서 자신의 형제인 제임스, 존과 함께 계획을 실행에 옮겼다. 로버트는 디자인 능력과 상업적 재능이 뛰어나 낡은 주택의 개조를 희망하는 부유한 건축가들을 만족시킬 수 있었으며, 그렇게 모은 재산은 모험적인 사업에 투자했다. 스트랜드 가와 강 사이에 있는 런던의 아델피(Adelphi, 1768) 개발사업은 도매상, 마구간, 사무소, 수택 등을 포함한 매우 인상적인 나층의 복합건물로서 팔라디오 형식의 디자인과 고대미가 절충되어 있고, 강변에 면한 화려한 정면 파사드는 그가 여행 중에 보았던 스플릿(Split) 소재의 디오클레티안 궁전(Diocletian's Palace)을 모방한 것이었다. 이 건물은 부두로부터 광대한 스팬의 볼트로 이루어진 최하층의 창고까지 직접 진입할 수 있도록 계획되었는데, 특히 창고 부분은 시각적으로나 실제적으로도 상부에 도로를 내기 위한 포디움 역할을 하고 있다. 스트랜드 가와 연결되어 있는 상층부의 좁은 도로는 테라스 하우스로 진입할 수 있도록 되어 있다. 우아하고 정형적인 형태의 건물은 채색된 스터코와 거대한 필라스터로 구성되었으며, 로버트의 건축 특징인 낮게 양각된 장식으로 한층 더 활기를 띠고 있다. 이 건물에 사용한 색깔과 소재는 로버트가 폼페이 유적에서 본 모티프 중에서 채택한 것이다. 이러한 소재들은 케들레스튼(Kedleston, 1760), 오스털리(Osterley, 1761), 시온(Syon, 1762), 켄우드(Kenwood, 1767)에 있는 대저택의 실내 디자인에서 반복되어 나타나고 있는데, 로마풍의 채색과 섬세한 헬레니즘식 장식을 기교적으로 조합해 사용했다. 로버트의 작품에서는 각기 다른 규모와 형태의 공간을 조직하는 방법과 하중을 받지 않는 장식기둥과 보로 공간을 구분하는 방법을 사용했으며, 활기차고 미묘한 실내 효과를 얻기 위해 알코브(alcove)를 사용해 공간을 확장하는 등 내부공간의 탁월한 처리 능력이 두드러져 보인다.

같은 시기에 다른 건축가들은 그리스 양식과 고딕 양식에 관심을 두었는데, 옥스퍼드에 있는 제임스 와이어트(James Wyatt)의 레드클리프 전망대(Radcliffe Observatory, 1772)는 아테네의 윈즈 탑(Tower of the Winds)에 기초를 두고 있다. 18세기 고딕 작품으로 잘 알려진 것으로는 중세 스타일로 우아하고 섬세하게 재건축된 호레이스 월폴(Horace Walpole) 소유의 스트로베리 힐(Strawberry Hill, 1750)과 와이이드가 건축한 대규모 저택인 폰트힐 사원(Fonthill Abbey, 1795)을 들 수 있다. 85m 높이의 팔각형 탑, 대형 홀, 90m 길이의 입면 등이 이러한 독특한 건물이 가지고 있는 특성이다. 고딕 양식을 모방한 건물들은 고딕의 본질적 개념을 배제한 채 피상적인 외관만을 추구했으며, 건물의 탑은 몇몇 중세 작품들처럼 1807년 폭풍우로 인해 붕괴되었다.

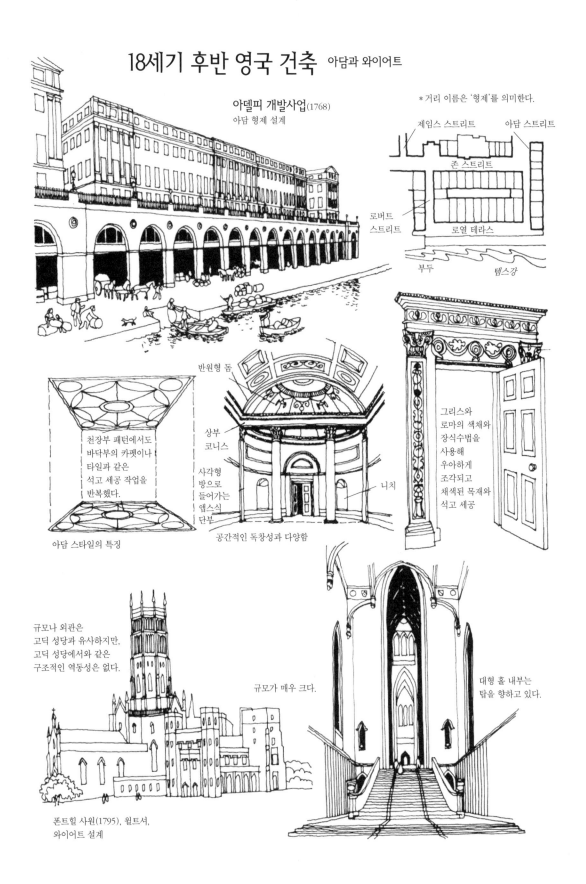

18세기 후반 영국 건축 아담과 와이어트

아델피 개발사업(1768)
아담 형제 설계

*거리 이름은 '형제'를 의미한다.

제임스 스트리트   아담 스트리트

존 스트리트

로버트
스트리트

로열 테라스

부두   템스강

반원형 돔

상부
코니스

사각형
방으로
들어가는
앱스식
단부

니치

천장부 패턴에서도
바닥부의 카펫이나
타일과 같은
석고 세공 작업을
반복했다.

그리스와
로마의 색채와
장식수법을
사용해
우아하게
조각되고
채색된 목재와
석고 세공

아담 스타일의 특징

공간적인 독창성과 다양함

규모나 외관은
고딕 성당과 유사하지만,
고딕 성당에서와 같은
구조적인 역동성은 없다.

규모가 매우 크다.

대형 홀 내부는
탑을 향하고 있다.

폰트힐 사원(1795), 월트셔,
와이어트 설계

혁명적 건축가

18세기 사상가들은 고대에 대한 관심을 통해 인간의 미래를 푸는 열쇠를 찾아내려고 노력했다. 프랑스와 독일의 철학은 많은 부분에서 서로 차이를 보여서 루소(Rousseau)의 종교적·정치적 태도는 볼테르(Valtaire)나 디드로(Diderot)와 달랐고, 칸트(Kant)와 괴테(Goethe)도 서로 의견을 달리했다. 앵글로색슨계의 경제학자와 사회개혁자들, 스미스(Smith)와 흄(Hume), 기번(Gibbon)과 벤덤(Bentham), 홉스(Hobbes)와 로크(Locke), 제퍼슨(Jefferson)과 프랭클린(Franklin)의 관점도 서로 달랐다. 하지만 그들은 기본적인 생각에서는 공통점을 갖고 있었는데, 교회의 원칙에 대한 중세적인 교리에 반대하면서 인간에게 존엄성을 부여했던 가톨릭 이전 시대를 호의적으로 보았다. 또한 존재에 대한 합리적 설명을 추구하고 인간에 대한 이해가 세계의 문제를 해결한다는 신념을 가지고 희망찬 미래를 예견하려고 노력했다. 진보주의자들의 이러한 생각은 그 당시 사회에서 전례 없는 지적인 도전을 불러일으켰다.

건축은 숭고함과 위대한 과거를 증명하는 수단으로서 인간의 본질적인 위엄을 표현해야 한다고 주장하는 건축 이론가들이 18세기 후반에 등장했다. 거대하고 단순하지만 매우 어두워서 동굴과도 같은 신비적인 느낌은 아마도 피라네시의 카르체리(Carceri)를 통해 발달된 것으로 생각된다. 에티엔느 루이 불레(Étienne Louis Boullée, 1728~99)와 클로드 니콜라 르두(Claude Nicholas Ledoux, 1736~1806)가 그 대표적인 건축가로서 실제로 건물을 짓기보다는 디자인과 이론에 치중했다. 특히 불레는 거대한 국립도서관, 박물관, 공동묘지, 뉴턴 기념탑 등의 설계를 통해 명성을 얻었는데, 이 중에서 우주를 상징하는 직경 150m 정도의 속이 빈 구를 포함하고 있는 뉴턴 기념탑은 새로운 시대의 상징으로 받아들여졌다. 사회적인 인식이 높아지고 새로운 유형의 건물이 요구됨에 따라 건강, 복지, 사회적 연대의식을 증진시키기 위해 설계된 모험적인 형태의 병원, 교도소, 학교, 모형공장, 주택단지, 기념비, 사원 등이 여러 곳에 건설되었다. 르두의 작품으로는 라 잘린(La Saline)의 화학 실염을 위한 베상송(Besançon) 근처의 모형 산업도시(the model industrial estate, 1775) 계획을 들 수 있는데, 이곳에는 주택단지 주변에 입지한 연구소와 공장 복합건물군이 입지되어 있다. 이 건물들은 터스칸(Tuscan) 오더와 육중한 벽을 사용해 강하면서도 원시적인 느낌을 준다. 이와 유사한 모습은 통행세 징수를 위해 파리를 둘러싸고 세워져 있는 문(barrières, 1785)에서도 찾아볼 수

혁명적 건축가

트롱 문

라 잘린 화학 실험 공장 평면도(1775),
르두 설계

단면도

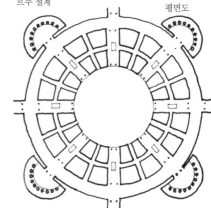

평면도

파리 문(1785),
르두 설계

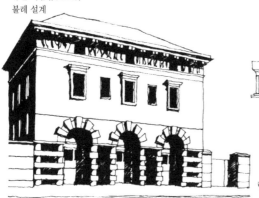

뉴턴 기념탑(1784),
불레 설계

라 발레트 문

란펠 문

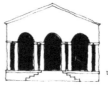

메닐-몽탕 문

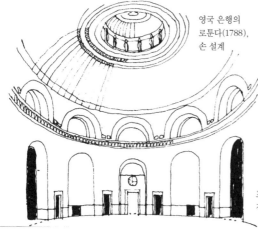

영국 은행의
로툰다(1788),
손 설계

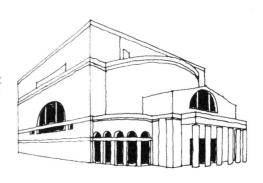

프러시아 국립극장(1798), 베를린
길리 설계

있다. 현재는 당시에 계획된 45개의 문 중 겨우 4개만이 남아 있는데, 라 빌레트(La Villette)의 육중한 로툰다와 거칠게 마감된 랑펠(L'Enfer)의 원주는 기하학적인 성격을 잘 나타내고 있다.

영국의 존 손(John Soane, 1753~1837)과 독일의 프리드리히 길리(Friedrich Gilly, 1772~1800)는 불레와 르두에 비교되는 건축가다. 실제로 지어진 건물로서 손의 영국 은행(Bank of England, 1788~)은 다른 작가의 작품에 비해 형태가 간결하고 뚜렷한 편이며, 돔을 얹은 중심부의 웅장한 로툰다는 장식이 없는 매우 단순한 모습이다. 베를린에 있는 길리의 프러시아 국립극장(Prussian National Theatre)은 실제로 지어지지는 않았으나, 기하학적 순수성과 표면적인 단순성을 추구했다. 단순한 직사각형 형태의 무대 부분이 반원형의 청중석과 대치된 점은 18세기에서와 마찬가지로 20세기의 건축에서도 많이 적용되고 있는 개념이다.

르두와 불레를 비롯한 건축가 그룹은 '혁명적 건축가'(the revolutionaries)라고 칭해지는데, 이들은 사회적인 입장을 내세우지 않고 건축에만 몰두했다. 특히 르두는 왕을 위해 건축 계획을 한 왕정주의자로서 그의 디자인이나 건축패턴에서는 자연스러움뿐 아니라 중압감도 다소 느껴진다. 그러나 지식인들 사이에 사회혁명의 이념이 깊게 내재하고 있었던 시기에 이러한 혁명적 건축가들이 활동한 것만은 분명한 사실이다. 루소는 자신의 저서 『사회계약론』(*Du Contrat Social*)에서 '일반 의지'(general will)를 얻기 위한 대중의 권리를 주장했는데, 이러한 이론이 1775년 세금 문제로 영국과 공개적인 갈등이 있었던 식민지 아메리카에서 실제로 시험되었다. 워싱턴 자신도 군주제주의자였으므로 처음의 움직임은 대중혁명의 목적은 갖지 않고 영국 정부에 대해 그 의미만을 전달하려는 것이었으나, 점차 독립의 기회가 성숙됨에 따라 마침내 1783년에 혁명이 일어났다.

프랑스의 중산계층은 영국과 같은 경험을 피하기 위해 또 다른 모델을 추구하게 되었다. 그들은 기존의 세력과 지위를 확고하게 유지하면서 사회를 개혁해야 한다는 믿음을 가지고 있었으므로 18세기에 이를 기반으로 주요한 정치적 변화가 나타났다. 토마스 페인(Thomas Paine, 1737~1809)의 사상은 그 시대의 진보적인 태도를 구체화한 것으로서 그의 책 『상식』(*Common Sense*)과 그의 논문 「위기」(Crisis)는 독립을 향한 미국의 노력에 직접적인 영향을 미쳤다. 그리하여 영국과 같은 의회 민주제의 성취를 목표로 한 프랑스 혁명이 1789년에 일어났으며, 페인의 『인간의 권리』(*The Rights of Man*, 1791)는

민주주의자들에게의 성서처럼 중요한 책이 되었다. 민주주의와 국민의 주권은
성취되지 못했으나, 영국과 마찬가지로 중산계급들의 세력이 확대됨으로써 왕
실과 귀족들은 밀려나기 시작했다.

제8장 철의 시대 : 1815~1850

과도기의 건축적 상황

18세기의 고전세계에서 19세기의 근대세계로 이어지는 과도기에 나타난 위대한 예술가들의 작품에서는 혁명시대의 특징인 지성의 혼미 상태가 여실히 드러나고 있다. 베토벤의 교향곡 '에로이카'(Eroica, 1804) 이후 음악은 그 양상이 뒤바뀌었고, 다양한 재능이나 고전세계와의 연관 관계에서 볼 때 최후의 르네상스인 중의 한 사람이라고 할 수 있는 문학가 괴테는 소설 『파우스트』(Faust, 1832)에서 영원한 탐구, 창조적인 고뇌, 새로운 생활의 창조, 정신적 자유의 달성이라는 관점에서 이미 혁명적 지성과 맥락을 같이하고 있다.

그러나 이 시대의 건축은 괴테나 베토벤과 같은 역할을 할 만한 위대한 건축가를 배출하지는 못했다. 건축가들이 19세기를 향해 비약의 일보를 내딛지 못하고, 산업혁명이라는 새로운 국면에 접어들어가는 사회적 상황에서도 진부한 형태나 방법을 탈피하지 못하고 있었던 데에는 몇 가지 이유를 들 수 있다. 우선 건축가들이 오랫동안 자신의 사회적 지위 향상을 꾀한 점을 들 수 있다. 고전적인 취향이 중시된 사회에서 건축주들의 취향을 충족시켜 주는 것이 가장 중요했고, 페테르스부르크에서 워싱턴에 이르기까지 세계 어디서나 통용되는 통상적인 방법이 있었다. 새로운 기술은 건축에 악영향을 주는 요소로 인식되어 건축가는 새로운 것에 등을 돌리는 입장을 취할 수밖에 없었다는 점이 또 하나의 이유다.

실제로 사회의 기본구조가 변화하고 있는데도 외형적으로는 옛 질서가 여전히 존재했다. 메테르니히(Metternich)의 보수주의가 이탈리아와 독일을 지배했고, 프랑스 혁명도 나폴레옹의 독재로 끝났으며, 영국에서는 조지 4세의 군주제가 강화되었다. 즉, 산업자본주의에 기반을 둔 자유·평등·박애의 자유주의 이념은 기존질서를 위협하는 것으로 간주되었다. 건축이 전통적인 형태만을 고집

워싱턴과 파리

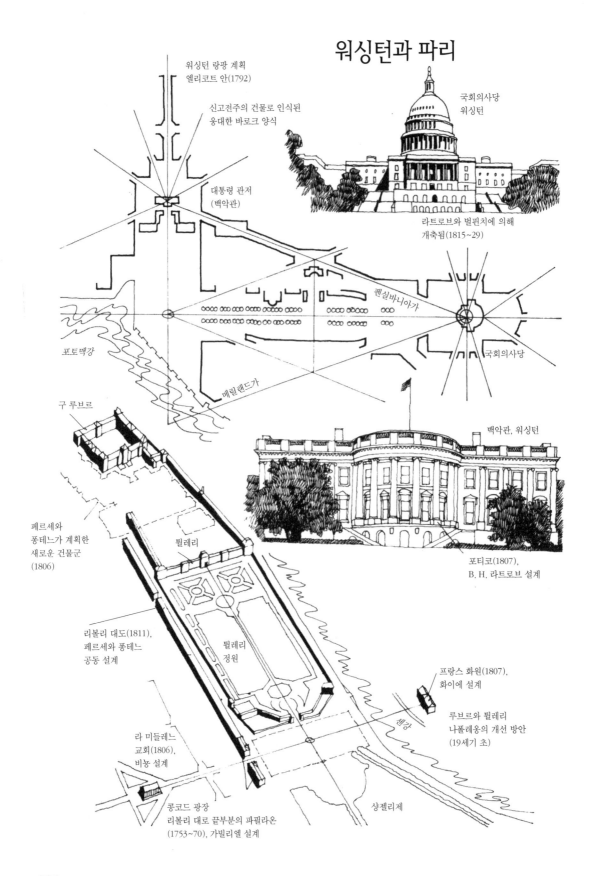

워싱턴 랑팡 계획
엘리코트 안(1792)

신고전주의 건물로 인식된
웅대한 바로크 양식

국회의사당
워싱턴

대통령 관저
(백악관)

라트로브와 벌핀치에 의해
개축됨(1815~29)

펜실바니아가

국회의사당

포토맥강

메릴랜드가

구 루브르

백악관, 워싱턴

페르세와
퐁테느가 계획한
새로운 건물군
(1806)

튈르리

포티코(1807),
B. H. 라트로브 설계

리볼리 대도(1811),
페르세와 퐁테느
공동 설계

튈르리
정원

프랑스 화원(1807),
화이에 설계

루브르와 튈르리
나폴레옹의 개선 방안
(19세기 초)

라 미들레느
교회(1806),
비농 설계

센강

콩코드 광장
리볼리 대로 끝부분의 파필라온
(1753~70), 가빌리엘 설계

샹젤리제

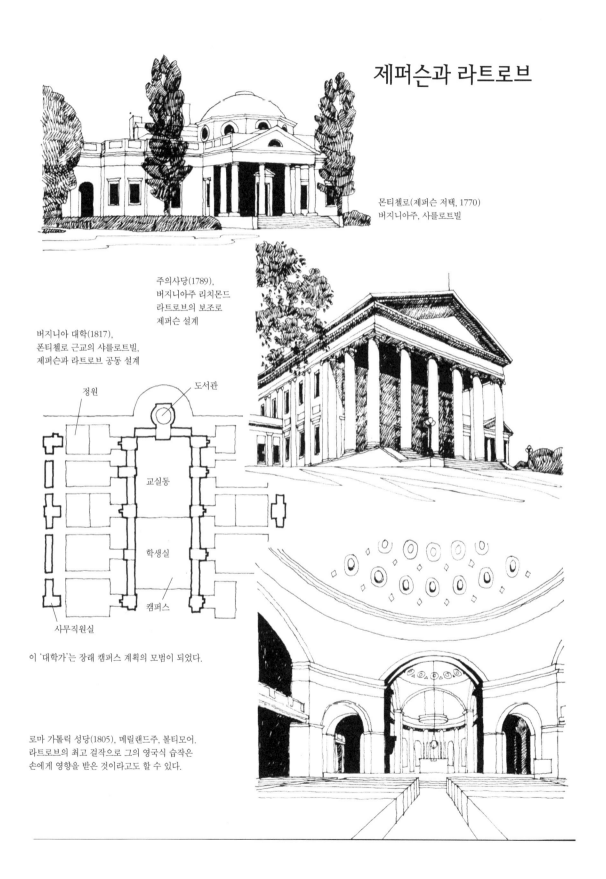

제퍼슨과 라트로브

몬티첼로(제퍼슨 저택, 1770)
버지니아주, 샬로트빌

주의사당(1789),
버지니아주 리치몬드
라트로브의 보조로
제퍼슨 설계

버지니아 대학(1817),
몬티첼로 근교의 샬로트빌,
제퍼슨과 라트로브 공동 설계

정원   도서관

교실동

학생실

캠퍼스

사무직원실

이 '대학가'는 장래 캠퍼스 계획의 모범이 되었다.

로마 가톨릭 성당(1805), 메릴랜드주, 볼티모어.
라트로브의 최고 걸작으로 그의 영국식 습작은
손에게 영향을 받은 것이라고도 할 수 있다.

하고 변모하는 세계에서 전통계승의 상징처럼 옛것에 집착한 배경은 지배계층과 이를 추종하는 중산계급의 과거의 부와 권력에 대한 향수로 볼 수 있다.

신고전주의의 대두

이 시기의 도시건축은 사회체제의 희망과 위엄을 부여해야 할 시민적인 건축으로서 요구되었는데, 이런 요구는 갓 탄생한 나폴레옹 제정에서부터 급속히 변모하는 미합중국에 이르기까지 공통적인 사항이었다. 르네상스나 바로크의 건축가들은 고전건축의 요소를 새로운 독창적 양식 확립의 출발점으로서 활용했지만, 이 시기의 건축가는 고대사회의 형태를 충실히 재현하려고 애를 썼다. 신고전주의 양식은 프러시아와 영국뿐 아니라 미국과 프랑스의 정치 지도자들까지도 그대로 수용했는데, 그들은 자신 스스로를 아테네 민주주의, 혹은 고대 로마 제국의 정통적인 후계자라고 여겼다. 미합중국의 수도인 워싱턴은 프랑스 건축가 피에르 샤를르 랑팡(Pierre Charles l'Enfant, 1754~1825)에 의해서 계획되었다. 베르사유 궁전의 전통에 따른 바로크풍의 배치 형태는 주변에 위치한 강 때문에 한층 더 웅장하게 나타났고, 의사당과 백악관, 그리고 그밖의 공공건물은 엄격하고 우아하게 그리스 건물을 재현했다. 미국의 신고전주의 건축을 이끈 건축가는 벤자민 라트로브(Benjamin Latrobe, 1764~1820)로서, 그는 대통령 토마스 제퍼슨(Thomas Jefferson, 1734~1826)과 함께 건축가로서의 경력을 쌓았는데, 팔라디오 형식으로 버지니아주의 샤를로트빌(Charlottesville) 근교에 지어진 몬티첼로(Monticello, 1770) 주택은 제퍼슨이 설계한 작품이다. 두 사람이 공동으로 설계한 버지니아주 리치몬드의 주의사당(1789)은 이오니아 양식의 그리스 신전을 모방했는데, 이 건물은 이후 공공건물의 원형이 되었다. 라트로브의 독자적인 작품으로는 백악관의 개축(1807)도 좋은 예지만, 메릴랜드주 볼티모어 소재의 로마 가톨릭 성당(1805)이 더 좋은 예로서, 이 건물은 라틴 크로스형 평면으로 대규모의 돔이 평면 교차부에 얹혀 있다.

나폴레옹 시대의 프랑스 도시건축은 신고전주의의 기념비적인 성격을 지향했는데, 고대 그리스의 민주주의보다는 로마 제국의 위엄을 추구하려 했다. 이런 경향의 선구적 작품으로는 스플로(J. G. Soufflot)가 만든 파리의 성 주느비에브(Ste Geneviéve, 1755)가 있다. 이 건물은 후에 국가사원이 되어 팡테옹(Panthéon)이라는 이름으로 알려지게 된 건물이다. 창을 배제한 벽으로부터 중심의 돔과 열주식의 포티코에 이르기까지 로마 판테온 신전의 분위기를

프랑스의 '영광'

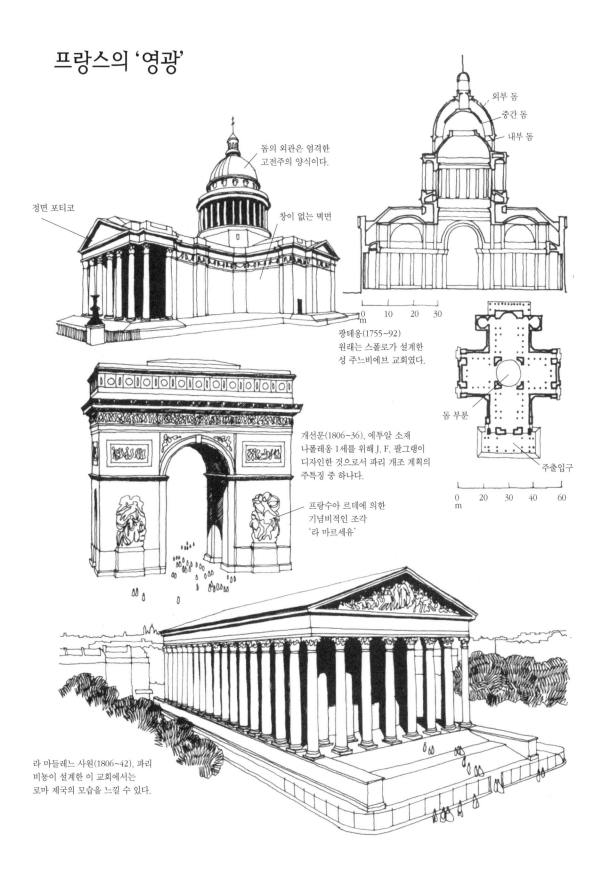

돔의 외관은 엄격한
고전주의 양식이다.

외부 돔
중간 돔
내부 돔

정면 포티코

창이 없는 벽면

팡테옹(1755~92)
원래는 스폴로가 설계한
성 주느비에브 교회였다.

돔 부분

주출입구

개선문(1806~36), 에투알 소재
나폴레옹 1세를 위해 J. F. 팔그랭이
디자인한 것으로서 파리 개조 계획의
주특징 중 하나다.

프랑수아 르데에 의한
기념비적인 조각
'라 마르세유'

라 마들레느 사원(1806~42), 파리
비뇽이 설계한 이 교회에서는
로마 제국의 모습을 느낄 수 있다.

그대로 재현한 이 건물은, 디테일의 차이를 생각치 않는다면 로마의 판테온 신전을 그대로 옮겨놓은 듯한 착각에 빠진다. 비뇽(Vignon) 설계의 마들레느 사원(La Madeleine, 1806)은 고대 로마 신전을 재현시킨 것으로, 이 건물에서는 나폴레옹과 로마 제국의 카이사르를 의식적으로 결부시키고 있다. 이러한 실례들을 통해 그 당시의 건축가들이 자신들의 후원자의 영원성을 표현하기 위해 자주 과거를 모방했음을 알 수 있다.

이런 경향은 베를린에 있는 쉰켈(Karl Friedrich Shinkel, 1781~1841)의 극장(Shauspielhaus, 1819)과 구 박물관(Altes Museum, 1824)에 잘 나타나 있다. 이 두 건물은 대담하며 시각적인 중량감을 지닌다. 그러나 계획방법이 명백하게 표현되었음에도 불구하고, 건물 외관에 이오니아 양식 원주를 계속적으로 사용한 점에서 그의 스승이었던 길리를 능가하지는 못했다. 쉰켈의 철학은 듀랑(J. -N. -L. Durand)의 작품에서 영향을 받았는데, 그의 저서 『건축에 관한 두 권의 책』(1801~1802)은 많은 공공건물을 위해 수용 가능한 기준을 제공하는 디자인의 기계적인 접근을 보여주고 있다. 페르세(Percier)와 폰테느(Fontaine)가 공동으로 설계한 리볼리 대로(Rue de Rivoli)는 1811년 나폴레옹 지도하에 집행된 전면적인 파리의 가로 개선계획으로, 연속된 5층 건물의 주거 블록이 도로의 윤곽을 이루고 지상층에는 상점가의 아케이드가 형성되었으며 베스(Bath)에서처럼 전체적으로 궁전의 위엄성을 지닌 중산계층의 주택으로 계획되었다.

위와 같은 성격의 훌륭한 도시계획은 존 나쉬(John Nash, 1752~1835)에 의한 런던 개발 계획에서 살펴볼 수 있다. 왕실의 비호와 중산계층의 지지를 얻은 나쉬는 크리스토퍼 렌조차도 성취하지 못했던 도시적 규모의 건설 사업을 런던 서부 지역에서 실시했다. 새로운 건물과 공용 공간이 남쪽의 버킹검 궁전에서 북쪽의 리젠트 파크(Regent's Park)까지 뻗어나가는 대규모 단지의 공간적 효과에서 건축가 나쉬의 탁월한 역량을 볼 수 있다. 여기에는 칼튼 하우스 테라스(Calton House Terrace, 1827)와 컴버랜드 테라스(Cumberland Terrace, 1827)로 대표되는 리젠트 파크의 테라스 하우스가 포함되어 있다. 또한 고전주의와 고딕 등 여러 가지 양식의 독립주택으로 형성된 파크 빌리지(Park Village, 1824)는 초기 영국 교외주택의 예다.

고딕의 부활

18세기 건축이 추구했던 일반적인 경향은 19세기에도 계승되었으나, 길리

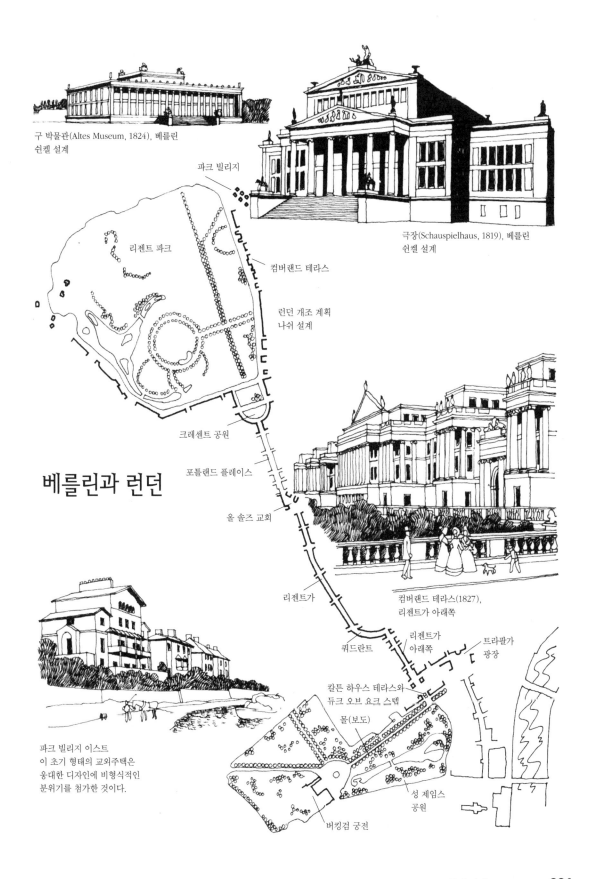

구 박물관(Altes Museum, 1824), 베를린
쉰켈 설계

극장(Schauspielhaus, 1819), 베를린
쉰켈 설계

파크 빌리지

리젠트 파크

컴버랜드 테라스

런던 개조 계획
나쉬 설계

크레센트 공원

포틀랜드 플레이스

올 솔즈 교회

베를린과 런던

리젠트가

컴버랜드 테라스(1827),
리젠트가 아래쪽

쿼드란트

리젠트가
아래쪽

트라팔가
광장

칼튼 하우스 테라스와
듀크 오브 요크 스텝

몰(보도)

성 제임스
공원

버킹검 궁전

파크 빌리지 이스트
이 초기 형태의 교외주택은
웅대한 디자인에 비형식적인
분위기를 첨가한 것이다.

와 같은 천재적인 건축가는 오히려 이와 같은 부류의 시대사조 아래에서는 고립될 수밖에 없었다. 헉스무어는 그런 경향을 절충적으로 취급했다. 그러나 팔라디오 양식주의자들에게 양식은 본질적이며 건축의 중요한 요소로 간주되었는데 이런 경향은 19세기에도 널리 퍼져 많은 건축가들이 양식과 그것의 중요성에 심취하게 만들었다. 그 결과 산업혁명이 가져온 새로운 재료의 구조법에는 관심을 두지 않고 양식에 대한 감각적인 추구만이 성행했으며, 신고전주의와 고딕 양식에 대해 심하게 집착했다.

18세기에 이미 그 징조를 보였던 복고식 고딕(Gothic revival)은 1834년에 영국의 웨스트민스터 궁전이 화재로 붕괴된 것을 계기로 구체적인 모습을 드러내기 시작했다. 그 계기는 옛 건물에 대한 회상과 소실되지 않은 웨스트민스터 사원과 오래된 웨스트민스터 홀과의 조화를 고려할 때 고딕 양식만이 최적이라고 판단했던 것에서 기인한다. 찰스 베리(Charles Barry, 1785~1860)는 고전주의자로서 중앙에 팔각형 홀을 가진 정형의 대칭형 평면으로 설계했는데, 이것을 고딕 양식으로 전환시킨 건축가는 아우구스투스 퓨진(Augustus Pugin, 1812~52)이었다. 가톨릭 광신도였던 퓨진은 고딕 양식이야말로 교리에 적합한 올바른 양식이며, 이탈리아 르네상스는 옳지 않을 뿐만 아니라 심지어 부도덕하다고까지 생각했다. 고딕에 대한 이러한 정열을 통해 고딕 양식과 구조적인 통합까지를 충분히 인식하고 더 나아가 자신의 저서『고딕 또는 기독교 건축의 참된 원리』(*The True Principles of Pointed or Christian Architecture*, 1841)에서 고딕의 장식적 측면이 기능적인 측면과 어떻게 훌륭히 조화되면서 구조적인 문제를 해결했는가를 설명했다. 로맨틱한 실루엣과 복잡한 고딕 양식으로 외관을 형성한 웨스트민스터 궁전은 빅토리아 시대에 선발된 장인들에 의해서 영국 건축사상 가장 걸작으로 만들어졌다.

예술평론가 존 러스킨(John Ruskin, 1819~1900)의 영향으로 고딕 양식이 더한층 지지를 얻게 되었는데, 그는 저서『건축의 일곱 등불』(*The Seven Lamps of Architecture*, 1849)에서 재료의 확실성, 자연형태의 아름다움, 기계작업보다는 수작업에 의해 얻어질 수 있는 활력 등, 건축의 필수적인 조건 7가지를 명시하고 있다. 초기 고딕 건축에서 이와 같은 조건이 충족되었다고 생각한 러스킨은『베네치아의 돌』(1851)에서 베네치아풍 고딕을 분석한 후, 그것이 건축적인 스타일로서 성공한 것은 장인의 성취감에서 기인한다고 평가했다. 이러한 러스킨의 개념은 산업화시대에 이르러서도 많은 영향을 미쳤다.

  가장 명민한 고딕 양식의 이론가로는 프랑스인 비올레-르-둑(Viollet-le-Duc, 1814~1879)을 들 수 있다. 작가인 메리메(Mérimée)와 위고(Hugo)와의 친교로 고딕에 관심을 품게 되었던 그는 세인트 샤펠(Sainte-Chapelle)이나 노트르담과 같은 중세 건축물의 복원에 손대기 시작했다. 그는 고딕 전성기의 업적이 교회로 인해 발생하는 여러 가지 제약들을 극복한 평신도들에 의해 이루어진 것이라고 인식했다. 르-둑은 자신의 저서 『프랑스 건축 총람』(*Dictionaire raisonn de l'architecture fran aise*, 1845)에서 고딕 건축의 구조적인 문제를 합리적으로 해결한 최초의 인물로서, 독자적으로 리브 볼트와 버트레스를 근대의 철골부재와 결부시켜 재해석함으로써 19세기 기술적인 발전이 양식과 연결될 수 있도록 건축가들의 관심을 유도했다.

산업혁명과 기술의 발달

  사실상 이러한 기술의 발달은 수십 년 전부터 선행되어 온 것으로서 전통적인 건축의 한계에서 벗어나려는 다른 부류의 건축가들이 출현하기에 이르렀다. 그들은 바로 기술자들로서 주어진 역할을 충분히 수행할 준비가 되었으며, 산업혁명이 제공한 건설의 기회를 능동적으로 받아들였다. 고대로부터 18세기까지 생산, 건설, 수송의 발전은 거의 없었으나, 19세기 초를 문화적 분수령으로 하여 에너지를 이용하고 과학적으로 활용하며 정보전달이 신속해짐에 따라 서양세계는 전례없이 큰 발전을 이루었다. 1780~1850년 사이 영국에서 일어난 산업혁명은 19세기 중반까지 프랑스, 독일, 벨기에, 스위스로 퍼지고, 1900년대까지는 북부 이탈리아, 스웨덴, 러시아로 확산되었다. 도시로의 인구 집중은, 중세 초기의 인구 성장과 11~12세기의 도시화에서도 찾아볼 수 있지만, 18세기 말 영국의 중산계급이 경제적 자유를 누리고 19세기 동안 산업자본주의가 발전하면서 절정에 달했다.

  런던은 인구 백만 명에 도달한 최초의 도시가 되었으며, 19세기 초 전 유럽에서는 인구의 10%가 도시에 살 정도로 도시화가 진행되었다. 특히, 잉글랜드와 스코틀랜드는 인구의 20%가 도시에 살았는데, 이러한 경향은 산업의 영향을 반영한 것이다. 국민의 기본생활은 여전히 농업에 의존하고 있었지만, 진보적인 토지소유자들이 많은 인구를 지탱하기 위한 곡물을 해외로부터 수입함으로써 곡물, 가축, 생산수단, 생산량을 조절하자, 농민 경제는 파탄에 이르렀다.

고딕의 부활

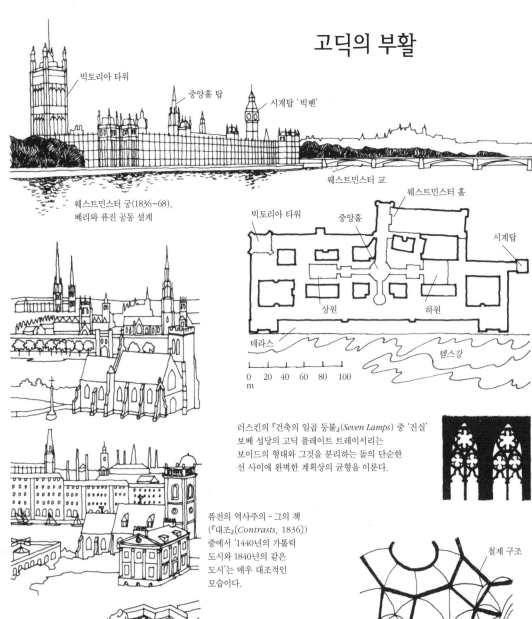

빅토리아 타워

중앙홀 탑

시계탑 '빅벤'

웨스트민스터 교

웨스트민스터 궁(1836~68),
베리와 퓨진 공동 설계

빅토리아 타워

중앙홀

웨스트민스터 홀

시계탑

상원

하원

테라스

템스강

0 20 40 60 80 100
m

러스킨의 『건축의 일곱 등불』(Seven Lamps) 중 '진실'
보베 성당의 고딕 플레이트 트레이서리는
보이드의 형태와 그것을 분리하는 돌의 단순한
선 사이에 완벽한 계획상의 균형을 이룬다.

퓨전의 역사주의 - 그의 책
(『대조』(Contrasts, 1836))
중에서 '1440년의 가톨릭
도시와 1840년의 같은
도시'는 매우 대조적인
모습이다.

철제 구조

엔트레틴스(1872)
비욜레의 그림
"건축 형태를 도입함으로써
우리는 그 시대에
적응하게 된다."

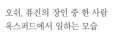

오쉬, 퓨진의 장인 중 한 사람
옥스퍼드에서 일하는 모습

294

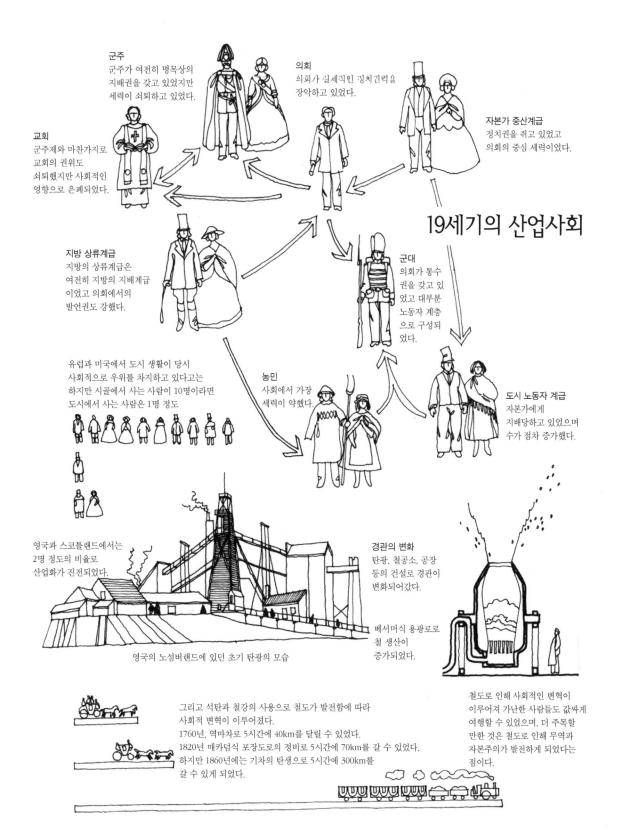

군주
군주가 여전히 명목상의 지배권을 갖고 있었지만 세력이 쇠퇴하고 있었다.

의회
의회가 실세직인 정치권력을 장악하고 있었다.

자본가 중산계급
정치권을 쥐고 있었고 의회의 중심 세력이었다.

교회
군주제와 마찬가지로 교회의 권위도 쇠퇴했지만 사회적인 영향으로 은폐되었다.

19세기의 산업사회

지방 상류계급
지방의 상류계급은 여전히 지방의 지배계급이었고 의회에서의 발언권도 강했다.

군대
의회가 통수권을 갖고 있었고 대부분 노동자 계층으로 구성되었다.

유럽과 미국에서 도시 생활이 당시 사회적으로 우위를 차지하고 있다고는 하지만 시골에서 사는 사람이 10명이라면 도시에서 사는 사람은 1명 정도

농민
사회에서 가장 세력이 약했다.

도시 노동자 계급
자본가에게 지배당하고 있었으며 수가 점차 증가했다.

영국과 스코틀랜드에서는 2명 정도의 비율로 산업화가 진전되었다.

경관의 변화
탄광, 철공소, 공장 등의 건설로 경관이 변화되어갔다.

베서머식 용광로로 철 생산이 증가되었다.

영국의 노섬버랜드에 있던 초기 탄광의 모습

철도로 인해 사회적인 변혁이 이루어져 가난한 사람들도 값싸게 여행할 수 있었으며, 더 주목할 만한 것은 철도로 인해 무역과 자본주의가 발전하게 되었다는 점이다.

그리고 석탄과 철강의 사용으로 철도가 발전함에 따라 사회적 변혁이 이루어졌다.
1760년, 역마차로 5시간에 40km를 달릴 수 있었다.
1820년 매카덤식 포장도로의 정비로 5시간에 70km를 갈 수 있었다. 하지만 1860년에는 기차의 탄생으로 5시간에 300km를 갈 수 있게 되었다.

대규모 생산에 많은 노동력이 필요해 많은 산업체가 도시로 옮겨지면서 도시는 2차 산업에 의해 성장했다. 면화 수입이 급속히 늘어남에 따라 섬유 산업이 발전했으며, 면화 산업 도시는 규모가 커지고 큰 부를 축적하게 되었다.

이 시기의 기술적 진보는 석탄과 철강 산업의 상호 의존에 의해서 이루어졌다. 석탄은 수세기 동안 연료로서 소극적으로 사용되었으나, 19세기에 철과 함께 사용되면서 막강한 힘을 발휘하게 되었다. 뉴코멘(Newcomen)과 와트(Watt)의 증기기관이 석탄 채굴에 이용되었고, 야금 기술의 진보로 증기를 동력으로 사용하는 공장과 철도가 급속히 발전했으며, 많은 종류의 기계가 고안되었다.

철의 사용 : 교량과 건축물

1779년 철공기사 아브라함 다비 3세(Abraham Darby III)는 철강·석탄 산업의 중심지인 콜브룩데일(Coalbrookdale)의 세번강(River Severn) 계곡에 아치교를 개설했다. 우아한 구조 형태가 남아 있는 이 교량은 주철을 구조체로 사용한 세계 최초의 교량으로서 중요한 위치를 점하고 있다. 18세기 동안 운하와 도로의 건설로 교량 건설이 촉진되었는데, 개발업자들은 위대한 업적을 세우기 위해 줄곧 기술자들을 지원했다. 교량이 붕괴되거나 큰 사고는 없었지만 경미한 시행착오를 거쳐서 기술이 축적되어갔다. 기술자인 토마스 텔포드(Thomas Telford, 1757~1834)는 여러 개의 주철교량을 건설했는데, 높은 탄소 함유량과 과립 구조를 지닌 주철은 압축력에 강한 반면 인장력에는 약하므로, 메나이 해협(Menai Strait)을 가로지르는 홀리헤드 대로(Holyhead road)에 대규모 스팬의 현수교가 필요하게 되자 높은 인장력에 견딜 수 있도록 연철로 된 사슬구조를 개발했다. 이것은 마치 나뭇결과 같은 방향성이 있는 세포 구조다.

철도의 출현으로 투기 목적을 가진 회사들이 경쟁적으로 설립되었으며, 기술자들에게는 이전보다 더 많은 요구가 들어왔다. 뉴캐슬(Newcastle)의 타인(Tyne)을 가로지르는 하이 레벨 교(High Level Bridge)가 로버트 스티븐슨(Robert Stephenson)에 의해서 1846년에 착공되었는데, 이 교량은 마지막으로 건설된 주철교로서 주철부재의 응력을 감소시키기 위해서 '활시위의 원리'가 도입되었다. 스티븐슨의 또 하나의 걸작으로 메나이 해협을 가로지르는 브리타니아(Britannia, 1850) 철교를 들 수 있다. 비록 강 중간에 교각 역할을 하는 암반이 놓여 있기는 하지만, 전체 스팬이 300m에 이르렀는데도, 1마일 북쪽에 위치한 텔포드 교와 같은 현수교 형식을 사용하지 않았다. 해군의 요구내로 나리와 빝바닥의 서리를 일성하게 만들기 위해 아치교를 사용하시 않고 내부로 기차가 통과할 수 있도록 연철로 된 거대한 사각형의 튜브를 구획해 문제를 해결했다. 교량은 철저한 실험과 구조 계산에 의해서 설계되었는데, 구조학적인 면에서 많은 발전을 가져오게 된 실증적 사례였다.

아이삼버드 브루넬(Isambard Brunel, 1806~59)은 스티븐슨에게 라이벌 의식을 갖고 '철교광'(rialway mania)이라 해도 좋을 만큼 열성적으로 일을 진행했다. 그는 대부분의 기술자들과 마찬가지로 끊임없는 경쟁을 통해 일어날 문제점에 대해 회의를 품으면서 "온 세상이 철교 만들기에 열광되어 있다. 나는 이러한 제의를 듣는 것이 매우 괴롭다……. 작업을 수행하면서 현재의 방법이 최선이 아닐지도 모른다는 생각 때문에 무서운 혼란에 빠지곤 한다"고 기술하고 있다. 19세기 전반기 영국에서의 건설계획들이 너무 빠르게 진행됨에 따라, 나폴레옹 전쟁을 포함해 당시의 전쟁에서 죽은 사람보다 더 많은 노동자들이 철도공사 중에 사망하는 사고가 발생했다. 기술자들은 공동작업을 통해서 전문지식을 획득했고, 스티븐슨과 브루넬이 협력해 많은 기술적 변화를 가져왔다. 브루넬의 유명한 작품 가운데 하나로, 1829년에 시작한 브리스톨(Bristol) 시의 애번 고즈(Avon gorge)를 가로지르는 현수교를 들 수 있으나, 그의 가장 위대한 작품은 1860년에 완성한 솔트애쉬(Saltash)의 타마르(Tamar)에 놓여진 로열 알버트 교(Royal Albert Bridge)다. 브루넬은 스티븐슨의 브리타니아 교에 대해서 잘 알고 있었고, 해결해야 할 문제점 또한 비슷했다. 스팬은 스티븐슨이 설계한 교량과 비슷했으나, 강 중간에 암반이 놓여 있지 않았기 때문에 내부가 철잠함(iron caisson)으로 된 피어를 강 중간에 박지 않을 수 없었다. 그 결과 잠함 자체가 하나의 위엄 있는 특징이 되었다. 또한 바닥면을 편평하게 하기 위해서 연철 튜브로 만든 아치형의 스팬 두 개가 다리의 갑판을 아래쪽으로 매달도록 고안되었다.

철은 전통적인 유형의 건물이니 전통을 따르는 건축기들에게는 기의 사용 되지 않았지만, 교량과 더불어 일부 건물에서도 서서히 사용되기 시작했다. 조셉 팩스턴(Joseph Paxton)은 더비셔(Derbyshire)의 쳇스워드(Chatsworth)에 아름다운 온실(1836)을 설계했는데, 곡선처리된 약 90m의 주철과 나무로 프레임을 만들고 전체를 유리로 덮었다. 이 건물 이후 유사한 건물을 많이 양산했는데, 이 가운데 국립식물원(Kew Gardens)의 온실(Palm House)

초기 철제 공법 1

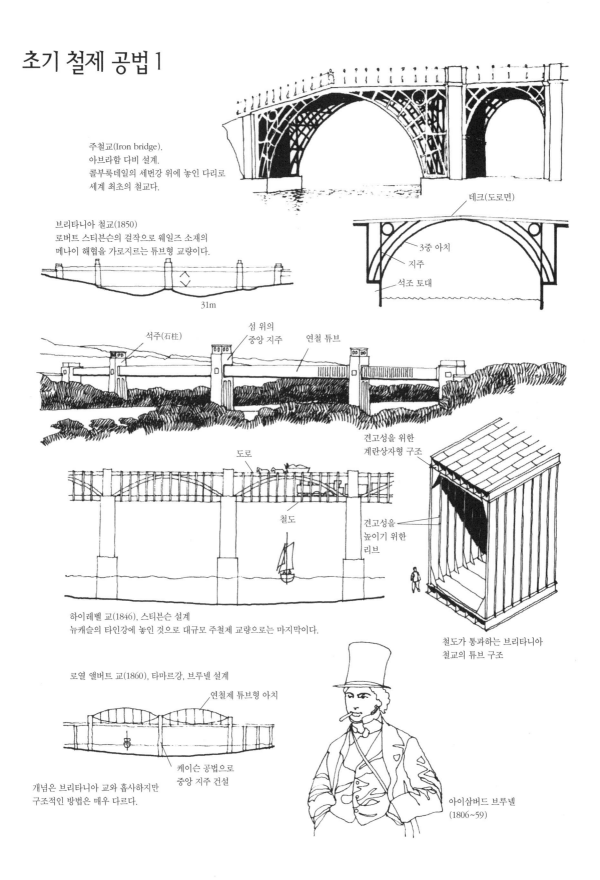

주철교(Iron bridge).
아브라함 다비 설계.
콜부룩데일의 세번강 위에 놓인 다리로
세계 최초의 철교다.

데크(도로면)

3중 아치
지주
석조 토대

브리타니아 철교(1850)
로버트 스티븐슨의 걸작으로 웨일즈 소재의
메나이 해협을 가로지르는 튜브형 교량이다.

31m

석주(石柱)
섬 위의
중앙 지주
연철 튜브

견고성을 위한
계란상자형 구조

도로

철도

견고성을
높이기 위한
리브

하이레벨 교(1846), 스티븐슨 설계
뉴캐슬의 타인강에 놓인 것으로 대규모 주철제 교량으로는 마지막이다.

철도가 통과하는 브리타니아
철교의 튜브 구조

로열 앨버트 교(1860), 타마르강, 브루넬 설계

연철제 튜브형 아치

케이슨 공법으로
중앙 지주 건설

개념은 브리타니아 교와 흡사하지만
구조적인 방법은 매우 다르다.

아이삼버드 브루넬
(1806~59)

298

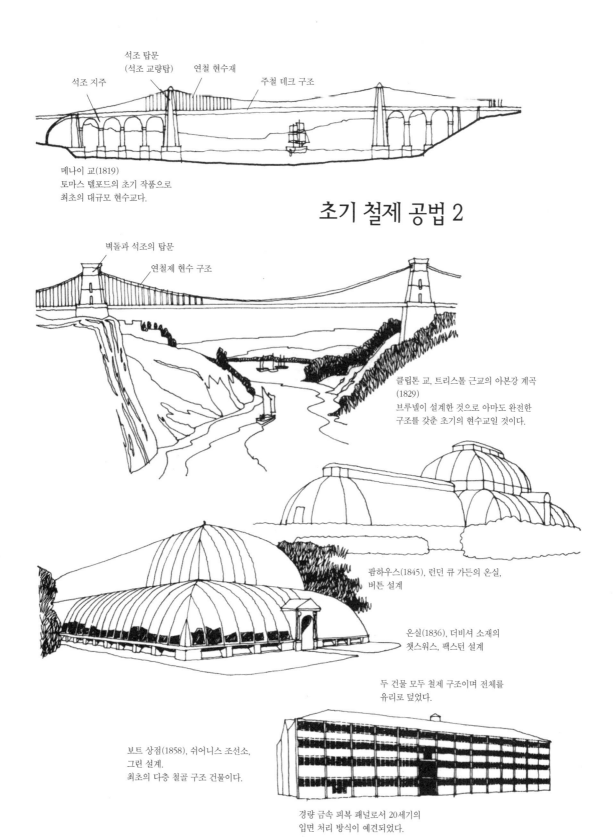

석조 탑문
(석조 교량탑)
석조 지주   연철 현수재
주철 데크 구조

메나이 교(1819)
토마스 텔포드의 초기 작품으로
최초의 대규모 현수교다.

초기 철제 공법 2

벽돌과 석조의 탑문
연철제 현수 구조

클립톤 교, 트리스톨 근교의 아본강 계곡
(1829)
브루넬이 설계한 것으로 아마도 완전한
구조를 갖춘 초기의 현수교일 것이다.

팜하우스(1845), 런던 큐 가든의 온실,
버튼 설계

온실(1836), 더비셔 소재의
챗스워스, 팩스턴 설계

두 건물 모두 철제 구조이며 전체를
유리로 덮었다.

보트 상점(1858), 쉬어니스 조선소,
그린 설계.
최초의 다층 철골 구조 건물이다.

경량 금속 피복 패널로서 20세기의
입면 처리 방식이 예견되었다.

은 1845년에 리차드 터너(Richard Turner)와 한때 팩스턴의 보조자였던 버튼(Decimus Burton)에 의해 설계된 우아한 건물이다. 1858년 그린(G. T. Greene)이 쉬어니스(Sheerness)의 해군 공장에 철골 프레임으로 만든 선박 창고는 단순한 4층 건물로서, 그 건축적 표현에서 볼 때 시대를 상당히 앞선 것이다. 피터 엘리스(Peter Ellis)가 설계한 리버풀 소재의 오리엘 회관(Oriel Chambers, 1864)은 5층 사무소 건물로서 주철로 기본틀을 만들었고, 풍부하면서도 장식적인 방법으로 새로운 재료인 철재를 활용했다.

이 시기의 기차역사는 관습적인 건축과 모험적인 공학에 의한 것으로 명확하게 나뉘어진다. 초기 단계의 대규모 역사 중의 하나인 킹스 크로스(King's Cross, 1850)는 기술자인 루이스 큐비트(Lewis Cubitt)가 설계했다. 작은 이탈리아식 시계탑은 건축적 효과를 위해 파사드를 아치 두 개로 분리했는데, 벽돌로 편평하게 처리된 이 두 개의 출입구 파사드는 기차선이 복선임을 솔직하게 나타내고 있다. 그러나 브루넬의 페딩턴 역(Paddington, 1852)은 교차 볼트가 세 개의 연철 프레임 스팬을 가로지르고 있으며, 차선 부분은 호텔 건물처럼 위장되어 있다. 펜크라스 역(Pancras Station, 1865)은 공학과 건축을 병행해 지은 특이한 걸작 중 하나로서 뒤편에는 발로우(W. H. Barlow)가 설계한 30m 높이에 75m의 곡선 스팬을 가진 차고가 있고, 전면에는 스코트(George Gilbert Scott)가 만든 미드랜드 호텔(Midland Hotel)의 네오-고딕식 작은 탑과 첨탑이 서 있다. 과장된 파사드는 건물 외관이 의도적인 디자인임을 여실히 드러내고 있다. 즉, 일반대중의 경탄을 불러일으킬 수 있도록 역사적인 건물의 외관을 채용하고 있는데 베스 퀸 스퀘어(Bath Queen Square)의 이니고 존스(Inigo Jones) 양식, 브리스톨 템플 미즈(Bristol Temple Meads)의 튜더 양식, 그리고 뉴마켓 스테이션(Newmarket Station)의 바로크 양식이 이에 속한다. 여행자들은 하드위크(Hardwick)의 도리아 양식 프로파엘리엄(Propaeleum, 1840)을 통해서 유스턴 역(Euston)으로 접근하면서 역사적·문화적 느낌을 통해 자신이 마치 서사적인 순례 행진을 하고 있는 것처럼 느낀다.

진보와 전통

19세기 동안에는 과거로 회귀한 느낌의 건축물이 주류를 이루었다. 고전적 취향의 사업가들은 찰스 베리(Charles Barry)의 여행자 클럽(Traveller's Club, 1829)과 개혁 클럽(Reform Club, 1837)을 방문할 때마다 메디치 가의

이탈리아식 탑은 엄격하고 공학적인
이 건물 설계에서 건축적으로 유일하게 경솔한 부분이다.

킹스 크로스 역(1850), 큐비트 설계

정면부의 아치 2개는
뒤쪽에 있는 이중의
기차통로를 암시한다.

런던의 철도 역사들

페팅턴 역사(1852), 브루넬 설계

중심 스팬과 교차하는 크로스 볼트가
역장 사무실의 위치를 잘 나타낸다.

기차 통로

호텔

EUSTON

펜크라스 역사(1865)
발로우가 설계한 기차 통로는 스코트가
설계한 미드랜드 호텔 뒤에 가려져 있다.

유스턴 역사(1840)
하드윅이 설계한 역사 출입구는
규모가 가장 큰 건축물이었다.

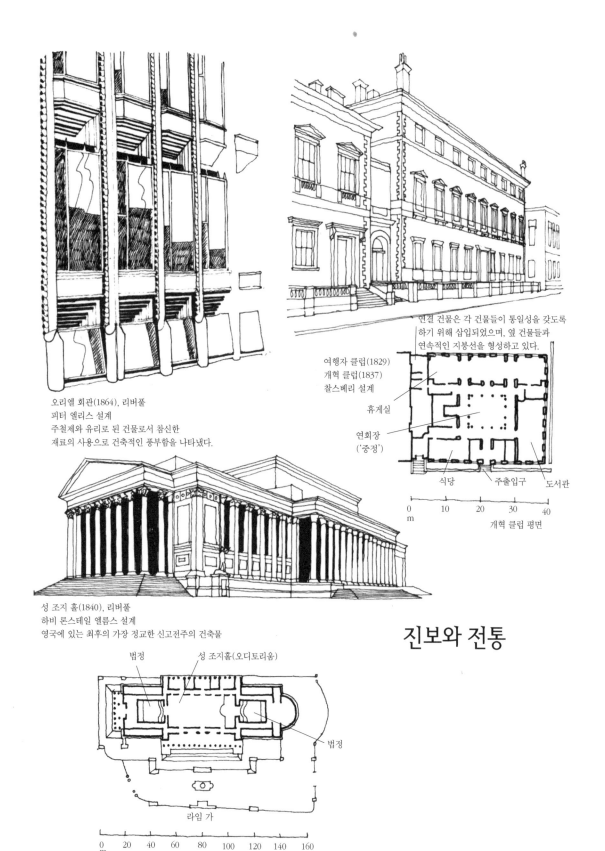

오리엘 회관(1864), 리버풀
피터 엘리스 설계
주철제와 유리로 된 건물로서 참신한
재료의 사용으로 건축적인 풍부함을 나타냈다.

연결 건물은 각 건물들이 통일성을 갖도록
하기 위해 삽입되었으며, 옆 건물들과
연속적인 지붕선을 형성하고 있다.

여행자 클럽(1829)
개혁 클럽(1837)
찰스베리 설계

휴게실

연회장
('중정')

식당   주출입구   도서관

0   10   20   30   40
m
개혁 클럽 평면

성 조지 홀(1840), 리버풀
하비 론스테일 엘름스 설계
영국에 있는 최후의 가장 정교한 신고전주의 건축물

진보와 전통

법정   성 조지홀(오디토리움)

법정

라임 가

0   20   40   60   80   100   120   140   160
m

일원이 되는 듯한 느낌을 받는다. 두 건물은 피렌체 팔라초 스타일로서 영국 기후에 적합하도록 중정에 지붕이 덮인 큰 홀로 변형되었다. 이처럼 종교적인 고딕 양식과 귀속적 권위의 신고전수의저럼 나름대로의 상징적 의미를 가진 과거 양식의 답습이 널리 유행했다.

신고전주의(Neo-Classical)는 마침내 최종단계를 맞이하게 되었는데, 영국에서의 마지막 걸작으로 리버풀 소재의 성 조지 홀(St George Hall, 1840~54)을 들 수 있다. 건축가 하비 엘름스(Harvey Elmes)는 콘서트 홀과 법정이라는 전혀 관계 없는 두 기능을 한 건물 내에 결합시키려고 노력했는데, 이처럼 하나의 덩어리 속에 별도의 요소를 담아 내는 분절법은 과거 길리가 이용했던 전통적인 수법이다. 아테네의 민주주의를 상기시키는 신고전주의 양식은 재판소 건물에 적합한 양식으로서, 이러한 것은 조셉 포우레트(Joseph Poelaert)가 브뤼셀에 지은 법원청사(Palaiss de Justice)나, 리버풀의 성 조지 홀에서와 같은 명료함은 없고, 좀 거칠고 과장된 디자인으로 재현되었다. 워싱턴에 있는 미합중국 국회의사당(1851)도 좋은 예로서, 토마스 월터(Thomas Walter)가 팔라디오 양식의 이 건물에 높은 로툰다와 돔을 부가해 개조했다.

북아메리카의 목조 건축

영국보다 미국에서 신고전주의의 건축을 더욱 애호했다. 농장 주인의 저택에 신고전주의 양식이 사용된 것은 팔라디오 양식의 연장선이라고 할 수 있다. 특히 남부 지방에서는 이러한 경향이 두드러져서 여섯 개의 도리아 양식 기둥을 배열한 포티코가 인상적인 플렌테이션 하우스(Plantation House)의 원형이 이 시기에 건설되었다. 이것은 목조건축의 발전하에 이루어진 결과로서 이후 미국의 소규모 주택 건설에 영향을 주었고, 차츰 16세기 이후 유럽의 목조건축에서 일반적으로 사용되고 있던 공법을 도입해 '벌룬 프레임 시스템'(ballon-frame system)으로 발전되었다. 이와 같이 고도로 복잡화된 목구조 양식은 오늘날에 이르기까지 계속 사용되고 있다. 벌룬 프레임 시스템은 목조가 건물을 지지하는 단순한 구조체계 이상의 역할을 하도록 해 벽과 바닥, 천장 등의 칸막이로도 이용될 수 있도록 목조의 각 부분을 처음부터 조립해나가는 공법이다. 이 방법은 목재를 경제적으로 활용해 건축비가 절약되었으므로 사회 각 계층의 많은 호응을 얻었다.

북아메리카의 목구조

오턴 플랜테이션 하우스(1734~), 뉴저지주 월밍턴
위풍당당한 도리아 양식 포티코

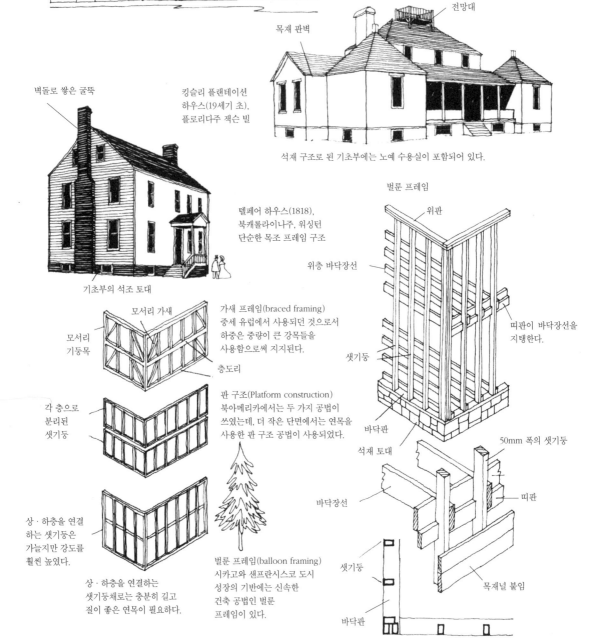

목재 판벽

전망대

킹슬리 플랜테이션
하우스(19세기 초),
플로리다주 잭슨 빌

석재 구조로 된 기초부에는 노예 수용실이 포함되어 있다.

벽돌로 쌓은 굴뚝

텔페어 하우스(1818),
북캐롤라이나주, 워싱턴
단순한 목조 프레임 구조

기초부의 석조 토대

벌룬 프레임

위판

위층 바닥장선

띠판이 바닥장선을
지탱한다.

샛기둥

바닥판

석재 토대

바닥장선

50mm 폭의 샛기둥

띠판

샛기둥

목재널 붙임

바닥판

모서리 가새

모서리
기둥목

층도리

가새 프레임(braced framing)
중세 유럽에서 사용되던 것으로서
하중은 중량이 큰 강목들을
사용함으로써 지지된다.

각 층으로
분리된
샛기둥

판 구조(Platform construction)
북아메리카에서는 두 가지 공법이
쓰였는데, 더 작은 단면에서는 연목을
사용한 판 구조 공법이 사용되었다.

상·하층을 연결
하는 샛기둥은
가늘지만 강도를
훨씬 높였다.

상·하층을 연결하는
샛기둥채로는 충분히 길고
질이 좋은 연목이 필요하다.

벌룬 프레임(balloon framing)
시카고와 샌프란시스코 도시
성장의 기반에는 신속한
건축 공법인 벌룬
프레임이 있다.

노동자 계층의 환경

19세기 서구사회는 번영과 혁명이 이루어졌음에도 불구하고 한편에서는 개선의 여지가 없는 사회적 불평등이 존재하고 있었다. 즉, 귀족에 의한 착취에서 중산계급의 착취로 상황이 바뀐 것에 불과했다. 미국에서는 흑인 노예, 유럽에서는 소작농이 존재했으며, 공장 노동자는 어느 대륙에서도 권리를 찾지 못한 채 다수의 영세민 계층을 형성하고 있었다. 자유주의 경제학자 아담 스미스(Adam Smith)와 데이비드 리카르도(David Ricardo)의 경제이론에 의해 산업자본주의가 발전함에 따라 가난한 사람들의 상태가 개선되기는 커녕 더욱 악화되어만 갔다. 토마스 멜더스(Thomas Malthus)는 앞으로 피할 수 없는 기아현상에 직면할 것이라는 비관적인 예견을 했다. 과거 고용자와 노동자 간에 존재했던 인간관계는 붕괴되고 노동자의 보수는 그 개인의 능력에 따라 지불되는 것이 아니라 보이지 않는 시장구조에 의해 좌우되고 있었다. 장인들의 공예적 기량은 훌륭했지만, 전체적으로 장인의 기량을 필요로 하는 일이 줄었기 때문에 결과적으로 장인계층은 사회에서 소외당하게 되었다.

진보적인 사상가들은 이런 상황을 더욱 비관적으로 검토하기 시작했다. 밀(John Stuart Mill)은 위대한 민주주의와 사회개혁을 위해 개인적인 자유가 필수라는 인식을 했다. 기독교인이자 사회주의자인 프랑스 철학가 생 시몽(Saint Simon)은 사유재산의 폐지를 주장한 반면, 푸리에(Fourier)와 프라우돈(Proudhon)은 인간의 이성발달을 통해 진정한 의미의 도덕적이고 건전한 무정부사회를 가진 이상적인 미래가 도래한다고 주장했다. 영국과 유럽의 비평가들은 빈곤의 문제점과 생활에 미치는 악영향에 대해 토론했고, 로버트 오웬(Robert Owen, 1771~1858)은 빈곤 구제를 위한 실질적인 계획안을 제시했다.

자신이 구축해놓은 직물공장의 번영과 더불어 백만장자의 딸과 결혼을 통해 갑부가 된 자본가 오웬은 글래스고우 근교의 뉴 라나크(New Lanark)에 2,000명을 수용하는 공상촌을 건설해 세세적으로 널리 알려진 공동체 모델(Model Comunity)을 발전시켰다. 오늘날의 관점에서 보면 그의 의도는 온정적이고 다소 독재적으로 보이지만, 비인간적인 개방시장 체제하의 당시로서는 주택, 학교, 노동자에게 싼값으로 물건을 파는 상점, 커뮤니티 건물 등을 포함하고 있는 오웬의 공동체 모델은 상당히 혁신적인 것이었다. 그는 후에 전 재산을 투자해 미국의 인디애나에 20,000에이커에 달하는 농장 커뮤니티를 건립했다.

오웬의 방법은, 앞으로 일어날지도 모르는 사회적 폐해를 줄이기 위해서, 그 당시의 사회 체제 내에서는 필수적인 것이었다. 그는 점진적인 변화를 통해 조화롭고 정의로운 이상적인 황금시대를 열 수 있다고 예견했지만, 다른 사람들은 당시의 상황이 너무나 절망적이기 때문에 점진적인 개선을 기다릴 여지가 없다고 생각했다. 실제로 수많은 노동자와 그 가족들은 빠르게 다가온 산업화 사회에서 비참하게 살아갈 수밖에 없다.

당시 주거구역의 실상을 보면 다음과 같다. 길가의 상점이나 맥주집조차도 청결함과는 거리가 멀었다. 큰 길 뒤쪽의 막다른 골목이나 뒷골목 역시 비교할 수 없을 만큼 상태가 나쁘고, 접근로도 너무 좁아서 동시에 두 사람이 통과할 수도 없을 정도였다. 주택의 기초는 비합리적으로 배치되어 있어 주택 배치를 어떻게 조절해 볼 도리가 없었다. 그곳에 거주하는 사람들은 불결하고 구역질나는 먼지를 뒤집어 쓸 수밖에 없었고, 대부분의 집 현관에는 좁고 더러운 계단이 있고, 쓰레기들이 산더미처럼 쌓여 있을 뿐이었다.

프리드리히 엥겔스(Friedrich Engels, 1820~95)도 공업화된 도시에 거주하는 노동자와 그 가족의 비참한 상태에 대해 일찍부터 관심을 두었다. 그의 저서 『영국 노동자계층의 상태』(*The Condition of the Working Class in England*, 1844)에서 맨체스터의 구도심부(Old Town)에 대해 기술하고 있다. 기존 시가지는 급속한 인구 유입으로 인해서 막사와 판잣집이 무질서하게 들어섰다. 생활공간의 요구에 편승해서 지방 건설업자가 만든 시가지도 상황은 마찬가지였다. 배치에 규칙성은 있으나 서로 등을 맞댄 주택은 작은 창을 통해서만 채광이 이루어지며, 벽두께는 벽돌 반 장 크기인 11cm 정도에 불과했다. 공장에서 배출된 쓰레기와 오물로 가득찬 개천가에는 주택, 피혁공장, 가스공장이 혼재했고, 상하수도 설비 또한 없었으며, 온갖 질병이 만연했다.

엥겔스는 주위에서 보아온 계층간의 필사적인 갈등은 근대사회 경제구조의 결과라는 결론을 내리게 되었다. 그는 1884년에 마르크스(Karl Marx, 1818~83)를 만나 함께 일하고 오랜 우정을 나누면서, 과거를 분석해 미래를 예견하는 논리정연한 방법론을 정리하고 산업사회에서 일어나는 다양한 인과관계를 설명한 최초의 위대한 사상가가 되었다.

노동 계층의 환경

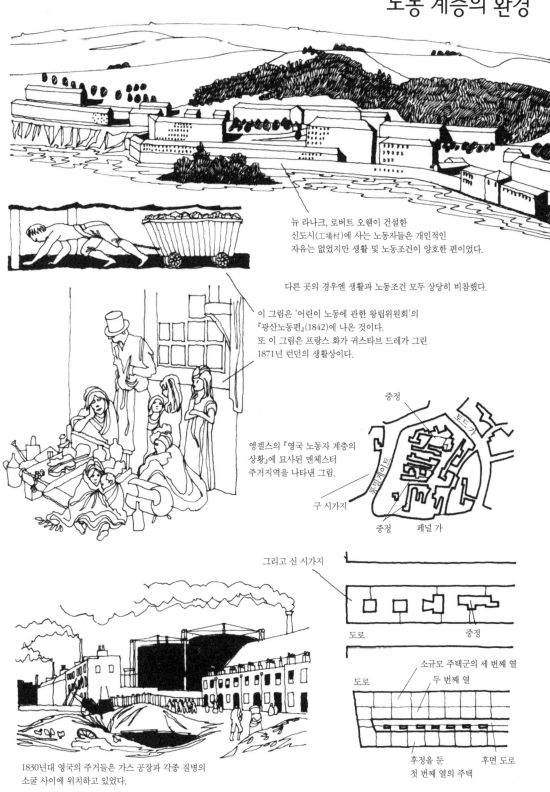

뉴 라나크, 로버트 오웬이 건설한
신도시(工場村)에 사는 노동자들은 개인적인
자유는 없었지만 생활 및 노동조건이 양호한 편이었다.

다른 곳의 경우엔 생활과 노동조건 모두 상당히 비참했다.

이 그림은 '어린이 노동에 관한 왕립위원회'의
『광산노동편』(1842)에 나온 것이다.
또 이 그림은 프랑스 화가 귀스타브 드레가 그린
1871년 런던의 생활상이다.

엥겔스의 『영국 노동자 계층의
상황』에 묘사된 맨체스터
주거지역을 나타낸 그림.

중정

런드 가

돌피게이트

구 시가지

중정   페널 가

그리고 신 시가지

도로   중정

도로

소규모 주택군의 세 번째 열

두 번째 열

후정을 둔   후면 도로
첫 번째 열의 주택

1830년대 영국의 주거들은 가스 공장과 각종 질병의
소굴 사이에 위치하고 있었다.

마르크스는 그의 저서인 『자본』(Capital) 등을 통해 산업화시대의 문제들에 대한 접근을 체계화시켰는데 자본주의는 스스로 만든 위기의 악화로 인해 필연적으로 붕괴되거나 또는 노동자혁명을 일으켜 유산계층의 힘을 빼앗으므로써 계급 없는 사회가 되는 긍정적인 단계로 대치될 수 있다고 주장했다.

사실상 19세기 초에 노동자계급은 서서히 힘을 축적하고 있었다. 1848년 유럽은 노동자들이 중요한 위치를 점하게 되는 개혁의 상태에 놓이게 되었다. 이 개혁은 노동자들이 왕뿐만 아니라 중산계층의 자유주의에까지 도전하는 양상을 띠면서 프랑스에서 시작되었다. 이러한 움직임은 오스트리아로부터의 독립에 고전하는 이탈리아로 확산되고 독일, 스위스, 네덜란드, 벨기에, 그리고 스칸디나비아에까지 이어졌다. 이러한 활동은 유럽 전지역에 옛 정권이 다시 집권함으로써 짧게 끝을 맺었다.

그러나 그 결과 유럽은 변화되기 시작했다. 지배계층은 약화되었고, 새로운 환경에 적응하려고 노력했다. 중산계층은 이전보다 경제적으로는 부유해졌지만, 끝없이 발전하는 자유주의가 자신들에게 이익을 준다는 생각에 회의를 품게 되었고 이를 바탕으로 자본주의는 실용적·현실적으로 발전하게 되었다. 노동자들은 비록 패배했지만 적어도 정치무대에 발을 내딛게 되었고, 더욱 큰 힘과 확신을 얻을 수 있었다.

1789년 프랑스 혁명 당시, 예술가들은 자유를 누릴 권리와 진보적 중산계층의 이데올로기를 지지했으나, 실제로 혁명을 통해 얻은 것은 인간을 위한 자유가 아니라 사회의 분열과 개인의 소외일 뿐이었음을 깨달았다. 비평가들은 사회주의자의 목표에 전적으로 동조하기 시작했는데, 이러한 움직임으로써 그리스의 압정에 저항한 바이런(Byron), 이탈리아 민중과 함께 싸운 스탕달(Stendhal), 러시아 12월 혁명의 푸쉬킨(Pushkin)을 들 수 있다. 보들레르(Baudelaire)는 시인으로서 중산계층의 사회를 신랄하게 비판했고, 화가 쿠르베(Courbet)는 대중에게 강한 공감을 주는 그림을 그렸다. 다만 건축가와 기술자들만이 지배계층의 강한 통제를 받아 그와 같은 것을 자유롭게 표현할 수 없었다. 1848년에 이르러 건축가와 기술작품은 분열된 사회에 (위선적인) 통일감을 부여하는 주요한 수단으로 자리 잡았다.

제9장 전통과 진보의 시대 : 1850~1914

오스만의 파리 개조 계획

1848년 혁명 이후 대통령에 선출된 나폴레옹 보나파르트의 조카가 4년 후 자신을 나폴레옹 3세라고 칭하면서 프랑스는 제2제정(Second Empire)을 맞이하게 되었다. 그는 교활하고 비겁한 성격의 소유자로서 마치 20세기 독재자의 모습을 짐작할 수 있는 방식으로 나라를 통치했다. 영향력 있는 자본가와 성가신 노동자 양자 모두에게 주의를 기울이면서 그들의 불만을 달래주었지만, 동시에 소수당, 학교와 대학, 언론에 대해서는 매우 단호하고 억압적이었다. 나폴레옹 3세 통치하의 프랑스는 본격적인 산업혁명이 도래해 은행이 창설되고 공장과 철도가 건설되었으며 대규모의 공공사업이 시작되었다. 그중에는 비스콘티(Visconti)와 르푸엘(Lefuel)에 의한 네오-르네상스(neo-renaissance) 양식의 루브르 궁 확장사업(1852)도 포함되었다.

제2제정의 가장 큰 사업 중 하나로서 중세 파리의 구시가지를 바로크식 도시로 장대하게 정리한 오스만(Haussmann) 남작의 파리 중심부 개조계획을 들 수 있다. 오스만이 지향한 것은 단순한 도시미적인 표현뿐만 아니라 혁명의 여파가 남아 있는 파리에 시가지 전투에 대비한 안전대책을 세우기 위한 방안이었다. 1853~69년의 혁명기에 공격적인 폭도들의 은폐장소가 되기 쉬운 임시건물이나 궁전 주변의 소건물군을 일제히 허물어버리고, 군대가 신속하게 동원될 수 있도록 폭넓은 대로를 여러 방향으로 뚫었다. 그 당시 성 미셸(St. Michel) 대로가 대학 지역을 관통해버렸기 때문에 지금까지도 이 점은 근본적인 불만 요소가 되고 있다. 베르사유에서 영감을 얻은 방사상 도로는 새로운 목적으로 사용되고 있는데, 즉 중심에 있는 분수(rond-point)에서 시작해 대포를 분산 배치시킴으로써 전 지역을 통제하게 했다.

제국의 잠재적인 적대세력은 도시 외곽에 존재하는 것이 아니라 도시 안에

오스만의 파리 계획

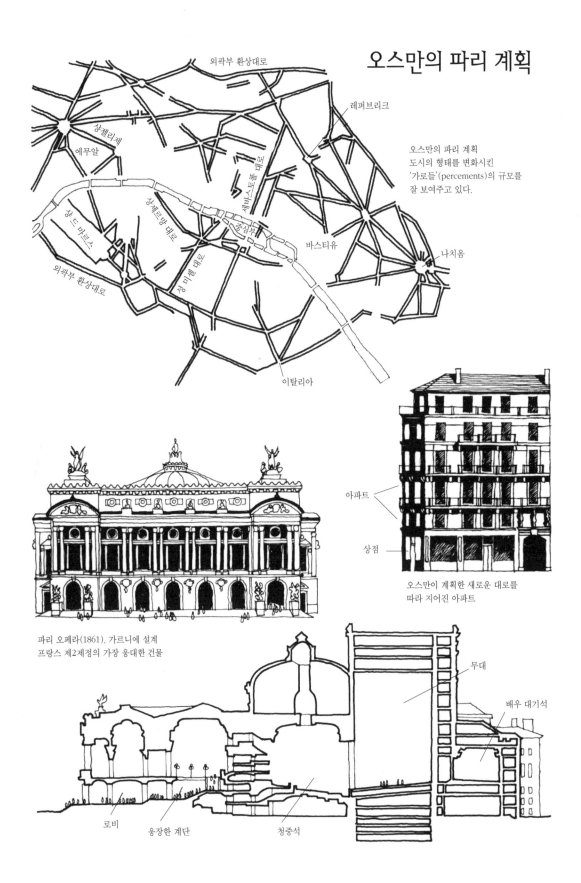

외곽부 환상대로

레퍼브리크

샹젤리제

에무알

세바스토폴 대로

샹 드 미라스

상제르망 대로

중심부

장미셸 대로

외곽부 환상대로

바스티유

나치옴

이탈리아

오스만의 파리 계획
도시의 형태를 변화시킨
'가로들'(percements)의 규모를
잘 보여주고 있다.

파리 오페라(1861). 가르니에 설계
프랑스 제2제정의 가장 웅대한 건물

아파트

상점

오스만이 계획한 새로운 대로를
따라 지어진 아파트

무대

배우 대기석

로비

웅장한 계단

청중석

존재한다는 사실을 깨닫고 1858년 프란츠 요셉(Franz Josef) 황제는 비엔나 (Vienna)의 성벽을 허물고 이곳에 환상형 도로를 설치했다. 루드비히 푀스터 (Ludwig Förster)는 가로를 넓은 말굽 형태로 설계해 구시가지의 진지역에 군대가 접근하기 쉽도록 배려했다.

파리의 새로운 대로들에는 가로에 면해서 상호 연결된 중산계층의 아파트 건물이 줄지어 서 있는데, 이는 르와이얄 광장이나 리볼리 대로와 개념상 같은 계획 유형이다. 전형적인 도시 아파트는 1층에 상점을 둔 4~5층 건물이었으며, 건물 전체폭은 통로에 면한 넓은 부분과 영국식 안뜰(cour anglaise)로 알려진 밀실과도 같은 좁은 부분으로 되어 있다.

샤를 가르니에(Charles Garnier)의 파리 오페라좌(the Paris Opéra, 1861)는 제2제정 중산계층의 부를 대변한 건물로서, 여기에서는 루브르 궁에서 볼 수 있는 풍요로운 네오-르네상스 양식을 사용해 장엄한 기존 극장의 이미지를 자아낸다. 파리 오페라좌의 무대 공간은 매우 넓으며, 상부에 있는 높은 탑은 중산계층의 주세력이었던 위그노 교도와 기욤 텔(Guillaume Tell)에 의해 요구된 것으로서 공연시 수많은 장면 변화를 처리하는 데도 적합했으며, 주변의 정경과도 잘 어울렸다. 규모가 크고 호화로운 청중석도 훌륭하지만 비슷한 규모를 가진 입구홀은 더욱 두드러지는데, 천장화와 도금된 조각상, 화려한 샹들리에가 매우 아름답게 장식되어 있다. 또한 오페라 연기자들이 연기를 하는 동안 관객과 서로 호흡할 수 있도록 장대한 의장 계단(escalier d'honneur)을 설치하고 있다.

네오 고딕

나폴레옹 3세가 1864년에 창립한 국립 파리 미술학교(Ecole des Beaux Arts)에서는 프랑스 디자인의 전통양식을 기반으로 학술 활동을 전개하기 시작했다. 미술학교 출신자에 의해 그 영향은 세계적으로 확대되었는데, 본래 프랑스적 전통을 가지고 있는 캐나다와 프랑스에 유학생을 많이 보냈던 미국에서 그 경향은 현저했다. 토마스 풀러(Thomas Fuller)와 스텐트(F. W. Stent)가 공동 설계한 프랑스 고딕 풍의 오타와 의사당(Ottawa Paliament, 1861), 헌트(R. M. Hunt)가 뉴욕에 설계한 르네상스 풍의 밴더빌트 맨션(Vanderbilt Mansion, 1879), 노스캐롤라이나주 애쉬빌(Ashville) 소재의 빌트모어 하우스 (Biltmore House, 1890) 등이 그 대표적인 예다.

19세기 후반부의 지배적인 스타일은 여전히 네오 고딕(neo-gothic) 풍으로 이 양식은 다양한 건축유산으로부터 영감을 얻었기 때문에 퓨진, 러스킨, 비올레-르-둑의 영향력 안에서 점점 더 절충적이며 모험적으로 변화해갔다. 윌리엄 버터필드(William Butterfield)가 런던 마가렛가(Margaret Street)에 지은 올 세인츠(All Saints, 1849) 교회는 영국 국교인 성공회의 중심 교회로서 다각색 벽돌과 파이앙스(faience)식 표면처리를 통해 중세 양식을 현대적인 건축어휘로 훌륭히 재현했다. 이 교회는 평면형식이 독창적이고 밀집된 시가지에 위치함에도 불구하고 외관이 두드러져 보이는 점에서 대가 크리스토퍼 렌의 작품에 견줄 만한 훌륭한 작품이다. 이와 흡사한 전통적 양식으로 스트리트(G. E. Street)가 설계한 옥스퍼드의 성 필립과 성 제임스(St. Philip & St. James, 1860) 교회는 단순하지만 풍부한 표면질감을 지닌 건물로서 주목할 만하다. 빅토리아 시기 고딕의 융성은 스코트(Scott)가 설계한 런던 소재의 앨버트 기념탑(Albert Memorial, 1863)과 워터하우스(Waterhouse)가 설계한 맨체스터 시청사(Mancester Town Hall, 1868)로 계승되고 있으며 스트리트가 설계한 런던 스트랜드(Strand) 소재의 재판소(Law Courts, 1871)에서 끝을 맺게 된다.

고딕 양식은 공공건축 외에 부유층, 특히 낭만적이거나 감상적인 성격을 가진 사람들이 교외주택 양식으로 채택했다. 특히 호레이스 월폴(Horace Walpole)과 메리 셸리(Mary Shelley)의 '고딕' 소설의 영향이나 중세 아더 왕의 전설에 대한 시인, 화가, 음악가들의 열렬한 관심에서 비롯되어 네오 고딕풍의 지방귀족 성이 많이 건설되었다. 본래 카디프(Cardiff) 성과 근방에 있는 카스텔 코취(Castell Coch)는 적으로부터의 보호라는 목적이 강한 건물이었지만, 이 건물은 뷰트(Bute) 후작을 위해 윌리엄 버지스(William Burges)가 재건(1868, 1875)한 이후 장식적인 창작성을 겸비한 중세풍의 건축물로 훌륭하게 변화했다. 고전주의 전통이 강한 미국에서는 고딕 양식이 인기가 없었으나, 독일 남부와 오스트리아에서는 언덕이나 숲을 장식하기 위해 네오-고딕이 종종 등장했는데, 그 대표적인 예로 노이슈반스타인(Neuschwanstein, 1869) 성을 들 수 있다. 이 성은 음악가 바그너(Wagner)의 친구이자 후원자인 게오르그 폰 돌만(Georg von Dollman)과 에두아르트 리델(Eduard Riedel)이 건설한 것으로서 전설적인 요정 이야기의 실제적 주인공인 비극의 황제 루드비히(Ludwig)의 시적 이미지와 요구 등을 상징적으로 표현하고자 하는 데에 목적을 두었던 건물이다.

영국의 교외 주택

낭만적인 이미지가 부유한 사람들이나 왕족들에게만 한정된 것은 아니었다. 도시 중심부가 점차 불량해지자 중산계층은 도시를 떠나 철도의 확장으로 편리해진 교외로 이주하기 시작했다. 이러한 성향은 영국에서 특히 현저했으며, 한동안 잊혀져 왔던 교외주택이나 오두막의 이미지를 재창조함으로써 도시의 오염이나 소음으로부터 탈피할 수 있었다. 나쉬(Nash)의 파크 빌리지(Park Village)의 영향을 받아서 각 주택이 각자의 토지 안에서 가능한 한 독립해 세워졌지만, 토지가 좁은 경우에는 이웃끼리 근접할 수밖에 없었다. 도시에 가까이 세워진 주택단지일수록 소매상인이나 사무원 등의 하급 중산층이 주를 이루었고, 이들은 경제적인 이유로 서로 인접한 테라스 하우스에 살았으나, 정면에 자그마한 정원을 마련해 나름대로 최소한의 전원적인 이미지를 추구하려고 노력했다. 건축 스타일은 대개 양식적으로 혼합된 절충식 고딕으로서 급경사 지붕, 상투적인 수법의 지붕창(dormer)과 박공(gable), 다갈색 벽돌, 창과 문의 가장자리를 두르는 회반죽한 석재 또는 인공석재 등과 같은 요소들이 빈번하게 사용되었으며, 공장에서 생산된 네오 러스킨(Neo-Ruskinian) 류의 잎사귀 무늬로 장식되었다.

철과 유리

많은 건축가와 건설업자들이 과거 건축양식의 이미지를 추구하고 있는 동안에 다른 한편에서는 진보적인 건축의 자세가 싹트고 있었다. 비올레-르-둑의 영향을 받은 1830~40년대의 '철도광'(railway mania)들이 남긴 구조적인 지식을 건축가가 활용하기 시작한 것이다. 고(F. C. Gau)가 설계한 성 클로틸드(Ste Clotilde) 소재의 파리지앵(The Parisian, 1846) 교회의 지붕과 부알류(F. C. Boileau)가 설계한 성 으제느(St. Eugéne, 1854) 교회의 골조에는 상당 부분 철제가 사용되었다. 빅토르 발타르(Victor Baltard)의 작품인 파리 중앙시장(The Halles Centrales, 1853)은 1971년 해체되기 전까지 도시의 대규모 도매상점으로 사용되었다. 이 건물은 철골조로 이루어진 대규모 복합 건물로서 주요 부분은 순환통로들에 의해 나뉘어져 있고 지붕은 대부분 유리로 덮여 있다. 철제 지붕을 사용한 파리의 주요 역사들 중에서 뒤케스니(F. A. Duquesney)가 설계한 동부역사(Gare de l'Est, 1847)와 히토르(J. I. Hittorf)가 설계한 북부역사(Gare de Nord, 1862) 등이 초기 단계의 훌륭한 작품들이다.

네오 고딕

캐나다의 의사당 건물(1861),
오타와, 풀러와 스텐트 공동 설계

빌트모아 하우스(1890),
뉴캐롤라이나주, 애쉬빌 소재
헌트 설계
양식은 초기 프랑스 궁전과 같다.

성 필립과 성 제임스 교회(1860)
옥스퍼드 소재, 스트리트 설계
영국 고딕과 프랑스 고딕의 혼합

올 세인츠 교회(1849) 런던 마가렛가,
버터필드 설계
버터필드는 고딕의 특성에 대해 다채로운 장식으로 응수했다.

안마당

홀

안마당

탑

0 20 40 60 80 100
m

맨체스터 시청사(1868) 평면
워터하우스 설계

앨버트 기념탑(1863), 런던
스코트 설계

노이슈반스타인 성(1869), 바이에른 지방
돌만과 리델 공동 설계

영국 교외 지역

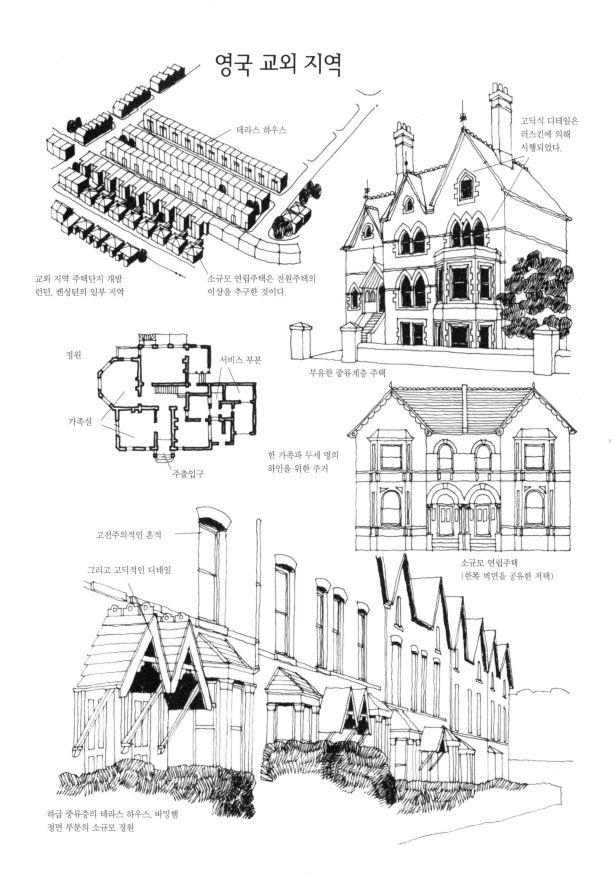

테라스 하우스

교외 지역 주택단지 개발
런던, 켄싱턴의 일부 지역

소규모 연립주택은 전원주택의
이상을 추구한 것이다.

고딕식 디테일은
러스킨에 의해
시행되었다.

부유한 중류계층 주택

정원

서비스 부분

가족실

주출입구

한 가족과 두세 명의
하인을 위한 주거

소규모 연립주택
(한쪽 벽면을 공유한 저택)

고전주의적인 흔적

그리고 고딕적인 디테일

하급 중류층의 테라스 하우스, 버밍햄
정면 부분의 소규모 정원

공업화가 진전함에 따라 더 규모가 큰 상품의 판로 개척이 필요했다. 1854년 영국의 수출총액이 1억 파운드에서 1872년에는 2억5천만 파운드로 증가한 바와 같이 19세기에 유럽의 수출은 급격히 증가했고, 자국내 판매도 증가했다. 따라서 도시의 시장 성격이 정기시장에서 상설시장으로 발전해 물건을 항상 구매할 수 있는 쇼핑센터의 성격으로 변모해 갔다. 리젠트가(Regent Street)와 리볼리 대로(Rue de Rivoli)는 쇼핑객들이 날씨와 상관없이 쇼핑할 수 있도록 열주랑을 만들었으며, 보행자 거리에는 철과 유리로 이루어진 볼트 아케이드로 지붕을 씌웠는데, 이러한 것들은 대도시에서 하나의 풍물이 되었다. 최초의 실례로서 폰테느(P. F. L. Fontaine)가 설계한 파리의 갤러리 오를레앙(Galerie d'Orlèans, 1829)을 들 수 있다. 현존하는 것 중에 가장 훌륭한 것은 나폴리에 있는 움베르토 I세의 갤러리아(Galleria Umberto I, 1887)와 멘고니(G. Mengoni)가 설계한 밀라노 소재의 화려한 빗토리오 에마뉴엘라 II세의 갤러리아(Galleria Vittorio Emanuele II, 1829~)다. 갤러리아 내부에는 직각으로 교차하는 한 쌍의 보행로가 형성되어 있고, 격조 높은 진열창이 일직선으로 배열되어 있으며 지붕은 철제나 유리로 이루어진 배럴 볼트로 덮여 있다. 평면상 십자형 평면과 돔이 덮인 교차부는 대성당의 모습을 띠고 있는 데 반해 내부 분위기는 전혀 다르다. 이 건물은 종교적인 예배의 처소가 아닌 상품 구매라는 세속적인 행위에 근거를 두고 있기 때문에, 인간미와 현실감 그리고 쾌감을 건물 내에서 느낄 수 있도록 배려했다.

자본주의에서 생산과 소비를 계속적으로 증대시킬 필요성이 대두되면서 19세기에 만국박람회가 개최되었다. 최초의 박람회는 1851년에 런던에서 열린 대전람회(The Great Exhibition)며, 이어서 1855년과 1867년에 파리, 1873년에 비엔나, 그리고 1878년, 1889년, 1900년에 다시 파리에서 박람회가 개최되었다. 만국박람회는 건축가와 기술자들에게는 자신의 역량을 마음껏 발휘할 수 있는 기회로서 세기를 대표하는 대형 건축물이 탄생하는 계기가 되었다.

조셉 팩스턴(Joseph Paxton)이 런던의 하이드 파크(Hyde Park)에 건설한 수정궁(Crystal Palace, 1851)은 주철구조 기술의 정점으로서 짧은 기간에 설계되었을 뿐만 아니라 9개월이라는 단시일에 공사가 마무리되었다. 이 건물은 팩스턴이 챗스워스(Chatsworth)에서 엄밀히 시험했던 철제 기술을 실제 건물에서 활용해 보여주는 예로서 넓이는 125×560m이며, 건물 내부는 나무를 있는 그대로 살려두기 위해 22m의 높이로 구축된 우아한 외관을 지닌 철골 기술의 결정체다. 수정궁에는 획기적인 요소가 많은데, 그중에서도 각 부재를 면밀하게 설계해 미리 제장한 후 현상에서 소립하는 소립식 공법(pre-fabrication)을 사용한 점은 공사기간을 단축할 뿐 아니라 그 당시로서는 대단히 획기적인 사건이었다.

연철(wrought-iron)에 이어 강철(steel)의 사용이 일반화됨에 따라 전시용 구조물들은 더욱 더 대담해졌다. 1873년 비엔나 만국박람회에서는 직경이 100m가 넘는 거대한 철제 돔의 큐폴라가 선보였고, 1889년 파리 만국박람회에서는 두 개의 공학적인 작품이 세상에 알려졌다. 그중 하나가 빅토르 콘타민(Victor Contamin)이 설계한 기계관(Galérie des Machines)인데, 홀의 넓이는 430×120m이며, 정점까지의 높이가 45m로서 건물은 온통 유리로 덮여 있다. 기계관의 입구는 곡선 트러스로 이루어져 있으며, 정점과 기단부에는 힌지를 두었고, 측면은 강철 프레임으로 고정시켜 매우 넓은 스팬으로 건물이 축조될 수 있다. 또 다른 하나는 당시 세계에서 가장 높은 구조물로서 파리 박람회에서 자랑스럽게 선보인 높이가 300m에 달하는 유명한 귀스타브 에펠(Gustave Eiffel)의 탑이다. 에펠 탑은 발 4개가 달린 기초부 위에 포물선형으로 곡선을 구획한 격자형의 강철 구조물이다. 두 건물 모두 주철이나 연철보다 인장력이 훨씬 우수한 강철을 사용했는데, 강철이 이 시기에 겨우 생산되기 시작했음에도 불구하고 콘타민이나 에펠은 이 새로운 재료 사용에 정통했으므로 대규모 건물이 제대로 버티지 못할 것이라는 경쟁 기술자들의 비판에 정면으로 맞서서 가능성을 보여주었다.

대규모 중세 성당의 건축적 형태는 어느 정도는 거대한 공간을 둘러싸기 위해 필요한 것이었지만, 이 당시 대부분의 설계자가 사용한 방법들은 대부분 교회 건물과 외부 사회를 연관 짓고자 하는 의도에서 비롯되었다. 성당의 건물 형태는 사회의 실제적인 요구와는 별로 관련이 없었지만, 도시의 시각적·사회적 초점으로서 또한 신, 교회, 현세에 대한 개념을 보여주는 상징으로서의 작용을 했다. 더렘(Durham)이나 베즐리(Vézelay)와 같은 거대한 성당 건물의 기능성과 상징성은 건물의 형태와 내용이 완전하게 일치되어 결합되어 있는데 반해 산업혁명시대의 구조적인 걸작품들은 형태면에서는 매력적이었으나 건물의 내용면에서는 보잘것이 없었다. 실제적인 기능이 전혀 없는 에펠 탑을 비롯해 당시의 대규모 구조물들은 사회기능을 수행하지 못했고, 그 시대의 근간이 되는 철학적인 상징도 아니었다. 단지 시대적으로 필요

철과 유리

파리 중앙시장(1853),
빅토르 발타르 설계.
오스만의 도시개조 계획의 일부로서
시행되었으며, 완전하게 철제와
유리 구조로 이루어졌다.

북부 역사(1862)의 주 포티코 부분, 파리,
히토르 설계.
철제 구조 위의 이오니아식 장식

갤러리아 빗토리오 에마뉴엘라 2세(1865), 밀라노
주세페 멘고니 설계
새롭고 속세적인 맥락 안에서 종교적인 형태를 지닌다.

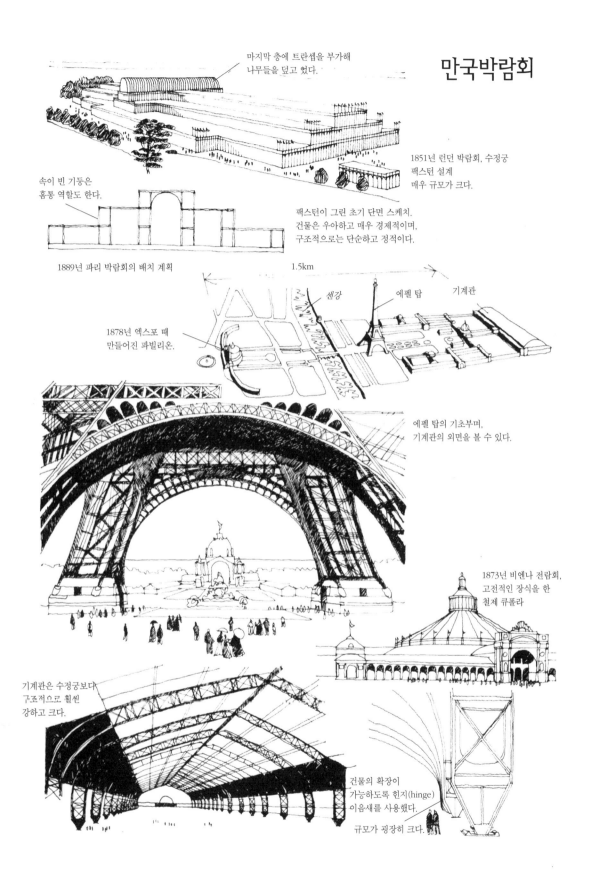

마지막 층에 트랜셉을 부가해
나무들을 덮고 었다.

만국박람회

1851년 런던 박람회, 수정궁
팩스턴 설계
매우 규모가 크다.

속이 빈 기둥은
홈통 역할도 한다.

팩스턴이 그린 초기 단면 스케치.
건물은 우아하고 매우 경제적이며,
구조적으로는 단순하고 정적이다.

1889년 파리 박람회의 배치 계획

1.5km

센강 에펠 탑 기계관

1878년 엑스포 때
만들어진 파빌리온.

에펠 탑의 기초부며,
기계관의 외면을 볼 수 있다.

1873년 비엔나 전람회,
고전적인 장식을 한
철제 큐폴라

기계관은 수정궁보다
구조적으로 훨씬
강하고 크다.

건물의 확장이
가능하도록 힌지(hinge)
이음새를 사용했다.

규모가 광장히 크다.

한 건물을 지어냄으로써 일반적인 신뢰감만을 조성하려 했을 뿐이다. 자본주의하에서의 대부분의 중요한 프로젝트와 마찬가지로 당시의 대규모 구조물들을 건축한 기본목적은 자본주의 체제를 자극하거나 경제성장을 증진시키기 위한 것이었다. 막대한 자원과 고도의 기술을 투자해 사회적인 가치가 모호한 대형 구조물을 건설하는 것은 건축적인 측면에서 근대사회의 모순이라 할 수 있다.

국가의 위엄과 시민의 자부심

건축에서 자본주의가 미치는 영향을 가장 훌륭하게 예언하고 비평했던 사람은 아마도 시인이며 디자이너인 동시에 혁명가인 윌리엄 모리스(William Morris, 1834~96)일 것이다. 그는 거장들의 시대에 살았지만, 그의 다양한 재능이나 삶에 대한 열정은 매우 탁월했다. 모리스는 스트리트(Street)에게서 건축을 배웠고, 전기 라파엘파(Pre-Raphaelites)의 화가들과 함께 그림을 그렸으며, 서정시와 소설을 쓰고, 직물, 벽지, 스테인드 글라스, 미술서적 등을 펴내기 위해 디자인 형태를 연구했다. 1870년대까지 이러한 모든 행동은 철학의 맥락 안에서 마르크스의 철학과 비슷한 관점에 도달해 그는 점점 더 적극적으로 사회주의 운동을 하기에 이르렀다. 모리스는 정치와 예술은 분리할 수 없다고 생각했는데 많은 강연을 하면서 "나는 소수를 위한 예술을 원치 않으며, 소수를 위한 교육이나 자유는 더더욱 바라지 않는다"라는 유명한 구절을 남겼다. 그는 적은 임금은 노예화나 소외감뿐만 아니라 혐오감을 일으킨다는 이유로 자본주의를 증오했으며, 미래는 노동자들이 자유를 얻음으로써 사상과 기술을 전개할 수 있을 것이며 다시 한번 중세 성당에서 보여주었던 수준의 예술을 창조할 수 있을 것이라고 확신했다.

중세 13세기에 대한 모리스의 동경은 과거에 대한 향수라며 심한 비판을 받았는데, 기계생산보다도 수공예 생산품을 편애했던 그의 사고가 '대중을 위한 예술'이라는 자신의 목표에 매우 위배되는 기계를 독단적으로 배척한 결과 그렇게 비현실적인 주장을 펼쳤을 것으로 짐작된다. 그러나 본질적으로 모리스의 견해는 사회주의자들의 주장과는 융합될 수 없는 것이었다. 퓨진, 러스킨과 같은 역사가와는 거리가 멀었던 모리스는 중세 영국을 재창조하는 것이 아니라 영국의 미래에 대한 견해를 자주 피력했고 미래에 대해 긍정적인 생각을 지니고 있었다. 본질적으로 기계는 인간의 수고를 덜어주고 재능을 개발할 수 있도록 하며 자유롭게 해주는 중요한 역할을 해왔다고 생각하

국가의 위엄과 시민의 자부심

제국 국회의사당(1884), 베를린,
발로트 설계

빅토르 엠마뉴엘 기념관(1885),
로마, 사코니 설계

팔라드 드 유스티스(1866), 브뤼셀,
필래트 설계

코펜하겐 시청사(1893),
나이롭 설계

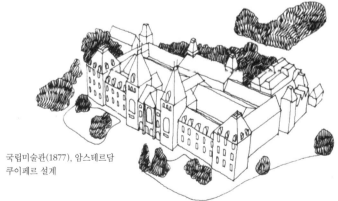

국립미술관(1877), 암스테르담
쿠이페르 설계

면서도 그는 기계로 만든 상품들을 추구하는 그 시대의 풍조에 편승하지 않으면서 자신만의 공예예술로서 그러한 경향을 표현했다. 자본주의의 산물인 창조, 쓰레기, 오염, 불평등으로는 모리스가 추구하는 사회를 만들 수 없었던 것이다.

그동안에도 자본주의는 여전히 팽창했다. 비스마르크(Bismarck)와 몰트케(Moltke) 치하의 프러시아 군대는 1866년 오스트리아와의 전쟁, 1870년 프랑스와의 전쟁에서의 승리를 거두고 이를 계기로 1870~90년 사이에 비약적인 경제발전을 이루었으며, 가리발디(Garibaldi)와 마치니(Mazzini)에 의해 통일된 이탈리아도 공업 생산력이 점차로 증대되었다. 미국은 그 당시 대륙 횡단 철도를 건설하고 있었으며, 공업·상업·농업도 함께 발전하고 있었다. 정치적 억압과 가난에서 벗어나고자 유럽인들이 미국으로 이주해왔고, 이들이 산업현장의 일꾼 역할을 함으로써 뉴욕, 보스톤, 시카고, 필라델피아, 피츠버그 등 동부 도시는 산업과 상업의 중심도시로서 급속하게 발전했다. 그러나 크림 전쟁(Crimean War, 1853~56) 이래로 서부 유럽에서 배척당한 러시아는 억압적이고 보수적인 독재정치로 되돌아가게 되어 공업화를 향한 실질적인 발전을 하지 못했다.

이 시기에는 자본주의 정치의 계속적인 성장을 비판하는 사람보다 옹호하는 사람들이 더욱 많아졌고, 자본주의로 인한 모든 것들이 문명사회에서 최상의 것으로 인식되었다. 몸센(Mommsen)과 같은 역사가들은 19세기 독일 제국과 고대 로마 제국 사이에는 상당한 유사성이 있다고 보았으며, 부르크하르트(Burckhardt)의 경우는 공업화 시대가 이탈리아 르네상스와 같은 번영을 가져올 것이라고 생각했다. 물론 과거의 영광과 현재를 동일시하는 설계로서 자본주의 옹호론을 펼쳤던 건축가들도 있었다. 발로트(P. Wallot)가 설계한 베를린 소재의 제국 국회의사당(Reichstag, 1884)의 위엄 있는 모습은 바로크를 의식한 것이며, 사코니(G. Sacconi)가 설계한 로마의 빅토르 엠마뉴엘(Victor Emmanuel, 1885) 기념관은 과거 로마 제국의 영광을 지향한 것이었다.

한편 북유럽에서는 제국의 국력 증진을 표현하는 매체로서가 아니라 민주적인 풍토에 입각해 설계한 공공건축이 이루어지고 있었다. 과장과 허식이 없는 고딕풍 공공건축으로서 쿠이페르(P. Cuijpers)가 설계한 암스테르담의 국립미술관(Rijksmuseum, 1877)과 나이롭(M. Nyrop)이 설계한 코펜하겐 시청사(1893)를 들 수 있다. 회화적인 모습과 그 지방 특유의 벽돌을 사용한 점, 작은 스케일로 전개한 외관 등은 베를린과 로마에서 볼 수 있는 위엄 있는 건물의 외관과는 대조되는 형태인데 이 두 건물에서 건축가는 인간적인 표현을 해내려고 노력했다. 베를라헤(H. P. Berlage)가 설계한 암스테르담 소재의 증권거래소(Stock Exchange, 1898)와 다이아몬드 노동자 조합(Diamond Worker's Union, 1899) 건물은 벽돌로 된 단순한 외관 디자인과 내부에서 구조를 직접적으로 표현한 점 등으로 미루어볼 때 전통적 보고주의에서 20세기의 기능주의로 향하는 진보라고 해석할 수 있을 것이다.

'프레이리'형 주택의 발달

미국에서도 많은 건축가들이 전통적인 복고 형태를 버리고 독창적인 건축 디자인에 접근하기 시작했다. 뉴욕의 갈색 석조주택 부류로서 1880~90년대의 맥킴(McKim), 미드(Mead), 화이트(White)의 건축물은 정형적인 평면과 엄격하게 조절된 입면 등으로 당시 건축에 영향을 미치게 되었다. 한편, 헨리 홉슨 리처드슨(Henry Hobson Richardson)이 설계한 메사추세츠주 케임브리지 소재의 스타우튼 하우스(Stoughton House, 1882)는 기본골조 구조체를 사용함으로써 자유롭고 비형식적인 평면 배치를 할 수 있었다. 이러한 특징은 프랭크 로이드 라이트(Frank Lloyd Wright, 1869~1959)에게로 이어져 그의 초기 주택에서는 자유롭게 흐르면서도 상호 관입하는 공간이 나타나고 있다.

침례교의 본고장인 위스콘신(Wisconsin)에서 출생한 라이트는 개척자적인 성향을 가지고 있는데 어린 시절 외숙부 농장에서 전원의 풍요로움을 느끼며 성장했다. 그는 대도시에서 활동하는 건축가인 당크마르 아들러(Dankmar Adler, 1844~1910)와 루이스 설리번(Louis Sullivan, 1856~1924)의 사무실에서 건축을 익혔으며, 1893년까지 시카고에서 일했다. 그는 여생 동안 설리번을 숭배했는데, 그의 건축 스타일보다는 작가로서의 태도에서 영향을 받았지만, 자신에게 영향을 준 유일한 건축가로서 설리번을 꼽고 있다. 설리번이 남긴 '형태는 기능을 따른다'(form follows function)라는 유명한 말은 형태의 미가 필연적으로 기능을 표현하는 데에서 나오는 것을 의미하기보다는 표현을 정직하게 하는 것이 아름다운 건물을 창조하는 데 필수적인 선결조건이라는 의미로 받아들여야 할 것이다. 사실 라이트는 아들러와 설리번의 주요 사업수단이었던 사무소 건축에는 별다른 관심이 없었고 개인주택에 열중하기 시작했다. 3층의 단순한 기하학적 벽돌건물인 찬리 하우스(Charnley House, 1891)는 라이트의 독자적인 작품이다.

'프레이리'형 주택의 발달

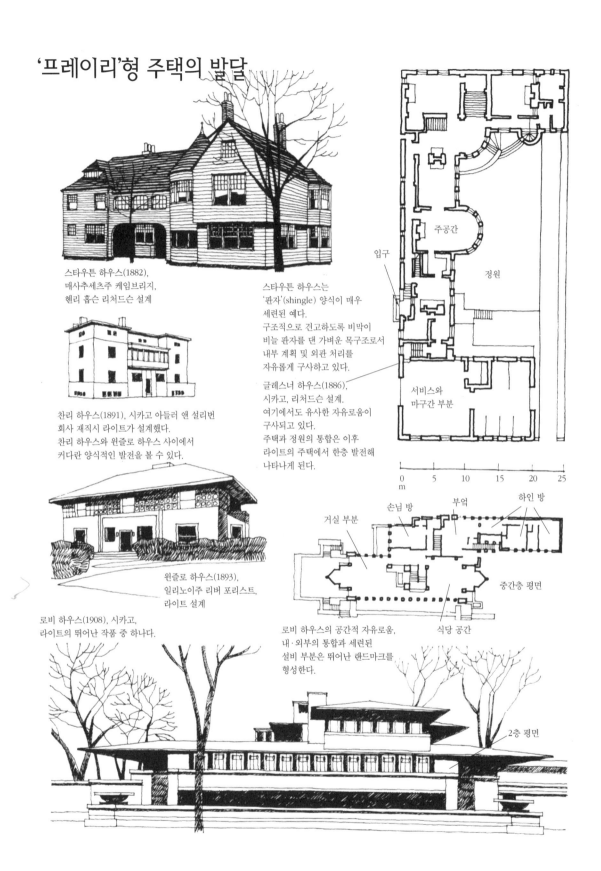

스타우튼 하우스(1882),
매사추세츠주 케임브리지,
헨리 홉슨 리처드슨 설계

찬리 하우스(1891), 시카고 아들러 앤 설리번
회사 재직시 라이트가 설계했다.
찬리 하우스와 윈즐로 하우스 사이에서
커다란 양식적인 발전을 볼 수 있다.

윈즐로 하우스(1893),
일리노이주 리버 포리스트,
라이트 설계

로비 하우스(1908), 시카고,
라이트의 뛰어난 작품 중 하나다.

스타우튼 하우스는
'판자'(shingle) 양식이 매우
세련된 예다.
구조적으로 견고하도록 비막이
비늘 판자를 댄 가벼운 목구조로서
내부 계획 및 외관 처리를
자유롭게 구사하고 있다.

글레스너 하우스(1886),
시카고, 리처드슨 설계.
여기에서도 유사한 자유로움이
구사되고 있다.
주택과 정원의 통합은 이후
라이트의 주택에서 한층 발전해
나타나게 된다.

주공간

입구

정원

서비스와
마구간 부분

거실 부분

손님 방

부엌

하인 방

중간층 평면

식당 공간

로비 하우스의 공간적 자유로움,
내·외부의 통합과 세련된
설비 부분은 뛰어난 랜드마크를
형성한다.

2층 평면

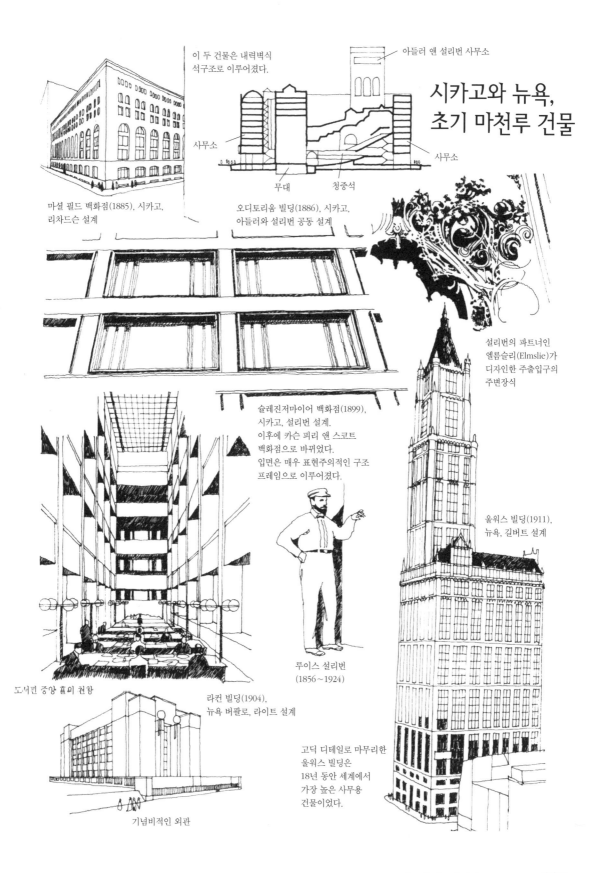

이 두 건물은 내력벽식
석구조로 이루어졌다.

아들러 앤 설리번 사무소

시카고와 뉴욕,
초기 마천루 건물

사무소

사무소

무대   청중석

마셜 필드 백화점(1885), 시카고,
리차드슨 설계

오디토리움 빌딩(1886), 시카고,
아들러와 설리번 공동 설계

설리번의 파트너인
엘름슬리(Elmslie)가
디자인한 주출입구의
주변장식

슐레진저마이어 백화점(1899),
시카고, 설리번 설계.
이후에 카슨 피리 앤 스코트
백화점으로 바뀌었다.
입면은 매우 표현주의적인 구조
프레임으로 이루어졌다.

울워스 빌딩(1911),
뉴욕, 길버트 설계

루이스 설리번
(1856~1924)

도서관 중앙 홀의 천창

라컨 빌딩(1904),
뉴욕 버팔로, 라이트 설계

기념비적인 외관

고딕 디테일로 마무리한
울워스 빌딩은
18년 동안 세계에서
가장 높은 사무용
건물이었다.

라이트는 사무소를 설립해 많은 작업을 자신의 독창적 방식으로 수행했고, 인간과 자연의 관계에 대한 자신의 느낌을 표현하는 개인적인 건축양식을 발전시켰다. '프레이리'(Prairie) 형 주택으로 알려진 시카고 근교의 오크 파크 (Oak Park)와 리버사이드(Riverside)에 세워진 그의 초기 주택들은 마음속에 내재된 자연적인 조경에서 비롯된 것이다. 이들 건물은 상호 관입한 공간, 내외부 공간의 모호한 구분, 주택과 풍경을 이어주는 테라스, 전체적인 구성을 지배하는 수평적인 경사지붕들을 보여주고 있다. 장식적인 재료 대신에 벽돌이나 목재와 같은 단순한 재료들을 솔직하게 표현함으로써 과거의 유럽 건축과는 관련이 없는 소박한 미국 건축에 대한 라이트의 독창적 개념을 잘 나타내고 있다. 일리노이주의 리버 포리스트(River Forest)에 있는 윈즐로 하우스(Winslow House, 1893)와 시카고의 유명한 로비 하우스(Robie House, 1908)는 그 대표적 예다.

라이트 초기의 두 개의 유명한 작품으로는 오크 파크의 유니티 교회(Unity Temple, 1906)와 뉴욕주 버팔로에 위치한 7층의 라킨 빌딩(Larkin Company, 1904)을 들 수 있다. 유니티 교회는 화려하지는 않지만 입구 로비에 의해서 단순한 두 개의 공간이 서로 연결되어 있으며, 육중하고 단순한 콘크리트 벽체와 편평한 슬래브 지붕이 정직하게 표현되어 있다. 1950년에 해체된 라킨 빌딩은 사무소 건물 중에서는 매우 독특한 건물로서 벽돌과 수직적인 슬래브로 육중하게 만들어져 이집트나 마야 신전의 탑문(pylon)과 같은 느낌을 준다. 내부는 5층 높이의 중심홀이 사무공간을 포함한 여러 층의 갤러리를 둘러싸고 있으며, 건물 전체가 중심부의 거대한 천창에 의해서 채광된다. 단순하고 수직적이며 극적인 라킨 빌딩과 정교하고 복잡하되 조용한 느낌을 주는 수평적 구성의 로비 하우스는 이후 국제적인 명성을 얻게 되었고, 유럽 아방가르드 (avant-garde) 사상에 강한 영향을 미쳤다.

시카고와 뉴욕, 초기 마천루 건물

지가의 상승과 기술적인 발달로 인해서 미국 전역에는 고층 사무소 건물이 앞을 다투어 세워졌다. 1860년대 이후로 엘리사 오티스(Elisha Otis)가 고안한 전기 엘리베이터가 사용되었으며, 내구력이 강한 철골구조와 결합되면서 1880~90년대에 세계 최초로 마천루들이 건설되었다. 고층건물은 주로 대도시에 지어졌으며, 특히 리처드슨, 아들러, 설리번과 같은 건축가들에 의해서 새로운 건축형태가 시도된 시카고에 많이 세워졌다. 단순하고 기능적인 설계

접근방식이 발전되어 기둥 등의 구조적인 지지재와 바닥 슬래브가 입면의 주요한 특징이 되었다. 부분적으로 설리번의 설계에서는 풍부하고 장식적인 디테일이 표현되기도 했지만, 전반적으로 상식의 사용은 절제되었고, 그러한 특성이 라이트에게서도 나타났다.

이러한 건물들은 안전하게 하중을 받는 외벽과 철골구조로 이루어졌고, 막대한 하중을 기초까지 안전하게 전달하기 위해 설계상에서 세심한 배려가 있었다. 그 예로는 리처드슨이 설계한 7층 규모의 마셜 필드 백화점(Marshall Field Warehouse, 1885)과 아들러와 설리번이 설계한 10층 규모의 오디토리움 빌딩(Auditorium Building, 1886)을 들 수 있다. 1883년 최초로 완전한 철골건물이 세워진 후, 그 뒤를 이어 설리번이 설계한 게이지 빌딩(Gage Building, 1898)과 슐레진저-마이어 백화점(Schlesinger-Mayer Store, 1899)이 건설되었는데, 슐레진저-마이어 백화점은 구조의 윤곽을 따라서 흰색의 도기 타일로 입면을 입힌 단순한 디자인으로 이루어져 있다. 초기 단계의 마천루 건설은 카스 길버트(Cass Gilbert)가 설계한 뉴욕의 울워스 빌딩(Woolworth Building, 1911)에서 끝을 맺게 된다. 이 건물은 비록 입면에서는 설리번의 고층건물보다 별로 나아진 것이 없지만, 전체 높이가 240m로 50층이나 되는 건물의 높이는 주목할 만한 기술적 업적이라 할 수 있다.

철근 콘크리트

강철이 반드시 주요한 구조 부재로서 이상적인 것은 아니었다. 공사기간은 짧아졌지만 내화재가 아니기 때문에 화재시 열에 의해 형태가 변하기 쉽고, 값이 비싸기 때문에 1880년대에 이르러서는 값싼 대체 용품이 발전하게 되었다. 19세기 전반에 걸쳐 국립고등공업학교(Ecole Centrale des Travaux Publiques)에서 육성된 프랑스 토목공학의 오랜 전통의 결과로서 사용된 구조방식은 1880년대에 조셉 모니에르(Joseph Monier)에 의해 발전된 철근 콘크리트다. 철근 콘크리트는 콘크리트의 강한 압축력과 내화성에 철근의 높은 인장력을 가미한 복합재료로서 가소성이 있으므로 거푸집이 형태에 따라 다양한 건축형태를 만들어낼 수 있다. 토목 기술자인 프랑수아 코와니에(François Coignet)와 프랑수아 안네비크(François Hennebique)는 1880~90년대에 걸쳐 철근 콘크리트의 장점인 가소성을 이용해 아치교를 건설해냄으로써 재료의 우수한 성질을 입증했다.

건축가 오귀스트 페레(Auguste Perret, 1874~1954)는 신소재의 특성을 최

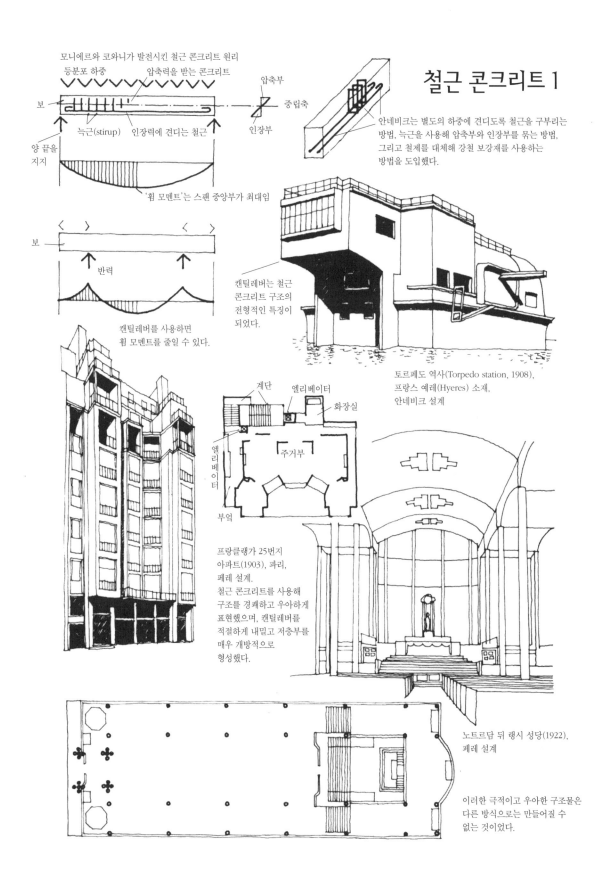

철근 콘크리트 1

모니에르와 코와니가 발전시킨 철근 콘크리트 원리

등분포 하중   압축력을 받는 콘크리트

압축부

보

중립축

늑근(stirup)   인장력에 견디는 철근

인장부

양 끝을
지지

'휨 모멘트'는 스팬 중앙부가 최대임

안네비크는 별도의 하중에 견디도록 철근을 구부리는
방법, 늑근을 사용해 압축부와 인장부를 묶는 방법,
그리고 철제를 대체해 강철 보강재를 사용하는
방법을 도입했다.

보

반력

캔틸레버를 사용하면
휨 모멘트를 줄일 수 있다.

캔틸레버는 철근
콘크리트 구조의
전형적인 특징이
되었다.

토르페도 역사(Torpedo station, 1908),
프랑스 예레(Hyeres) 소재,
안네비크 설계

계단   엘리베이터

화장실

엘
리
베
이
터

주거부

부엌

프랑클랭가 25번지
아파트(1903), 파리,
페레 설계.
철근 콘크리트를 사용해
구조를 경쾌하고 우아하게
표현했으며, 캔틸레버를
적절하게 내밀고 저층부를
매우 개방적으로
형성했다.

노트르담 뒤 랭시 성당(1922),
페레 설계

이러한 극적이고 우아한 구조물은
다른 방식으로는 만들어질 수
없는 것이었다.

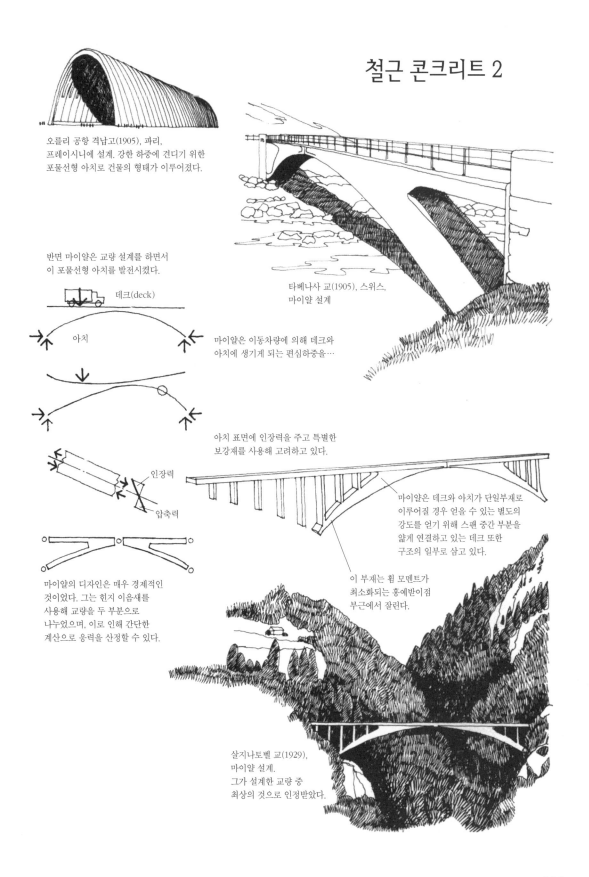

철근 콘크리트 2

오를리 공항 격납고(1905), 파리,
프레이시니에 설계. 강한 하중에 견디기 위한
포물선형 아치로 건물의 형태가 이루어졌다.

반면 마이얄은 교량 설계를 하면서
이 포물선형 아치를 발전시켰다.

데크(deck)

아치

타베나사 교(1905), 스위스,
마이얄 설계

마이얄은 이동차량에 의해 데크와
아치에 생기게 되는 편심하중을…

아치 표면에 인장력을 주고 특별한
보강재를 사용해 고려하고 있다.

인장력

압축력

마이얄의 디자인은 매우 경제적인
것이었다. 그는 힌지 이음새를
사용해 교량을 두 부분으로
나누었으며, 이로 인해 간단한
계산으로 응력을 산정할 수 있다.

마이얄은 데크와 아치가 단일부재로
이루어질 경우 얻을 수 있는 별도의
강도를 얻기 위해 스팬 중간 부분을
얇게 연결하고 있는 데크 또한
구조의 일부로 삼고 있다.

이 부재는 휨 모멘트가
최소화되는 홍예받이점
부근에서 잘린다.

살지나토벨 교(1929),
마이얄 설계.
그가 설계한 교량 중
최상의 것으로 인정받았다.

초로 건물에 활용했다. 파리 트로카데로(Trocadéro) 근교의 프랑클랭가(Rue Franklin) 25번지에 건립된 9층의 아파트(1903)는 장식 패널을 끼워 넣은 노출 콘크리트 구조로 건설되었는데 비록 건물 전체가 단조로운 직선의 윤곽을 가지고 있지만 전면 파사드를 대담하게 돌출, 또는 후퇴시켜서 비교적 자유로운 평면을 형성하고 있다. 페레가 설계한 센-엣-오아제(Seine-et-Oise) 소재의 노트르담 뒤 렝시(Notre Dame du Raincy, 1922) 성당에서는 근대적인 재료를 사용해 고딕 양식의 자유로운 공간적 효과를 나타내었다. 얇은 쉘 구조의 콘크리트 볼트는 가느다란 기둥으로 지지되며, 창문의 역할을 하는 구멍 뚫린 콘크리트 벽은 조적조에서는 얻어내기 어려운 실내 공간의 우아함과 경쾌함을 주고 있다.

프랑스 고등공업학교의 영향은 스위스와 독일로 확산되어서, 1854년 취리히 공예학교(Polytechnic)가 생겨났고, 1870~80년대에는 많은 공과대학(Technische Hochschulen)이 설립되었다. 1895년에는 학교 자체가 국립 고등기술원(Ecole Polytechnique)으로 승격되어 프랑스의 공공사업을 관장했다. 프랑스 고등공업학교 출신의 공학자 으제느 프레이시니에(Eugéne Freyssinet)는 설계에서 분석적인 접근을 시도했다. 오를리(Orly)에 있는 비행기 격납고(1905) 두 개는 철근 콘크리트 구조로 매우 단순하고 경제적인데, 주름진 거대한 슬래브는 포물선 아치 형태를 이루고 있으며, 정점까지의 높이가 60m에 달한다. 스위스의 공학자인 로베르 마이얄(Robert Maillart, 1872~1940)의 업적도 두드러진다. 취리히 공과대학의 학생이었던 그는 1908년부터 무거운 하중이 걸리는 건물에 '버섯형'(mushroom) 구조를 사용해 해결했다. 그는 1905년에 곡선 슬래브로 이루어진 교량 설계를 타베나사(Tavenasa)에서 처음으로 시도했고, 1929년에는 살지나토벨(Salginatobel) 교량을 설계했다.

아르 누보

산업혁명의 결과로 건축은 다양한 형태를 추구하게 되었는데 20세기로의 전환기에는 분명하게 대별되는 두 개의 조류가 나타나고 있다. 그 하나는 설리번과 페레로 대표되는 구조기술에 정통한 건축가들이 구조를 건축 미학에 응용하는 접근방식이고, 다른 하나는 건축을 '양식' 자체라 주장하려는 자세이다. 과거의 전통주의자들에게 있어서 '양식'이라 함은 과거양식을 재현하는 것에 불과했지만, 1890년대의 진보적인 양식주의자들 사이에서는 근대건축 나름대로의 독자적인 양식을 가져야 한다는 주장이 높아져 가고 있었다. 이즈음 짧은 기간에 이루어진 디자인 운동으로서 1895년에 파리에서 개점한 근대 상점의 이름인 '라르 누보'(L'Art Nouveau)에서 기인한 건축 및 예술운동(아르 누보 운동)이 있다. 아르 누보에서는 디자이너, 예술가, 건축가 등 각 분야의 사람들이 꽃과 식물의 유연한 곡선을 기초로 새로운 미학적 접근방식을 시도하고 있는데, 본질적으로 기하학적인 고전주의나 경직된 네오-고딕과는 흐름을 달리하는 양식이다. 아르 누보 양식은 뭉크(Edvard Munch)와 반 존스(Edward Burne-Jones)의 회화나 윌리엄 모리스, 루이스 설리번의 장식적인 디자인과 같은 각양각색의 선례로부터 발전했으나, 실제로는 벨기에 출신 건축가인 빅터 오르타(Victor Horta, 1861~1947)와 앙리 반 데 벨데(Henri van de Velde, 1863~1957)의 실내 디자인을 통해서 구체화되었다.

오르타의 걸작 중에서 브뤼셀(Brussels)의 파울-에밀레 얀슨 6번가(6 Rue Paul-Emile Janson)에 있는 타셀 주택(Hôtel Tassel, 1892)의 주계단실은 철제 장식으로 되어 있는데, 흐르는 듯한 곡선의 풍요로움을 보여주고 있다. 외관 양식에서 아르 누보적인 수법을 강조한 예로는 곡면 처리 강재의 파사드가 두드러지는 노동당사 건물(Maison du Peuple, 1896)과 리노바시온(L'Innovation, 1901) 백화점을 들 수 있다. 파리의 '라르 누보' 상점의 실내를 디자인한 바 있는 앙리 반 데 벨데는 이후 독일에서 실내장식과 건축 활동을 계속했고, 특히 가구 디자인으로 명성을 얻었다. 프랑스에서는 악토르 귀마르(Hector Guimard, 1867~1943)가 파시(Passy) 폰테느가(Rue Fontaine)에 있는 카스텔 베란제(Castel Béranger, 1894)를 설계하면서 철을 사용해 꾸불꾸불하게 부재를 구부려서 문을 만들었고, 비슷한 형태로 파리 지하철(Paris Métro) 역사의 건설 작업도 수행했다. 바스티유(Bastille, 1900) 지하철역 입구는 철세공과 유리로 엮어낸 구조물에 지나지 않지만, 그 형태나 곡선의 사용은 과거의 어느 시대와도 연관되지 않는 이 시대만의 독창적인 건축표현이라고 할 수 있다.

아르 누보의 주요한 양상 중 하나는 매우 관습적이라는 사실인데 이는 본질상 아르 누보 양식이 매우 장식적이되 2차원적인 성격을 가지기 때문에 신소재의 사용을 통해 가능해진 극적인 공간감을 갖추고 있지 못하기 때문이다. 그러나 이러한 관점에서 건축적 특성을 달리한 건축가가 두 명 있는데, 그 중 한 사람이 스페인의 안토니 가우디(Antoni Gaud, 1852~1926)다. 가우디의 건물은 역사상 가장 개성적인 건축물의 하나로서 금욕적이면서도 쉽게 이

아르 누보 1

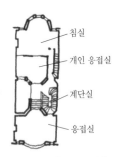

윌리엄 모리스의 벽지 디자인은
흐르는 듯한 선의 사용과 2차원적인
특성으로 아르 누보를 강하게
연상시킨다.

파울-에밀레 얀슨
6가(1892), 브뤼셀,
빅터 오르타 설계

- 침실
- 개인 응접실
- 계단실
- 응접실

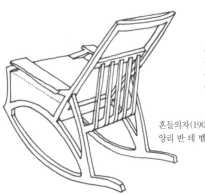

오르타의 평면은 매우 상투적인
것이지만, 그의 장식 수법은
상당히 독특한 것이다.
이것은 계단실을 표현한 것이다.

혼들의자(1903),
앙리 반 데 벨데 설계

카스텔 베란제(1894), 파리,
귀마르가 설계한 철제 문

메종 뒤 퓨플(1897),
브뤼셀.
오르타가 설계한 벨기에
노동관사 건물로서 철제와
유리로 이루어진 파사드
부분을 보여주고 있다.

파리 바스티유 지하철 역사(1900).
귀마르가 설계한 세 개의 출입구
디자인 중 하나다.

카사 바틀로(1905), 바르셀로나, 가우디 설계
1층 평면

카사 밀라(1905), 바르셀로나,
가우디 설계

출입구 상부의
철제 장식

라 사그라다 파밀리아, 바르셀로나.
가우디가 설계한 가족교회로서 1883년에
건설이 시작되어 현재도 진행 중이다.

글라스고우 예술학교(1896), 맥킨토시 설계

서측 파사드

출입구 부분 입면

해하기 어려운 수수께끼 같은 형상을 하고 있다. 그의 스타일은 아르 누보 양식이긴 하지만, 스페인의 과거 상황인 기독교와 모슬렘의 혼합된 특성으로부터 기인한 것이다. 초기 작품인 바르셀로나(Barcelona)의 카사 비첸스(Casa Vicens, 1878)와 귀엘 공원(Parque Güell, 1900), 그리고 아파트 건물인 카사 바틀로(Casa Batllo, 1905)와 카사 밀라(Casa Miló, 1905)는 형태와 공간에 대한 탁월함을 보여주며, 아르 누보에서는 보기 드문 기괴한 형태를 나타내고 있다. 가우디는 흐르는 듯한 자유로운 형상을 얻기 위해 콘크리트를 많이 사용했고, 거기에 도기나 유리 파편과 장식적인 금속들을 끼워 넣었다. 가우디의 걸작이라 할 수 있는 바르셀로나 소재의 라 사그라다 파밀리아(La Sagrada Familia) 성당은 1883년에 건설이 시작되어 현재까지 공사가 진행 중이다. 이 성당은 네오-고딕 양식의 건물로서 당시 중심세력이었던 우익-가톨릭 세력의 의뢰를 받아 가우디 자신의 건축적인 열의를 다해 지은 교회건물이다. 건물에는 네 개의 군집된 트란셉 첨탑과 기이하고 각진 형태를 가진 내부 아케이드가 부가되는 등 기존의 네오 고딕 양식이 점차 가우디 방식의 고딕으로 변형되고 있다. 전체적인 구성은 하나의 거대하고 추상적인 조각물과 같이 되었는데, 성당 건물로서의 기능을 본질적으로 초월해 극적이고 강력한 인상을 준다.

아르 누보의 일반적인 흐름을 따르지 않은 또 다른 건축가는 스코틀랜드 출신의 찰스 레니 맥킨토시(Charles Rennie Mackintosh, 1868~1928)다. 그가 글래스고우 예술학교(Glasgow School of Art)에서 공부할 당시에 젊고 진보적인 건축가들은 대부분 아르 누보에 사로잡혀 있었다. 맥킨토시는 무소속의 그래픽 디자이너와 지방회사의 봉급생활 건축가로 시작했으며, 1896년에 새로운 예술학교 설계공모에 당선됨으로써 빠르게 대중의 주목을 끌기 시작했다. 그의 건축은 가우디의 작품들처럼 개성이 강하지만, 가우디와는 상당한 차이가 있다. 맥킨토시의 건축은 질서적이고 긴장감 있게 구성되었고, 다소 경솔하게 표현되기도 했으나 전체적으로 매우 엄격하며 아주 세부적인 부분까지도 건축가 스스로에 의해 디자인되어 있다. 특히 내·외부에서 아르 누보적인 디테일의 정교함은 전통 스코틀랜드 석재의 거칠고 편평한 특성과 대조를 이루고 있다. 공기가 잘 통하는 정면의 대규모 작업실 창들은 육중한 석재 기둥 대신 우아한 연철의 격자형틀과 까치발 모양의 철재 장식으로 마무리되어 있다. 도서관의 채광을 위해 서측면에 길다란 세 개의 돌출창을 내고 경량의 청동 프레임으로 마감해 주위에 사용한 석재 매스와 극적인 대비를 이루고 있다.

사우취홀가(Sauchiehall Street)에 있는 미스 크랜스톤(Miss Cranston)의 찻집인 윌로우(The Willow, 1900)와 윈디힐(Windyhill, 1900), 그리고 힐 하우스(Hill House, 1902)처럼 단순하지만 토속적인 전원주택에 이르기까지 맥킨토시의 작품들은 놀라운 대비 효과를 보여주고 있다. 맥킨토시는 실내를 다소 빈약한 듯하지만 신선한 느낌을 주도록 흰색으로 장식했는데, 이것은 아르누보의 지나친 장식으로부터 곧 나타나게 될 장식의 억제 경향으로 넘어가는 과도기를 형성하고 있다. 또한 그의 공간 처리 방식은 근대 건축에 많은 영향을 주었다. 한쪽은 견고한 벽체로 폐쇄시킨 반면 다른 쪽은 가벼운 장막벽(스크린)으로 구성하는가 하면, 때로는 낮고 압축적으로 때로는 높고 자유롭게 공간을 구획하는 등 20세기에 선보이게 될 근대 건축의 흥미진진한 공간적 모험을 암시하고 있다.

영국 전통 건축

맥킨토시는 19세기에 대한 반발로서 단순하며 토속적인 건축에 대해 관심을 가졌는데, 이러한 관심은 리처드 노먼 쇼(Richard Norman Shaw, 1831~1912)의 작품에서 볼 수 있으며, 보이시(C.F.A. Voysey, 1857~1941)와 에드윈 루티엔스(Edwin Lutyens, 1869~1944)의 주택에서 한층 더 강하게 나타난다. 쇼는 모리스와 그의 동료인 필립 웹(Philip Webb)의 사상으로부터 크게 영향을 받았고, 초반기에는 네오 고딕에 심취한 바 있다. 그러나 점차 성숙되어 햄스테드(Hampstead)의 자택(1875)과 첼시(Chelsea)에 있는 스완 하우스(Swan House, 1876), 그리고 런던 서쪽의 베드퍼드 공원(Bedford Park)에 있는 교외 주택단지(1880)에서는 벽돌 조적조 양식을 사용해 절제되고 우아한 외관을 표현하고 있다. 비교적 부유하고 성공한 건축가였던 루티엔스에게는 주로 대규모의 교외 주택단지, 교회, 그리고 상업용 건물에서 대영제국의 장엄함을 표현하는 임무가 주어졌는데 뉴델리(New Delhi)에 있는 정부청사(1913)를 웅장하게 설계한 것이 그 대표적인 예다. 한편 상당히 그는 감각적인 건축가이기도 했는데 고달밍(Godalming) 소재의 과수원(1899), 설햄스테드(Sulhampstead)의 폴리 농장(Folly Farm, 1905)과 같은 작은 규모의 주택과 정원에서는 자유롭고 비정형적인 건축표현의 일면을 보여주고 있다. 보이시 또한 정원과 조경으로 둘러싸인 소박한 주택을 잘 표현했는데, 그의 세 작품은 오랫동안 계속되어 온 지방건축의 전통을 가능한 한 배제하

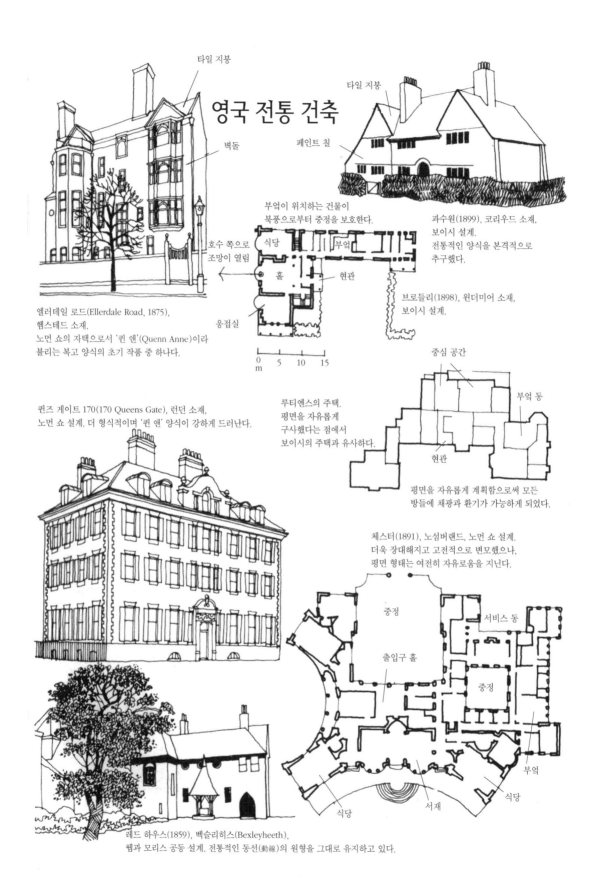

영국 전통 건축

타일 지붕

벽돌

호수 쪽으로 조망이 열림

엘러데일 로드(Ellerdale Road, 1875), 헴스테드 소재.
노먼 쇼의 자택으로서 '퀸 앤'(Quenn Anne)이라 불리는 복고 양식의 초기 작품 중 하나다.

타일 지붕

페인트 칠

부엌이 위치하는 건물이
북풍으로부터 중정을 보호한다.

식당   부엌

홀   현관

응접실

0 5 10 15
m

과수원(1899), 코리우드 소재,
보이시 설계.
전통적인 양식을 본격적으로
추구했다.

브로들리(1898), 윈더미어 소재,
보이시 설계.

중심 공간

부엌 동

현관

루티엔스의 주택.
평면을 자유롭게
구사했다는 점에서
보이시의 주택과 유사하다.

평면을 자유롭게 계획함으로써 모든
방들에 채광과 환기가 가능하게 되었다.

퀸즈 게이트 170(170 Queens Gate), 런던 소재,
노먼 쇼 설계. 더 형식적이며 '퀸 앤' 양식이 강하게 드러난다.

체스터(1891), 노섬버랜드, 노먼 쇼 설계.
더욱 장대해지고 고전적으로 변모했으나,
평면 형태는 여전히 자유로움을 지닌다.

중정

출입구 홀

서비스 동

중정

식당   서재   식당   부엌

레드 하우스(1859), 벡슬리히스(Bexleyheeth),
웹과 모리스 공동 설계. 전통적인 동선(動線)의 원형을 그대로 유지하고 있다.

고 비정형적인 형식으로 설계되었다. 햄스테드의 앤네슬리 저택(Annesley Lodge, 1895), 윈더미어 호수(Lake Windermere)의 브로들리(Broadleys)와 무어 크렉(Moor Crag, 1898), 그리고 콜리 우드(Chorley Wood)의 과수원(1899)에서는 비감각적이긴 하지만 독창적인 그의 스타일이 잘 나타나고 있다.

분리파 운동과 독일 공작연맹

한편 모든 이에게 자유를 보장하던 시기에 시민 자본주의를 뒷받침해주었던 19세기 낭만주의는 매우 혁신적인 양상을 띠었다. 다른 쪽에서는 근대 세계를 거부하고 자연이나 과거로 회귀하려는 보수적인 경향도 나타났다. 그 결과 예술가와 일반대중 사이의 불화는 더욱 심화되어 예술가는 사회를 거부했고, 사회는 예술가를 경멸하고 오해했으며 심지어는 무시해버렸다. 건물이 지어지기 위해서는 적어도 사회적 동의가 필요했기 때문에 이러한 양상은 자연히 건축보다는 시나 회화 분야에서 두드러지게 나타났다. 심한 경우 '예술을 위한 예술'(L'art pour l'art)이라는 원칙만이 수용되는 경우도 있었다. 건축가들도 엘리트 층을 형성해 아르 누보 같은 미학운동을 전개하기 시작했다. 세기가 바뀌면서 예술가, 건축가, 그리고 그들의 후원자에 의해 개최된 다양한 국제전시회를 통해 도전의 정신을 표현하고, 새로운 예술사상을 수용하는 기회를 가지게 되었다. 독일 바이에른 지방과 오스트리아 비엔나의 건축가들이 일으킨 분리파 운동(Secession) 또한 그 이름에서 나타나는 바와 같이 비타협적인 양상을 띠고, 전통적인 예술을 거부하는 운동이다. 특히 비엔나 전시회에서는 당시의 대가들인 맥킨토시를 포함해 오토 바그너(Otto Wagner, 1841~1918), 올브리히(J. M. Olbrich, 1876~1908), 페터 베렌스(Peter Behrens, 1868~1949), 요제프 호프만(Josef Hoffman, 1870~1956), 그리고 아돌프 로스(Adolf Loos, 1870~1933) 등이 참가했다.

비엔나 예술 아카데미의 교수였던 바그너는 올브리히, 호프만, 로스를 포함해 수많은 재능 있는 학생들에게 큰 영향을 미쳤다. 비엔나의 저축 우체국(Post Office Savings Bank, 1904)은 그의 대표작으로서, 내부가 배럴 볼트로 이루어진 유리천장으로 덮여 있는데, 이는 근대적인 디자인으로서 높이 평가되고 있다. 올브리히는 조그만 직사각형 블록 위에 금속제 돔을 얹은 분리파 운동의 본부인 제세션 관(Secession building, 1898)을 설계했고, 헤세 대공작

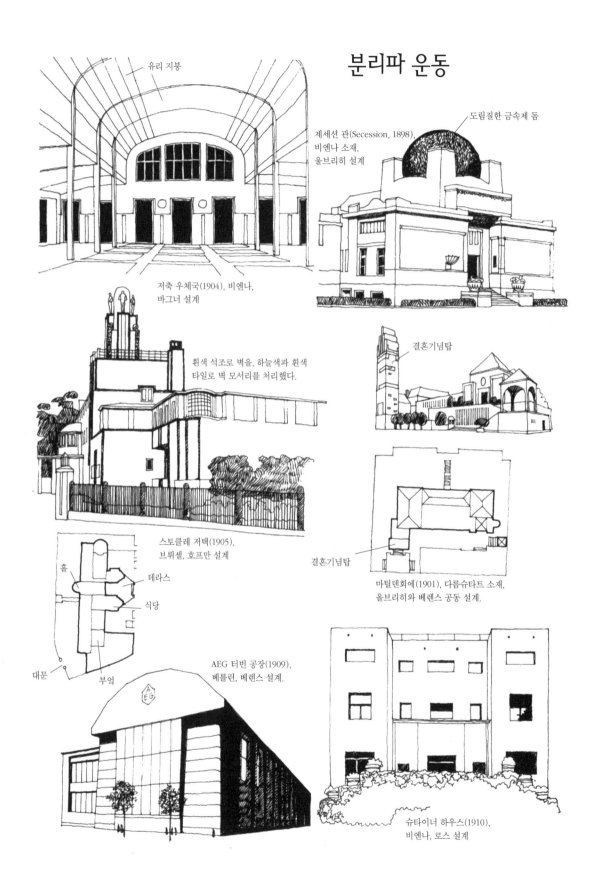

분리파 운동

유리 지붕

저축 우체국(1904), 비엔나,
바그너 설계

제세션 관(Secession, 1898),
비엔나 소재,
올브리히 설계

도림질한 금속제 돔

흰색 석조로 벽을, 하늘색과 흰색
타일로 벽 모서리를 처리했다.

결혼기념탑

스토클레 저택(1905),
브뤼셀, 호프만 설계

홀

테라스

식당

대문

부엌

결혼기념탑

마틸덴회에(1901), 다름슈타트 소재,
올브리히와 베렌스 공동 설계.

AEG 터빈 공장(1909),
베를린, 베렌스 설계.

슈타이너 하우스(1910),
비엔나, 로스 설계

340

(Grand Duke of Hesse)이 후원하는 다름슈타트(Darmstadt) 예술가촌에 베렌스와 협력해 마틸덴회에(Mathildenhöhe)라는 단독주택 시범단지를 건설했다. 이곳에 지어진 건축물들이 지니는 경쾌하고 단순한 디자인은 이미 아르누보 양식과는 특성을 달리한 것이었다. 단지의 중심에 우뚝 서 있는 45m의 '결혼기념탑'(Hochzeitsturm)은 다섯 개의 둥근 지느러미를 세운 모양의 첨탑으로 장식되어 있다.

호프만의 작품 또한 현대건축을 향해 진일보하고 있다. 브뤼셀 소재의 스토클레(Stoclet, 1905) 저택은 건축적인 풍요로움을 장식에만 의존하지 않고 형태의 변화와 재료의 대비를 통해 이루어낼 수 있음을 보여주고 있다. 비엔나의 푸커스도르프(Purkersdorf) 소재의 휴양관(Convalescent Home, 1903)에서는 그러한 경향이 더욱 두드러져 다양한 텍스처를 사용하지 않고 매우 단순하고 평범한 직선 디자인으로 설계했다. 다름슈타트 시범단지 프로젝트에서 베렌스가 맡은 부분은 그가 초기 근대건축 디자인의 대가가 되리라고 예견할 수 없을 만큼 기이한 주택을 설계하는 것이었다. 그는 모리스의 통합적인 건축 접근 방식에서 영향을 받았는데, 베를린의 전기회사인 아에게(AEG)의 대표 설계자가 되어 건물에서 편지지에 이르기까지 모든 것에 포괄적인 특성을 갖는 토탈 디자인(total design)의 원리를 적용시켰다. 아에게 터빈 공장(AEG Turbine Factory, 1909)은 산업용도의 건물에서는 보기 드문 위엄 있는 외관으로 인해 고전적인 느낌을 강하게 주고 있는데, 이러한 고전미는 디테일보다는 전체적인 분위기에서 느껴지는 것이다. 이 공장은 배럴 볼트가 덮인 철골 구조로서 이루어져 있으며, 집회장과 같은 느낌을 준다. 형태는 대칭적인 건물로서 강재 기둥들 사이에는 넓은 판유리가 끼워져 있고, 벽체 끝단에 있는 거칠게 마감된 콘크리트 기둥은 르네상스 시대의 줄리오 로마노 작품만큼이나 대담하게 처리되어 있다. 이후 베렌스의 몇몇 작품에서는 1910년 이후에 아돌프 로스가 그랬던 것처럼 고전주의로 회귀한 흔적을 엿볼 수 있다. 제네바 호수(Lake Geneva) 근처의 주택(1904)과 비엔나의 슈타이너 하우스(Steiner House, 1910)와 같은 로스의 초기 작품은 솔직하고 직선적이며 장식을 거부하는 건축가의 사상을 잘 나타내고 있다.

1907년에 독일에서 결성된 독일 공작연맹(Deutscher Werkbund)은 공업제품을 표준화하고 공업 기술을 건축 디자인에 적용시키려는 의도를 가진 건축가·디자이너·예술가로 구성된 그룹이다. 이들은 사업가와 타협해야 하는 필요성을 이해함으로 인해 디자인에 신중한 접근 방법을 사용했다. 독일 공작

유리관

독일 공작연맹 전시회(1914), 쾰른

유리관, 타우트 설계

벽돌 기둥

강철 및 유리 패널

파구스 회사 작업장 건물(1911),
알펠트 소재,
그로피우스와 마이어 공동 설계

관리동, 그로피우스와 마이어 공동 설계

유리를 끼운 계단실

독일 공작연맹

디테일 중 일부는 라이트의
주택과 매우 비슷하다.
(찬리 하우스와 비교해보라)

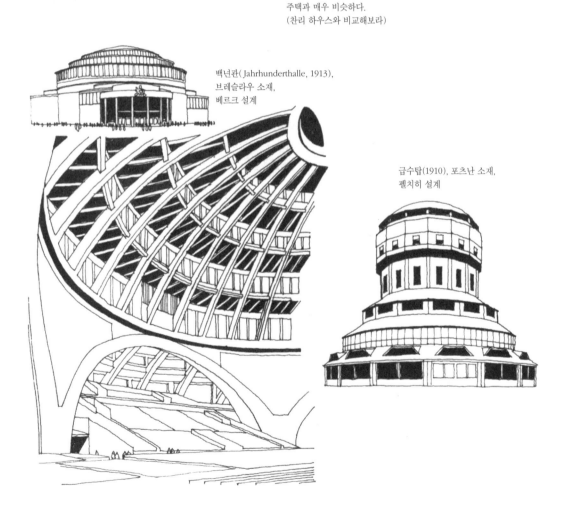

백년관(Jahrhunderthalle, 1913),
브레슬라우 소재,
베르크 설계

급수탑(1910), 포츠난 소재,
펠치히 설계

연맹의 제1회 전람회(1914)는 대부분 어느 정도 장식을 제거한 고전주의 작품으로 전시되었으나, 브루노 타우트(Bruno Taut)의 투명한 소규모 유리관(Glass Pavilion)은 유일하게 예외적인 것으로서 새로운 재료의 특성을 살려서 계획되었다. 한편 관리동 건물은 엄격한 고전주의적 평면과 대칭적인 입면으로 구성되어 있기는 하지만, 모서리 부분의 계단실을 원형으로 활기차게 처리함으로써 뚜렷한 특징을 나타내고 있다. 관리동을 설계한 발터 그로피우스(Walter Gropius, 1883~1969)는 베렌스 사무소에서 함께 일했던 아돌프 마이어(Adolf Meyer)와 함께 알펠트(Alfeld) 지역에 구두틀과 금속 제품을 생산하는 업체인 파구스(Fagus) 회사의 공장건물을 설계했다. 파구스 공장의 작업동(Workshop block, 1911)은 뛰어난 근대 건축물 중 하나로서 유리와 강재 패널로 이루어진 창 부분과 기둥 부분이 번갈아 나타나며, 구조체가 외부에 확실히 읽혀지는 3층 높이의 장방형 건물이다. 이 건물은 기본적으로 고전적인 특성을 지니고 있지만, 기둥을 약 3m 정도 후퇴시켜 모서리에서 벗어나게 하고 기둥 중심에서 연장된 부분의 바닥 슬래브를 철골 구조나 철근 콘크리트에서만 가능한 캔틸레버로 처리하는 등 전통적인 구조 방식에서 탈피하기 위해 노력한 모습이 보인다. 전체가 유리로 덮인 모서리 부분은 이 건물에서 최초로 선보인 것으로 곧 20세기 근대 건축 디자인의 특징이 되었다.

베렌스와 그로피우스를 포함한 공작연맹 건축가의 주체세력은 고전적인 구성원리를 확고히 유지했으나, 마르크스 베르크(Max Berg, 1870~1947)와 한스 뵈를치히(Hans Poelzig, 1869~1936)와 같은 공작연맹의 '표현주의자'(expressionist)들은 완전히 새로운 형태와 건축 개념을 창안하는 데에 관심을 두었다. 베르크는 브레슬라우(Breslau)에 당시로서는 가장 독창적인 형태의 '백년관'(Jahrhunderthalle, 1913)을 건설했다. 백년관은 포티코를 돌출시키고 돔을 얹은 원형의 건물로 외관은 고대 로마의 판테온 신전을 약간 확대한 것처럼 보이지만, 내부는 거대한 리브와 철큰 콘크리트의 돔으로 형성된 직경 65m의 광대한 원형 공간으로 이루어져 있으며, 이러한 공간은 베렌스 이후에 나타난 20세기의 공간표현 방식 중 하나다. 뵈를치히가 설계한 2개의 건물로서 강철과 벽돌로 지어진 포츠난(Poznan)의 원형 급수탑(1910), 반원형 창문을 둔 높은 건물군으로 이루어진 루반(Luban)의 화학공장(1911)은 진부한 고전주의에 대한 반작용으로 나타난 작품들이다.

발전소 계획안
(1913),
상델리아 설계

격납고 계획안(1913),
상델리아 설계

조각 '공간
속의 새'
(Bird in space,
1919),
콘스탄틴
브랑쿠시

조각 '공간에서 독특한
형태들의 연속'(Unoque
forms of continuty in
space, 1913), 움베르토

신도시 계획안
(1914),
상델리아 설계

고층건물, 다리, 엘리베이터, 지하철, 진입 데크 등이
서로 결합해 강하고 지속적인 미래의 이미지를
잘 나타낸다.

이탈리아의 미래파 운동

아파트 계획안(1914), 마리오 치아토네 설계.
그의 사상에 많은 영향을 미친 상델리아와 협력했다.

이탈리아의 미래파 운동

고전주의에 대해 가장 거세게 반발한 미래파(Futurist) 운동은 1910년경 작가 마리네티(Marinetti)와 이탈리아 화가들로 이루어진 그룹에 의해 결성되어 짧은 기간에 전개되었다. 그들은 자신들의 이론적 목표를 표현한 양식을 창안하기도 전에 선언문을 발표해 자신들의 주장을 내세웠다. 그들은 "사모스라케(Samothrace)의 숭고한 승리보다 총알처럼 빨리 달리는 자동차가 아름답다"라는 말처럼 새로운 기계시대의 역동적인 힘을 표현했다. 미래파 운동은 회화도 실현되기 어려웠지만, 건축 분야의 상황은 더욱 심해 안토니오 상텔리아(Antonio Sant'Elia, 1888~1916) 같은 대표적 건축가의 계획안조차도 건설되지 못했다. 그러나 유리 타워나 다양한 높이로 이루어진 교통 인터체인지 같은 미래 세계에 대한 그의 탁월한 예견은 그에게서 영향을 받은 20세기 건축가들에 의해 대신 실행되었다.

미래파는 그 혁명적인 성격으로 인해 예상했던 대로 후원자를 찾지 못하게 됨에 따라 큰 사업으로서의 건축을 종결시키려 했던 10년 동안의 노력을 끝맺게 되었다. 일부의 분리파 건축가와 심지어 독일 공작연맹과 그 추종자들까지도 건축과 산업디자인은 상업사회가 요구하는 일종의 상품이라는 생각을 품게 되었다. 건축가들은 자신의 건축적인 능력에 대한 자신감, 즉 일종의 지적인 당당함이 생기자 추상화가, 표현주의 작가, 음악가들과 자신의 신념을 공유하게 되었으며, 대중을 위한 최선이 무엇이라는 것을 알고 있다고 확신하기에 이르렀다. 예술과 기술에서 나타난 생각의 변화를 통해 모리스의 수공예주의적인 입장에서 후퇴한 건축가와 디자이너는 두 가지 반응을 보이고 있다. 즉 기계에 대한 맹신을 벗어나 이를 적절히 활용하려는 자세와 자본주의가 최상이라는 아무 비판 없는 수용이 그것이었다.

빅토리아 시대의 박애주의 운동

19세기에는 노동조합의 발달로 노동자들의 위치가 강화되었다. 산업재해에 대한 지속적인 비판으로 공장과 주거환경이 점차적으로 개신되었으며, 혁명의 가능성은 점점 희박해졌다. 또한 19세기의 박애주의 운동은 기독교적인 사랑과 상업적 편의주의에 의해 고무되어 생활을 개선시키는 데에 많은 도움이 되었다. 이러한 경향은 오웬(Owen)의 전통적 접근방식에 바탕을 두고 많은 사람들이 참여했다. 1853년 사업가인 티터스 솔트(Titus Salt)는 브래드포드(Bradford) 근교인 솔테르(Saltaire)에 노동자들을 위한 마을을 건설했는데,

공장

슬레이트 지붕

쇠창살을 이용해 계단실을 개방시켰다.

연계 주거지

숲

철도

오크트리 로

녹지

린던 로드

러버넘 로드

공원

번빌 로

작업장

구빈원

번빌, 캐트베리 설계

솔테르(1860), 티터스 솔트 설계

벽돌

부분 입면도

옥상 건조실

쓰레기 투하장치

1실형 주거   1실형 주거

최상층

철도 역사

번빌의 독립 주택군

포트 선라이트, 레버 설계.
튜더 양식의 주택

빅토리아 시대의 박애주의 운동

침실

부엌

2실형 주거   계단실   3실형 주거

중간층

피바디 주택
(19세기 말)

뒤뜰

2실형 주거   2실형 주거

1층

0   5   10
m

이 마을은 뉴 라나크(New Lanark)와 유사한 점이 많았다. 에어(Aire)강변 시골부지에 주택 800채, 가톨릭 성당 하나와 기독교 예배당 넷, 공중목욕탕, 세탁소, 병원, 학교 등의 건물이 베네치아풍 고딕 양식으로 지어졌다. 또한 마을 한편에 대규모의 제분소 건물이 세워져 이 마을을 경제적으로 뒷받침해주는 '존재 이유'가 되었다. 박애주의적 관점의 공장촌 건설의 전통이 계속되면서 체셔(Cheshire)에 있는 포트 선라이트(Port Sunlight, 1888)는 비누 공장 주인인 레버(W. H. Lever)에 의해 건설되었고, 버밍햄 근교의 번빌(Bournville, 1895)은 초콜렛과 코코아 제조업자인 조지 캐드베리(George Cadbury)에 의해 지어졌다. 이곳에서는 솔테르의 조밀한 테라스 하우스 대신 정원을 둔 독립주택이 상당한 비율을 차지하고 있는 초기단계의 전원도시 계획이 실현되었다. 신주택단지에서는 가로의 이름을 러버넘(Laburnum, 금련화), 시커모어(Sycamore, 단풍나무), 아카시아(Acacia) 등으로 지어 시골 분위기를 고조시키고 있다.

도시에 거주하는 노동자들을 위해 피바디(Peabody, 1862), 기네스(Guinness, 1889) 같은 많은 자선단체가 주택 개량사업에 착수하기 시작했다. 대개 공동주택으로서 건물을 평행하게 배열하고 건물 사이의 인동간격은 채광과 환기가 충분히 되도록 띄워서 배치했다. 공동주택은 계단실을 통해 각 주거로 진입하도록 되어 있는 전형적인 5, 6층의 건물로서 쾌적성과 프라이버시를 확보하려는 시도는 이전의 주택에 비해서 많이 향상된 수준의 것이다. 1899년 런던 시위원회(London County Council, LCC)는 세계 최초로 지방정부 주도의 공동주택 단지를 건설했는데, 기존의 형태를 크게 벗어나지는 못했으나 공공자금을 서민주택에 사용했다는 점에서 중요한 의미가 있다.

19세기의 도시설계 이론들

그러나 이러한 발전에도 불구하고 도시가 비계획적으로 성장하게 되면서 과밀화, 비효율성, 주택가격의 상승과 같은 많은 장애요소가 나타나게 되었다. 구도시의 활성화, 넓은 교외지역의 설치, 효율적인 주택 배치 등을 통해 새로운 형태로 발전된 도시계획 방식은 런던 시의 공무원이었던 에베네저 하워드(Ebenezer Howard)의 저서 『내일』(*Tomorrow*, 1898)에 제시되어 있다. 하워드의 도시계획안의 중요한 특징은 최적 인구로서 3만 2,000명을 제시하는 작은 규모에 있으며, 대도시 외곽의 위성도시가 아닌 소규모 도시 자체로서 독

도시설계 이론(19세기)

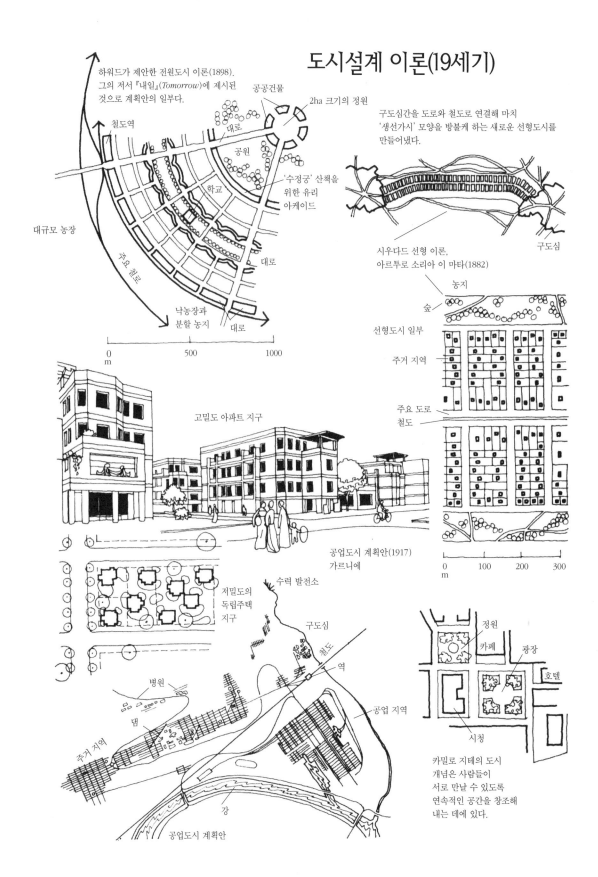

하워드가 제안한 전원도시 이론(1898).
그의 저서 『내일』(Tomorrow)에 제시된
것으로 계획안의 일부.

공공건물

2ha 크기의 정원

철도역

대로

공원

학교

대규모 농장

주요 철도

'수정궁' 산책을
위한 유리
아케이드

대로

낙농장과
분할 농지

대로

0   500   1000
m

구도심간을 도로와 철도로 연결해 마치
'생선가시' 모양을 방불케 하는 새로운 선형도시를
만들어냈다.

구도심

시우다드 선형 이론,
아르투로 소리아 이 마타(1882)

농지

숲

선형도시 일부

주거 지역

주요 도로
철도

고밀도 아파트 지구

공업도시 계획안(1917)
가르니에

0   100   200   300
m

저밀도의
독립주택
지구

수력 발전소

구도심

철도

역

병원

댐

주거 지역

공업 지역

강

공업도시 계획안

정원

카페

광장

호텔

시청

카밀로 지테의 도시
개념은 사람들이
서로 만날 수 있도록
연속적인 공간을 창조해
내는 데에 있다.

립성을 지니도록 했다는 점이다. 1882년 스페인의 교통전문가인 마타(Soria Y. Mata)가 주창한 '시우다드 선형'(Ciudad Lineal) 이론은 하워드의 이론과는 매우 다른데, 그 내용은 신도심과 구도심 간을 교통 흐름이 빠른 도로로 잇고 도로 양편에 있는 땅을 개발해 도시가 마치 '생선가시' 같은 모양을 하고 지속적인 패턴으로 성장할 수 있도록 배려해서 두 도시를 하나로 통합하려는 도시계획이었다.

영국에서는 비교적 실질적이라는 관점에서 하워드의 도시 계획이 많은 지지를 받았다. 1905년에는 헤트포드셔의 레치워스(Letchworth)에 최초의 전원도시가 건설되었고, 뒤를 이어 웰윈(Welwyn)에서도 시행되었다. 그 내용은 건축가 나쉬의 정신을 이어받아 정원을 가진 독립주택을 건설하고 적절한 공용 공간과 공원의 설치에 따라 도시의 과밀화와 필요 이상의 토지 소비를 억제한 것으로서 주택마다 충분한 빛과 공기가 제공될 수 있었다.

그러나 유럽 대륙에서는 저밀도의 교외 생활이 전형적인 생활방식이 아니었고, 도시계획에서는 오스만(Haussman)이나 프랑스 예술종합학교에서 제안된 바로크적인 접근방식을 근간으로 하고 있었다. 오스트리아의 건축가 카밀로 지테(Camillo Sitte, 1843~1903)는 자신의 저서 『도시계획』(*Der Städtebau*, 1889)에서 기존의 도시계획에서 탈피해 도시설계에 불규칙성을 도입함으로써 더 친근하고 매력적이며 자연스러운 효과를 주는 설계 개념에 대해 서술했다. 프랑스 건축가 토니 가르니에(Tony Garnier, 1869~1948)가 제시한 이론은 예술종합학교의 개념을 훨씬 능가한 것으로서 장래를 바라보는 선견지명과 완전한 계획 내용으로 인해 오늘날까지도 도시계획에 상당한 위치를 차지하고 있다. 가르니에의 작품은 비록 실현되지 못했지만, 1904년에 이미 구상이 마무리된 이상적인 '공업도시'(Cit Industrielle, 1917) 계획안으로 확고한 명성을 얻었다. 이 도시는 하워드의 전원도시 계획안과 마찬가지로 약 3만 명의 인구를 위한 계획인데, 가르니에는 도시를 계획하는 데에 빠뜨릴 수 없는 활동적인 요소를 크게 인식해 마타가 사용했던 선형의 도시계획 형태를 채용함으로써 장차 도시의 성장을 용이하도록 배려하고 있다. 가르니에는 이 계획을 위해 자신의 고향인 리옹(Lyon) 근처에 있는 실제 도시를 모델로 선정하고 기술적으로 매우 상세하게 작업을 마무리했다. 하워드의 계획과 마찬가지로 공업지역은 공해를 최소화하기 위해 주거지역과 분리했고, 도심에는 공공건물, 병원, 도서관, 위락시설 등이 센터를 형성하도록 계획했다. 가르니에는 수력발전소, 시영 도살장, 공장, 주택 등을 포함한 몇몇의 건물을 상세하게 설계했는데, 특히 주택은 가구의 소득보다는 사용자의 요구에 맞추어 독립주택이나 고밀도의 4층짜리 아파트 건물군 등 다양한 크기와 형태로 설계했다. 도시의 주요 건물 구조는 철근 콘크리트인데, 단순하고 간결한 형태로 인해 한편으로는 안네비크나 페레와 같은 프랑스 기술자, 다른 한편으로는 독일 공작연맹의 고전주의를 상기시킨다. 그러나 공업도시 계획안에서 가장 주목할 만한 사실은 이 공업도시가 하워드의 제한적이면서 자유방임주의적인 계획안과는 구별되는 사회주의적인 측면에 있다는 점인데, 이는 프라우돈과 푸리에로부터 이어받은 사상이다. 이와 같이 가르니에는 철근 콘크리트 구조로 이루어진 고밀도 아파트 구성과 같은 물리적 측면에 그치지 않고 공공건축군에 의한 도시의 행정 서비스 측면까지 감안하는 등 근대 도시계획의 원형을 여러 측면에서 제시해주고 있다.

제10장 근·현대의 세계 : 1914~현재, 그리고 미래

20세기 자본주의의 확장

20세기 초에 들어서면서 근대와 현대 건축을 발전시키기 위한 지적 기반이 형성되었다. 대부분의 서유럽 국가들은 산업화되었고, 19세기의 경제 선진국이었던 영국과 프랑스는 독일과 미국이 급속히 발전함에 따라 선두의 자리를 놓치게 되었다. 미국은 광대한 토지·광물·산림을 보유하고 있었고, 소수의 활동적인 지도층은 유럽의 억압으로부터 도망해 온 망명자들의 기술에 큰 자극을 받았다. 이곳에서는 보수주의와는 대조적인 진보적인 팽창주의가 강화된 반면, 영국의 자본주의는 정체 상태에 놓여 있었다. 이미 마르크스가 예견한 대로 시장의 변동에 취약한 영국의 초기 자본주의가 지향하고 있는 소박한 개인회사 형태는 미국에서 주식회사 형태로 바뀌었고, 주식회사 체제를 통해 비축한 재정적 기반으로 경제적 난관을 극복할 수 있었다. 자본주의는 변화에 적응해나갔고, 일부 비평가들이 예상했던 자본주의의 붕괴는 일어나지 않았다.

한편, 독일의 자본주의는 또 다른 방향으로 성장했다. 독일 계급체제의 엄격함과 국가권력에 대한 복종(일반적인 철학), 그리고 무엇보다도 프러시아 군대의 강력한 지배로 인해 독일 자본주의는 국가의 폐쇄적인 감독 아래 놓이게 되었다. 이에 따라 국가의 전략사업인 철도 건설과 무기공업이 발전하고 이들은 군사적인 기능을 담당하기에 이르렀다. 물리학과 화학이 공업 기술에 응용되기 시작했고, 철과 석탄이 여전히 중요한 위치를 차지하고 있기는 했지만, 전기·화학·석유 공업이 급격히 성장했다. 아에게(AEG)와 독일공작연맹의 건축가들이나 그 계열을 고용한 대규모 합자회사들은 상호 이익을 도모하기 위해 '카르텔'(cartel) 제도를 조직했다. 의무적인 병영 훈련은 국가 전체 구조를 지탱하는 데 도움을 주었을지 모르지만 경제 활동에서는 군대의 간섭이 너무도 심했다. 실제로 1917년경의 대부분 규제 제도들이 최고사령부에 의해서 행사되었다.

1870년까지 프랑스 혁명 기간에 보여졌던 계급간의 이념투쟁은 이제 관심 밖의 일이 되어버렸다. 각 나라와 각 지방 사이의 실질적인 타협의 시기가 도래한 것이다. 이제 서구 사회는 정치적·경제적으로 서로 긴밀하게 연결되었고, 작은 불안 요소로도 전체 구조가 위협받을 정도에까지 이르렀다. 그리하여 유럽은 특별한 원인이 없었음에도 불구하고 매우 심각한 결과를 가져오게 했던 제1차 세계대전(1914~18)을 겪게 되었다. 그 결과 유럽에서는 힘의 균형이 깨졌고, 장차 다른 세력에 의해 국가가 안정될 수 있을 여건도 마련하지 못한 채 독일의 지배세력이 갑자기 해체되었고, 유럽은 미국이나 러시아 등의 영향을 받는 상태에 이르게 되었다. 그 첫 번째 영향으로 1917년에 전쟁에 참여한 미국은 유럽을 그들이 발전시킨 새로운 자본주의 체제를 펼쳐나갈 지역으로 간주했다.

두 번째 영향은 1905년과 1922년 사이에 커다란 정치적 소요를 겪고 변혁된 러시아로부터 왔다. 러시아의 차르는 자유주의 혁명에 실패한 중산계급과 노동자들에 의해 포위당했고, 레닌(Lenin, 1870~1924)의 지도 아래에 있었던 노동자들은 세계 최초의 노동자 혁명을 성취했다. 혁명 첫해는 정치적이고 예술적인 의식 아래 새로운 '소비에트'를 시도하는 등 지적인 격동기로 특징지울 수 있다. 러시아는 자본가들에 의해 방해받지 않고 과거에서 새로운 미래로 비약할 수 있었고, 1917년에서 1932년에 이르는 기간에 러시아의 예술가와 건축가들은 표현의 자유를 부르짖으며 그들의 과업을 실행해나갔는데, 이러한 방식의 예술사상과 운동도 세계 최초라고 판단된다. 이 시기에 「파업」(Strike, 1924)과 「전함 포템킨」(Potemkin, 1925) 등 에이젠슈타인(Eisenstein)의 초기 영화들이 만들어지고 쇼스타코비치(Shostakovitch)의 초기 교향곡과 오페라가 작곡되었다. 미술과 건축은 곧바로 사회적 적합성을 시험받게 되었는데, 축제, 콘서트, 상징적인 구조물, 벽화, 포스터, 슬로건 등의 형태로 거리에 표현되었다. 이들 중 가장 잘 알려진 예로는 제3인터내셔널(Third International)을 기념하기 위한 블라디미르 타틀린(Vladimir Tatlin, 1919)의 거대한 나선형 타워 설계를 들 수 있다. 처음에는 에펠 탑보다 높게 만들 생각이었지만, 실제로 이 타워는 축소된 실물 크기의 모형으로 만들어졌을 따름이다. 이 탑에는 혁명 건축의 디자인 접근방법을 개발하고자 한 그들의 노력이 강렬한 이미지로 남아 있다.

러시아의 구조주의

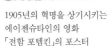

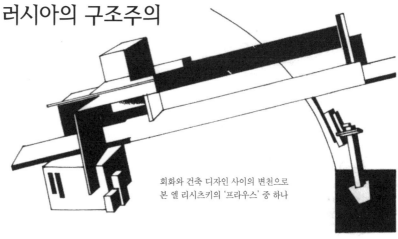

회화와 건축 디자인 사이의 변천으로
본 엘 리시츠키의 '프라우스' 중 하나

'누구를 위해+무슨 목적으로
+무엇=어떻게'
(엘 리시츠키, 1931)

1905년의 혁명을 상기시키는
에이젠슈타인의 영화
「전함 포템킨」의 포스터

엘 리시츠키와 마트 스탐이 설계한 볼켄뷔겔
(Wolkenbugel, 1924)은 모스크바의 주도로에
높게 위치해 있는 사무용 건물이다.

베스닌 현제가 설계한 모스크바의
프라우다 빌딩(1924)

타틀린 탑은 제3인터내셔널(1919)을
기념하기 위해 건설된 것으로서 라디오, 영화, 스튜디오,
집회장으로 구성된 대규모 커뮤니케이션 센터.

외딴 시골 지역의 사람들을 포섭할
중요한 방법으로서 라디오
마스트는 러시아 건축사상
주요한 부분이다.

볼가강

농장 지대

주택 지대

녹지대 및 고속도로

공업 지대

철도

밀류틴의 마그니토 고르스코(Magnitogorsk, 1929) 선형 계획의 도해

베스닌 형제가 설계한 인민궁전
(1922)

러시아의 구조주의

화가인 말레비치(Kasimir Malevitch)와 건축가이며 미술가인 리시츠키(El Lissitzky, 1890~1941)를 통해서 건축과 추상화 사이의 연관 관계가 설정되었고, 그와 더불어 단순성과 순수성의 건축에 대한 탐구가 시작되었다. 이 시기에 뚜렷이 구별되는 두 개의 학파가 등장했는데, 첫 번째는 니콜라이 라도프스키(Nicolai Ladovsky, 1881~1941)가 이끌고 있던 '합리주의파'(Rationalists)로서 이들은 구조의 정적인 표현, 새로운 재료와 기술의 사용, 공간적 효과의 분석과 함께 디자인 법칙을 정착시키고자 노력했다.

두 번째 그룹은 좀더 추상적인 접근을 시도했던 '구성주의파'(Constructivists)로서 베스닌(Vesnin) 형제, 빅토르(Victor), 레오니드(Leonid), 그리고 알렉산더(Alexander)가 주축이 되었다. 구성주의파는 '현대 예술가가 창조한 작품은 묘사와는 관계없는 순수한 구성이어야만 한다'는 신념을 가지고 있었다. 베스닌이 설계한 모스크바 소재의 인민궁전(Palace of the People, 1922)과 신문사인 프라우다(Pravda, 1924) 빌딩 기본계획은 이러한 태도를 잘 설명하고 있다. 인민궁전은 반(反)전통적이면서 강한 형태를 가지고 있고, 프라우다 빌딩은 추상화와도 같이 차가운 직각의 입면을 가지고 있다.

공장 생산을 증대시키고 노동자 생활환경을 개선하기 위한 필요성으로 러시아에서는 많은 신도시 계획이 이루어졌는데, 블라디미르 세메노프(Vladimir Semenov)의 모스크바, 스탈린그라드(지금의 상트 페테르스부르크), 아스트라칸(Astrakahn) 확장 계획안은 프랑스의 도시계획가 토니 가르니에의 정통적인 방법에 입각한 것이었다. 세메노프는 주거 지역을 산업공해와 소음으로부터 분리하기 위해 지역지구제의 원리를 채택했다. 또한 도시화를 확장할 도시공간을 필요로해 지속적으로 변화하는 현상이라고 인식했다. 이 시기의 도시계획 이론 중 가장 유명한 것은 마그니토고르스크(Magnitogorsk), 스탈린그라드, 고르키(Gorki) 등의 도시 확장을 위해 진보적인 도시계획안을 내놓았던 밀류틴(Nicolai Miliutin, 1889~1942)의 이론이다. 그는 마타(Mata)의 선형도시로부터 발전된 형태를 주장했는데, 선형으로 뻗어나가는 지역을 오래된 마을의 중심과 병합되면서 시골을 통과해 뻗어 있는 좁고 평행한 띠형의 대지로 규정하고 기찻길 주변의 완충지역, 공장, 작업장과 기술적인 전문교육지구, 주고속도로 옆의 그린벨트, 주거지역, 공원과 운동장, 넓은 공장지대 등을 평행으로 배열했다. 선형도로를 따라 움직이는 교통처리는 빠르고 효율적이며,

이를 가로지르는 횡단의 교통처리도 짧은 거리로 인해 쉽게 이루어질 수 있었다. 더욱이 밀류틴은 재산의 공동 소유, 남녀 평등, 공동 양육 등 급변하는 사회체제를 직시한 바 있다.

레닌은 말년에 마르크스주의의 완성에 대해 더 많은 생각을 했다. 이를테면 "어떻게 사회민주주의를 성취하고 시민들이 스스로 그 체제에 참여토록 할 수 있을까?" 하는 질문에 관심을 가졌다. 그러나 1930년에 이르러 스탈린(Stalin, 1879~1953)이 권력을 계승하게 되면서 저항자들을 추방시키거나 암살하고, 표현의 자유를 통제하며 급진적인 자유를 거부하고 지성의 영역을 일소하기 시작했고, 따라서 그러한 질문들은 원점으로 돌아갔다. 문화를 담당한 인민위원들의 통제 아래서 미술과 건축은 표현주의(representationalism), 비순수주의(pseudo-naiveté), 또는 진부한 신고전주의(neo-classicism)로 퇴보했고, 이를 비관한 많은 예술가들이 서구로 망명길을 떠났다.

합리주의와 표현주의

혁명적인 러시아와 마찬가지로 서유럽도 지적인 동요가 일어났다. 전쟁이 끝난 후 오스트리아, 독일, 터키, 러시아와 같은 오랜 왕국의 체제가 붕괴되면서 진보된 새 연방제와 공화국의 모습이 서서히 드러났다. 다윈(Darwin), 아인슈타인(Einstein), 그리고 프로이트(Freud)의 과학적 이론으로 인해 우주에 대한 관심이 확대되었고, 동시에 흥분과 불안감마저 들 정도였다. 대중 교육이 보편화되었으며, 실험과 탐구의 정신이 널리 확산되고 예술 활동이 활발해졌다.

이 시기의 주요한 정치적인 쟁점은 프랑스가 주장하고 있는 독일의 전후 배상금 문제였다. 독일은 자국에 부과된 배상금을 상환하기 위해 수출 상품을 생산하는 공장을 적극적으로 가동시켜, 직접적인 고용은 증가되었지만 동시에 높은 인플레이션을 수반하는 문제가 생겼다. 반면 제1차 대전의 승전국들은 독일보다 낮은 인플레이션 상태인 반면 높은 실업 상태를 겪게 되었고, 다른 한편으로는 미국으로부터 빌린 전시 공채의 부담을 안고 있었다. 원래 군인들에게 '영웅들에게 적합한 가정'을 약속했으나 그들은 역사상 가장 처참한 전쟁의 충격으로 인해 자신들의 희망이 깨어진 채 집으로 돌아왔다. 더욱이 누추한 빈민가 문제를 해결하기에는 각국의 심각한 경제상태가 너무나 심각해 역부족이었다.

유럽의 마르크스주의자들은 비록 유럽에서 유사한 사회혁명을 또다시 실행시키는 데에 별다른 희망을 품지 않았음에도 불구하고, 사회혁명의 한 예로서 러시아를 관망하고 있었을 뿐이다. 하지만, 건축가들 사이에는 모든 사람들을 위한 더 나은 생활환경을 이룰 수 있다는 확신이 자라나고 있었다. 건축가들은 사회구조의 변화로서가 아니라 기술의 적절한 이용을 통해 이를 실현하고자 했다. 새로운 기술과 재료를 이용해 도시에 새로운 건축형태를 부여했으며, 도시의 혼잡과 불결함은 점차 사라지게 되었다.

이 운동의 선두주자인 바우하우스(Bauhaus)는 본래 1919년 그로피우스에 의해 바이마르(Weimar)에 설립된 공업 디자인 학교였다. 독일공작연맹의 뒤를 이은 바우하우스에서 그로피우스는 '가장 훌륭한 예술가와 장인, 교역과 공업'이라는 두 부분을 더 긴밀하게 연결시키는 데에 자신의 목표를 두고 있었다. 진보적인 목적의 사회 발전을 성취하기 위해 독일의 산업과 밀접한 유대 관계를 형성하고자 한 의도는 다소 황당하기까지 하지만, 바우하우스는 최소한 다음과 같은 두 가지 측면에서 혁신적인 운동이었다. 첫째는 교육방법으로서 교수들이 자신을 거의 교육에 바치는 헌신의 분위기 속에서 학생들은 자신들이 지녔던 선입견적인 태도를 바꾸고 작업장에서 기술을 익히며 최종적으로 공업 디자인에 대한 연구까지 3년간의 엄격한 교육 과정을 밟았다.

둘째는 1925년 데사우(Dessau)로 교사를 이전했을 때 그로피우스가 설계한 건축물 자체의 혁신적 디자인이다. 학교의 배치는 비정형적이면서도 조직화된 세 개의 블록으로 구성되어 있었다. 중심에는 주출입구와 극히 중요한 작업장 블록이 있고, 동쪽으로는 회의장에 의해 학생들의 스튜디오가 있는 작은 탑과 연결되고, 북쪽으로는 다리에 의해 진입로 건너편의 교실 블록과 연결되어 있다. 유리로 완전히 덮인 작업장은 교실과 기숙사 건물의 견고한 벽과 대조를 이루고 있다.

그로피우스는 데사우의 바우하우스를 합리적인 건축 디자인 방법에 대한 자신의 견해를 실제의 건축물로 보여주는 일종의 성명서로 생각했다. 그러나 중요한 것은 과거의 건축양식에 반기를 들고 근본적인 원리로부터 새로 해결해나가기를 원했던 그로피우스 자신의 창조력보다는 그 영향으로 인해 즉각적으로 바우하우스 양식(Bauhaus Style)이 창조되었다는 점이다.

중요한 사실은 이 위대한 건물에서 표현된 형태 어휘가 오늘날 하찮은 건물들에서 일상적 어휘로 전해 내려오면서 그 건물의 독창성을 판별하기는 어렵게 되어버렸다는 점이다. 고딕 양식이 성 드니 사원에서 시작되었던 것처럼 바우하우스는 현대건축의 모든 특질을 통합하고 그 실체를 설득력 있게 표현한 최

교실 건물

작업장 건물

기숙사 건물

식당

전체가 유리벽

헤르베르트 바이어가 도안한 바우하우스라는 글자

발터 그로피우스가 설계한
데사우의 바우하우스 건물(1925)

합리주의와 표현주의

교실 건물

입구

연결 건물

진입로

교사 사무실

입구

지붕

기숙사 건물

전체가 유리벽

운동장

작업장 건물

멘델존이 슈투트가르트에
설계한 쇼켄 백화점

포츠담에 있는
멘델존 설계의
아인슈타인 탑
(1920)

멘델존이 설계한
자동차 회사 건물(1914)

초의 중요한 건물이었다. 그 건물은 대칭과 비례라는 신고전주의 법칙에서 탈피해 구조의 논리성, 장식이 아닌 순수한 건축의 디테일에서 나타나는 풍부한 효과로 건축적인 질서를 이루어내고 있다. 바우하우스에서 형태의 정교함과 공간의 다양성은 선입견적인 디자인 원리에서 비롯된 것이 아니라, 건축계획을 통한 기능의 논리적 해결과 질서 부여의 결과다.

초기의 바우하우스 교과 과정은 건축에 큰 역점을 두지 않았으나, 1927년에 교장인 그로피우스가 교수진으로 스위스 건축가 한네스 마이어(Hannes Meyer)를 영입하면서 교육과정이 개선되었다. 그다음 해에 그로피우스는 작품 활동에 전념하기 위해 교장직을 사임하게 됨에 따라 마이어가 학교를 맡게 되었다. 마이어는 건축은 우선 사회적 산물이어야 한다고 생각하고 있었으므로, 사회적 목적이 결여된 바우하우스 예술가들의 미적인 편견을 감지하게 되었다. 그리하여 교육 행위에서 더욱 과학적이고 탐구적인 측면을 확장했고 건축가의 사회적인 책임을 강조하도록 교과 과정을 수정했다. 그러나 마르크스주의 활동에 학생들을 참여하도록 조장한 행위는 당시 보수적인 데사우 행정당국으로부터 반발을 사게 되었고, 결국 1930년에 교장직을 사임하기에 이르렀다. 그는 교장으로 있던 지난 2년간을 회상하면서 다음과 같이 말했다. "나는 학생들에게 건축과 사회를 연관시키도록 가르쳤다. 건물에 대해 형식적이고 직관적인 접근으로부터 방향을 바꾸어 학생들이 기초적인 연구를 먼저 시작하도록 가르쳤고, 이를 통해 먼저 사람들의 요구를 어떻게 받아들일 것인가 하는 방법을 알도록 해주었다."

그러나 한네스 마이어의 사회주의적 접근과 사용자의 요구 분석에 기초를 둔 설계방법론은 그 세대의 건축가들 사이에서 널리 통용되는 방법은 아니었다. 당시 정치적으로 유행하던 경향은 자유주의적인 인본주의에 입각하고 있었고, 디자인에서 방법론상의 합리성을 주장했던 바우하우스에서조차도 과학적이기보다는 오히려 직관적인 방법을 사용하기도 했는데, 특히 에리히 멘델존(Erich Mendelsohn, 1887~1953)과 같은 건축가의 경우에 그러한 경향이 현저히 나타났다. 멘델존이 설계한 포츠담의 아인슈타인 탑(Einstein Tower)은 돔 형식의 천문 관측소가 얹혀져 있는 7층의 실험실로서 동시에 새로운 시대의 표현주의적인 관점을 갖고 있는 특이한 형태의 건축물이다. 아인슈타인 탑의 포괄적인 구성과 유선형 곡선은 철근 콘크리트의 가소성(可塑性)을 입증하기 위해 디자인된 것이었으나 실제로는 벽돌조 위에 회반죽으로 마감해 지어졌다. 그러나 초기의 개념을 무효화하지는 않았는데, 그의 의도는 반드시 철근 콘크리트를 실제로 사용해야 한다기보다는 현대 기술의 상징으로 표현하고자 했던 것이다. 멘델존의 또 다른 건물은 휘어진 곡면의 구성이 정형적 구조체계와 잘 연계되어 있는, 슈투트가르트에 있는 특이한 쇼켄(Schocken, 1926) 백화점인데, 이 건물은 지적인 접근방식과 역동적인 효과를 드러내는 초기 현대건축 중 가장 훌륭한 실례 중 하나가 되었다.

멘델존의 특이한 재능은 그 자신을 1920년대의 주요한 건축 흐름에서 다소 이탈하도록 했다. 1920년대 건축사조는 후에 '국제주의 양식'(international style)으로 발전했다. 이에 따라 바우하우스 건물의 건축적 특징인 비대칭, 육면체 형태, 라멘식 구조 방식에 의해서 이전의 내력벽 구조로부터 자유로워진 외벽의 경쾌함은 진보적인 건축가들 사이에서 거의 보편적인 설계방식이 되었다.

색상은 자연적이고 절제되었는데, 예컨대 벽은 신고전주의의 무겁고 침울한 분위기에서 벗어났다는 점을 강조하기 위해서 흰색으로 칠해졌다. 또한 그러한 양식은 강철과 철근 콘크리트를 사용하게 되면서 전통적인 재료를 사용해야만 기술적 효과를 얻을 수 있는 건물에서조차 재료의 현실성을 무시한 채 현대적인 모습만을 중요시하는 차원으로 마구 사용된 극단적인 경우도 있었다. 그럼에도 불구하고, 빛·공간감·정밀도 등에서 전례없는 효과를 이룰 수 있게 됨으로써 국제주의 양식은 기능적 정당성을 인정받게 되었다.

드 스틸 운동

많은 건축가들은 미술가나 조각가처럼 모더니즘에 접근하고 있었는데, 이는 과학적 방법론은 아닐지라도 형태와 공간에 대한 건축가들의 감각을 예리하게 만들어주었다. 그중 가장 주목할 만한 움직임은 1918년에 창간된 잡지의 제목에서 유래된 것으로서 네덜란드 건축가들에 의해 주도된 '드 스틸'(De Stijl) 운동을 들 수 있다.

드 스틸 운동의 목적은 그 시대의 예술이 나타내고자 한 바를 표현하는 것으로 개인주의에 기초한 옛것을 거부하고 그 대신에 '보편적'인 순수한 형태와 색채를 통해 새로운 조화를 발견하고자 하는 것이었다. 순수함을 지향하기 위해 건축과 예술에서 가장 간소한 형태인 직사각형을 제외한 모든 형태와, 검은색과 흰색 그리고 삼원색을 제외한 모든 색을 거부했다. 드 스틸 운동의 가장 주요한 이론가는 테오 반 되스부르크(Theo Van Doesburg)로 그 역시 바우하우스의 강사였다. 드 스틸의 양식은 화가인 몬드리안(Piet Mondriaan, 1872~1944)

네덜란드의 합리주의

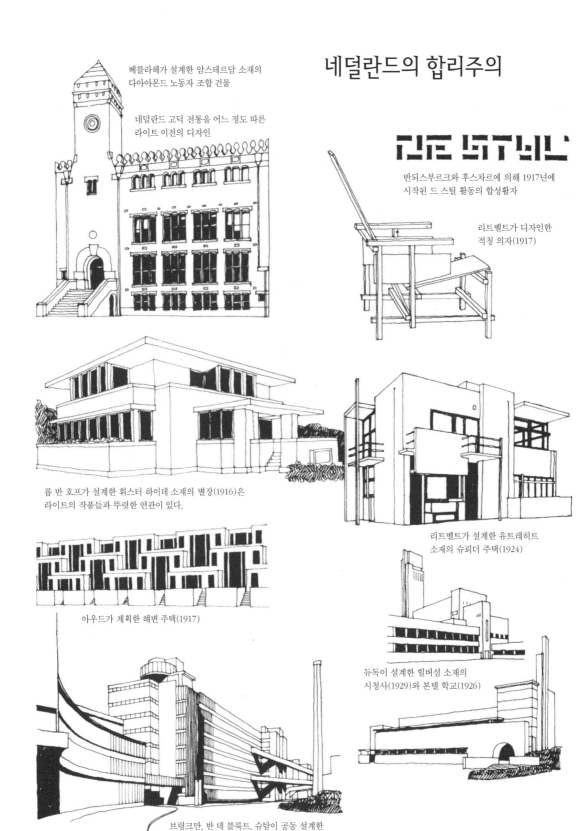

베를라헤가 설계한 암스테르담 소재의
다이아몬드 노동자 조합 건물

네덜란드 고딕 전통을 어느 정도 따른
라이트 이전의 디자인

반되스부르크와 후스차르에 의해 1917년에
시작된 드 스틸 활동의 합성활자

리트벨트가 디자인한
적청 의자(1917)

롭 반 호프가 설계한 휘스터 하이데 소재의 별장(1916)은
라이트의 작품들과 뚜렷한 연관이 있다.

리트벨트가 설계한 유트레히트
소재의 슈뢰더 주택(1924)

아우드가 계획한 해변 주택(1917)

듀독이 설계한 힐버섬 소재의
시청사(1929)와 본델 학교(1926)

브링크만, 반 데 블룩트, 슈탐이 공동 설계한
로테르담 소재의 반 넬레 공장(1928)

에 의해 유형화되었으며, 그는 자신의 순수한 직선형의 그림과 더불어 논리적인 결론으로 입체파(Cubism)를 이끌어나갔다.

드 스틸 건축은 헨드리쿠스 베를라헤(Hendrikus Berlage), 롭 반 호프(Rob vant' Hoff), 얀 윌스(Jan Wils)와 야콥스 아우드(Jacobus Oud)로부터 시작되었다. 그들의 초기 작품은 1910년에 네덜란드에서 개최된 라이트의 작품전에 그 기원을 두고 있으며, 라킨 빌딩(Larkin building)과 로비 하우스(Robie House)로부터 받은 영향을 뚜렷이 보여주고 있다. 그러나 드 스틸 운동의 독자적인 작품은 건축가 게리트 리트벨트(Gerrit Rietveld, 1888~1965)에 의해 만들어진 두 가지 디자인으로, 첫째는 '청색과 적색'(Red-Blue, 1917) 의자의 디자인이다. 의자는 별다른 장식 없이 가장 기본적인 기능만 유지했으며, 앉는 부분과 등받이에 사용된 합판은 채색된 각목을 겹쳐서 지지했다. 반 되스부르크는 이것을 '기계의 무언의 웅변'(silent eloquence of a machine)으로 보았다. 두 번째의 것은 유트레히트(Utrecht) 근교의 소규모 2층 건물인 슈뢰더 하우스(Schroeder House, 1924)다. 이 주택의 외형은 몬드리안의 그림을 3차원으로 투영하는 듯한데 벽, 바닥 슬래브, 지붕, 캐노피, 발코니 등을 서로 교차, 돌출, 관통시켜 복합적인 평면으로 처리해냄으로써 '숫자와 치수', '청결함과 질서'를 위한 드 스틸의 분명한 요구를 건축적으로 확실히 표현했다.

1922년 아우드는 더 합리적이면서 덜 조형적인 접근을 추구하기 위해 드 스틸 운동을 그만두었다. 네덜란드 호에크(Hoek)에 위치한 노동자 아파트(1924)는 드 스틸의 이념을 현실적인 사회적 목적과 절충하려는 시도였다. 또 다른 네덜란드의 합리주의 건축 중에 윌리엄 마리누스 듀독(William Marinus Dudok)의 직선적인 형태는 드 스틸 운동에서 기인된 것으로 보이는 데 차분하고 덜 조형적이며 재료의 특성이 강하게 나타나 있다. 이는 그의 벽돌작품에서 두드러진다. 힐버섬(Hilversum)에 위치한 본델 학교(Vondel school, 1926)와 힐버섬 시청사(Hilversum Town Hall, 1929)는 그의 걸작으로서, 수평적인 매스들이 수직면에 대해서 균형을 이루고 있는 벽돌조 건물들이다. 네덜란드 합리주의 건축 중의 정수는 로테르담(Rotterdam)의 반 넬레(Van Nelle, 1928) 담배회사 공장건물로서 브링크만(Brinkman)과 반 데 블룩트(van der Vlugt), 그리고 바우하우스에서 교육받은 디자이너 마르트 슈탐(Mart Stam)이 공동설계했다. 8층의 중심건물은 바우하우스의 작업동 건물과 같은 철근 콘크리트 구조로서, 버섯 모양의 기둥에 외장은 유리 커튼월로

되어 있다.

르 코르뷔지에

1923년에 『건축시』(*Vers une Architecture*)라는 책이 파리에서 발간되었다. 이것은 건축에서 대한 새로운 방향전환을 주장하는 포고문으로서, 그 제목은 과거의 양식들이 그 이름만큼의 실제적 가치가 없음을 시사하고 있다. 그 주장은 "새로운 풍조가 시작되었다. 새로운 정신이 태동되었고, 이를 표현한 작품들이 많이 설계되었으며, 실제로 공장 생산품을 통해 건설되었다. 지금까지의 건축은 과거의 양식적 관행에 의해 질식되었다. '양식'은 거짓이다"라는 말로 요약된다.

이 책의 저자는 36세의 스위스 출신 건축가 샤를르 에두아르 잔누레 (Charles Edouard Jeanneret, 1887~1965)로서 20세기의 가장 영향력 있고 위대한 건축가가 되었다. 그는 젊은 시절에는 건축에 대해 다소 냉소적이었으나, 여행을 통해 쌓인 경험이 그의 삶을 바꿔 놓는 촉매 작용을 했다. 그는 1907년 유럽 여행의 종착지인 파리에서 노트르담과 에펠 탑을 배웠고, 무엇보다도 오귀스트 페레(Auguste Perret)를 알게 되어 한동안 그의 사무실에서 일했다. 1911년의 그리스 여행에서는 아크로폴리스를 보고 새로운 사실을 알게 되었으며, 1917년에는 파리로 돌아와 정착했는데, 그곳에서 후기 입체파 (post-cubist) 화가인 오장팡(Amédée Ozenfant)을 만났다. 그는 오장팡과 함께 1920년에 『에스프리 누보』(*L'Esprit Nouveau*)지를 창간했다. 이 잡지는 회화, 건축, 도시 설계에 관한 그의 철학을 빠르게 전파하기 위한 수단이 되었다. 드디어 그는 옛 정체를 뒤로 하고 르 코르뷔지에(Le Corbusier)라는 이름으로 새롭게 태어났다.

그는 새로운 아이디어를 추구하는 데 전 생애를 보냈는데, 음악가 스트라빈스키와 미술가 피카소에 필적하는 그의 예술적 사고는 비평가들과 모방자들이 뒤쫓을 수 없을 만큼 높은 수준이었다. 르 코르뷔지에의 건축관이 형성되는 데는 몇 개의 연속된 맥이 흐르고 있다. 우선 자신의 입체파 회화에서 시작된 단순성에 대한 관심은 그의 건축에서는 주의 깊은 색상배치로 그 효과를 고양시키는 대담한 형태로서 표현되었다. 페레와 교제했던 초창기 이후에 유리, 철근 콘크리트 등의 현대적인 재료와 그 재료의 특성에 따른 구조적이고 공간적인 가능성에 대해 르 코르뷔지에의 관심이 높아졌다. 그는 오장팡과 더불어 새로운 기계시대에서 구조 기술자, 조선 기술자, 자동차 디자이너의 업적에 대해 확신을 갖게 되었다. 그리스에서의 경험을 통해 비례에 대한 감각을 지니게 되었고 이탈리아에서는 자유로운 인본주의 철학을 통해 미래에 대한 유토피아적인 시각을 기를 수 있었다.

르 코르뷔지에의 가장 훌륭한 재능 중 하나는 도시라는 커다란 맥락 안에서 단위주거를 설계한다거나 이와 반대로 작은 규모에서 출발해 도시를 설계하는 능력이었다. 이것은 모든 규모에서 도시 문제를 함께 이해한다는 것인데, 소규모 주택의 설계나 전체 지역을 위한 마스터플랜을 동일한 측면으로 이해하고 풀어나갔다는 점이다. 1914년 초에 르 코르뷔지에는 '도미노 주택'(Dom-ino House)의 원형을 설계했다. 도미노 주택은 기둥골조 여섯 개, 바닥 슬래브 두 개, 지붕으로 이루어져 있는데, 이러한 구조 형태로 인해 실내 구획과 외벽의 위치에 융통성을 부여해주고 있다. 그는 1922년 도시계획이론에 대한 주요한 논문인 「인구 300만의 현대도시」(Une Ville Contemporaine de 3,000,000 d'Habitants)를 발표했는데, 이것은 가르니에의 기본적 착상을 미래의 시각으로 변화시킨 것이다. 르 코르뷔지에의 개혁은 의미심장한 것으로 밀도의 개념을 완전히 이해해 도심으로 인구가 집중되는 상황에서 도시지역을 적극적으로 개발하는 방법을 제시한 것이다. 60층의 사무소 건물이 중요한 해결책으로 제시되었고, 고속도로 및 철도를 확충하는 방안이 동시에 제시되었는데, 교통체계에 관한 내용은 이때 처음 거론된 것으로 교통문제는 이후의 도시 설계에서 필수불가결한 부분이 되었다. '현대도시'(Une Ville Contemporaine)의 주거지역은 그가 후일 '시트로앵 하우스'(Citrohan House, 1924)에서 형성한 계획 개념 중의 많은 부분을 이미 포함하고 있었다. 넓은 면적의 단위주거, 2개 층과 맞먹는 복층으로 구성된 생활공간, 개인적인 옥외공간을 제공하기 위한 구성요소로서 발코니와 옥상정원을 둔 평지붕의 주택, 건물 하부의 조경을 유동적이며 연속적으로 처리하기 위해 필로티를 사용해 지표면에서 건물을 띄운 것 등이 그것이다.

1925년에 시트로앵 하우스의 콘크리트 형태는 파리 장식미술 박람회에서 에스프리 누보관(Pavillon de L'Esprit Nouveau)으로 구체화되었다. 그러나 국제심사위원회에 의해 에스프리 누보관이 최고로 당선되었음에도 불구하고 권위적인 프랑스 건축협회가 그 건물을 강력하게 비난함에 따라 프랑스 심사위원에 의해 당선이 철회되기에 이르렀다.

그 후에 가르슈(Garches)에 위치한 스테인 저택(Maison Stein, 1926), 프와시(Poissy)에 위치한 빌라 사보아(Villa Savoye, 1928) 등 초기의 걸작 두

르 코르뷔지에

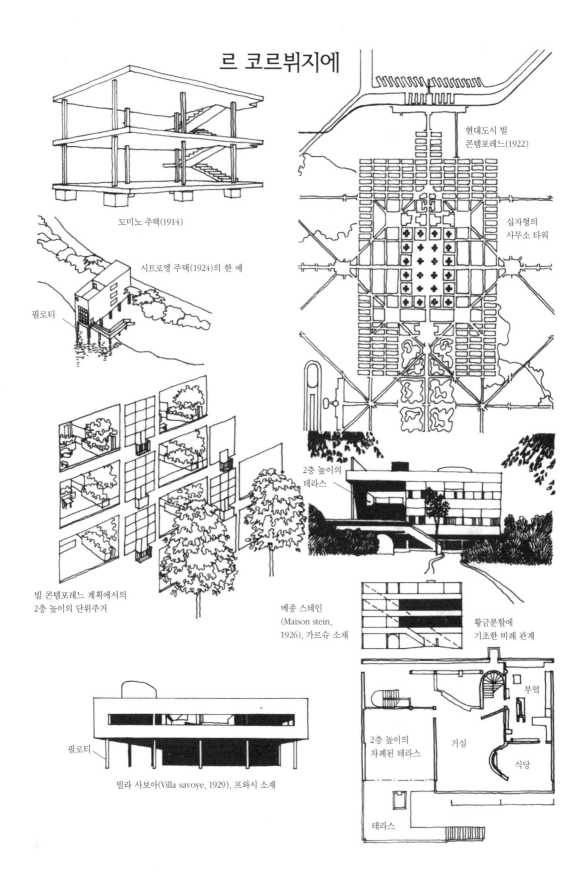

도미노 주택(1914)

시트로엥 주택(1924)의 한 예

필로티

빌 콘템포레느 계획에서의
2층 높이의 단위주거

현대도시 빌
콘템포레느(1922)

십자형의
사무소 타워

2층 높이의
테라스

메종 스테인
(Maison stein,
1926), 가르슈 소재

황금분할에
기초한 비례 관계

필로티

빌라 사보아(Villa savoye, 1929), 프와시 소재

2층 높이의
차폐된 테라스

거실

부엌

식당

테라스

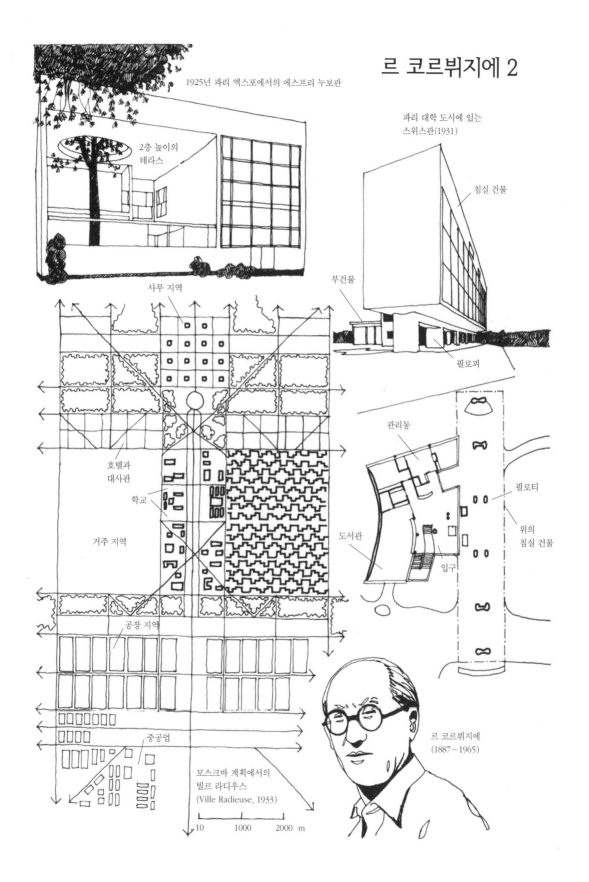

르 코르뷔지에 2

1925년 파리 엑스포에서의 에스프리 누보관

2층 높이의
테라스

파리 대학 도시에 있는
스위스관(1931)

침실 건물

부건물

필로피

사무 지역

호텔과
대사관

학교

거주 지역

관리동

도서관

필로티

위의
침실 건물

입구

공장 지역

중공업

모스크바 계획에서의
빌르 라디우스
(Ville Radieuse, 1933)

10   1000   2000 m

르 코르뷔지에
(1887~1965)

개가 건축되었다. 스테인 저택은 '에스프리 누보'의 원리에 근거를 둔 단순한 3층 건물로서 완벽한 옥상 테라스와 더불어, 내부에 2층 높이의 정원을 두었으며, 전체적으로는 황금분할에 기초한 비례체계에 의해서 균형을 이루고 있다. 빌라 사보아는 지금까지의 건축적 아이디어를 한 건물에 집약시킨 것으로서 르 코르뷔지에의 건축적 성숙이 시작되고 있음을 시사하고 있다. 이 2층 건물은 백색의 단순한 입방체로 설계되었고 상층부에 주공간이 구성되어 있으며, 건물은 연속된 수평띠창을 가지고 있다. 이 건물은 내부로 깊숙이 들어간 출입구 주변에 로지아(loggia)를 형성하는 콘크리트 기둥 12개 건물 매스를 상부로 들어올린 형태로, 마치 건물이 초원 위에 떠 있는 듯한 인상을 준다. 주층에서 시작되는 실내의 경사로는 테라스와 옥상 펜트하우스(penthouse)가 있는 지붕까지 계속된다. 빌라 사보아는 대지를 신중하게 포용하고 있다는 점에서는 라이트의 로비하우스와 유사하다. 빌라 사보아는 철학적인 측면에서 볼 때 볼테르(Voltair)적인 합리주의의 표현이며, 정확하고 기하학적인 인공환경의 표현으로써 건물과 자연과의 관계가 주의 깊게 조절되고 있다.

1926년, 베렌스(Behrens)가 노스앰프턴(Northampton)에서 일하고 있는 산업노동자들을 위해 뉴 웨이스(New Ways)에 2층 주택을 지으면서 국제주의 양식은 영국으로 옮겨오게 되었다. 영국 건축가인 토마스 타이트(Thomas Tait)가 실버 엔드(Silver End)에 세운 주택과 뉴질랜드인 아미아스 코넬(Amyas Connell)이 아머샴(Amersham)에 지은 하이 앤 오버(High and Over, 1929)는 바우하우스에서 영감을 받은 입체파의 일종이다. 이러한 움직임은 르 코르뷔지에의 아이디어가 널리 알려진 1930년대에 더욱 자유롭고 풍성하게 발전했다.

르 코르뷔지에의 초기 건축물 중 가장 영향력 있는 것은 파리의 대학도시 구역에 위치한 스위스 출신 유학생의 기숙사인 '스위스관'(Pavillon Suisse)일 것이다. 1931년에 건설된 이 건물은 부수적인 지원시설을 반복적으로 구획되어 있는 단위 주호군과 조합시킴으로써 설계상의 근본적인 문제점을 해결해 후기 건축물에 전범이 되고 있다. 르 코르뷔지에는 건물의 반복성을 강조하는 우아하고 규칙적인 평슬래브 블록에 학생들의 침실인 동일한 크기의 단위 주호를 배치하고 단위 주호 블록이 규칙적이었던 만큼 사무실이나 휴게실과 같은 지원시설은 그 형태가 자유스러운 후면의 단층건물에 배치했다. 이 건물은 필로티로 지면에서 띄움으로써 더욱 강조되었고, 계단실이 두 건물 사이의 유일한 연결로였다.

1920년대 후반과 30년대 초반 동안의 건축적 발전은 경제상태의 악화로 침체되기 시작했다. 건축, 예술분야의 활력, 재즈와 영화에 대한 열광은 점차 깊어지는 경제침체의 극심함과 뚜렷한 대조를 이루고 있었다. 인플레이션과 실직률이 높아졌는데, 특히 인플레이션은 독일 바이마르 공화국에서 가장 극심했다.

실직률은 프랑스와 영국에서 심했다. 어느 곳에서도 건물을 지을 만큼의 자본 축적이 되어 있지 못한 상태였다. 1929년의 미국 증권가의 붕괴는 자본주의의 존속을 위협하는 것처럼 보일 정도였다. 한편, 스탈린의 주도하에 있던 러시아는 제1차 5개년 계획(1928~33)에 착수했다. 이 계획에서 제시된 집단농장 '콜호츠'(Kolkhoz)는 러시아 생활의 특징이 되었고, 개인의 자유가 철저히 제한된 상태에서 경제발전을 이루고 있었다.

르 코르뷔지에는 러시아에 관심을 가지고 있어서 1928년에 모스크바의 센트로소여스(Centrosoyus)를 위한 설계를 준비했다. 르 코르뷔지에는 러시아를 그의 건축적 아이디어를 실현하기 위한 수단 이상으로는 여기지 않았음에도 불구하고, 결과적으로 서구에서는 공산주의자로 비난을 받았다. 1933년, 그는 자신의 이론을 진일보시켜 모스크바를 위한 계획안을 준비했다. 이것이 유명한 '빌르 라디우스'(Ville Radieuse, 빛나는 도시)인데, 1929년에 있었던 밀류틴(Miliutin)의 선형도시계획에서 영향을 받은 것으로서 좀더 확장된 계획에 대한 개념이 그의 머릿속에 떠올랐던 것이다.

서구에서는 경제 상태를 조정하는 것이 사회 체제를 유지하기 위해 어느 정도 필요했지만, 1933년에 개최된 세계 경제계획에 관한 회담은 아무런 결론도 끌어내지 못했다. 본래 미국은 유럽의 문제들을 공유하기를 꺼려했고, 독일은 점점 더 고립 상태로 접어들었다. 각국은 경제 문제를 해결하기 위해 각자 준비해나갔던 것으로 보인다. 영국에서는 경제학자인 케인즈(J. M. Keynes)에 의해 그 접근방법이 제안되었다. 케인즈는 실업을 없애고 통제된 자본주의 경제와 복지국가를 이룩하는 것을 주요한 내용으로 하는 『고용 일반론』(*General Theory of Employment*)과 『이자와 금전』(*Interest and Money*)을 저술했는데, 마르크스가 아시아에 미친 영향만큼이나 서구에 많은 영향을 주었다.

파시즘 건축

터키, 포르투갈, 그리스, 그리고 특히 이탈리아, 스페인, 독일 등지에서는 정치가들이 급격하게 보수적인 입장을 취하면서 각기 다른 조정 정책들이 제시되었다. 이때 부상한 파시즘(Fascism)은 하나의 초점을 향해 한 방향으로 행동하기 위해 한 사람의 리더를 만들고 개개인을 완벽하게 국가에 종속시키는 것이었다. 계획경제를 통해 타국에의 의존으로부터 벗어나려 했고, 사상과 행동의 자유는 통제되었으며, 기독교적 도덕성은 붕괴되어갔다. 이 체제 아래에서 소수민족은 박해를 받았고, 사회개혁이 일어나면서 생산품과 고용자는 늘어갔지만, 노동자의 자치권과 자유는 희생되었다. 이러한 사조는 스탈린 치하의 러시아와 빼닮은 것이었지만, 서구에서는 무솔리니 치하의 이탈리아와 히틀러 치하의 독일에서 매우 중요한 움직임으로 나타났다.

이탈리아인들은 베니토 무솔리니(Benito Mussolini, 1883~1945)의 세력성장을 묵인했으며, 고용의 증대, 거대한 공공사업, 그리고 국가의 영광을 위한 훌륭한 계획을 위해 그의 잔인한 정치활동을 받아들였다. 그는 교회에 특권을 주어 로마 교황청의 지지를 얻는 한편, 1922년경부터 로마 제국의 향수를 이탈리아에서 다시 한번 불러일으키고자 했다. 공장 건물, 발전소, 철도, 공항, 그리고 도로의 건설은 경제를 활성화시켰고, 동시에 건축가들은 타락한 정권을 거부하느냐 아니면 급여를 받기 위해 타락한 정권을 인정할 것인가 하는 딜레마에 빠지게 되었다. 주세페 테라니(Giuseppe Terragni, 1904~42) 같은 몇 명의 천재적 건축가를 포함해 많은 건축가들이 자신들의 건축적 아이디어를 효과적으로 실행하기 위해서는 파시즘 사상을 가진 것으로 위장해야 하는 이율배반적인 태도가 만연했다. 테라니는 상텔리아(Sant'Elia)와 마찬가지로 코모(Como)에서 태어났으며, 위대한 선조들의 건축적 유산에 대해 잘 알고 있었다. 테라니의 작품은 대부분 코모에 있는데, 상텔리아와 합작한 제1차 세계대전 전사자들을 위한 기념비는 구조적으로 상텔리아 방식을 따르고 있다. 두 채의 아파트 건물로 구성된 카사 줄리아나(Casa Giuliana)와 노보코멈(Novocomum)은 풍부한 현대 양식을 따르고 있고, 아실로 상텔리아(Asilo Sant' Elia) 유치원도 그의 작품이다. 가장 잘 알려진 작품은 코모에 위치한 카사 델 파시오(Casa del Fascio, 1932)로 지금의 카사 델 포폴로(Casa del Popolo)인데, 아름다운 비례를 가진 단순한 직사각형의 4층 사무소 건물이 중정 주위를 둘러싸고 있는 평면 형태다.

독일에서는 1920년대 중반에 아돌프 히틀러(Adolf Hitler, 1889~1945)가 그의 세력을 키워 나가고 있었고, 1932년에 이르러서는 가장 큰 정당인 국가사회당을 결성했다. 히틀러를 물러나게 하려는 정부의 시도가 실패함

파시즘 건축

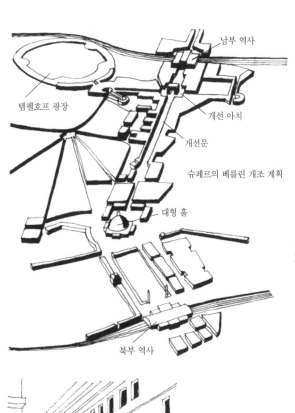

남부 역사

템펠호프 광장

개선 아치

개선문

슈페르의 베를린 개조 계획

대형 홀

북부 역사

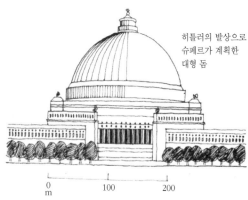

히틀러의 발상으로 슈페르가 계획한 대형 돔

0 m   100   200

나치 독일에서는 육중한 신고전주의가 공식적인 양식이 되었다. 이탈리아의 파시스트들은 처음에는 테라니의 진보적인 접근을 환영했다.
하지만 무솔리니의 나치 성향이 강해지면서 피아첸티니의 전통적인 양식이 공인되었다.

주세페 테라니가 설계한 코모 소재의 노보코멈 플랫(Novocomum flats, 1927)과 카사델 파스시오(Casa del Fascio, 1932)

마르첼로 피아첸티니가 설계한 토리노의 비아 로마 (Via Rome)는 자신의 신고전주의 양식을 따른 전형적인 건물이다.

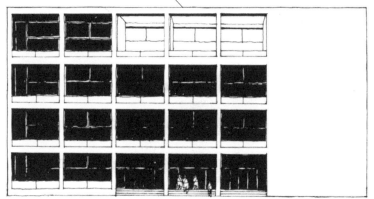

에 따라 히틀러 정부가 구성되었다. 그는 일련의 극적인 사회개혁을 통해 국가의 위신을 회복하는 한편, 공공사업 계획, 국가를 위한 노력봉사, 군수업과 제조업 발전, 농민을 위한 정부의 지원, 그리고 징집제도의 도입 등을 통해 독일인의 위대함을 재확인시킬 수 있었다. 급속한 독일의 경제성장은 반대세력, 공산주의자, 그리고 유태인에 대한 나치의 억압적 처사에 대한 시선을 흐리게 했다. 이탈리아와 마찬가지로 공장, 발전소, 철도, 공항, 고속도로(autobahn)가 국가 재건의 상징으로 등장했다. 히틀러는 국제적인 운동경기와 집회를 통해 전 세계에 아리아족의 우월성을 증명하려 했다. 이러한 상징주의는 영감을 찾아 프로이센을 넘어 고대 그리스와 로마로 향했다. 히틀러는 건축에 대해서도 관심이 많았다. 1933년에 독일의 젊은 건축가 알베르트 슈페르(Albert Speer, 1905~)에게 사무실을 내주고 독일제국을 위해 '지금까지 4천 년 동안 지어져 본 적이 없는 건물'을 설계하도록 했다. 그 결과 1936년에 올림픽을 개최하기 위한 경기장이 베를린에 건설되었지만, 주요한 설계과제였던 거대한 돔 형태의 홀, 새로운 공공건물이 들어선 거리, 개선문과 새로운 철도 종착역이 있는 도심의 육중한 계획은 전쟁으로 이루지 못했다.

슈페르의 초기 습작은 독일공작연맹과 바우하우스의 범주에서 행해졌으나, 나치와의 협력으로 인해 현대 건축(모더니즘)을 향한 그의 열망은 종지부를 찍게 되었다. 즉, 그는 과거를 회상시키는 양식으로 설계할 것을 강요받았는데, 이러한 양식으로는 육중한 고전주의가 적합하다고 판단했다. 슈페르의 인상 깊은 건축적인 업적으로는 1934년에 괴링(Goering)의 탐조등(searchlight)들을 제플린 필드(Zeppelin Field)에서 가져와 재사용한 뉘렘부르크 전당대회(Nuremburg Rally)의 무대연출을 들 수 있다.

40피트 간격으로 경기장 주위에 정연하게 배치되어 있는 130개의 인방보는 20,000~25,000피트 정도의 높이로 보였고…… 그 느낌은 끊임없이 높은 외벽의 육중한 기둥이 인방보를 받치고 있는 거대한 방과 같았다. 때때로 구름이 초현실주의적 경이로움을 가져다주는 신기루처럼 빛의 고리를 뚫고 움직였다……. 그 효과는…… 마치 얼음성당 안에 있는 존재 같은 것이었다.

부자연스럽고 웅대한 효과는 사악한 정권을 위장시키는 데 이용되었다. 소수그룹에 대한 억압은 앞으로 다가올 공포를 암시하고 있었으며, 이에 반대하는 지식인, 자유주의자, 공산주의자, 유태인에 대한 추방이 이미 진행되고 있었다. 바우하우스에 대한 나치의 조치가 그 대표적인 것이었다.

미스 반 데르 로에

1930년 데사우 당국이 마이어의 은퇴를 강요했을 때, 바우하우스의 교장직은 미스 반 데르 로에(Ludwig Mies van der Rohe, 1886~1969)에게 인계되었다. 미스는 오랫동안 독일공작연맹 - 바우하우스의 전통과 관계를 맺고 있었다. 1908~11년 사이에 피터 베렌스의 사무실에서 일했으며, 1919년에는 '유리 마천루 계획안'(project for a glass skyscraper)으로 표현주의의 길을 걷기도 했다. 그러나 1920년대에 합리주의에 근간을 둔 바우하우스 양식이 확립되면서, 미스는 점차로 조용하고 여유 있고 우아한 모습으로 변해 갔다. 그의 명성을 확립시켜준 것은 베를린과 슈투트가르트 주거지 계획이다. 이 계획은 1927년 바이센호프 건축박람회(Weissenhof Exhibition)에 출품된 바 있는 지붕 테라스를 둔 단순하고 비례적인 4층 건물들로 이루어진 아파트를 포함하고 있다. 솔직한 표현을 향한 그의 연구는 그 후로도 계속되어서 1929년의 바르셀로나 박람회에 독일관(German pavilion)을 설계함으로써 정점에 달했다.

미스 풍의 주택 형태로 설계된 독일관은 조심스러우면서도 자신감 있는 디자인에 대한 그의 태도를 요약한 것이다. 실제로 다음 해에 체코슬로바키아의 브르노(Brno)에 지은 튜겐타트 주택(Tugendhat House)은 같은 원리로 설계되었다. 마노(onyx), 대리석(marble), 옅은 색 유리(tinted glass), 크롬 도금한 철재(chromed steel) 등 풍부한 재료들이 사용되었고, 작고 비대칭인 단층의 평지붕 건물이 수영장을 포함한 중정과 어우러지도록 배려한 계획 개념이 적용되었다. 단순한 분할과 신중하게 배치된 칸막이벽으로 인해 전체 건물은 우아하고 다양한 공간이 연속되며, 사용된 재료들에 의해 그 빛이 더해지고 있다. 바르셀로나 박람회(pavilion)의 독일관은 전시를 하기 위한 건물이 아니라 그 자체가 전시물이었다.

미스가 바우하우스를 인계받았을 때 그와 그로피우스는 건축은 비정치적인 것이므로 모두에게 보이기 위해 명백하게 건축할 수 있다면 파시즘과의 공존도 가능하다는 믿음을 가지고 있었기 때문에 마르크스주의자들을 근절시키려는 데에만 노력을 기울였다. 하지만, 나치의 생각은 이와 달랐다. 1932년에 데

미스 반 데르 로에

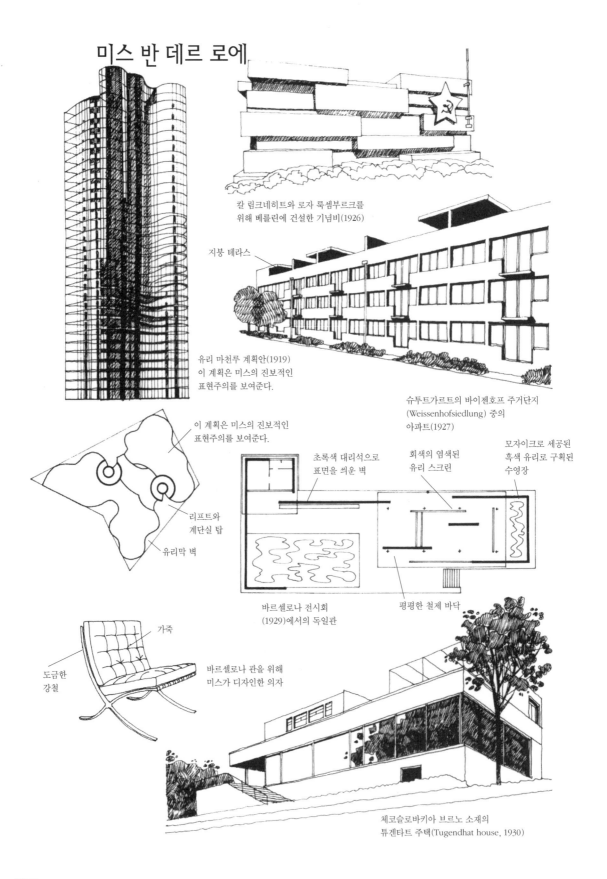

칼 림크네히트와 로자 룩셈부르크를
위해 베를린에 건설한 기념비(1926)

지붕 테라스

유리 마천루 계획안(1919)
이 계획은 미스의 진보적인
표현주의를 보여준다.

슈투트가르트의 바이젠호프 주거단지
(Weissenhofsiedlung) 중의
아파트(1927)

이 계획은 미스의 진보적인
표현주의를 보여준다.

리프트와
계단실 탑

유리막 벽

초록색 대리석으로
표면을 씌운 벽

회색의 염색된
유리 스크린

모자이크로 세공된
흑색 유리로 구획된
수영장

바르셀로나 전시회
(1929)에서의 독일관

평평한 철제 바닥

가죽

도금한
강철

바르셀로나 관을 위해
미스가 디자인한 의자

체코슬로바키아 브르노 소재의
튜겐타트 주택(Tugendhat house, 1930)

사우 지역이 나치 치하에 점령되었을 때 바우하우스는 베를린으로 이주할 것을 강요받았다. 1933년 히틀러가 권력을 장악한 후 바우하우스는 학교는 다시 한번 자세한 조사를 받게 되었다. 7년 전 미스는 공산주의의 순교자인 로자 룩셈부르크(Rosa Luxemburg)와 칼 립크네히트(Karl Liebknecht)를 위해 베를린에 기념비를 설계했었다. 이때 미스는 정치적인 이유보다는 건축적이고 인도주의적인 이유로 이 일을 수행했지만, 나치는 이를 이해하지 못했다. 그들에게 바우하우스는 볼셰비키적이나 비독일적인 것으로 여겨졌으므로 바우하우스는 영원히 폐쇄될 것을 강요당하게 되었다. 이후 4년 동안 미스는 독일에서 일을 계속했으나, 미국 건축가인 필립 존슨의 초청으로 1937년에 미국으로 이민의 길을 떠났다. 미스는 미국에서 시카고 아모르 인스티튜트(Chicago's Armour Institute, 현재의 I.I.T.)의 소장으로서 그 자신의 인생에서뿐만 아니라 미국 건축에서도 새로운 장을 열기 시작했다.

재즈 시대에 유행한 디자인

1930~40년대의 미국과 영국의 문화 수준은 유럽을 떠나온 지식인들에 의해 상당히 높아졌다. 일부 건축가들은 영국에 정착했고, 나머지 건축가들은 대서양을 건너기 전에 잠시 머물러 있는 동안 몇 개의 건축물을 설계했는데 이 과정에서 진보적인 영국 건축가들에게 깊은 인상을 받았다. 그로피우스는 맥스웰 프라이(Maxwell Fry)와 협력해 첼시(Chelsea)의 주택(1936)과 세븐옥스(Sevenoaks)의 주택(1937)을 설계했는데, 프라이가 설계한 햄스테드(Hampstead)의 선 하우스(Sun House, 1936)는 그가 그로피우스의 훌륭한 파트너가 될 만한 잠재력을 가지고 있다는 사실을 보여주고 있다. 그들은 함께 케임브리지셔(Cambridgeshire)의 임핑튼 빌리지 대학(Impington Village College, 1936)을 설계했다. 마르셀 브로이어(Marcel Breuer)는 요크(F.R.S. Yorke)와 협력해 브리스톨(Bristol, 1936)과 이튼(Eton, 1938)에 주택을 지었고, 서섹스의 앙메링(Angmering)에도 필로티 위에 올려진 길고 낮은 벽돌주택을 건축했다. 러시아 건축가 세르게 체르마예프(Serge Chermayeff)는 럭비(Rugby, 1934)와 서섹스의 홀랜드(Halland, 1939)에 주택을 건축했고, 멘델존과 함께 첼시에 주택(1936)을 설계했으며, 벡스힐(Bexhill)의 해변 휴양지에 워르(De La Warr, 1935) 전시관을 설계했다. 베어톨드 루베트킨(Bertold Lubetkin)이 설립한 '텍튼'(Tecton) 사는 몇 채의 주택을 건설했고, 런던 동물원에 두 개의 담장, 하이게이트(Highgate)의 하이포인트

1923년 투탕카멘 왕묘가 발견되자 메이로비츠는
이 탁상시계를 디자인함으로써 이집트 디자인을 유행시켰다.

재즈 시대에 유행한 디자인

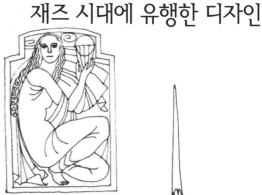

1930년대 초반 월 스트리트
사무소 건물의 엘리베이터
문 디자인

아르 데코는 1925년 파리 엑스포에서
르 코르뷔지에의 순수주의 건물인
'에스프리 누보 관'을 제외한 모든 건물의
특징이었으며, 그 후 유행했다.

모더니즘의 경향을 풍성하게 표현하기
위해 호텔, 극장, 상업 건물 등에 사용되었다.

영국 소재의 클라릿지(Claridge's) 무도장의
금박 철제문에…
…또는 윌리엄 반 엘렌이 설계한 뉴욕의
크리스터 빌딩(1929)의 철제 첨탑에

유리 세공한
수평창살을
가진 강철창

흰색칠 벽마감

디자이너들이 고전주의 양식에 집착한 결과로 종종
높은 건물에는 부적합한 모습이 되었다.
런던 사무소 건물은 두 가지 디자인으로 구성되었다.

모더니즘 양식은 아래와 같은 1920년대 초 영국의 작은 투기
성 주택에 적용되었다.

타일

벽돌쌓기

심지어는 가장 가장 전통적으로 지어진 투기성 주택에서조차도 1930년대의
'영국식 세미 디체취드 방갈로'의 해 모양의 문과 같은 당대 유행하던 디테일이 반영되었다.

아파트(Highpoint Flats, 1936~38), 런던의 핀스베리 건강센터(Finsbury Health Centre, 1938~39)를 건축했다. 1937년경 그로피우스와 브로이어는 하버드 대학으로 자리를 옮겨 그곳에서도 협력 관계를 유지하면서 교육에 헌신했고, 1940년대 초에는 멘델존과 체르마예프도 미국으로 건너갔다. 그들은 공통적으로 건물의 공간적·구조적 완성도를 증대시킴으로써 표현되는 근대 건축을 통해 이상적인 미래가 탄생될 수 있다고 확신했다. 한편 영국에 남아 있는 건축가나 설계 소그룹의 작품으로는 엘리스(Ellis)와 클라크(Clarke)에 의해 플리트(Fleet) 가에 세워진 데일리 익스프레스 신문사(Daily Express offices, 1933) 빌딩, 크랩트리(Crabtree)와 슬레이터(Slater)와 모벌리(Moberly)가 런던의 슬론 광장(Sloane Square)에 세운 피터 존스 상점(Peter Jones Store, 1935), 아미아스 코넬(Amyas Connell)과 바실 워드(Basil Ward), 그리고 콜린 루카스(Colin Lucas)에 의해 지어진 주택들이 있는데, 그들이 사용한 건축설계의 아이디어는 르 코르뷔지에가 추구하고 있었던 것들이었다.

공간적 효과를 표현하기 위해 필요한 정밀한 구조를 얻기 위해 철근 콘크리트를 사용했는데, 코넬, 워드, 루카스는 루이슬립(Ruislip, 1935), 레드힐(Redhill, 1936), 헨필드(Henfield, 1936), 웬트워스(Wentworth, 1937), 무어파크(Moor Park, 1937)에 일련의 주택을 건축했으며, 햄스테드(Hampstead, 1938)에 형성된 화려한 66 프로그널(66 Frognal)에서 건축적인 절정기에 달했다.

이러한 선구자적인 건축물은 일반 대중의 냉대와 무관심에도 불구하고 꾸준하게 시도되었다. 아직도 사회문제에 대한 해답을 갖고 있다고 확신하는 소수의 건축가 그룹과 지어진 건물이 어디에 어떻게 지어지든지 간에 이용을 강요당하는 일반 대중과의 사이에는 커다란 틈이 있었다. 비록 현대적인 구조방법이 보편화되었음에도 불구하고 대부분의 공공건축에 수용되는 양식은 육중한 모습의 신고전주의였다. 결과적으로는 철골구조로 된 다층의 건축물이 되는 경우가 많았는데, 바로크 서조는 양식적으로도 넌센스일뿐 아니라 철골로 인해 증가된 높이는 스케일상으로도 문제가 있는 것이었다. 극장이나 호텔 디자인에는 '재즈 모던'(Jazz modern) 형식의 톱니 모양이나 '아르 데코'(Art Deco)의 유선형과 같은 응용장식을 고수했음에도 불구하고 모더니즘 양식이 침투하기에 보다 용이한 건축물이었다.

1930년대의 도시계획 이론

산업혁명에 따라 도시는 성장을 계속해나갔다. 교외선과 간선도로가 발전하자 공장과 주택들이 교외로 밀려나면서 교외의 부지 수요가 아주 커졌다. 도심에서는 밀도가 높아지고 그나마 건축부지가 상당히 부족해 도시 외곽의 값싼 대지가 많이 이용되었다. 영국의 건설업은 1920~30년대 동안에 경기침체의 영향을 받지 않고 상당히 양호한 상태로 유지되고 교외로 건설부지가 확산되어갔다. 19세기의 교외는 도시를 벗어나고자 하는 중산층의 열망을 대변하고 있었지만, 이 당시의 교외는 중하층과 노동자 계층의 서민 주거로 채워지게 되었다. 런던 도시개발청(LCC)이 1921~34년에 9만 명을 수용하기 위해 건설한 에섹스(Essex) 베콘트리(Becontree)의 교외 지역은 노동자 계층을 위한 곳으로서 세계에서 가장 큰 단일 주거단지가 되었다. 그러나 주택 소유자들이 자신들의 이상적인 주택을 지을 만한 부지를 필요로 함으로써 무계획적 규모가 늘어나고 단편적인 개발이 이루어지고 말았다.

양식적으로 교외주택은 영국의 튜더식 주택과 보이시(Voysey) 주택 같은 다양한 근원에서 도출된 역사적 디테일을 함부로 사용함으로써 부적절한 과거 양식의 혼합물이 되었다. 하지만, 보상효과도 있어서 전정과 후정 차고를 둔 새로운 2층 건물은 복잡한 도심부와 비교하면 상당히 개선된 계획안이었고, 많은 사람들이 교외주택을 가정생활의 기본으로서 동경하게 되었다. 그러나 그곳에도 역시 문제가 있었는데, 지역당국의 추진력이 매우 약했고, 주거환경이 열악했다. 당시의 공중위생에 관한 규제들은 대부분 19세기의 절박한 상황에서 만들어진 것이었는데 배수, 채광, 환기, 그리고 건물 주변의 공지가 이런 이유로 규제되었고, 주택에 대한 최소한의 건축 및 환경 기준만을 확실하게 규정하고 있었다. 그러나 도시계획적 관점에서 토지 이용을 규제하는 기관이 없었기 때문에 주거지들은 충분한 오픈스페이스를 두지 않은 채 건물들이 과밀하게 들어섰다. 상점에 대한 규제조항은 마구잡이였고, 학교로의 통행로는 길고 복잡했으며, 사회적 생활에 필요한 중심시설도 없이 소도시 규모에 필적하는 커다란 주거지들이 들어섰다. 그리고 건축적인 특징도 없어서 개개로는 바람직한 형태였을지라도 이것이 수천 채 반복되면서 전체적으로 단조롭고 지루한 모습이 되어버렸다. 이러한 상황은 진보적인 건축가들의 냉소를 불러일으키게 되는데, 그 결과 건축적인 통일성과 의미를 부여하기 위해서 주거단지를 계획하는 데 새로운 방법이 강구될 필요가 있었다.

한 가지 중요한 접근방법이 르 코르뷔지에와 그로피우스의 주장에 나타

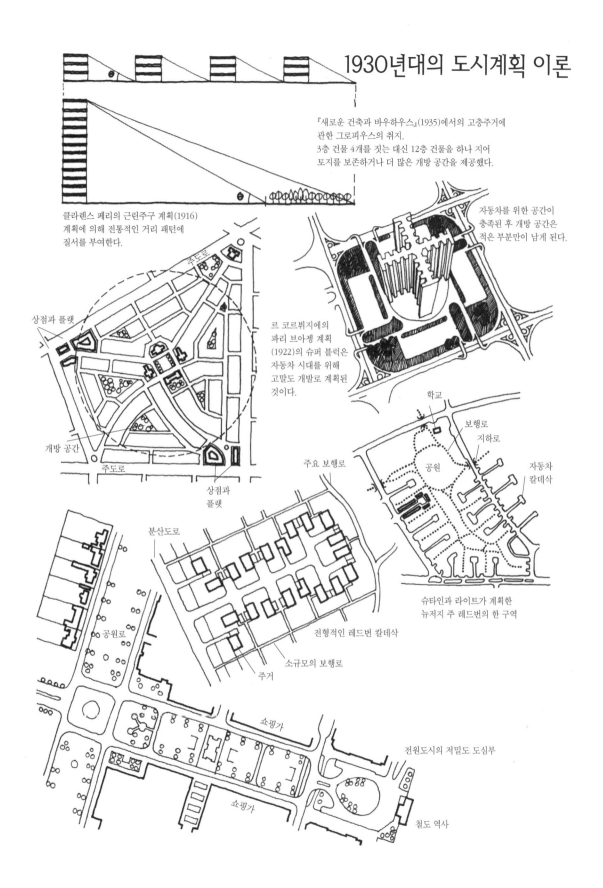

『새로운 건축과 바우하우스』(1935)에서의 고층주거에
관한 그로피우스의 취지.
3층 건물 4개를 짓는 대신 12층 건물을 하나 지어
토지를 보존하거나 더 많은 개방 공간을 제공했다.

클라렌스 페리의 근린주구 계획(1916)
계획에 의해 전통적인 거리 패턴에
질서를 부여한다.

자동차를 위한 공간이
충족된 후 개방 공간은
적은 부분만이 남게 된다.

상점과 플랫

르 코르뷔지에의
파리 브아쟁 계획
(1922)의 슈퍼 블럭은
자동차 시대를 위해
고밀도 개발로 계획된
것이다.

주도로

개방 공간

주도로

상점과
플랫

학교

보행로

지하로

공원

자동차
칼데삭

주요 보행로

분산도로

전형적인 레드번 칼데삭

소규모의 보행로

주거

슈타인과 라이트가 계획한
뉴저지 주 레드번의 한 구역

공원로

쇼핑가

전원도시의 저밀도 도심부

쇼핑가

철도 역사

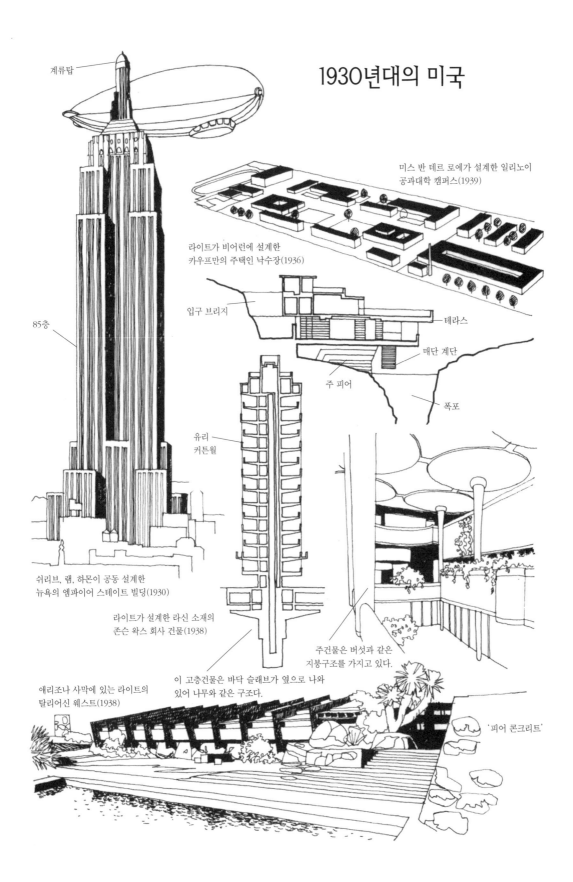

1930년대의 미국

계류탑

미스 반 데르 로에가 설계한 일리노이
공과대학 캠퍼스(1939)

라이트가 비어런에 설계한
카우프만의 주택인 낙수장(1936)

입구 브리지

테라스

매단 계단

주 피어

폭포

85층

유리
커튼월

쉬리브, 램, 하몬이 공동 설계한
뉴욕의 엠파이어 스테이트 빌딩(1930)

라이트가 설계한 라신 소재의
존슨 왁스 회사 건물(1938)

주건물은 버섯과 같은
지붕구조를 가지고 있다.

이 고층건물은 바닥 슬래브가 옆으로 나와
있어 나무와 같은 구조다.

애리조나 사막에 있는 라이트의
탈리어신 웨스트(1938)

'피어 콘크리트'

나 있다. 르 코르뷔지에의 저서인 『건축시』(Vers Une Architecture)와 그로피우스의 저서인 『새로운 건축과 바우하우스』(The New Architecture and the Bauhaus, 1935)는 규칙적인 고층건물을 형성하기 위해 각 단위주거 위에 어떻게 또 다른 단위주거를 중첩해 쌓아 올릴 수 있을 것인가에 대한 관점과 고층화시킴에 따라 남겨진 외부 공간을 주민 모두에게 이익이 되도록 하기 위해서는 어떠한 방식으로 경관을 조성해야 할 것인가에 대한 기본방향을 설명해주고 있다. 물론 개별 대지에 대한 자치적인 권리와 주거와 대지와의 밀착된 관계는 상실되었지만, 도시와 교외에서 오랫동안 유지되어 온 전통적 프랑스의 평지붕을 가진 주택에 대한 경험이 있는 르 코르뷔지에는 이러한 논리적 주장을 받아들일 준비가 되어 있었다. 영국 건축가들은 이에 대해 동조하지 않았다. 교외주택 대신에 공원에 배치된 고층 건물을 계획하는 것이 바람직하다는 것이 건축가들에게는 당연하게 받아들여졌지만, 많은 건축가들이 부유한 건축주들을 위한 단독주택 설계에 경제적 수입을 의존했다.

또 다른 접근방법으로 질서 있고 균형 잡힌 하워드의 '전원도시' 계획이 있다. 전원도시 계획은 '이상적인 교외' 개발에 더욱 접근했다는 이유로 인해 얼마간 신도시 건설에 지속적인 영향을 미쳤지만 실제로 접근방법은 더 이상 발전되지 않았다. 레치워스(Letchworth) 시와 웰윈(Welwyn) 시는 성장이 매우 느려 1930년대 말에는 전체 인구가 겨우 4만 명에 불과했다. 또 다른 중요한 예는 1907년에 시작된 데임 헨리에타 바넷(Dame Henrietta Barnett)의 햄스테드 교외 주거단지(Hampstead Garden Suburb)다. 반면에, 많은 신도시의 개념구상이 제안되었던 미국에서 점차 확산되는 교외화 현상으로 인해 전원도시 계획에 대해 관심을 갖게 되었다.

1916년에 미국의 도시 계획가 클라렌스 페리(Clarence Perry)는 '근린주구'(neighbourhood unit)라는 용어를 제안했다. 이 개념은 각 가정이 그들이 속한 지역공간과 일체감의 필요성에서 출발함으로써 전원도시의 계획이론에 새로운 측면을 부과했다. 그의 제안은 근린주구간의 경계를 명확히 하고 중심에 사회적 활동을 하기 위한 구체적인 지원시설을 갖춤으로써 가능하다고 제안했다. 각 지역은 초등학교 하나를 운영하기에 충분한 5,000명 정도의 인구를 수용하고 있고, 근린주구의 지역 규모는 직경 약 1km 정도의 구역으로서 중심부에 배치한 학교, 사회 공공시설까지의 최대보행거리가 400~500m를 벗어나지 않도록 계획되었다.

미국에서는 자동차 보유율이 높았기 때문에 계획가들은 주거단지 내부로의 교통흐름을 어떻게 처리할 것인가를 고민해야만 했다. 1920년 후반 4km² 넓이의 새로운 도시가 시 주택조합에 의해 뉴저지의 래드번(Radburn)에 건설되었다. 래드번은 페리의 원리에 기초를 둔 미국 최초의 전원도시 계획으로서 몇 개의 근린주구를 구획하고 그 안에 25,000명의 인구를 수용하도록 주거단지를 계획한 것이다. 설계자인 클라렌스 스테인(Clarence Stein)과 헨리 라이트(Henry Wright)는 자신들의 계획 구상을 철저하게 실행했는데, 이 중에서 가장 중요한 부분은 보행자 동선과 차량 동선을 분리한 점이다. 분산도로 (distributor road)들로 둘러싸인 주거용 슈퍼블록(superblock)에는 전 주거에 접하는 보행자 전용공간(pedestrian area)과 중심의 녹지대(greenway)가 배치되어 있다. 각 블록의 녹지대들은 주변도로 하부의 지하도로 서로 연결되어 있으며, 자동차를 만나지 않고 마을 전체를 걸어서 돌아다닐 수 있도록 계획되어 있다. 래드번은 그대로 실현되지는 않았지만, 쾌적함과 안전성을 강조한 그 계획 개념은 주거단지 계획원리의 중요한 특징으로 남아 있다.

1930년대의 건축

뉴욕, 시카고, 필라델피아 등 대도시의 도심부에서는 지가 상승으로 사무소 건물이 점차 고층화되었다. 전형적인 뉴욕의 마천루는 1920년대에 나타났는데, 미국 금융계의 중심지인 월 스트리트(Wall Street)는 고층건물의 숲을 이루었으며, 심지어 상업지구와 주거지구의 중간지대에도 고층건물이 들어서기 시작할 정도였다. 도시계획법상의 지역지구제(The City Zoning Ordinance)에서는 건축물의 높이가 상승함에 따라 연속적으로 각 층들을 후퇴(set-backs)시켜줄 것을 명시했고, 이로 인해 뉴욕 라이프 빌딩(New York Life building), 크라이슬러(Chrysler) 빌딩, 엠파이어 스테이트 빌딩(Empire State building) 등은 위로 갈수록 점점 가늘어지는 독특한 외관을 형성하게 되었다. 엠파이어 스테이트 빌딩의 높이는 370m로 한동안 세계에서 가장 높은 건물이었다. 라디오 시티 뮤직 홀(Radio City Music Hall)이 있는 RCA 빌딩이 우뚝 서 있는 록펠러 센터의 개발은 1930년부터 시작되었다.

혼란스러운 1930년대에 들어오면서 미국인의 건물에 대한 투자는 급격히 감소했지만, 미국에 유럽인이 대거 이주해온 초기에는 국제주의 양식을 접하게 됨으로써 훌륭한 건축물이 몇 개 나타났다. 1939년에 미스는 일리노이 공과대학(I.I.T.)에서 단순하고 우아한 유리상자 형태로 대학 건물을 설계함으로써 캠퍼스를 재배치했고, 이를 통해 자신이 이주해온 미국 대륙에 기계미학을 전파했다. 미국의 많은 건축가들 중에서 가장 뛰어난 건축가인 라이트도 1930년대에는 국제주의 양식에 근접해 있었다. 그가 설계한 펜실베니아 주 비어런(Bear Run)에 위치한 에드가 카우프만(Edgar Kaufman)의 저택, 낙수장(Falling Water, 1936)은 폭포 위에 세워졌는데, 여기에는 그의 초기 주택양식인 프레이리 주택(prairie houses)에서와 같은 낭만적인 개념이 어느 정도 내포되어 있다. 동시에 흰색의 철근 콘크리트 캔틸레버가 별도의 외장재로 마감되지 않은 채 배치되어서 단순한 분위기를 자아내고 있는 이 건물의 독특함은 라이트의 작품에서는 보기 드문 것이다. 이와 유사한 단순성은 위스콘신의 라신(Racine)에 위치한 존슨 왁스 회사(Johnson Wax company, 1938)의 본사 건물에서도 잘 나타나고 있다. 이 건물에는 아무런 장식이 없고, 벽돌과 유리는 고유의 성질대로 강하고 단순한 방법으로 마감되고 있으나 건축계획의 공간적·구조적인 독창성으로 인해 건축물은 매우 풍성한 모습을 지니고 있다. 같은 해, 라이트는 이와는 대조적으로 자신의 모든 작품 중에서 가장 미국적이고 직관적인 건물을 설계했다. 탈리어신 웨스트(Taliesin West, 1938)는 라이트와 그의 제자들이 수도사적인 은둔생활을 하면서 건축적인 구상을 발전시키기 위해 작업을 위한 스튜디오 용도로 건축된 것으로서, 애리조나(Arizona) 피닉스(Phoenix) 근처에 있는 광활한 사막 부지에 라이트의 개척정신을 축소해 표현한 작품이다. 천막과 히말라야 삼나무 지붕으로 덮은 낮고 긴 텐트 형태의 상부 구조가 둥근 돌을 시멘트와 함께 섞어 놓은 콘크리트의 육중한 기둥 위에 올려져 있어서 마치 고대 마야인의 문명 유적이나 성경에나 있음직한 분위기를 연상시키고 있다.

1938년에 탈리어신을 건설한 미국의 위상은 이제 더 이상 유럽의 정치적 상황과 분리해 생각할 게 아니었다. 스탈린의 사회주의, 이탈리아와 독일의 파시즘, 그 외 다른 나라들의 경쟁적 자본주의 등 세 개의 경쟁적인 정치체제 간에 고조되고 있던 긴장은 독일의 재무장으로 인해 새로운 위기를 맞게 되었다. 제1차 세계대전이 거의 우발적으로 시작된 것과는 대조적으로, 제2차 세계대전은 파시스트 국가들의 팽창욕구에 의해 거의 일방적으로 발발한 것이었다. 모든 사람들이 전쟁의 영향을 받았으며, 지은 죄가 없거나 정치체제와 연루되지 않은 사람들도 더 이상 자신의 안전에 대한 보장은 없었다. 그러나 사회적으로 미친 결과는 그렇게 절망적인 것은 아니었다. 최소한 제1차 세계대전은 19세기 유럽과 권력구조의 종말을 고하고, 신세계와 구세계와의 분기점을 나타내었으나, 제2차 세계대전은 원조나 외부의 도움에 의존해야 하는 유럽의 나약하고 자신감 없는 비상 상태에서 이미 시작되었고 이 시기에 폭발한 일시적인 격동이라 할 수 있다.

전쟁은 기술 발달에 커다란 자극이 되었고, 특히 항공 분야와 핵물리학의 발전을 촉진시켰다. 제2차 세계대전 후, 항공교통과 전자통신기술의 급속한 성장은 여러 가지 면에서 19세기의 철도시대에 필적할 만한 것으로 세계를 하나의 '지구촌'(global village)으로 축소시켜주었다. 원자력은 새로운 동력의 원천이 되었고 발전에 끊임없는 기회를 제공했으며, 전쟁 전후에 더 나은 미래건설에 대한 확신을 주었다.

유럽에서 가장 큰 영향을 받은 나라는 스웨덴으로서, 이곳은 중립국이었기 때문에 서유럽의 극심한 파괴로부터 벗어나 꾸준한 사회발전을 이룩해왔다. 인도주의적인 사회(민주)주의 정부는 1930년대 초에 성립되었는데, 높은 생활수준, 국민에게 제공되는 사회복지, 의무교육제, 그리고 높은 공업생산성 등으로 유럽 다른 나라들의 귀감이 되었다.

미스가 진보적인 유럽 건축가들의 작품을 수집해 1927년 슈투트가르트에서 개최한 바이센호프 건축박람회 이후, 1930년 스톡홀름(Stockholm)에서 유사한 박람회가 개최되었다. 이때 몇몇 건물의 설계자이면서 코디네이터로서의 역할을 스웨데 스벤 마르켈리우스(Swede Sven Markelius)가 담당했다. 공공건물, 단독주택, 아파트, 그리고 도시경관을 적절히 혼합해 배치한 스톡홀름 건축박람회의 단지 구성은 33개의 주택부지를 분산시켜 배열한 바이센호프 박람회보다 더욱 조직적이어서, 미래도시에 대한 이미지를 훨씬 생생하게 보여주고 있다.

출품된 건축계획 가운데 라멜라 하우스(lamella house, 판상형 아파트)는 전면을 넓은 박판형 평면으로 처리해 모든 방에 충분한 주광을 도입시켰다는 점에서 좁은 전면으로 인해 빛의 유입이 불충분한 스웨덴의 전통적 주거와는 대조를 이룬다. 규칙적이고 연속된 배치 형태의 라멜라 하우스는 평범하지만 유럽의 도시경관에서 고려해볼 만한 계획이었다. 또 다른 스웨덴의 대표적인 주거단지 계획은 하콘 알베르그(Hakon Ahlberg)가 설계한 노동자주택을 포함하고 있는 스톡홀름의 조르타겐(Hjorthagen)이다. 스웨덴 당국은 주택 설계에서 새로운 아이디어를 장려했는데 그 결과 1937년에 건축가 에릭 프리베르거(Eric Friberger)는 가족규모의 변화에 따라 확장하거나 축소할 수 있는 조립식 건축에 기초한 단위주택(element house)을 제안했다. 한편 고층아파트에서 탑상형의 타워블록(tower blocks)이 발전되어 판상형 아파트 단지인 라멜라 테라스(lamella terrace)에 적합한 대안적 형태를 제공했는데, 이는 이미 제2차 세계대전 이전의 주거계획에서도 나타나기 시작했다. 스웨덴의 주거단지 계획에서 사적인 외부공간을 강조해 나타낸 것은 거의 없었다. 햇빛이 드는 발코니는 각 층의 주거에 제공되었지만, 지상의 토지는 각 주거의 벽까지 면해 있는 공적인 조경지역을 포함해 대개 공공 용도로 사용되었다. 공공시설 배치는 스웨덴식 주거단지 계획의 특징으로서 부모가 모두 직업을 가진 가족들을 위해 공동의 식당·부엌·세탁실, 그리고 탁아소를 둔 집단생활 양식의 건축을 제안하기에 이르렀다. 1935년에 마르켈리우스(Markelius)가 스톡홀름 건축박람회를 위해 설계한 것이 그 최초의 예다.

영국의 도시계획

영국에서는 1944년 비버리지 보고서(Beveridge Report)를 통해 사회적 이익에 필적할 만한 도시계획의 방향을 제시했고, 1945년 노동당이 이를 실행에 옮겼다. '런던 도시계획성'(the County of London Plan, 1943)은 런던 지역의 재계획, 노후 지역의 재개발, 그리고 도시 외곽을 에워싸는 환상형(環狀形) 신도시의 건설 등을 제안했다. 사업 시행의 법적·제도적 뒷받침을 위해 마련된 신도시 법(New Towns Act, 1946)과 도시-농촌 계획법(Town and Country Planning Act, 1947)에서는 세계에서 가장 강력하고 진보된 토지이용 계획체계를 제시하고 있다.

이때까지 영국의 도시계획 실행체계는 단일한 체제에 어울렸을 뿐 구체적으로 성취된 내용은 없었지만, 무엇을 실행할 수 있을 것인가에 대한 중요한 시사점을 미국에서 찾게 되었는데 무엇보다도 전쟁 동안 미국의 주택정책은 모범적인 실례가 되었다. 경제공황의 결과, 루즈벨트 대통령의 뉴딜 정책(New Deal, 1933~41)이 경제에 대한 국가적 관리개념으로서 그 우수성을 인정받고 영국에서도 정책대안이 도입됨에 따라 주요한 공공사업이 수행될 수 있었다. 생산이 위축되고 인구의 1/3이 열악한 주거에서 살고 있는 전시상황 속에서 국가의 공공사업은 주택산업에 집중되었다. 따라서 임시주택뿐 아니라 영구거주용 주택, 공용과 개인 용도 모두를 위한 공장생산형 조립식 주택의 프로그램 개발에 관심이 집중되었다. 그로피우스와 브로이어를 비롯한 많은 건축가들도 여기에 몰두했고, 그 결과 경제적이고 실용적이면서 더욱 우아해진 독창적인 계획안이 만들어졌다.

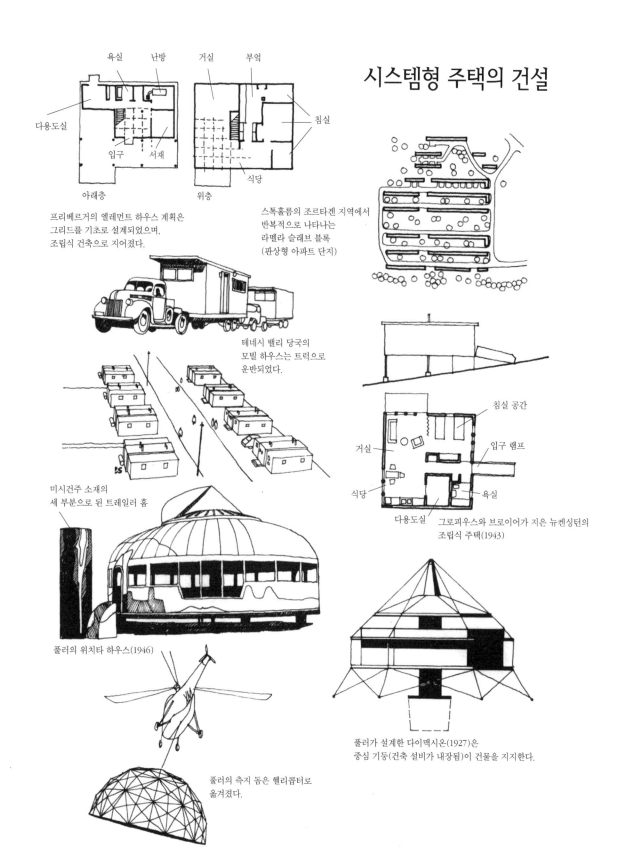

시스템형 주택의 건설

욕실 / 난방 / 거실 / 부엌

다용도실

입구 / 서재 / 침실

식당

아래층

위층

프리베르거의 엘레먼트 하우스 계획은
그리드를 기초로 설계되었으며,
조립식 건축으로 지어졌다.

스톡홀름의 조르타겐 지역에서
반복적으로 나타나는
라멜라 슬래브 블록
(판상형 아파트 단지)

테네시 밸리 당국의
모빌 하우스는 트럭으로
운반되었다.

미시건주 소재의
세 부분으로 된 트레일러 홈

침실 공간

거실 / 입구 램프

식당 / 욕실

다용도실 / 그로피우스와 브로이어가 지은 뉴켄싱턴의
조립식 주택(1943)

풀러의 위치타 하우스(1946)

풀러가 설계한 다이맥시온(1927)은
중심 기둥(건축 설비가 내장됨)이 건물을 지지한다.

풀러의 측지 돔은 헬리콥터로
옮겨졌다.

시스템형 주택의 건설

전시의 공장 생산을 통해 경험을 쌓았으므로 전후의 건설 사업에서는 더욱 적합하게 대처해나갈 수 있었다. 종종 재료 부족의 상황이 따르기도 했으나 더욱 효과적으로 사업을 관리했고, 새로운 기술 개발이 축적되었다. 새로운 기술 중에 가장 흥미롭고 장래성 있는 것은 리처드 벅민스터 풀러(Richard Buckminster Fuller, 1895~)의 탐구물들이었다. 1927년 초 그는 건축 설비를 내장하고 있는 중심기둥(mast)에 육각형 금속 데크 2개를 매달아 구성한 다이맥시온(Dymaxion) 주택 모형을 설계하고 시공했다. 이 건물은 주차건축물에서 사용된 기술의 정확성과 효율을 주택의 구조 방식에 적용시켜 보기 위한 것이었다. 위치타 하우스(Wichita House, 1946)는 운반용 상자에 포장되어 어느 곳에나 보내지기 위해 항공회사의 조립 라인에서 생산된 개발품이다. 풀러의 가장 성공적인 업적은 '측지 돔 구성 기법'(geodesics)에 있다. 이 기법은 수많은 조립부재를 서로 연결함으로써 곡면의 형태를 만들어내는 것으로서 풀러의 경우는 이러한 방식으로 돔을 축조했다. 이 측지 돔(일명, 지오데식 돔) 상의 기본적인 연결선들은 표면의 일정 지점간을 가로지르는 최단거리를 나타내는 선으로서 큰 원을 따라 정렬되어 있으며, 그 무게는 같은 스팬일 경우 일반적인 구조의 1/20 정도이기 때문에 강력하면서도 매우 가벼운 구조를 만들어 낼 수 있었다. 풀러의 수천 개의 돔들은 알루미늄, 합판, 플라스틱, 골판형 철재, 프리스트레스트 콘크리트, 또는 크라프트 용지(kraft paper) 등으로 제조되었으며, 주택, 공장, 창고, 전시관 등 임시건물 및 영구적인 건물 모두에 사용되었다. 이후에 풀러는 인장재와 압축재를 구별해 각 부재가 더 효과적이고 경제적으로 설계될 수 있도록 배려한 '텐서그리티'(tensegrity) 구조 영역으로까지 발전시켜 나갔다. 가구 디자이너이자 영화 제작자인 찰스 이임즈(Charles Eames, 1907~78)는 풀러와 마찬가지로 기술에 대해 관심을 갖게 되었으며, 표준화된 제조부품으로 건설된 캘리포니아주 산타 모니카에 위치한 그의 자택(1949)은 기술적 접근방법으로 얻을 수 있는 형태상의 우아함을 충분히 부여주고 있다.

1950년대의 건축

1920년대와 30년대의 건축에 대한 기본적 사고방식이 일반화되었고, 특히 국제주의 양식의 기술적인 이미지는 지속적으로 연구 발전되었다. 로버트 매튜(Robert Matthew)가 이끄는 런던 개발협의회(LCC) 건축가 팀이 설계한 런

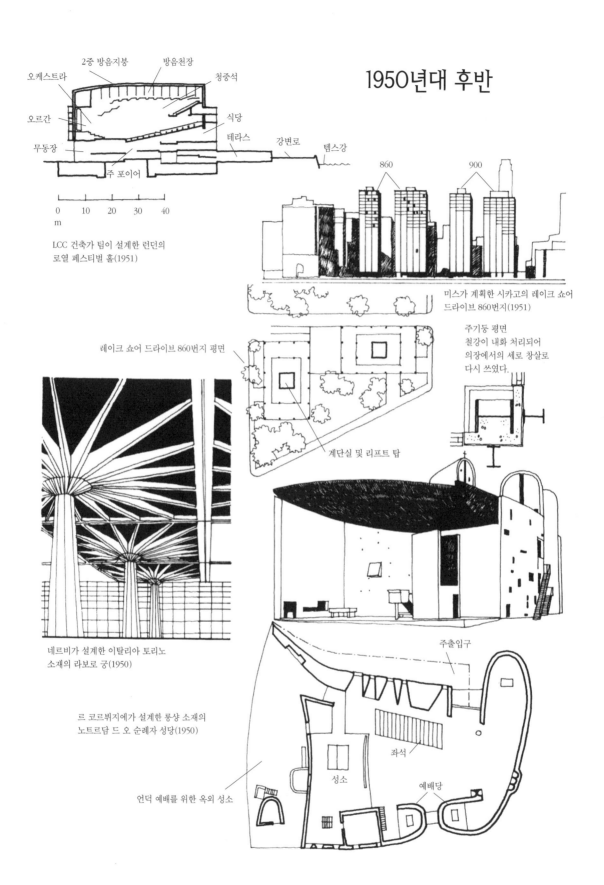

오케스트라
2중 방음지붕
방음천장
청중석
오르간
식당
무동장
테라스
강변로
템스강
주 포이어

0 10 20 30 40
m

LCC 건축가 팀이 설계한 런던의
로열 페스티벌 홀(1951)

860
900

미스가 계획한 시카고의 레이크 쇼어
드라이브 860번지(1951)

레이크 쇼어 드라이브 860번지 평면

주기둥 평면
철강이 내화 처리되어
의장에서의 세로 창살로
다시 쓰였다.

계단실 및 리프트 탑

네르비가 설계한 이탈리아 토리노
소재의 라보로 궁(1950)

르 코르뷔지에가 설계한 롱샹 소재의
노트르담 드 오 순례자 성당(1950)

주출입구

좌석

성소

예배당

언덕 예배를 위한 옥외 성소

던의 로열 페스티벌 홀(Royal Festival Hall, 1951)은 1930년대의 훌륭한 건축물들이 지닌 공간적 풍부함과 형태적 순수성을 모두 갖춘, 후기의 국제주의 양식 건축물 중 가장 뛰어난 작품일 것이다. 미스가 설계한 시카고의 레이크 쇼어 드라이브 860번지(860 Lake Shore Drive)에 있는 2개의 호화스러운 고층 아파트(1951)와 일리노이주 플라노(Plano)에 있는 판스워스 주택(Farnsworth, 1950)은 한층 더 정교하고 정제된 건축물로서 단순한 형태로 되어 있으며 내부공간은 거주자가 원하는 대로 사용할 수 있도록 설계되었다. 미시건주 워렌(Warren)에 있는 에로 사아리넨(Eero Saarinen, 1910~61)의 제너럴 모터스 기술 센터(General Motors Technical Centre, 1951)는 자동차의 과시적 이용을 상징하면서 건축의 기본척도를 자동차에서 찾아내고 건축물에 적용시킨 미스 양식의 건물이 개방된 경관에 배치되도록 설계했다. 또한 이탈리아의 구조 기술자인 네르비(Pier Luigi Nervi, 1891~)는 이탈리아 토리노(Torino)에 낭만적이고 섬세한 표현과 구조적인 효과를 결합시킨 두 개의 전시관(1948~50)을 건축했다.

한편 르 코르뷔지에를 포함한 국제주의 양식의 선구자들은 계획상의 기본 원리를 무시한 채 더욱 개인적인 표현방식을 추구했다. 프랑스 롱샹의 노트르 담 드 오(Notre Dame du Haut)에 위치한 경이로운 형태의 순례자 성당(1950)은 기능주의적 접근과 순수한 조각적 표현이 흥미롭게 결합되어 있는 건물로서 비평가들은 이 건축물에 대해 '기능주의에 대한 인식이 없이 현대 건축의 원리를 배반하고 있는 기괴하고 혼성된 잡종'이라고 악평했다.

알바 알토

개인주의 양식의 출현에서 가장 극적인 건축은 핀란드의 건축가인 알바 알토(Alvar Aalto, 1898~1976)의 작품이다. 전쟁 전에 알토는 그의 조국인 핀란드에서 사무소를 개설하고 국제주의 양식에 전념했다. 비푸리 도서관(Viipuri library, 1927), 수밀라(Sumila) 소재의 노동자 주거가 포함된 공장(1936), 그리고 잘 알려져 있는 그의 초기 작품인 철근 콘크리트로 지어진 파이미오(Paimio) 소재의 결핵 병원(1929) 등이 이를 잘 증명해주고 있다. 강철과 콘크리트 같은 현대재료는 비용이 많이 들기 때문에 핀란드 건물에는 적합하지 않은 것으로 판명됨에 따라, 알토는 핀란드 지역에 풍부한 석조와 목조를 사용해 지은 규모가 작고 낮은 건축물과 지역 나름대로의 전통적인 기술과 건축적 특성에 더 많은 관심을 기울이게 되었다. 구부러진 목재를 사용

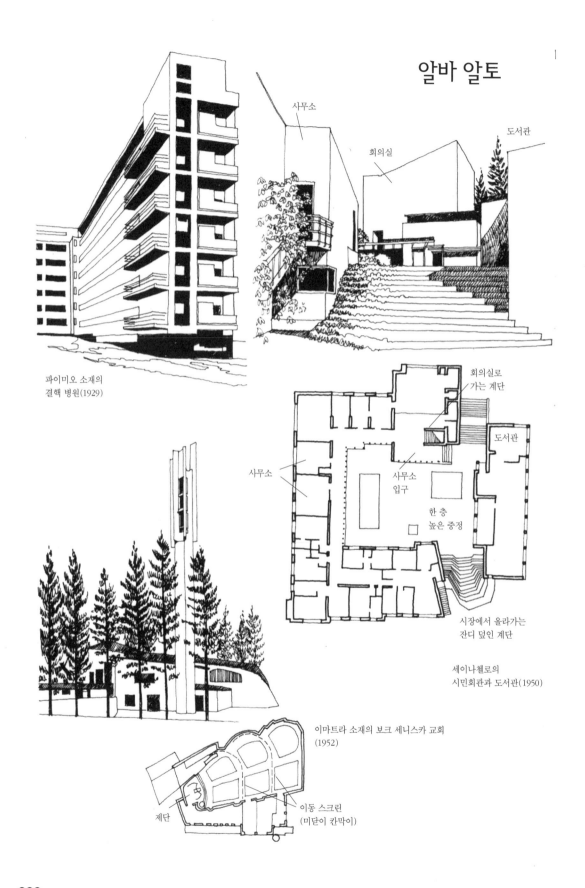

알바 알토

사무소

회의실

도서관

파이미오 소재의
결핵 병원(1929)

회의실로
가는 계단

도서관

사무소

사무소
입구

한 층
높은 중정

시장에서 올라가는
잔디 덮인 계단

세이나첼로의
시민회관과 도서관(1950)

이마트라 소재의 보크 세니스카 교회
(1952)

제단

이동 스크린
(미닫이 칸막이)

390

한 1930년대의 가구 디자인은 핀란드의 합판과 집성목 중심의 목재 산업 발전과 병행된 것으로서 오늘날까지 핀란드의 주요한 기간산업으로 남아 있다. 그는 핀란드의 전통감각을 최신의 기술과 결합해 당대의 어느 건축가의 유행방식도 따르지 않는 가장 개인적이고 독자적인 것으로 표현했다. 알바 알토의 건물에는 혼란스러운 장식을 배제한 라이트의 풍부한 공간감, 미스의 디테일에 대한 정교함, 과장을 배제한 르 코르뷔지에의 웅장함이 골고루 배어있다.

제2차 세계대전 후 알바 알토의 명성은 2개의 뛰어난 건물에서 비롯되었는데 그 하나는 작은 섬인 세이나챌로(Säynatsälo)에 위치한 시민회관이다. 이건물의 설계에는 작은 규모나 초라한 위치에 비해 매우 중요한 임무가 내포되어 있다. 핀란드의 철저한 지방분산 경제체제는 지역생활에 중요성을 부여하고 있었으므로, 알토는 시민회관의 설계에서 시민과 당국 사이의 균형 있는 관계에 대해 많은 부분을 나타내도록 배려했다. 알토는 우선 3,000명의 인구를 위한 신도시인 세이나챌로 계획을 착수했고, 중심지이자 주요한 만남의 장소인 시장 지역을 구상했다. 이곳은 고대의 아고라를 연상시키고 있는데, 한쪽에는 작은 중정 주위로 조화롭게 계획된 시청사와 도서관이 위치해 있으며, 시장과는 계단을 통해 연결되어 있다. 이 작은 건물의 특징인 벽돌 조적조와 목재 경사지붕은 과거와 현재를 통틀어 유럽이나 미국에 있는 대부분의 다른 시청사와는 사뭇 다른 모습으로서 격식 없고 접근하기 쉬운 분위기를 자아내고 있다.

또 하나의 훌륭한 작품은 이마트라(Imatra)에 있는 보크세니스카(Vuoksenniska, 1952) 교회당으로 동시대의 롱샹 교회와 좋은 대조를 이루고 있다. 이 두 개의 건물은 조각적이며 공간적·구조적으로 매우 자유스럽다. 롱샹 교회가 포물선곡선의 대담한 구성인 데 반해 이마트라 교회당은 상당히 복잡하고 강렬하다. 또한, 롱샹 교회는 언덕 위에 기념비처럼 서 있는데 반해, 이마트라 교회당은 단지 먼 곳에서도 보이도록 하기 위한 크고 우아한 탑 하나만을 두고 소나무 숲 사이에 낮게 깔려 위치해 있다. 이마트라 교회는 세 부분의 연결된 공간으로 구성되어 있고, 이동 스크린(sliding screen)에 의해 분리되거나 개방된다. 동판을 입힌 혹처럼 생긴 지붕이 세 부분을 덮고 있으며, 지붕의 한쪽 면은 둘러싸인 벽의 윗부분은 경사져 있고, 고측창이 설치되어 있다. 이마트라의 계획 개념 자체는 단순하지만, 형태와 디테일은 비대칭적이고 상당히 복잡하다.

유니테 다비타시옹과 브루탈리즘

롱샹 교회는 그 시기 르 코르뷔지에의 유일한 작품은 아니었다. 아마도 1946년에 르 코르뷔지에가 마르세유(Marseille)의 교외에 지은 건물이 전쟁 전후의 가장 영향력 있는 건축작품일 것이다. 이는 1952년에 완성된 '유니테 다비타시옹'(Unit d'Habitation)으로 제2차 세계대전으로 파괴된 도시의 뷰-포르(Vieux-Port) 구역에 거주하던 조선소 노동자들을 새로운 주택으로 이주시키기 위한 대규모 주거단지 계획이다. 르 코르뷔지에는 이것을 자신의 빌르 콩탕포렝(Ville Contemporaine, 현대도시)과 빌르 라디우스(Ville Radieuse, 빛나는 도시)의 이론적인 아이디어를 실제화하기 위한 기회로 보았으며, 유니테 다비타시옹은 마르세유의 사회생활 전체를 재구성하려는 의도로 계획된 몇 개의 주거단지 중에서 최초의 것이었다. 이 건물은 매우 큰 규모로 주거공간, 상점, 그리고 운동과 놀이를 위한 장소를 모두 갖춘 길이 140m, 높이 24m의 20층 또는 그 이상의 건물에 1,600명의 거주인을 수용했다. 평면계획을 살펴보면 중앙의 출입복도 주위에 이중으로 교묘하게 맞물려져서 모든 주거단위가 아침과 저녁 햇빛을 모두 받을 수 있도록 동서측을 면해서 남북으로 길게 뻗어 있다. '솔레이유(Soleil, 채광), 에스파스(Espace, 공간), 브르뒤르(Verdure, 녹지)'는 르 코르뷔지에식의 접근방식에서 기본사항인데, 공간의 체험은 시트로앵(Citrohan)의 설계원리에 근거한 개방된 개인발코니로 열려져 있는 중층의 거실에 부분적으로 도입되었고, 반면에 녹지의 구성은 거대한 필로티 사이로 건물 주변뿐 아니라 그 아래까지도 볼 수 있는 프로방스 지방의 경관에서 파악될 수 있다.

르 코르뷔지에가 조립식 건축에 대해 초기에 가졌던 관심은 그 구조에서 뚜렷이 나타나고 있다. 주된 골조는 철근 콘크리트 기둥과 보로 이루어진 '인 시트'(in situ) 구조로 그 안에는 각 층을 형성하는 벽과 바닥 슬래브가 있는데, 이들은 납으로 만든 방음재에 의해 주요구조와 격리되었다. 차양막, '브리이즈-솔레이유'(brise-soleil, 통풍-채광을 위한 발코니 형태의 완충공간)을 포함해 많은 반복적인 외피들은 콘크리트로 미리 성형되어 각각의 위치로 올려졌다. 미리 만들어진 부재를 사용하는 데에 척도의 조정방법은 황금분할의 원리에 기초해 르 코르뷔지에가 고안한 조화로운 비례체계인 '모듈러'를 사용함으로써 특별한 의미를 지니게 되었다.

더욱 놀랄 만한 부분은 건물의 표면질감에 있다. 르 코르뷔지에를 포함한 1920년대의 대부분의 건축가들이 유연하고 정밀한 재료로서 깊은 인상을 받

유니테 다비타시옹과 브루탈리즘

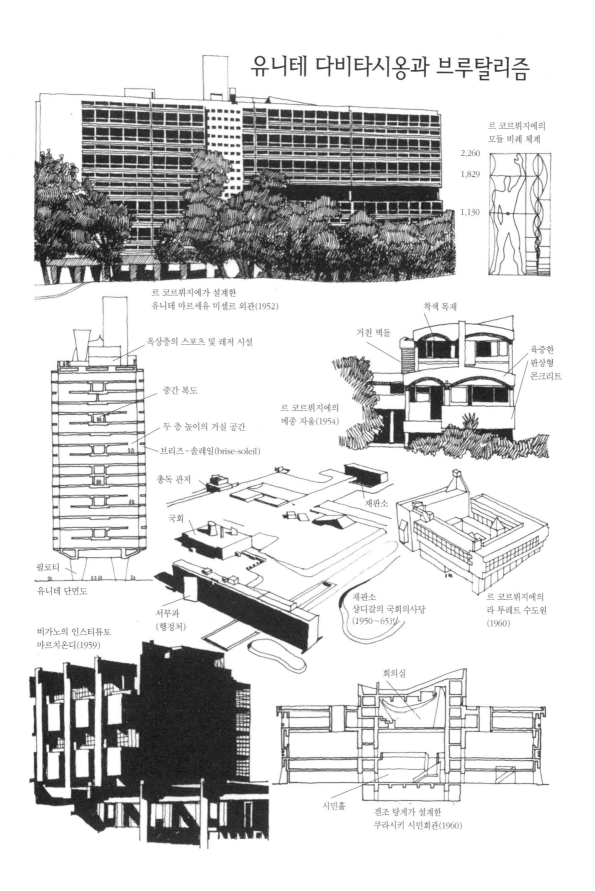

르 코르뷔지에의
모듈 비례 체계

2,260
1,829
1,130

르 코르뷔지에가 설계한
유니테 마르세유 미셸르 외관(1952)

착색 목재

거친 벽돌

육중한
판상형
콘크리트

옥상층의 스포츠 및 레저 시설

중간 복도

두 층 높이의 거실 공간

브리즈－솔레일(brise-soleil)

르 코르뷔지에의
메종 자울(1954)

총독 관저

재판소

국회

필로티

유니테 단면도

서무과
(행정처)

재판소
샹디갈의 국회의사당
(1950~65)

르 코르뷔지에의
라 투레트 수도원
(1960)

비가노의 인스티튜토
마르치온디(1959)

회의실

시민홀

겐조 탕게가 설계한
쿠라시키 시민회관(1960)

았던 콘크리트에 대한 기대감은 콘크리트가 거푸집(Shutter board)에 의해서만 그 형태가 만들어지는 가소성 재료라는 사실이 인식되면서 다소 약화되었다. 표면질감의 표현은 거푸집 공사의 흔적과 결절점들에 의한 육중한 재질감이 건물 자체의 거대한 규모와 조화를 이룬 유니테 다비타시옹에서 잘 나타나고 있다.

르 코르뷔지에는 유니테 다비타시옹에 이어 파리 교외의 노일리(Neuilly)에 자울(Jaoul) 가족을 위해 작은 주택 한 쌍(1954)을 설계했다. 여기에서도 거친 벽돌벽, 육중한 콘크리트 바닥, 낮은 배럴 볼트 지붕 등과 같은 거친 질감의 디테일이 나타났다. 빌라 사보아(Villa Savoye)의 매끈한 기계 미학으로부터 흙처럼 거친 형태로의 전환이 이루어진 것이다. 이러한 미적 변화는 두 개의 마지막 걸작인 인도 펀잡(Punjab) 지방의 새로운 수도인 샹디갈(Chandigarh)에 위치한 의사당 건물(1950~65)과 리옹 근방에 있는 라 투레트(La Tourette, 1960) 수도원으로 이어지고 있다. 샹디갈의 주요한 특징은 궁전, 사무소, 국회, 재판소 등 4개의 건축물군으로 이루어진 행정구역으로 대규모 건축물임에도 불구하고 그것이 왜소하게 느껴질 만큼 광활하고 개방된 경관감은 르 코르뷔지에의 우주 지향적인 기하학에 의해 이루어진 것이다. 복합적인 공간과 거친 재질감을 결합한 건축수법은 기술적으로는 미흡하지만 매우 논리적인 접근으로서 건물의 기능과 위치에 적합한 듯하다. 그리고 엄격하고 통제된 라 투레트 수도원을 절묘한 지붕형태를 이용해서 소박한 내부공간에 빛이 유입되도록 한 단순한 상자형 건물로 설계하고 외장재로 노출 콘크리트를 사용한 것은 매우 적절한 선택이었다고 생각된다.

르 코르뷔지에의 콘크리트 작업은 새로운 국제주의 양식을 탄생시켰다. 그가 이를 일컬어 사용하던 베통 브뤼트(béton brut, 거친 콘크리트)라는 말은 '브루탈리즘'(brutalism)이라는 용어의 근원이 되었다. 스털링(Stirling)과 가우언(Gowan)이 계획한 런던 햄 커먼(Ham Common) 소재의 랭햄 저층 주거지 개발 계획(low-rise Langham housing development, 1958)은 르 코르뷔지에의 자울 주택(Maisons Jaoul)에서와 같은 거친 입면을 가지고 있다. 또한 리처드 셰퍼드(Richard Sheppard)가 설계한 처칠 대학(Churchill College, 1960)은 비록 노출 벽돌과 콘크리트를 사용해 지어지기는 했지만 매우 산뜻하고 세련된 건물이다. 사회사업 건축물에 이러한 거친 스타일을 사용하는 것은 납득할 수는 있지만 인간성 측면을 고려할 때 의문을 가지지 않을 수 없다. 암스테르담에 위치한 알도 반 아이크(Aldo van Eyck)의 고아원

(1958), 비토리아 비가노(Vittorino Viganò)가 설계한 밀라노의 불우소년들을 위한 전문학교 인스티튜토 마르치온디(Instituto Marchiondi, 1959)는 필요치 않게 고의적으로 조악한 형태를 만든 듯하다. 미국에서의 브루탈리즘은 폴 루돌프(Paul Rudolph)의 예일 대학 예술건축학부 건물(1959)처럼 우아하게 골이 진 노출 콘크리트를 사용해 처리함으로써 건물의 느낌이 부드럽게 완화되었다. 특히 샹디갈에서 영향을 받은 듯한 일본 건축가들은 브루탈리즘을 잘 받아들였으며, 베통 브뤼트의 강렬한 형태는 일본의 전통적인 구조에서 나무 각재를 쌓는 것과 비슷한 방법으로 사용되었는데, 가장 좋은 예는 겐조 탕게(Kenzo Tange)의 초기 두 개의 작품으로 코후(Koufu) 소재의 야만시 방송국(Yamanshi Broadcasting company, 1967)과 쿠라시키 시청사(Kurashiki City Hall, 1960)를 들 수 있다. 베통 브뤼트의 특성을 가장 적절하게 적용한 예는 1965년에 헬무트 스트리플러(Helmut Striffler)가 다카우(Dachau)에 세운 작은 복음교회다. 이 교회는 넓은 계단에 의해 접근되는 부분적인 지하건물로 그 내부에는 상징주의적인 느낌을 주기 위해 강하고 들쑥날쑥하며 골이 지도록 처리된 콘크리트 옹벽이 있다.

고층 플랫 : 1950년대와 60년대

르 코르뷔지에의 후기 건축물 중에서 유니테 다비타시옹은 가장 큰 영향력을 행사했는데, 건물 자체의 존속보다도 더 오랫동안 건축적 영향력이 지속되어온 전형적인 설계방식으로서 고층아파트 건축에 많은 영향을 주었다. 고층건물의 문제점이었던 고립감과 옥외공간의 부족에 대한 해결책으로서 광범위한 조경과 건물 내의 자원시설 배치, 그리고 거주인을 위한 옥상 정원 등을 강조한 독창적인 빛나는 도시의 계획 개념이 그 주요 내용이었다. 유니테 다비타시옹은 발코니가 지나치게 작아서 단위 주호의 외부 공간(정원)으로 대용될 수 없었던 점 등 다소 이론적인 결함이 있었다. 그러나 이후에 르 코르뷔지에의 개념을 모방하거나 잘못 적용한 많은 사례들은 더 많은 결함이 있었다.

로버트 매튜(Robert Matthew)가 이끄는 런던개발협의회(LCC)의 건축가들이 설계한 런던 교외의 로햄튼(Roehampton)에 소재한 알톤 주거단지(Alton housing, 1952~59)는 이러한 생각을 가장 잘 반영한 예다. 이 주거단지에서 빛나는 도시의 계획 개념은 프로방스적인 목가적 분위기로부터 영국식 대공원의 낭망적인 경관으로 전환되었다. 이 단지는 중층의 아파트로 이루어진 5개의 판상형 아파트 블록(slab-block), 많은 탑상형 타워 블록(tower-

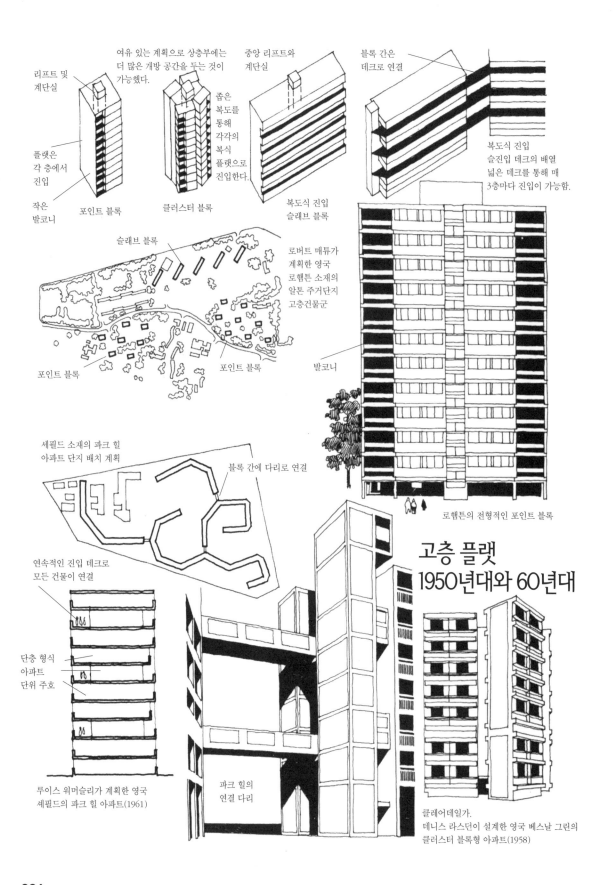

여유 있는 계획으로 상층부에는 더 많은 개방 공간을 두는 것이 가능했다.

중앙 리프트와 계단실

블록 간은 데크로 연결

리프트 및 계단실

플랫은 각 층에서 진입

작은 발코니

포인트 블록

좁은 복도를 통해 각각의 복식 플랫으로 진입한다.

클러스터 블록

복도식 진입 슬래브 블록

복도식 진입 슬래브 진입 데크의 배열 넓은 데크를 통해 매 3층마다 진입이 가능함.

슬래브 블록

로버트 매튜가 계획한 영국 로햄튼 소재의 알톤 주거단지 고층건물군

포인트 블록

포인트 블록

발코니

로햄튼의 전형적인 포인트 블록

세필드 소재의 파크 힐 아파트 단지 배치 계획

블록 간에 다리로 연결

고층 플랫 1950년대와 60년대

연속적인 진입 데크로 모든 건물이 연결

단층 형식 아파트 단위 주호

루이스 워머슬리가 계획한 영국 셰필드의 파크 힐 아파트(1961)

파크 힐의 연결 다리

클레어데일가. 데니스 라스던이 설계한 영국 베스날 그린의 클러스터 블록형 아파트(1958)

block), 저층 연립주택 등으로 구성되어 있고, 이 모두가 잔디와 숲의 풍요로운 경관 속에 입지하고 있다. 고층 아파트 블록들은 유니테 다비타시옹에서보다 더 단정하고 세련되게 변형되었다. 가장 큰 차이점 중 하나는 르 코르뷔지에가 중점을 둔 공공시설에 대한 배려가 이곳에는 빠져 있다는 것인데, 유니테 다비타시옹은 상가, 카페, 술집, 병원, 교회, 유아원, 클럽과 오락지역 등을 단지 안에 포함하고 있었지만, 로햄튼 주거단지는 주거 부분만으로 구성되었기 때문에 주민의 상대적 고립감이 커질 수밖에 없었다. 이와는 대조적으로, 셰필드(Sheffield)의 건축가이자 파크 힐 아파트 단지(Park Hill flats, 1961) 설계팀의 일원이었던 루이스 워머슬리(Lewis Womer-sely)는 우선적으로 공동체 형성이라는 개념을 염두에 두었다. 시의 중심에 있는 돌산의 산허리를 가로질러 뻗어 있는 거대한 슬럼가 철거계획은 수많은 판상형 아파트 블록으로 구성되어 있고, 여러 높이에서 연속된 '접근용 데크'로 연결되어 있어서 각 층 단위 주호로 직접 출입할 수 있다. 이 계획의 핵심은 폭이 3m가 넘는 다목적 데크의 계획 개념이다. 물론 데크는 공용 통로이지만, 그곳을 사람들이 만나고 아이들이 놀 수 있는 전통적인 거리로 활용하기 위해 경량의 배달트럭과 사람들만 데크를 이용하도록 배려했다. 파크 힐에서 데크의 개념은 유니테 다비타시옹에서의 내부진입 복도의 개념과 유사하지만 적극적으로 발전시키고 있음을 알 수 있다. 실제로 전통적인 길을 만들지 않고 이를 모방한 이유는 사실상 건물 자체보다는 밀도 문제 때문이었다. 워머슬리는 가능한 한 많은 대지를 보존하려고 생각했으므로, 500명/ha을 수용하기 위해서 주거 위에 또 다른 주거가 중첩되어 있는 세 개의 거리를 형성함으로써 파크 힐 계획에서 고밀도 주거단지를 성취할 수 있었다. 그러나 중요한 사실은 유니테 다비타시옹이나 알톤 주거단지는 고밀도지역에 세워진 것이 아니라 가능한 한 생명력 있는 경관을 지상에 많이 보존하기 위해서 높은 건물을 세웠던 것이다. 그러나 어느 정도의 공원부지를 건축용지로 전환시키는 것은 피할 수 없는 상황이었다. 또한 고밀도가 되면 개방된 외부 공간이 적어지고 아이들의 놀이공간이 축소되고 프라이버시를 누리지 못하는 데서 오는 심리적 압박감이 증가한다는 점은 피할 수 없는 사실이다. 데니스 라스던(Denys Lasdun)이 설계해 런던 베스날 그린(Bethnal Green)에 건설한 16층 높이의 아파트(1956)는 고층 부분에 밖으로 나와 앉을 수 있고 이웃과 이야기를 나눌 수 있는 옥외 공간을 제공함으로써 부지 사용에서의 난점을 어느 정도 해소하고 있다. 그러나 다른 단지들은 주거밀도와 단지 계획에서 거주자들에게 스트레스를 주었고, 공동체의식을 느껴

전후의 신도시

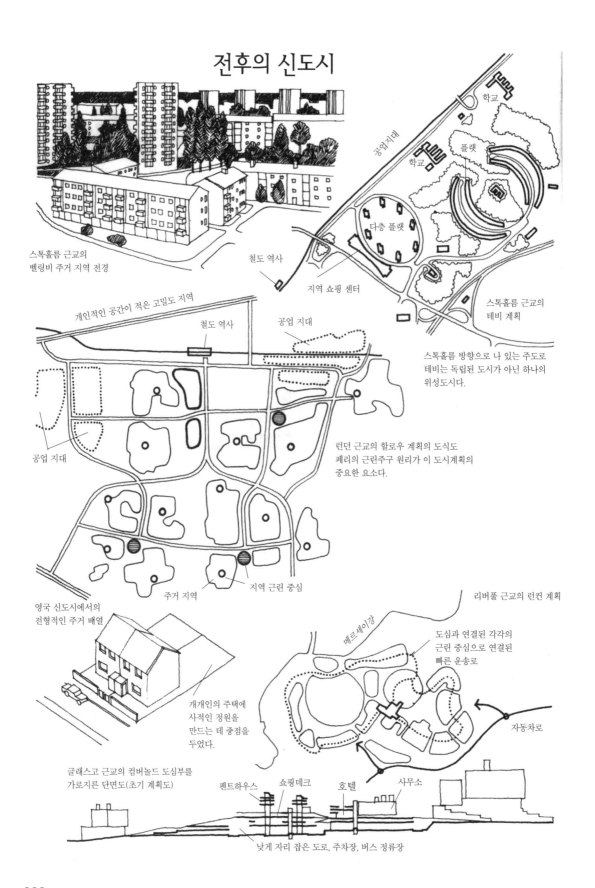

스톡홀름 근교의
벨링비 주거 지역 전경

공업지대

학교

학교

플랫

다층 플랫

철도 역사

지역 쇼핑 센터

스톡홀름 근교의
테비 계획

스톡홀름 방향으로 나 있는 주도로
테비는 독립된 도시가 아닌 하나의
위성도시다.

개인적인 공간이 적은 고밀도 지역

철도 역사

공업 지대

공업 지대

런던 근교의 할로우 계획의 도식도
페리의 근린주구 원리가 이 도시계획의
중요한 요소다.

주거 지역

지역 근린 중심

리버풀 근교의 런컨 계획

영국 신도시에서의
전형적인 주거 배열

메르세이강

도심과 연결된 각각의
근린 중심으로 연결된
빠른 운송로

개개인의 주택에
사적인 정원을
만드는 데 중점을
두었다.

자동차로

글래스고 근교의 컴버놀드 도심부를
가로지른 단면도(초기 계획도)

펜트하우스

쇼핑데크

호텔

사무소

낮게 자리 잡은 도로, 주차장, 버스 정류장

야 할 중심부 설계에서 고독감과 쓸쓸함만을 주었으며, 프라이버시가 보장되어야 할 곳을 과도하게 노출시킴으로써 불안감마저 느끼게 했다.

세계적으로 대부분의 도시지역에서 고층아파트 설계는 사람들의 요구에 미치지 못하는 수준이었다. 영국 글래스고의 탑상형 고층아파트와 뉴욕의 코-옵 시티(Co-Op City, 1968)의 26층 건물은 외관상 별 차이가 없다. 한편, 영국 버밍햄의 고층건물에서 느껴지는 소외감과 불쾌감은 프랑스 카라카스의 거대 건물(superbloques of Caracas, 1950~54)에서도 역시 느낄 수 있다. 영국의 사우스와크(Southwark) 단지에서 벌어지던 범죄와 반달리즘(vandalism)은 세인트루이스 시의 프루이트-이고(Pruitt-Igoe) 재개발계획(1952~55) 지구에서 그 한도를 넘어서 버렸다.

전후의 신도시

신도시의 녹지대 위에 또 다른 주거단지 개발의 접근이 이루어졌는데 저층 연립주택은 가족들에게 더 나은 주거환경을 제공해주었고, 대규모의 녹지공간은 더욱 위생적이고 깨끗한 환경을 만들어주었다. 1950년대 초 미국과 유럽의 많은 주요도시의 외곽에서는 새로운 주거단지의 개발이 시작되었다. 스칸디나비아에서 이러한 도시들은 대부분 모도시를 근거로 한 위성도시로 계획되었다. 아르슬라(Årsla), 벨링비(Vällingby), 파르스타(Farsta), 테비(Täby) 등이 스톡홀름의 위성도시고, 벨라호는 코펜하겐, 타피올라는 헬싱키의 위성도시다. 이들 위성도시는 규모면에서 매우 작아서, 도시 자체의 시민문화회관을 가지고는 있지만 구매 활동과 직장은 모도시에 의존하고 있기 때문에 잘 조성된 교외지역과도 같은 모습이었다. 타피올라의 경우 숲과 호수 속에 다양한 주택 건축이 입지해 있는데, 이처럼 위성도시들은 매우 전원적인 풍경이었다.

1960년대 후반 영국에서는 21개의 신도시에 100만의 인구가 거주하고 있었다. 그중 8개는 런던의 근교에 위치해 있었는데, 이 도시들과 모도시 런던과의 거리는 스웨덴의 경우보다는 훨씬 밀리 떨어져 있고, 규모면에서 훨씬 컸으며, 가능한 한 독립적인 체제를 유지하고 있었다. 이 도시들은 페리의 근린주구 이론에 따라 5,000~10,000명의 근린주구로 분리되었고, 각 지역은 레드번의 이론에 근거를 두고 통과교통을 배제하도록 계획되었다. 넓게 펼쳐져 있는 주택단지 개발로 인해 교통거리가 대단히 길어졌다. 비록 런컨(Runcorn)과 같은 몇몇 지역에서는 효과적인 공공 교통수단으로 버스를 제공하기는 했지만,

대체로 개인 승용차에 의존할 필요성이 대두되었다. 신도시들은 어느 정도의 풍요함을 단서로 하고 있었던 것이다.

영국과 스위스의 신도시들은 공적인 재정지원을 받았으나, 상대적으로 공공사업이 부족한 북미에서는 민간에 의한 신도시 개발을 장려하게 되었다. 가장 잘 알려진 것으로 도시계획가 알칸(Alcan)이 캐나다의 키티매트(Kitimat)에 건설한 산업체 배후도시(Company Town)와 여러 대기업의 재정적 지원을 받은 워싱턴 D.C. 근교 버지니아주에 있는 레스톤(Reston)이 있다. 레스톤은 보트를 즐길 수 있는 호수, 골프 코스, 승마학교가 있는 숲속에 위치한 근린주구 방식의 '주거군'으로서 수준 높은 생활을 하는 중류층을 위한 곳이었는데, 이러한 특징은 현대의 신도시의 목적과는 완전히 다른 것이다. 그 도시들이 갖고 있는 성장 능력과 경제력으로 인해 도시는 매우 활력 있고 풍부하게 발전될 수 있었으나 다른 주변 지역과의 관계에서 볼 때, 도시 자체는 배타적인 생활 영역 구분, 자동차로 인한 기동성, 공동생활의 중심인 쇼핑센터의 과도한 확장, 여가를 위한 풍부한 시설 등 다른 도시들보다 나은 여건을 통해 주변 지역을 잠식하는 수가 많았다. 신도시 개발의 주체는 더욱 활동적인 집단으로서의 물질적인 부를 강조하는 데에 주력했다.

공업화 건축

신도시의 주거 계획에서는 대담한 시도를 기피하는 경향이 있었는데, 이는 사람들이 일반적으로 교외 지역에서 추구하는 안전하고 시장성 있는 주택을 공급함으로써 기존 도시로부터 사람들을 끌어들이는 것이 중요한 목적이었기 때문이다. 한편 전쟁 후에 몇몇 유럽국가들은 '공업화 건축' 등을 통해서 주택 문제를 해결하는 데에 많은 노력을 기울였다. 공장에서 조립식으로 제조된 건물을 현장에서 적은 노동력으로도 효과적으로 조립할 수 있게 된 것이다. 러시아, 덴마크, 스웨덴은 겨울이 매우 길기 때문에 현장보다는 공장에서의 작업 시간을 가능한 한 많이 확보하고 현장에서 신속하게 조립하도록 배려했다. 경제적이고 실질적인 이유로 인해 가장 인기 있는 이 시스템은 프리캐스트 콘크리트를 사용해 단위부재인 벽과 슬래브 바닥판을 공장에서 만들고, 현장에서는 다만 각 부재의 접합부분을 맞추고 볼트로 접합시키는 방식이었다. 특히 철근 콘크리트 분야에 전통이 있는 프랑스는 이와 같은 조립식의 프리캐스트 콘크리트 분야에서 선두를 달리게 되었다.

규모의 경제에서 파생되어 나온 공업화 건축은 반복적이고 동일한 단위부

재인 벽의 사용을 촉진시켰다. 더구나 하중이 걸리는 벽패널의 단위부재를 아래에서 위로 겹겹이 수직적으로 쌓아올림에 따라 종종 매우 진부하고 평탄한 건물의 입면이 나오게 되었다. 이 시스템의 장점은 정밀하게 시공할 수 있다는 점이다. 용접은 콘크리트의 정밀한 마감을 위해 사용되었고, 전기 배선은 벽이 조립되기 전에 벽에 가설되었으며, 욕실과 부엌에 꼭 맞는 완벽한 설비 공간 유니트가 건축 현장으로 배달되어서 위치할 곳에 가져다 놓기만 하면 되었다. 그 당시 영국의 공업화 건물 중 가장 뛰어난 예는 1960년대 후반기에 런던의 사우스와크(Southwark)에 세워진 아일리스베리 주거단지(Aylesbury Estate)다. 이 건물은 접근방식상의 장단점을 함께 지니고 있는데, 각각의 구성요소들이 정밀하게 조성되어 있는 건축물이 구획된 반면, 2,000채 이상의 주택이 반복되어 지루한 단지가 되고 말았다. 단지의 블록 계획은 '크레인 방식'을 사용해 연속적으로 조립되기 때문에 직각 배치했고. 블록 자체는 다소 지루하기는 하지만 경제적인 이유로 길게 만들어졌다.

1968년 런던 동부에 육중한 조립식의 변식 구조(패널 시스템)로 만들어진 타워 블록은 가스 폭발로 인해 한 벌의 종이카드처럼 붕괴되고 말았다. 그러나 전통적인 방법에 의해 건설된 다른 건물은 실제 가스 폭발로 그만큼의 피해를 보지는 않았다. 많은 사람들이 염려한 건설 방식이었던 패널시스템 구조는 안전 측정을 거쳐 꽤 많은 추가 비용을 부담해야 했으므로 점차 사용이 줄어들었다.

그러나 전쟁 후의 심각한 물자난을 겪는 중에 영국에서 학교 건축을 위해 고안한 경량구조 방식은 매우 성공적이었다. 애슬린(C. H. Aslin) 산하의 헤트포드셔 지방의회(Hertfordshire Council)는 특별히 고안된 표준화 부품을 사용함으로써 1946년 이후 9년 동안에 약 100개의 학교를 건설할 수 있었다. 지방 특별계획 협회(CLASP, Consortium of Local Authorities Special Programme) 시스템은 1955년에 도날드 깁슨(Donald Gibson) 산하의 노팅검셔 지방의회(Nottinghamshir Council)에 의해 시작되었다. 이 방식은 단층 또는 2층의 건물에 적합한 경량 칠골구조로서, 콘크리트 시스템이 융통성 없고 무거웠던 것에 비해 더 용이하게 이용할 수 있고 설계를 적용하는 데에서도 세련된 처리가 가능했다. 또한 CLASP 시스템은 각기 다른 형태의 부품을 구비하고 있어서 다양한 외관의 표현이 가능했다. 더욱더 중요한 것은 이 시스템은 매우 상세하게 연구되어 있었으므로 CLASP 시스템을 사용해 지은 건물들은 매력적인 형태로서 사용자 중심으로 계획되어 있었다. 그 결과 반응이

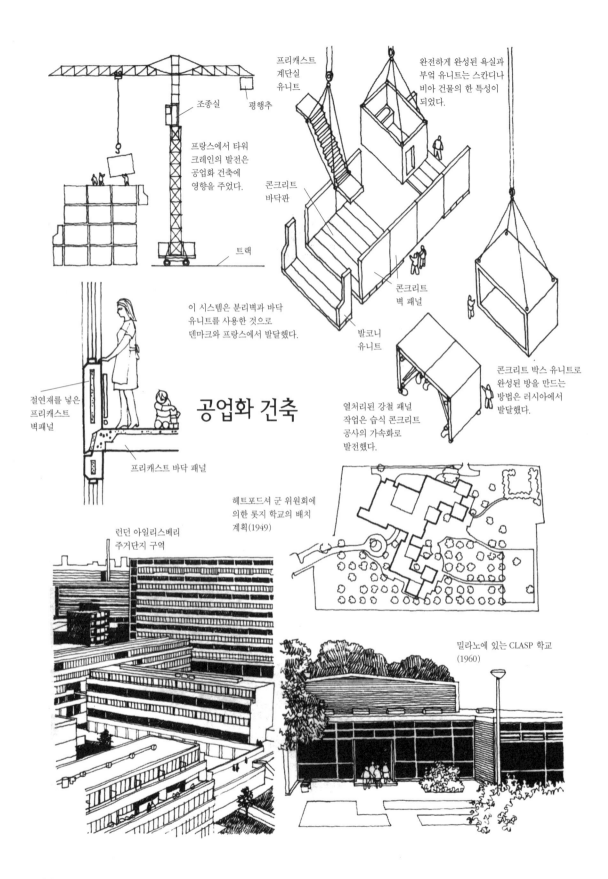

프리캐스트
계단실
유니트

완전하게 완성된 욕실과
부엌 유니트는 스칸디나
비아 건물의 한 특성이
되었다.

조종실

평행추

프랑스에서 타워
크레인의 발전은
공업화 건축에
영향을 주었다.

콘크리트
바닥판

콘크리트
벽 패널

트랙

이 시스템은 분리벽과 바닥
유니트를 사용한 것으로
덴마크와 프랑스에서 발달했다.

발코니
유니트

절연재를 넣은
프리캐스트
벽패널

공업화 건축

콘크리트 박스 유니트로
완성된 방을 만드는
방법은 러시아에서
발달했다.

프리캐스트 바닥 패널

열처리된 강철 패널
작업은 습식 콘크리트
공사의 가속화로
발전했다.

헤트포드셔 군 위원회에
의한 롯지 학교의 배치
계획(1949)

런던 아일리스베리
주거단지 구역

밀라노에 있는 CLASP 학교
(1960)

402

좋은 방식이 선택되고 지속적으로 사용될 수 있었다.

　기술의 혜택으로 곳곳에서 미래에 대한 희망이 생겨나고 사회적인 진보가 이루어지게 되었다. 그럼에도 불구하고 전쟁이 끝난 후의 전후세계에 대한 만족감을 느낄 수는 없었다. 파시즘의 성장은 중단되었으나, 자본주의와 공산주의 사이에는 여전히 긴장이 남아 있었다. 제2차 세계대전의 영향으로 세계는 비인간적인 '냉전' 상태가 지속되었고, 핵전쟁의 가능성이 상존하고 있었다. 강대국들의 적극적인 신식민주의와 위성국들로로 인해 개발도상국인 한국, 중동, 남미, 아프리카, 캄보디아, 베트남 등의 제3세계에는 전운이 감돌기 시작했다.

　1930년대와 전쟁 기간에 지식인들에게는 새로운 체제에 대한 희망이 싹트고 있었다. 정통 공산주의는 1920년대와 30년대의 성취를 기반으로 잠시 세계 문제의 해결책을 제시하는 것처럼 보였으며, 복지국가 체제는 자본주의에서 마르크스주의적인 미래에 조금이라도 더 가까이 근접하기 위해 시도되었다. 그러나 전쟁 후 스탈린 치하의 독재적인 러시아는 그러한 국가 유형으로서는 바람직하지 못한 상태가 되었고, 이에 반해 서양의 자본주의는 적응과 강화를 통해 그 체제 안에서는 일어날 것 같지 않았던 극적인 변화를 이루어냈다.

　이때 두 가지 움직임이 나타났다. 첫째는, 국제적인 수준의 경제협력으로서 국제통화기금(International Monetary Fund, 1946)이 설립됨에 따라 자본주의에 막대한 안정을 가져다주었고, 빠르게 성장하는 국제적 협력 관계를 통해 세계는 상호 발전을 지속해나갈 수 있었다. 둘째는, 각 국가 안에서 경제 계획에 따른 긍정적 현상으로서 공업과 노동의 수요가 균형을 이루고 조절될 수만 있다면 자본주의가 더 오랫동안 존속할 것이라는 사실이 분명해졌다. 비록 환영받지는 못하겠지만 생활의 모든 면에 관료적인 중재가 필요한 것으로서 받아들여지게 되었다. 게다가, 사회적인 관점을 이해하는 우파와 혁명 사상을 실행하려는 좌파가 실용적인 측면에서 상호 이해를 조정하면서 함께 생존해나가려는 경향이 생기게 되었다. 정치적이면서 종교적인 과격론과 이상주의는 대담하지 못한 물질주의와 타협해 가는 경향을 보이기 시작했다.

　공공 부문과 민간 부문이 나타나면서 분야가 중첩되기 시작했다. 그 당시 대부분의 서방국가들은 거대한 소단위 문화권의 연합체에 의해 조정되었는데, 대개 소문화권의 연합체는 노동조합과 준 공공기관(semi-public)들과 더불어 중앙 정부, 지방, 공공단체들이 화학, 의약품, 보험, 자동차, 연료 및 통신 사업 분야 등의 다국적 기업과 힘을 나누어가지고 있었다. 자본가와 노동자 계층뿐만 아니라 관료 집단과 일반 시민 간의 대립으로 인해 사회 분화가 일어났다. 20세기 문화는 카프카로부터 솔제니친, 실존주의로부터 대중문화에 이르는 흐름에서 알 수 있듯이 개인의 끊임없는 투쟁을 반영하고 있다. 문학·미술·음악 분야에서 일반화된 자기 주장은 건축에서도 마찬가지였다. 1950년대 이후 많은 건축가들은 밝고 다양한 색깔, 재질감, 형태 등에서 건축물을 놀랄 만큼 개인적인 표현으로 바꾸어 놓았다. 아이러니컬하게도 이러한 표현은 단체의 후원을 통해서만 가능했는데, 외관상으로는 건축가의 개인적인 기념물인 위대한 현대 건축물도 단체가 비용을 지불함에 따라 그 자신이나 소속 단체의 우월감을 나타내는 추억거리가 될 수 있었던 것이다.

사무용 고층건물

뉴욕에 있는 레버 하우스(Lever House, 1952)는 S.O.M.(Skidmore, Owings and Merrill)의 고든 번샤프트(Gorden Bunshaft)가 설계했고, 그 근처의 시그램 빌딩(Seagram Building, 1956)은 필립 존슨과 미스 반 데르 로에가 공동으로 설계했다. 이 두 건물은 건축의 주특성에서 상당한 변환을 보여주고 있는 단순한 장방형의 마천루로서 철골 구조의 유리 커튼월을 처리하는 방법에서는 주요한 차이가 있다. I형 단면의 멀리온(mullion)을 적용시킨 시그램 빌딩이 더욱 흥미롭기는 하지만 레버 하우스는 사무소 건축에 상당한 영향을 끼친 건축물로서 건축가들은 평평한 모눈종이 모양의 파사드가 사무소 건물 입면에 적용할 수 있는 가장 쉬운 접근방법이라고 여겨서 이를 많이 모방했다. 유리로 뒤덮인 고층 사무소 건물이 확산되면서 두 건물의 독자성은 빛을 잃게 되었다. 같은 시대의 석조로 치장된 뉴욕의 고층 사무소 건물들과 대조되는 이 건물은 단순함, 우아함, 그리고 기술적인 탁월성 등으로 인해 건축주였던 위스키 회사, 비누 제조회사는 자신들의 현대적인 독창성을 과시할 수 있었다.

지오 폰티(Gio Ponti)와 네르비(Pier Luigi Nervi)가 설계한 피렐리(Pirelli) 고무회사 본사 사옥에서 이와 유사한 작업이 행해졌다. 30층이 넘는 밀라노 소재 피렐리 타워(1957)는 우아하며 시각적으로 만족스러운 느낌을 주는 사무소 건축이다. 네르비의 구조는 정점을 향해 크기가 점점 감소하는 형태로써, 충분한 폭의 철근 콘크리트 격판 두 개에 기반을 두고 있다. 건물의 입면은 고전주의적인 완벽함과 대칭성을 가지고 설계되어, 커튼월 형식의 임의적인 반

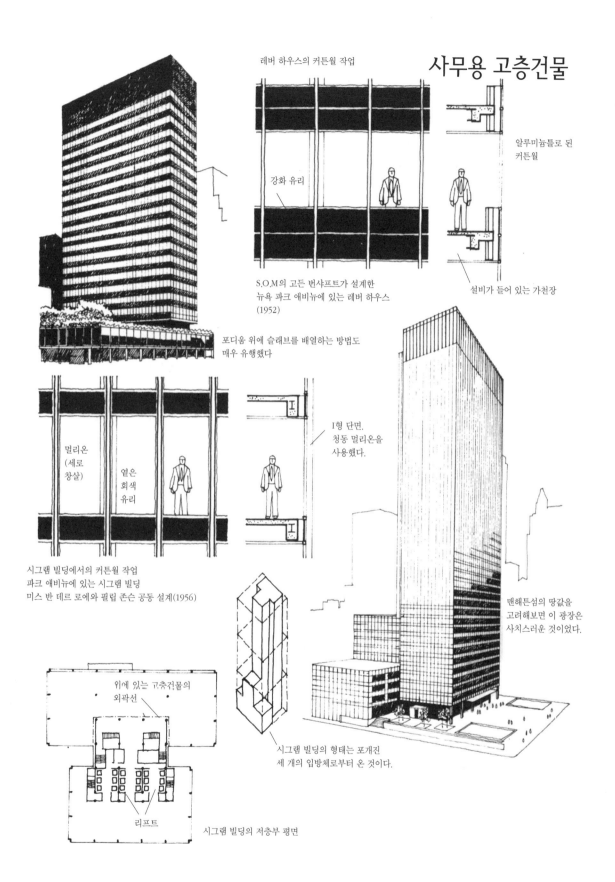

레버 하우스의 커튼월 작업

알루미늄틀로 된
커튼월

강화 유리

S.O.M의 고든 번샤프트가 설계한
뉴욕 파크 애비뉴에 있는 레버 하우스
(1952)

설비가 들어 있는 가천장

포디움 위에 슬래브를 배열하는 방법도
매우 유행했다

I형 단면.
청동 멀리온을
사용했다.

멀리온
(세로
창살)

옅은
회색
유리

시그램 빌딩에서의 커튼월 작업
파크 애비뉴에 있는 시그램 빌딩
미스 반 데르 로에와 필립 존슨 공동 설계(1956)

맨해튼섬의 땅값을
고려해보면 이 광장은
사치스러운 것이었다.

위에 있는 고층건물의
외곽선

시그램 빌딩의 형태는 포개진
세 개의 입방체로부터 온 것이다.

리프트

시그램 빌딩의 저층부 평면

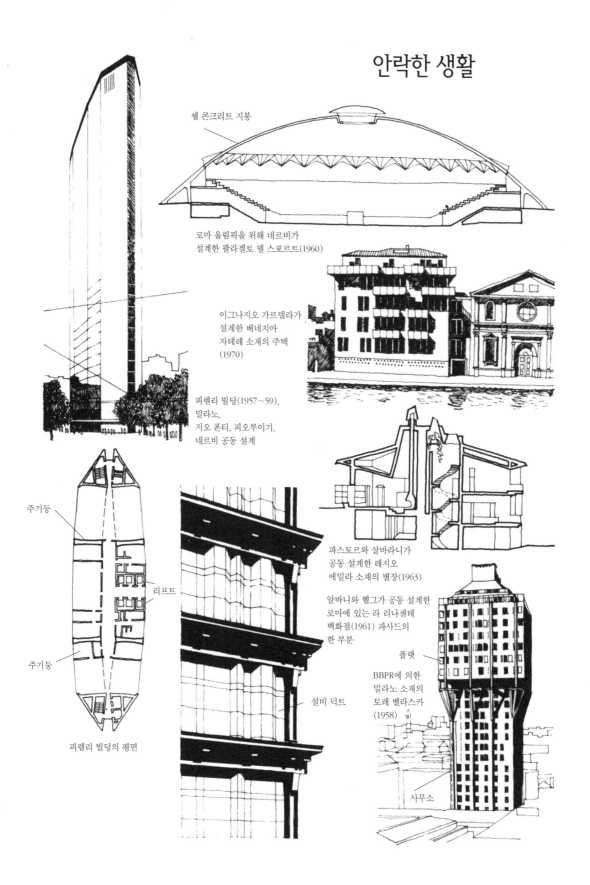

쉘 콘크리트 지붕

로마 올림픽을 위해 네르비가
설계한 팔라겔토 델 스포르트(1960)

이그나지오 가르델라가
설계한 베네치아
자테레 소재의 주택
(1970)

피렐리 빌딩(1957~59),
밀라노,
지오 폰티, 피오루이기,
네르비 공동 설계

주기둥

리프트

주기둥

피렐리 빌딩의 평면

파스토르와 살바라니가
공동 설계한 레지오
에밀라 소재의 별장(1963)

알바니와 헬그가 공동 설계한
로마에 있는 라 리나센테
백화점(1961) 파사드의
한 부분

설비 덕트

플랫

BBPR에 의한
밀라노 소재의
토레 벨라스카
(1958)

사무소

복과는 뚜렷이 구별되는 그 건물만의 독자성을 보여주고 있다. 네르비는 이 건물과 로마 올림픽을 위해 설계한 철근 콘크리트 구조의 홀 두 개를 건축함으로써 건축가로서의 명성을 얻게 되었다.

20세기의 형태주의

피렐리 타워를 시초로 밀라노와 로마에서는 사회의 풍요로움과 문화적인 우아함의 뒷받침을 받으면서 1950년대 후반에 호화스러운 형태 지향의 건축(일명 형태주의, Faormalism)이 많이 출현했다. 디자인 잡지인 『카사벨라』(*Casabella*)에 의한 이러한 움직임은 폭넓은 지지를 얻게 되었는데, 이탈리아의 아르 누보 양식인 '리버티'(Liberty)와 유사하기 때문에 '네오-리버티'(neo-Liberty)라는 별칭을 얻게 되었다. 밀라노에 있는 많은 사무소건물, 프랑코 알비니(Franco Albini)와 프랑카 헬크(Franca Helg)가 로마에 세운 리나센테 백화점(Rinascente, 1961), 베네치아의 자테레(Zattere)에 있는 이냐지오 가르델라(Ignazio Gardella)의 주택과 같은 건축물들은 당시 일반적으로 행해지고 있는 많은 상업건축과 주거건축의 단조로움과 무의미함에서 탈피해 더 흥미롭고 인간적인 것을 지향하고자 하는 노력의 결과였다. 반피(Banfi), 벨지오조소(Belgiojoso), 페레수티(Peressuti), 로저스(Rogers)에 의해 밀라노에 건축된 주상복합 고층건물인 토레 벨라스카(Torre Velasca)는 네오 리버티 양식의 전형적인 건물이다. 건물 상층부의 여섯 층이 돌출되어 선반받침 위에 얹혀져 있는 형태로서 이것은 피렌체 지방의 르네상스 탑을 완곡하게 인용한 것이지만, 현대적인 모습의 실루엣을 뚜렷하게 부여하고 있다. 1950년대와 60년대의 주요한 건물들이 시 당국, 공공 위탁기관, 항공회사, 대학 등의 투자에 의해 건설되었다. 필라델피아에 위치한 루이스 칸(Louis Kahn)의 리처드 의학 연구소(Richards Medical Centre laboratories, 1957)는 현대 건축의 어휘를 사용하고 있으나, 풍부하고 표현적인 방법의 사용으로 그로피우스나 미스의 주장과는 구별된다. 덕트를 활용한 이 연구소 건물은 복잡하게 돌출시키고 후퇴시킨 대담한 사각형의 표현 모습과 더불어, 낭만적인 느낌의 변화 있는 스카이라인을 조성하는 등 극적인 건축 표현의 선구적 역할을 하고 있다. 더욱더 낭만적인 건축물은 요른 웃존(Jôrn Utzon)과 오브 아럽(Ove Arup)이 설계한 시드니 오페라 하우스(Sydney Opera House, 1957~73)로서 항구를 위압하는 듯한 돛 모양 지붕의 군집으로 이루어져 있다. 에로 사아리넨(Eero Saarinen)이 설계한 뉴욕 케네디 공항의 TWA 터미널 건물(1962)은 새 날개

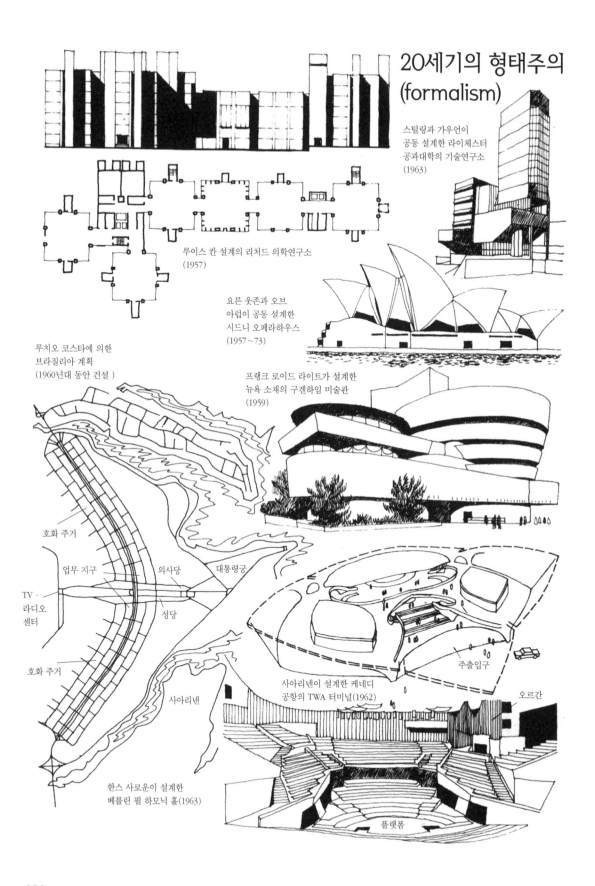

20세기의 형태주의
(formalism)

스털링과 가우언이
공동 설계한 라이체스터
공과대학의 기술연구소
(1963)

루이스 칸 설계의 리처드 의학연구소
(1957)

요른 웃존과 오브
아럽이 공동 설계한
시드니 오페라하우스
(1957~73)

루치오 코스타에 의한
브라질리아 계획
(1960년대 동안 건설)

프랭크 로이드 라이트가 설계한
뉴욕 소재의 구겐하임 미술관
(1959)

호화 주거

업무 지구

의사당

대통령궁

TV ·
라디오
센터

성당

호화 주거

사아리넨

사아리넨이 설계한 케네디
공항의 TWA 터미널(1962)

주출입구

오르간

한스 사로운이 설계한
베를린 필 하모닉 홀(1963)

플랫폼

형태의 만곡된 지붕을 가지고 있는데, 이것은 의식적이든 그렇지 않든 비상(飛翔)에 대한 은유적인 표현이다.

라이트 후기의 탁월한 작품인 뉴욕 소재의 구겐하임 미술관(Guggenheim art museum, 1959)은 부수적인 편익시설의 집합체 위에 놓인 나선형 원통의 형태를 취하고 있다. 그 개념은 겉으로 드러나고 있지는 않지만, 라이트는 전시를 위한 제2의 공간이 있는 건물을 설계하는 대신에 모든 것을 하나의 공간에서 수용하려는 고도로 독창적인 계획을 시도했다. 이와 같은 유형으로서 한스 샤로운(Hans Scharoun)이 설계한 베를린 필하모닉 홀(Berlin Philharmonic Hall, 1963) 카라얀의 오케스트라를 위해 특별히 설계되었는데 중심에 위치한 무대 부분은 콘서트 홀에서 매우 독특한 부분이다. 청중석은 청중과 연주자 사이의 친밀한 관계를 강조하기 위해 작고 독립적인 부분들로 나뉘어져 있다.

공공 투자에 의한 건물의 주요한 사례로서 1960년대 후반에 루치오 코스타(Lucio Costa)와 오스카 니마이어(Oscar Niemeyer)에 의해 건설된 브라질의 신수도 브라질리아를 들 수 있다. 전체적인 계획 개념은 사람이 살지 않는 숲 속에 신수도를 건설하고 중심에 웅장한 건물들을 위치시키는 전형적인 도시계획 양식을 취하고 있는데, 거대한 대통령 궁, 극적이고 기하학적인 의사당 건물 등 겉치레뿐인 일종의 과대망상광적인 표현이 나타나 있다.

1960년대 후반 캐나다 몬트리올에서는 거대한 공공사업이 시행되었다. 지하철 역사(Métro) 건물, 플라스 보나방튀르(Place Bonaventure)와 플라스 빌르 마리(Place Ville Marie)에 있는 두 개의 주요 중심지구 재개발, 그리고 대규모의 국제박람회(1967), 1976년에 개최된 올림픽 경기장이 건설되었다. 프라이 오토(Frei Otto)가 설계한 독일관은 고도의 기술을 요하는 우아한 건물로서 기둥에 의해 지지되는 텐트 형태의 구조물인데, 후에 뮌헨 올림픽 경기장건물에서 발전된 형태로 나타나게 된다. 엑스포 '67을 위해 모셰 샤프디(Moshe Safdie)가 설계한 집합주택 '헤비타'(Habitat)는 프리캐스트 콘크리트 상자를 쌓아서 집합시켜 놓은 모습의 158개의 단위주거로 하나의 주거단지를 형성하고 있다.

제임스 스털링(James Stirling, 1926~)은 제임스 가우언(James Gowan, 1924~)과 함께 라이체스터 공과대학 기술연구소 건물(Leicester University engineering building, 1963)을 설계했다. 그는 또한 케임브리지 대학의 역사학부 도서관(1965)과 옥스퍼드의 퀸즈 칼리지(Queen's College)에 있는 플로리 빌딩(Florey Building, 1968)을 설계했다. 넓은 면적의 반짝이는 알루미늄으로 둘러싼 있는 콘크리트면과 벽돌에서 느껴지는 대담하고 딱딱하고 거친 질감으로 인해 라이스터 공대의 건물은 상당히 독자적이고 기계적인 특성을 띠고 있다. 건축 구조의 안정성은 모형 실험으로 인해 증명되었고, 기계설비는 시각적인 건축표현의 한 부분으로 정돈되었다. 여기에서는 구성요소를 조합하는 방법이 다양하게 시도되었는데, 그 바탕에 깔린 기본 개념은 부품을 조립한 기계로서의 건축물을 이해하고자 하는 것이었다. 이러한 특징은 영국 건축가인 노먼 포스터(Norman Foster)에게도 나타났다. 그의 성공적인 작품으로는 입스위치(Ipswich)에 있는 윌리스 파버 사무소(Willis Faber office, 1973)와 이스트 앵글리아 대학(East Anglia University)의 세인즈버리 미술관(Sainsbury Gallery, 1978)이 있다. 또한 피아노와 퐁피두 센터(Centre Pompidou, 1976)를 공동 설계했던 리처드 로저스(Richard Rogers)에게도 나타나고 있다.

모더니즘의 보완

전통주의적 문화를 지향하고 있는 값비싼 기념비인 링컨 센터(Licoln Centre)가 뉴욕에 건설된 1966년에 서부 애리조나의 숲속에는 초라한 오두막촌인 드롭 시티(Drop City)가 출현했다. 이것은 젊은이들의 야영지로서 지오데식 돔(geodesic-dome)으로 기본구조를 형성하고, 링컨 센터의 설립을 가능하게 해주었던 과소비 문명의 파편더미나 중고 차의 몸체로 구성되었다. 원래 드롭 시티는 전쟁 동안에 서구 생활의 특징이 되었던 증가하는 불법거주자의 이동에서 힌트를 얻은 것으로 그다지 독특한 것은 아니었으며, 절박한 사회 문제를 초래하지도 않았다. 다만 서로 교제를 원하는 이들 중산계층 아이들의 실험적 세계는 프랑스 비동빌르(bidonvilles, 낡은 깡통이나 상자로 지은 판자집촌)의 건축노동자나 페루의 바리아다스(barriadas)에 있는 수천 명의 무주택자들과는 다른 세계였다. 그럼에도 불구하고 드롭 시티의 시도는 미국에서는 아주 색다른 것이었는데, 당시 서구 사회의 주도적 가치관에 대해 내부로부터 이의가 제기되면서 사람들의 흥미를 불러일으켰던 것이다. 베트남에서의 외교 정책에 대한 비난이 커지고 전쟁의 잔인함, 고귀한 생명의 희생, 돈의 낭비에 대해 후진국의 국민 대다수가 냉소적인 눈으로 바라보는 상황에 도달했다.

미국이나 서구의 다른 여러 나라들에서도 국내 문제에 대해 불안감이 높아졌다. 국내적 문제로서는 인본주의적이고 풍요로운 사회에서도 여전히 나타나고 있는 인종차별, 빈곤, 신도시와 교외로의 인력 유출, 자원 고갈로 인한 도심부 쇠퇴, 슬럼가 철거 계획에도 불구하고 계속 존재하는 불량 주거지역, 파괴주의의 희생물인 흉하고 정감 없는 새로운 주거단지, 교통지옥이 된 도시의 환경파괴, 공공사업의 계속적인 실패, 자원의 무절제한 사용, 공해문제 등이 있었다.

미국과 유럽의 사회 저항운동은 1968년에 절정에 달했고, 이것이 베트남 전쟁의 종식을 도왔다는 것은 의심할 여지가 없다. 동시에 억압받던 정치인들은 인종차별, 공해, 에너지 위기와 같은 도시 문제와 더불어 지방자치에 대한 요구 등에 대해서도 더 가까이 접근하기 시작했다. 그들의 첫 번째 문제는 기존 체제를 유지하면서 다수를 만족시키려는 것으로 소수의 견해는 거의 수용되지 않았다는 점이었다. 여기저기에서 계획들이 수립되고 그중에 몇 개는 타협을 통해 실현될 수 있었지만 근본적인 해결책은 제시하지 못했다. 이는 환경적인 시행착오를 공공연히 시인하는 것이었다. 비싼 경비를 들여 건설, 유지되는 고층 아파트 타워 블록은 이제는 더 이상 사회적으로 바람직하지 못한 것으로 여겨지게 되었다. 드디어 1972년, 거주자들의 극단적인 악평과 부적절한 단지의 파괴 행위로 인해 지어진 지 17년밖에 안 된 세인트루이스의 프루이트-이고의 아파트 중 일부를 철거한다는 결정이 내려졌다.

몇몇 비평가들, 특히 찰스 젱크스(Charles Jencks)는 이 사건을 모더니즘의 실패로 비판했으며, 한 걸음 더 나아가 철거 행위는 시기적절하게 이루어진 것이므로 어느 누구도 슬퍼하지 않을 것이라고 주장했다. 이는 다소 의문의 여지가 있는 주장으로서 자본주의가 계속되는 한 모더니스트들의 논의는 사라지지 않고 계속될 것이다. 모더니스트의 기술과 접근 수법은 지속적인 자본 재생 과정에서 나타난 문화적 표현의 한 단면으로서 그들은 문제를 재해석하고 재창조해, 자본주의가 가져온 중산계층의 가치 체계를 극복해보려는 자본주의에 대한 긍정적 비판으로서 의미를 지닌다.

다윈, 마르크스, 프로이트, 레닌, 브레히트와 같은 위대한 모더니스트들은 서로 다른 분야에서 최고의 혁명가들이었다. 그들은 고지식한 사회관습을 거부했고 대안적인 세계관을 창조했다. 만약 관습적인 이론과 실제가 완전히 타파될 수 있었더라면 세계는 아마도 더욱 나아졌을 것이다. 모더니즘이 가장 활발하게 나타났던 1920년대 러시아에서, 모더니즘은 자본주의에 대한 대안으로서 사회혁명을 부추기는 역할을 했다. 1920년대와 1930년대에 모더니즘

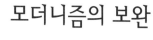

모더니즘의 보완

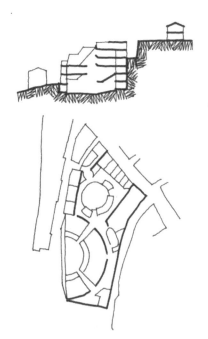

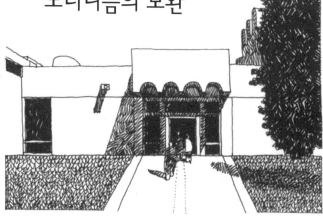

아비뇽에 있는 지안카르르 데 카를로의 교육학부 건물,
구도시의 구조로 이루어졌다.

바르셀로나 몬트주이치(Montjuich)에 소재한
조 루이스 서트의 미로 재단(Fundacio Miro).
이 현대 건축은 예술 작품을 전시하는 동시에
마을 사람들에게 사회적인 중심을 제공했다.

다보운과 다크에 의한 웨스트민스터에 있는
릴링톤 주택단지.
현대 건축과 전통적인 재료들의 결합으로 이루어졌다.

로버트 매튜와 퍼시 존슨 - 마셜에 의한
힐링던 시빅 센터. 전통적인 재료들이 힐링던 시빅
센터를 전통적인 형태로 이르게 하고 있다.

이 서유럽에서 유행하면서, 많은 사람들이 원하는 사회적 변화의 상징이 되었지만 그대로 성취될 수는 없었다. 그 당시에는, 전후 복지국가의 출현과 함께 사회적 변화가 이루어지는 것 같았고, 근대 건축은 이런 사회적 변화에 물리적 형태를 부여했다.

그러나 구조적인 개혁주의자들의 세계와 전후 건축가들의 세계 사이에는 근본적인 차이가 있었다. 전후 건축가들에게, 그 상황은 결코 혁명적인 것이 아니었다. 복지국가의 근간을 이룬 케인즈 경제학은 자본주의를 다시 부활시켰다. 냉전 상황에서 경쟁적인 군수 산업에 의해 전후 경기는 활성화되었고 이는 폴 굿맨(Poul Goodman)이 말한 '군산복합체'에 기반을 두고 있다. 건축은 단지 상품교환적인 가치로 인식될 뿐이었는데 필요성보다는 이익을 추구하기 위해 건축 행위가 계속 답습되었다. 모더니즘의 본질이 아닌 외형만이 시장체계에 의해 지배되었다. 푸루이트 이고의 실패는 모더니즘의 실패가 아닌 자본주의 자체의 실패였다.

1968년을 기점으로 건축가와 도시계획가들은 자신의 입장을 일반화시키기 위한 노력을 기울임으로써 공적인 압력에 대응했다. 그들은 기존 도시의 물리적·사회적 구성요소에 관심을 기울였다. 영국에서는 고층 아파트 대신 저층의 주택을 짓기 시작했고, 콘크리트 대신 벽돌, 나무 등과 같은 천연적인 건축재료를 사용하기 시작했다. 웨스트민스터(Westminster)에 위치한 다르본(Darbourne)과 파크(Park)의 릴링톤 전원 주택단지(Lillington Gardens housing, 1970)와 캠덴(Camden)에 위치한 니브 브라운(Neave Brown)의 알렉산더가의 주거단지는 런던 지역에 지어진 대표적인 실례다. 로버트 매튜(Robert Matthew)와 퍼시 존슨-마셜(Percy Johnson-Marshall)의 힐링던 타운 홀(Hillingdon Town Hall, 1978)에서는 지역적 다양성을 포기하지 않으면서 근대 건축의 이미지를 표현하기 위해 신중한 노력이 이루어졌다. 도시 재개발 계획에서 현존하고 있는 건물을 유지시키기 위해 노력했고, 개발이 일어나는 장소에서도 현존하는 지역사회와 함께 보조를 맞추어 나갈 수 있도록 단계적으로 사업을 진행했다. 이 밖에 영국의 사례로는 리버풀(Liverpool)의 근린주구 개발 계획과 노팅 힐(Notting Hill) 주거단지 개발 계획, 켄싱턴(Kensington) 주거단지 개발 계획, 그리고 런던 시의회에 의해 수행된 런던의 북 켄싱턴(North Kensington)의 다양한 주거 개발 프로젝트 등이 있다. '지역주의'(Regionalism)는 1970년대 유럽 건축의 중요한 주제였는데 스페인의 지역주의적 흐름을 지안카를로 데 카를로(Giancarlo de Carlo)의 우비노

(Urbino) 교육부 건물(1975), 프랑코(Franco)가 죽은 이듬해인 1975년 카탈로니아 문화의 부활을 선도하는 지역건축가 집단의 특별한 노력 등에서 실제적인 모습을 찾아볼 수 있다. 바르셀로나(Barcelona)에 위치한 조세-루이스 서트(Jose-Luis Sert)의 미로 재단(Fundacio Miro, 1975)은 독재자 프랑코의 사후에 가장 눈에 띄는 건축물로서 지역주의적 흐름을 지닌 건축계보에서 첫 번째 위치를 차지하고 있다.

물리적·사회적 구성 요소들에 대한 관심이 높아지는 현상은 지구 자원의 유한성을 유연하게 받아들임으로써 더 강화되었다. 비근한 예로 J. K. 갈브레이스(J. K. Galbraith)와 에드워드 미샨(Edward Mishan)과 같은 경제학자들은 산업화의 결과를 비판했고, 무한한 경제성장에 대해 의문을 표시했다. 그들의 주장은, 영향력 있는 대사업가들로 구성된 로마클럽(Club of Rome)이 『성장의 한계』(*The Limits to Growth*)라는 책을 출판했던, 1972년에 더욱 큰 힘을 얻게 되었다. 1973년 '중요하게 여겨져야 할 경제에 관한 연구'라는 부제로 출판된 슈마허(E.F.Schumacher)의 『작은 것이 아름답다』(*Small is Beautiful*)라는 책에서는 적절하고 대안적인 기술의 개념을 보편화시켰다. 최소한 이런 주장들은 에너지 절약, 대체 에너지원 개발, 친환경 건설기술 등의 연구를 촉진시키면서 건축적 사고에 중요한 영향력을 끼치고 있다. 이러한 개념으로 설계된 초기 사례로는 마틴 펄리(Martin Pawley)의 가베지 주거단지(Garbage Housing)가 있는데, 아쉽게도 시장성 때문에 널리 실용화되지는 못했다.

흥미로운 것은 1973년이 시장구조에 대한 새로운 대안 개발의 필요성이 강조된 경제적 전환점이었는데 그해의 중동전쟁과 석유파동은 세계 자본주의의 또 다른 심각한 위기로 작용했다. 또다시 정치인·경제인 들은 갑작스런 기습을 당한 것이었다. 전쟁 후의 경기 호황이 계속될 것 같았고 마르크스의 필연적 위기 이론은 잊혀진 지 오래였는데, 갑자기 마르크스가 예견했던 위기가 도래했던 것이다. 전 세계에 걸친 과잉생산은 이윤의 상대적 하락과 투자의 감소를 가져왔다. 실업이 증가했으며, 늘어가는 빈곤과 저조한 소비는 수요를 위축시키고 더욱이 과잉생산의 문제를 더욱 악화시켜서 헤어나올 수 없을 정도로 침체의 소용돌이로 이끌었다.

자본주의 체제로 위기에 대한 해답을 줄 수 없어서 감소된 수요에 일치할 때까지 과잉생산이 스스로 하락되기를 바랄 뿐이었고, 많은 영역이 파괴되는 것을 수수방관할 수밖에 없었다. 중산계층들은 만일 이런 문제로 인해 궁핍과 사회분열을 초래하더라도 그것은 유감스럽지만 피할 수 없는 일이라 여겼다. 1970년대 말까지 정치권은 그러한 정책이 속행되는 것을 묵인했는데, 영국의 대처와 미국의 레이건 정부가 그 대표적 예다. 정치 체제가 우익으로 변해버린 것이다. 우익 정치체제의 주요한 목적은 자본붕괴 과정의 선택적 관리로서 산업 비용에서 재정 자본을 보호하고 공공 비용에서 민간부문을 보호한다는 논리였다. 결국에는 반(反)복지, 반(反)노동자 정책 그리고 빈곤과 만연한 실업을 현실로 받아들일 것을 요구하기에 이르렀다. 선진국의 실업, 동구권의 궁핍, 개발도상국에서의 저임금과 열악한 근로환경, 제3세계의 기근과 굶주림 등 그 영향력은 전세계적인 것이었다

공공지출의 삭감과 서비스의 사유화로 선진 산업국가들 중 복지국가의 수가 현저히 줄었다. 특히 주택 계획에 큰 영향을 주었는데, 영국의 주택 보급율은 1960년대 연간 30만 호(그들의 반은 공공 부문이었음), 1970년대 최고 40만 호에서 1980년대 후반 18만 호(그 대부분은 민간 부문이었음)로 떨어졌다. 유럽과 미국 지역에서 대규모의 공공 주택이 1960년대를 대표하는 특성이었다면, 1980년대는 전자식 문, 감시용 비디오카메라나 안전요원에 의해 보호되는 개인 주택의 모습이 주택 정책의 변화를 상징하는 것이었다. 그동안 무주택자가 엄청나게 증가해 영국에서는 거의 두 배가 되었다. 1989년 구세군 보고서에 따르면, 남미 도시에서나 있을 법한 대규모 빈민가가 영국에서도 존재하고 있다는 결론을 내렸다.

사회적 가치에서 이런 변화는 하룻밤 사이에 이루어질 수 있는 것이 아니었다. 제도로서 복지국가는 호감가는 것이었으며 다른 식으로 국민을 설득하기 위한 방법이었다. 1980년대에 이른바 신우익이 나타났고 우익 사상은 확대된 자신감으로 표현되었다. 반연합, 반사회주의자, 반근대주의자, 때로는 인종주의적 관점에서의 외국인 증오(아직은 특이한 추종자들이지만) 등 신우익은 그러한 편파적 정책들이 가능한 상태로 심리적인 분위기를 조성했다.

건축 이론도 영향을 받았다. 대처 방식의 경제체제였던 여러 국가, 특히 영국에서는 근대 건축이 사회적 성향을 지닌다는 이유로 근대 건축에 대해 철저히 반대하는 정치적 보수주의 성향의 건축 비평가들이 나타났다. 1970년대에는 보존 운동이 상당히 성장했고 1960년대에 이미 몇 개의 특징적인 재개발 계획에서 역사적 건물과 오래된 도심을 보존하기 위한 노력의 흔적이 있었다. 데이비드 워킨(David watkin)의 『도덕과 건축』(*Morality and Architecture*)이나 로저 스쿠루톤(Roger Scruton)의 『건축의 미학』(*The Aesthetics of Architecture*)과

같은 책들은 당시의 반마르크스주의적 건축사관과 고전주의 양식의 건물을 사례로 다루고 있다. 『전원생활』(*Country Life*)이라는 잡지와 다수의 텔레비전 드라마 제작자들은 건축형태와 사회적 관습으로서 영국식 교외주거를 호평했다. 특히 영국의 찰스 황태자는 근대 건축을 노골적으로 혹평하고 고전주의에 열광해 사람들에게 영향을 끼쳤다.

이론이 실제에 영향을 끼치면서, 과거 양식을 사용해 설계하는 방식이 되었다. 1960년대 레이몬드 에리스(Raymond Erith) 같은 역사주의 건축가들도 모더니즘 경향에 젖어 들어 있었다. 그러나 현재 그의 계승자로서 퀸렌 테리(Quinlan Terry), 로버트 아담스(Robert Adams)와 같은 사람들이 계획한 케임브리지의 퀸스 대학(Queens College), 런던 근교의 리치몬드 리버사이드 사무소(Richmond Riverside Office), 햄프셔(Hampshire), 도머스필드(Dogmersfield) 첨단 산업 단지에 건축한 컴퓨터 회사들의 본사에서 공통적으로 고전양식을 재생해 사용하고 있으며 이를 통해 사업상의 성공을 거두었다.

포스트모던 건축

고전주의의 부흥(Classical revivals)은 건축에서 역사주의로의 큰 변화 중 일부분을 차지했으며, 이 운동은 포스트모더니즘으로 알려지게 되었다. 역설적인 사실은 그 주요한 이론적 기원이 보수론자에 의해서가 아니라 1968년 이래 우익으로 흐르는 것에 대해 환멸감을 느낀 유럽의 급진주의자들에 의해서 이루어졌다는 것이다. 포스트모더니즘은 실패한 민주봉기인 '프라하의 봄'에 대한 절망과 1973년 경제위기에 의해 일어난 파리의 이벤트(석유협정)와 함께 시작되었다. 혁명은 더 이상 진보를 향한 수단이 될 것 같지 않았고 중산층 국가의 위축과 복지 자본주의의 포기는 점진적 사회변화조차 성취하기 어려워 보이게 했다. 자본주의와의 동반 체제가 필요한 것 같았고, 실제로 그런 징후가 보여졌다면 의미가 있었겠지만 유감스럽게도 상황은 그러지 못했던 것 같다.

포스트모더니즘은 푸코(Foucault), 소쉬르(Sassure), 바르트(Barthes), 데리다(Derrida) 등 여러 작가들의 문학 이론 분야에서 시작되었다. 과학의 확실성, 기술 그리고 19세기 실증주의에 뿌리를 둔 근대주의자들의 기본 이념은 서서히 이제 종말을 맞고 있었다. 그 대신 불확실성, 상대성, 아이러니, 숨겨진 의미를 내포하는 변화의 세계가 그 자리를 차지했다. 포스트모더니즘은 소설, 영화, 희곡과 같은 영역에 영향을 주기 시작했다.

포스트모더니즘은 1977년 찰스 젱크스가 저술한 『현대 포스트모던 건축의 언어』(*The language of Postmodern Architecture*)의 출판과 함께 건축에 많은 영향을 끼쳤는데, 젱크스는 문학 이론가들처럼, 과거 근대주의자와의 구조적 단절이 존재한다고 주장했다. 풍토주의-통속주의(Venacular-Popular), 은유(Metaphorical), 임기응변(Adhocist), 역사주의-지역주의-다원주의(Historist-Regionalist-Pluralist)의 양식을 나타내는 새로운 집단이 출현하면서 건축적 어휘가 매우 풍부해졌다. 젱크스의 동료인 폴 골드버거(Paul Goldberger)에 의하면, 이들 집단이 공통적으로 추구하는 것은 근대 건축이 표방하는 모든 것들에 대한 적대적 대응이었다.

『건축의 복합성과 대립성』(*Complexity and Contradiction in Architecture*)의 저자 로버트 벤추리(Robert Venturi)의 초기 작품인 공동주택 길드 하우스(Guild House, 1960)는 의식적으로 평범한 양식을 사용해 근대 건축을 조롱하려는 듯이 건축을 비속화시킴으로써 근대주의가 표방하는 중요한 목표에 대한 반작용을 시사하고 있다. 찰스 무어가 심혈을 기울인 루이지애나주 뉴올리언즈(Louisiana, New Orleans)에 있는 이탈리아 광장(Piazza d'Italia, 1975)의 신고전주의적 디자인과 오레곤 주 포틀랜드(Oregon, Portland)에 있는 마이클 그레이브스의 선물을 포장한 듯한 모습의 포틀랜드 건물(1983) 등도 마찬가지였다. 전기 모더니즘 건축가이자 미스 반 데르 로에(Mise Van der Rohe)와 함께 일했던 필립 존슨(Philip Johnson)은 뉴욕에 기단부가 있는 고전풍 치펜데일(chippendale) 형식의 마천루인 AT&T 사옥(1982)을 설계했다.

영국의 전기 모더니즘 건축가였던 제임스 스털링은 런던 테이트 갤러리(Tate Gallery, 1987)의 증축(클로어 갤러리)에서 역사주의적 경향으로 자세를 바꾸었으며, 벤추리와 스코트-브라운(Scott-Brown)은 내셔널 갤러리(National Gallery)의 포스트모던 경향의 증축계획에 영국의 모더니즘 풍 건축가들을 물리치고 초청되었다. 프랑스에서는 스페인 건축가 리카르도 보필(Ricardo Bofill)이 기념비적인 신고전주의 양식의 집합주택 아르카데 락(Les Arcades de Lac, 1981)을 성 퀭텡-이벨린(St Quentin-en-Yvelines)에 설계했다. 이탈리아에서 알도 로시(Aldo Rossi)는 모데나(Modena)의 산카탈로(San Cataldo) 묘지에서 절충하기 힘든 신고전주의적 이미지를 일관성 있게 사용했다(1971~). 일본 야마구치(Yamagushi)에서 다케후미 아이다(Takefumi Aida)는 상층부에 주거가 배치된 의료센터를 설계하면서 마치 어

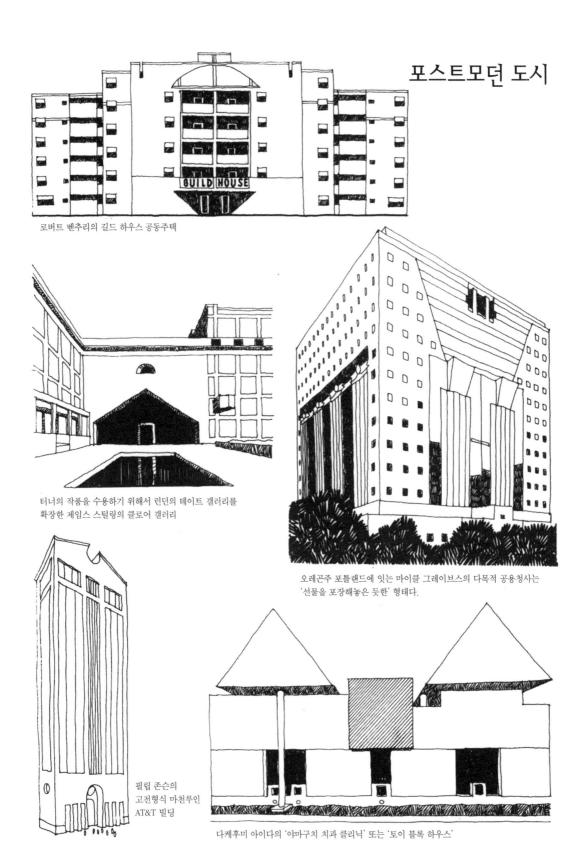

포스트모던 도시

로버트 벤추리의 길드 하우스 공동주택

터너의 작품을 수용하기 위해서 런던의 테이트 갤러리를
확장한 제임스 스털링의 클로어 갤러리

오레곤주 포틀랜드에 잇는 마이클 그레이브스의 다목적 공용청사는
'선물을 포장해놓은 듯한' 형태다.

필립 존슨의
고전형식 마천루인
AT&T 빌딩

다케후미 아이다의 '야마구치 치과 클리닉' 또는 '토이 블록 하우스'

418

린이들의 블록쌓기와 같이 단순한 소재로 복잡한 풍자를 표현하고 있는 토이 블록 하우스(Toy Block House, 1979)를 설계했다.

모더니즘에 반기를 든 포스트모던 건축가들은 양식 그 이상의 것까지 거부했다. 그들은 근대 건축의 진지한 이념과 급진적인 사회 변화에 대한 관심까지도 거부했다. 포스트모더니스트들의 눈에는 세계는 변화하지 않았고, 자본주의는 여전히 존재하고 있으며 자본주의의 모순이 전보다 더 명백해졌던 것이다. 무주택자의 증가, 주택 계획의 붕괴, 자원의 낭비, 악화되는 도시 환경 등 건축의 역할은 더욱더 절실해졌으나, 건축가들은 긍정적 변화를 이루어나갈 수 있다는 확신을 잃어가고 있었다. 그들은 의식적이든 무의식적이든 간에 널리 퍼져 있는 우익적인 정치동향을 숙고하면서 사회적 과제에 맞닥뜨리려하기보다는, 오히려 양식운동, 역사적 회고나 빈정대는 듯한 반어법을 통해 그 임무를 고의로 회피했다. 이러한 관점에서 포스트모던 건축이 사회복지를 위한 건축물이 쇠퇴하는 시기에 현격하게 나타난 것은 우연이 아니었으며 그 위치를 상업용 건물이 차지하면서 이 시기의 자연스러운 건축 형식이 되었다.

신공업기술주의

1980년대 중반 다양한 정부의 기업 보호 정책은 확실히 효과가 있었다. 노동자층의 실업과 빈곤 문제는 도시 어디에서나 증가했고, 부유층은 더욱 부유해져서 두 계층 간의 간격은 더욱 커졌다. 이러한 현상은 낙후된 도심지 내부와 대조되는 광택이 나는 재료로 지어진 신도시 중심부의 오피스, 쇼핑몰 그리고 대형 점포와 같은 상업 건물의 폭발적 증가로 나타났다. 잘 알려진 예로는 강렬하고 독특한 리처드 로저스의 런던에 있는 로이드 보험회사(1986)가 있다. 금속제의 외피, 노출된 파이프와 덕트로 이루어진 로이드 빌딩은, 비록 그 건물이 어떤 사회적 목적을 지니지는 않았지만 현대적 이미지가 명확했기 때문에 20세기 후반의 하이테크 건축의 전형이 되었다. 대규모 재개발로서는 런던 동부 끝단의 항만 재개발(1980~)을 들 수 있다. 이 지역은 한때 런던의 중요한 산업지역이었으나, 런던 항은 시간이 지나면서 쇠퇴하기 시작했고, 80년대 초기에 와서 수만 명의 지역민들이 일자리를 잃은 채 낙후된 주거에서 살게 되었다. 정부는 토지 중개인을 통해 부동산 투기 성격을 띤 개발 계획에 그 지역을 개방했고, 그 결과 불필요한 상업 지구가 과잉 개발되는 현상을 빚었다. 그 개발의 가장 핵심은 캐너리 워프(Canary Wharf) 지역인데, 이곳

사회에 영향을 주는 건축가

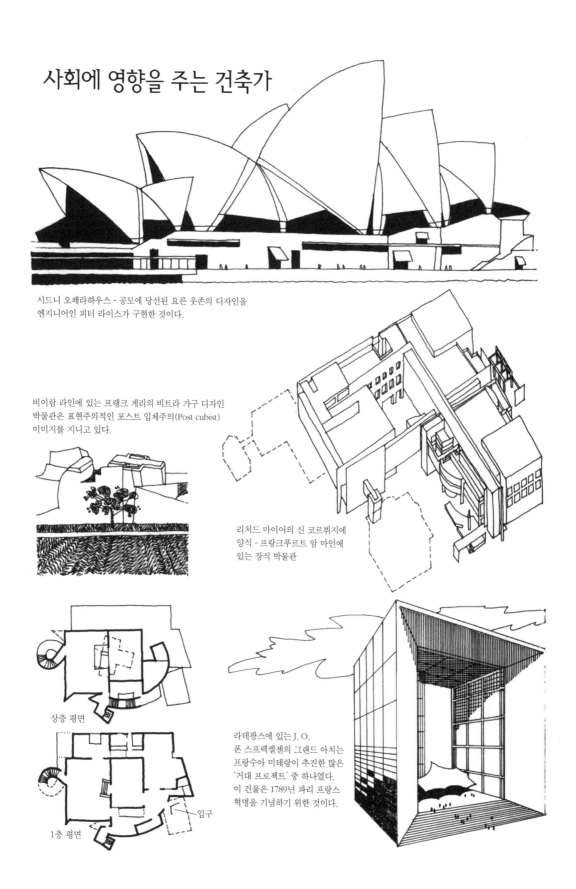

시드니 오페라하우스 - 공모에 당선된 요른 웃존의 디자인을
엔지니어인 피터 라이스가 구현한 것이다.

비이람 라인에 있는 프랭크 게리의 비트라 가구 디자인
박물관은 표현주의적인 포스트 입체주의(Post cubist)
이미지를 지니고 있다.

리처드 마이어의 신 코르뷔지에
양식 - 프랑크푸르트 암 마인에
있는 장식 박물관

상층 평면

1층 평면

입구

라데팡스에 있는 J. O.
폰 스프렉켈센의 그랜드 아치는
프랑수아 미테랑이 추진한 많은
'거대 프로젝트' 중 하나였다.
이 건물은 1789년 파리 프랑스
혁명을 기념하기 위한 것이다.

에는 100만m²가 넘는 업무 지구, 광장, 쇼핑몰이 배치되어 있으며 그 중심 위치에 미국인 건축가 시저 펠리(Ceaser Pelli)가 설계한 원 캐나다 스퀘어(One Canada Square)가 있다.

전세계적으로 점점 쇠퇴하고 있는 도시 노동자 계층의 주거 지역은, 개발업자들이 좋은 조건의 은행 대출을 적절히 활용해 재개발함에 따라, 어느 정도의 사업적 이익을 올리면서 적절히 생활양식을 고려한 근린주구로 재정비되었다. 건축가 스프렉켈슨(Spreckelsen)의 그랜드 아치(Grand Arch)가 있는 파리의 라 데팡스(La Defense), 올림피카 주거단지(Villa Olimpica)가 된 바르셀로나의 포블 누(Poble Nou) 산업 지역, 뉴욕 강변의 배터리 파크 시티(Battery Park City), 로스앤젤레스 도심의 벙커 힐(Bunker Hill) 등이 좋은 예다. 한편 매우 극적인 건축물들이 홍콩, 싱가포르, 도쿄, 상하이 같은 동남아의 도심부 재개발에서 출현했다. 때때로는 지역의 전통적 건축 특성을 가미한 노먼 포스터의 홍콩 상하이 은행(1986)에서처럼 하이테크 건축물로 나타나기도 하지만, 건축의 주목적은 전적으로 상업적인 건축의 양산이었다. 말레이시아 건축가 켄 양(Ken Yeang)은 셀랑고(Selangor)에 있는 그의 초기작 '루프-루프 주택'(Roof-Roof House, 1986)을 시초로 지역주의 현대 건축의 이론과 실제에 커다란 공헌을 했다. 더 이상 지역주의가 성장하는 국제화 자본의 가면 노릇을 하지 못했지만, 투자 경쟁에서 도시가 독특한 이미지를 갖도록 하는 것이 매우 중요해졌다.

자본뿐 아니라 유명한 건축가들의 작품도 국제화되고 있는데, 자금은 투자할 만한 기획안을 찾아 세계 곳곳으로 이동하고, 건축가들은 그것이 이끄는 곳이 어디든지 따라가고 있다. 결과적으로 20세기 후반은 설계를 위탁한 건축주의 재력과 정치적 영향력, 건축가의 선구적 안목을 반영하는 강한 이미지를 지닌 극적인 몇 개의 공공 건물으로 특징지워진다. 아마도 이들 중에서 가장 유명한 현대건축으로는 항해하는 듯한 콘크리트 지붕으로 계획된 요른 웃존(Jôrn Utzon)과 오브 아럽(Ove Arup) 설계의 시드니 오페라 하우스(1970)일 것이다. 하이테크 건축이 대중적으로 인기를 끌게 한 피아노(Piano)와 로저스(Rogers) 설계의 파리 예술센터, 퐁피두 센터(1979)도 매우 훌륭한 현대건축이다. 프랑크푸르트에서 리처드 마이어(Richard Meier)는 신 코르뷔지에 양식인 백색의 수공예 박물관(1985)을 설계했는데, 그는 신 코르뷔지에 양식을 잘 소화해 자신만의 건축 특성으로 만들었다. 마리오 보타(Mario Botta)는 단순하고 강렬한 기하학적 형태들의 연작으로 프랑스 샹버리(Chambery)에

앙드레 말로(Andre Malraux) 문화센터(1987)를 설계했다. 독일의 바이람-라인(Weilam-Rhein)에 있는 프랑크 게리(Frank Gehry)의 비트라(Vitra) 가구 디자인 박물관(1988)은 강렬한 형태보다는 왜곡되고 표현주의적인 이미지를 띠면서 부정형의 매우 복잡한 형태를 보여주고 있다. 영국의 카디프(Cadiff)에 계획된 바 있는 자하 하디드(Zaha Hadid)의 미완성된 국립 오페라 하우스는 신구성주의의 역작이 되었을 것이다.

현대사회와 건축가의 새로운 역할

본래 서양 건축의 역사가 시작될 때 건축물은 은신처로서뿐 아니라 자기만족의 수단으로서 인간의 욕구를 추족시키는 방법이었다. 20세기 말 건축 과정의 복합적이면서도 단층적인 특징은 복잡한 사회계층의 소외를 반영하고 있다. 200년 전, 산업자본주의 초창기에 독일의 시인 실러(Schiller)는 인간을 전체에 대한 부분적인 존재로서 다음과 같이 묘사하고 있다. "인간은 조화로운 자기 본성을 계발하지 못하고 있다. 자신의 본성에 인간성을 덧붙이는 것 대신에, 인간은 단지 그의 직업과 전문지식만을 남길 뿐이다."

현대적인 건축 과정에 참여하고 있는 사람들은 매우 다양하며 심지어는 서로 조화될 수 없는 목표를 추구하기도 한다. 또한 우리의 사회는 학문적으로 인정받기 위한 건축 집단 간의 경쟁을 부추기고 있다. 전문가 집단은 회원들의 지위와 수입을 보호하는 것이 주목적이고, 건축 실행 집단은 이익을 추구해야만 하며, 고용인들의 주요 관심사는 일자리를 지키는 것이다. 전반적으로 건축의 작업은 서로 다른 교육, 견해 그리고 흥미에 의해서 건설 산업과 동떨어져 존재할 뿐이다. 즉, 자본과 노동 간의 갈등으로 야기된 자본주의의 관습처럼 건축에서도 집단 간의 분리가 생기고 있는 것이다. 이러한 건축 과정에서의 상호 분리와 소외 때문에 건축 종사자들은 자신이 설계하고 건설한 건물을 이용하게 될 익명의 사용자들과도 동떨어져서 부분적인 작업을 할 뿐이다.

비록 이러한 분열로 인해 몇몇 특별한 건물을 만들 수 있다 하더라도, 역할 집단간의 분리로 인해 일반 대중은 우리가 더 나은 환경을 만드는 데 별로 도움이 되지 않는다. 아직도 개선된 환경 창조에 거의 참여할 수 없고 건축에서 어떠한 성취감이나 만족감도 받지 못하고 있다. 이런 상황에서 도시 환경이 부적절하다는 사실은 별로 놀랄 만한 일도 아니다. 하지만 문제점은 언제나 해결책을 연구하도록 한다. 20세기 후반 많은 사람들, 특히 젊은이들이 100여 년 전 윌리엄 모리스(William Morris)가 이익 추구를 위한 분쇄기(profit grinding)라 일컬었던 것에 대한 대안적 해결책을 요구하기 시작했고 몇몇 이론가, 실행자들이 이에 부응하고 있다.

건축의 역사와 이론은 지배적으로 중산계층의 관점에서 쓰어져 왔으며 지금도 계속 쓰여지고 있다. 마르크스가 말했듯이 시대를 막론하고 보편적인 사상은 항상 지배층의 사상이었다. 사회적 관습에 의한 역사는 과거 자체만을 위한 과거를 연구해, 그 결과 현재의 일상생활과 과거를 연결짓지 못하고 과거를 중산 계층 역사가의 소유로 만들어버렸다. 그들의 역사는 중립적이고 정치에 무관하다고 주장하고 있음에도 불구하고 여전히 과거에 대한 엘리트적인 해석을 하고 있다. 여기에서 건축은 사회적 활동이라기보다는 개인적인 것으로 다루어짐으로써 건축 역사는 모든 사회예술에 대한 사회적이고 경제적인 관계를 배제한 채, 문화적이고 미학적인 분석에 의존하는 위대한 건축가들의 작품으로 이어질 뿐이다. 여기서는 지배 계층의 역사 테두리 안에서 위대한 기념물들만이 주로 다루어지고 있다. 무엇보다도 중요한 사실은 앞에서 말한 역사는 오직 과거에 대한 것이며, 우리가 알고 있듯이 과거는 죽은 것이다.

그러나 여기에는 일반적인 역사와 특정 부분의 건축사라는 두 가지 관점이 존재하는데, 후자는 건축과정을 통해 요구를 충족시키는 과정에서 비롯되는 구체적인 부분의 건축 역사다. 후자에서 사용하고 있는 사회·경제적인 해석은 계층 사회의 결함과 더불어 필요로서보다는 생산품으로서 건물을 취급하는 불완전함을 보여주고 있다. 사회적·경제적 해석에서는 또한 역동적이고 변증법적이며, 항상 변화하고, 대립하며, 변화의 기회를 포착하려는 사람들에 의해서 더욱 진보적인 방향으로 발전될 수 있는 역사의 과정을 나타내주기도 한다. 과거 지향의 건축 역사 기술과 구별되는 대안적인 건축 역사는 모든 환경과 사회 전반적인 것에 관심을 갖는, 엘리트주의적이기보다는 오히려 다원주의적인 것이다. 무엇보다도 그것은 과거만큼이나 현재와 미래와도 관련을 맺고 있다. 현재의 문제들은 우리에게 역사적으로 무엇이 관계되어 있는지를 보여주고 있다. 만일 역사가 다소 고립되고 죽은 것처럼 보인다면, 그것은 우리가 잘못된 방향으로 문제 제기를 하고 있기 때문이다. 중요한 사실은 과거에 대한 깊은 이해만이 미래를 창조하는 수단으로 이용할 수 있다는 점이다.

이런 종류의 비평 이론은 실행을 요구할 수도 있다는 점에서 그것과 상반되는 이론을 갖는다. 20세기 말, 더욱 비평적인 실천가들이 그들의 작품 활동을 시도함에 있어서 시발점으로 삼는 두 가지 주요한 쟁점이 있다.

첫 번째는 건물과 환경 사이의 관계다. 아프리카, 남아메리카 지역 등 고대 문명의 자취가 남아 있는 지역의 원주민들만이 그들을 둘러싼 주변 환경과 관계를 갖는 살아 있는 환경을 창조하며 살고 있다. 이에 반해 산업화된 사회에서는 건물은 에너지와 자원을 낭비하는 이용자다. 광산, 채석장, 숲에서 대규모의 원자재를 취득하는 행위는 자원의 감소, 공해, 자연 경관의 파괴 등 구체적으로 환경에 영향을 미칠 수 있다. 그것들을 이용 가능한 형태로 만드는 과정에서 많은 에너지가 소비된다. 더 많은 에너지가 건설 과정 자체에서 소비되고, 그리고 완성된 건물에서도 여전히 많은 에너지가 그 기능을 다할 때까지 소비된다. 이러한 대량의 에너지 사용은 지구 온난화 현상이나 오존층 파괴와 같은 심각한 문제를 야기시키는 주원인이 되고 있다.

환경에 대한 일반의 관심이 높아짐에 따라, 특히 성숙된 자본주의 국가에서 정부와 단체들은 환경 문제의 인식에 대한 압력을 받고 있다. 그러나 계속되는 확장과 개발에 의존하는 자본주의 체제에서는 어떠한 해결책도 제시할 수 없다. 미래 사회를 위한 넥서스(Nexus) 설계 공모는 신흥 개발도상국으로 하여금 환경의 한계를 인식하고 개발을 제한하도록 유도하고 있다. 소위 녹색운동(green initiatives)은 오랜 개발의 역사로 이미 후세가 편안하게 살고 있는 부유한 나라에서 더 쉽게 이루어질 수 있지만, 이러한 선진국에서조차도 환경에 대한 관심보다는 이익이나 환경 규제를 완화하려는 시도가 빈번히 일어나고 있다. 심지어 진실하고 헌신적인 환경운동가들조차도 자본주의 체제와 타협하고 마는 모습을 발견하게 된다.

그러나 문제점과 위험에도 불구하고 더욱 신뢰할 만한 환경을 만들어내기 위해서 시도가 진솔한 개인과 단체들에 의해서 이루어지고 있다. 캘리포니아, 데비스(Davis)시와, 브라질, 쿠리티바(Curitiba)시는 지속 가능한 삶에 대한 그들의 실험적인 접근 태도를 보인 도시로서 매우 유명하다. 웨일스(Wales)의 마쉬닐스(Machynlleth) 근처에 위치한 대체기술센터(Center for Alternative Technology)는 가장 잘 알려진 대체 에너지원 연구 단체들 중 하나다.

오늘날 많은 건축가들은 환경 문제를 심각하게 다루고 있다. 그들은 지속 가능한 자원을 원료로 사용하고, 에너지를 보존하거나 자연 에너지원을 이용하며, 폐기물 재활용을 위한 계획을 시도하고 있다. 이탈리아 건축가 렌조 피아노(Renzo Piano)가 설계한 제노아(Genoa) 근처에 있는 식물 섬유 워크숍

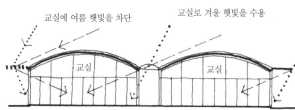

교실에 여름 햇빛을 차단

교실로 겨울 햇빛을 수용

교실

교실

프랑크 페르난데스와 갈레고가 공동 설계한
바르셀로나의 베르나트 피코넬 수영장 -
바르셀로나 올림픽 건물 중 가장 우아하고
동시에 가장 경제적인 건물 중 하나다.

적절한 기술의 구사

퀸즈 인클로저 중학교 -
콘런 스탠스필드 스미스의 햄프셔에
있는 학교 중 하나로서 햇빛에
반응하도록 디자인되었다.

월터 세갈의 직접 조립형 목조주택 -
런던 르위셤에 있는 전형적인 직접
조립형 주택으로서 단순한 목재 구조는
모든 사람이 접근하기 쉬운 좋은
현대 건축을 만들 수 있다는 점을
시사하고 있다.

몬트로우에 있는 렌조 피아노의
슬럼베르거 복합건물 중
'포럼'(Forum)은 많은 사회적
관심을 불러일으켰다.

초목으로 이루어진
언덕

천막으로 덮인 지붕

내부 가로

건축과 공동체

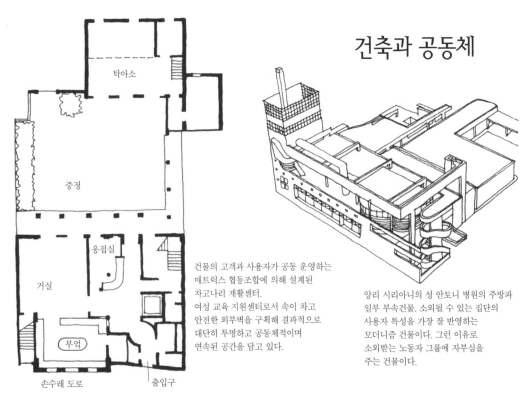

건물의 고객과 사용자가 공동 운영하는
매트릭스 협동조합에 의해 설계된
자고나리 재활센터.
여성 교육 지원센터로서 속이 차고
안전한 외부벽을 구획해 결과적으로
대단히 투명하고 공동체적이며
연속된 공간을 담고 있다.

탁아소

중정

응접실

거실

부엌

손수레 도로

출입구

앙리 시리아니의 성 안토니 병원의 주방과
일부 부속건물. 소외될 수 있는 집단의
사용자 특성을 가장 잘 반영하는
모더니즘 건물이다. 그런 이유로
소외받는 노동자 그룹에 자부심을
주는 건물이다.

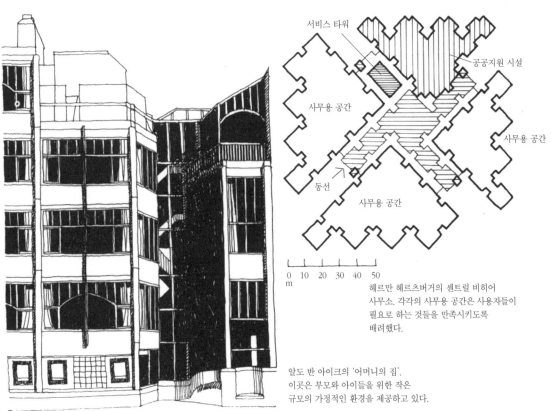

서비스 타워

공공지원 시설

사무용 공간

사무용 공간

동선

사무용 공간

0 10 20 30 40 50
m

헤르만 헤르츠버거의 센트럴 비히어
사무소. 각각의 사무용 공간은 사용자들이
필요로 하는 것들을 만족시키도록
배려했다.

알도 반 아이크의 '어머니의 집'.
이곳은 부모와 아이들을 위한 작은
규모의 가정적인 환경을 제공하고 있다.

(plant fibre workshop)이나 파리 근처의 몽트루즈(Montrouge) 산업단지 커뮤니티 건물 등은 경관과 밀접하게 통합되거나, 적절한 기술을 사용함으로써 소기의 목석을 달성하고 있다. 스페인 카탈로니아 지방의 건축가 프랑크 페르난데스(Franc Fernandez)는 우아함과 경제성을 함께 성취할 수 있는 단순한 재료와 형태를 사용했는데, 그가 설계한 바르셀로나의 베르나트 피코넬(Bernat Picornell) 수영장, 라 라고스타(La Llagosta)의 사회봉사센터는 모두가 "사람이 건물보다 더 중요하다"라는 그의 주장을 뒷받침해준다. 런던 람베스(Lambeth)의 의료 센터(the Community Care Center)를 설계한 영국 건축가 에드워드 쿨리넌(Edward Cullinan)이나 윈체스터(Winchester)의 콜린 스탠스필드-스미스(Colin Stansfield-Smith)가 운영하는 건축가 그룹도 비슷한 접근을 시도하고 있다. 스미스는 햄프셔 주의회의 의뢰를 받아 지역의 학교 건물을 많이 설계했는데, 특히 삼림지에 위치한 퀸즈 인클로저 중학교(Queen's Inclosure Middle School)는 자연채광을 적극적으로 고려해 설계된 건물로 유명하다.

건물에 적절한 기술을 사용한 가장 좋은 사례로는 건축주가 저가로 주택을 지을 수 있도록 디자인한 월터 세갈(Walter Segal)의 목재 프레임 시스템이 있다. 굴착이 필요 없는 단순한 기초와 미숙련된 노동자도 조립할 수 있게 디자인된 구성 부품들, 그리고 다양한 개인적인 변화를 충족시킬 수 있는 변화 가능한 모듈의 개념을 갖춘 조립형 시스템은 구매자들에게 자신의 집을 스스로 지을 뿐만 아니라 자기 만족도 이룰 수 있는 가능성을 보여주고 있다. 이 시스템은 소규모지만 주택시장의 새로운 가능성을 암시하고 있고, 또한 인간을 우선으로 하는 건축이라는 점에서 의미가 있다.

20세기 말 건축 경향의 두 번째 쟁점은 건물과 사람과의 관계다. 자본주의 체제 아래서 그러한 과정은 필연적인 문제다. 건설 노동력은 빈약한 고용보호, 불충분한 작업조건, 건설 산업이 갖는 열악한 위생과 안전 등으로 고통을 겪고 있다. 건물의 이용자들, 특히 가난한 사람들은 그들의 삶을 왜곡시키는 수준 이하의 환경에 의해서 차취되고 있지만 자본주의 체제 아래에서 그러한 과정은 본질적인 문제다. 자본주의 체제 아래에서, 일부 건물의 고품질화는 나머지 다른 건물의 품질 저하에 의해서만 성취될 수 있다. 너무 많은 사례들 중에서 무작위로 예를 들자면, 로이드 빌딩(Lloyd's building)은 그렇게 많은 사람들이 가난 속에서 살고 있다는 사실에도 불구하고 멋진 모습으로 당당하게 서 있다.

정의하자면, 시장체계는 제3세계의 가난한 사람들이든 선진국 변두리에서 궁핍한 생활을 하고 있는 소수 민족이든지 간에 사람들의 일반적인 요구에 부합되지는 않는다. 그러나 그러한 사람들의 소리 없는 요구는 적어도 일부 건축가들에게서 대답을 이끌어내고 있다. 지난 20년 동안 주택 자원 프로그램이 반감되어 무주택자의 수가 2배가 된 영국에서는 '공동체 건축'(community architecture)이란 용어가 사회적인 요구를 우선시하려는 태도를 설명하기 위해 사용되고 있었다. 그러나 대체 기술처럼 공동체 건축도 때때로 다른 사람들의 요구로부터 이익을 얻거나 모호하게 절충시키려는 기회주의적인 타협 방안으로 이용되어왔다. 자본주의 사회에서 건축의 본질적 특성을 생각할 때 이러한 위험은 결코 멀리 있지 않다. 가장 선의의 계획도 종종 타협으로 끝나고 만다. 그럼에도 불구하고, 랄프 어스킨(Ralph Erskine)과 같은 건축가들에 의해서 용기 있는 시도가 이루어졌는데, 그의 유명한 작품인 뉴캐슬 온 타인(Newcastle-on-Tyne, 1978) 근처에 있는 바이커 월(Byker Wall) 주거단지에서는 세입자들이 자신들의 집을 설계하는 데에 직접 참여했다. 아펠도른(Appeldoorn)에 있는 헤르만 헤르츠버거(Herman Herzberger)의 센트럴 비히어(Centraal Beheer, 1973) 사무소도 근로자들의 요구를 고려한 유사한 설계 제안이었다. 매우 특정한 사용자를 위해 설계된 사례로 다음의 두 작품을 들 수 있다. 암스테르담에 있는 알도 반 아이크의 '어머니의 집'(Mother's House)은 한 부모와 그들의 아이들을 위해 설계된 것이고, 런던 화이트채플(Whitechapel)에 있는 여류 건축 협력 매트릭스(Matrix)에 의한 자고나리 재활센터(Jagonari Centre, 1987)는 그 지역 벵갈리 공동체(Bengali community)의 여자들과 아이들을 염두에 둔 작품이었다. 앙리 시리아니(Henri Ciriani)가 설계한 파리의 성 안토니 병원(St. Antonie hospital)의 주방과 부속건물은 가난한 노동계층의 지위를 높게 표현했다는 점으로 유명했다.

인본주의 관점에서 동정심이 많은 건축가들의 작품은 사람들의 삶의 질을 크게 향상시킬 수는 있지만, 단지 소수에게만 그 영향을 미친다는 한계가 있으며 양적인 문제는 여전히 남아 있다. 대부분의 세계인들에게 영향을 미치게 될 도시 문제들—낙후된 주거, 무주택, 열악한 작업 조건, 부적절한 거주 환경 등—을 어떻게 설명할 것인가. 이러한 문제는 궁극적으로는 자본주의에 의해 강요된 한계를 초월한 사회에서만 해결될 수 있을 것이다. 인간의 기본적인 요구에 부합할 수 있는 시장 구조를 개발하는 데 실패함으로써 사람들은 자신의 문제를 스스로 해결하도록 강요받고 있는 상황이다. 선진국에서도 무단 거주자가 빈집을 점거하고 무주택자들이 도심에 노숙할 장소를 만들고 있다. 개발도상국에서는 불량주택촌이 대도시 외곽에 확장되고 있는데, 흥미롭게도 여기서는 자본주의가 충족시킬 수 없는 주민 요구에 대응하는 새로운 사회·경제 조직의 형태가 나타나고 있다. 벽돌과 진흙 그리고 목재나 삼베로 구성된 라틴 아메리카의 배리오스(barrios)의 비형식적인 주거환경은 인류 진화기의 원시주거 형태로의 퇴보로서 지금까지의 사회 발전이 자동적으로 사회의 진보를 이룩하지 못한다는 점을 시사하고 있다. 우리는 이를 위해 싸워야만 한다.

찾아보기